YUNNANSHENG

Meicengqi Ziyuan Ji Kaicai Dizhi Tiaojian

云南省煤层气资源及开采地质条件

主 编　秦　勇　罗　俊　申　建
副主编　林玉成　吴财芳　唐永洪

中国矿业大学出版社
China University of Mining and Technology Press

内 容 简 介

本书建立了以可采量和富集程度为基础的煤层气资源类别评价标准,分析和计算了煤层气资源量及其分布规律,获得了对云南省煤层气资源特性的进一步认识。分析了主要煤田煤储层的裂隙-孔隙发育特征、吸附性和基本力学性质,结合煤层气试井和排采试验资料阐释了主要煤田煤储层物性的分布规律和地质控制因素。以滇东地区为重点,耦合分析了煤层气成藏关键要素和成藏效应,预测了煤层气有利区带的展布规律。分析了不同地质条件、不同开采方式下的煤层气可采性特征,以及钻井、完井方式和排采制度对煤层气井产能的影响及开发技术对地质条件的适应性,提出了主要煤田煤层气开发的技术方案模式。

本书适合于煤层气地质科研人员、勘查开发技术人员、煤层气勘查开发企业决策人员和研究生参考。

图书在版编目(C I P)数据

云南省煤层气资源及开采地质条件 / 秦勇,罗俊,
申建主编.—徐州:中国矿业大学出版社,2018.5
　　ISBN 978-7-5646-3845-0

　　Ⅰ.①云… 　Ⅱ.①秦… ②罗… ③申… 　Ⅲ.①煤层－
煤层气－煤炭资源－研究－云南②煤层－煤层气－煤矿瓦斯
抽采－工程地质条件－云南 　Ⅳ.①P618.110.627.4

中国版本图书馆 CIP 数据核字(2017)第 323851 号

书　　名	云南省煤层气资源及开采地质条件
主　　编	秦　勇　罗　俊　申　建
责任编辑	姜　华
出版发行	中国矿业大学出版社有限责任公司
	(江苏省徐州市解放南路　邮编221008)
营销热线	(0516)83885307　83884995
出版服务	(0516)83885767　83884920
网　　址	http://www.cumtp.com　E-mail:cumtpvip@cumtp.com
印　　刷	虎彩印艺股份有限公司
开　　本	787×1092　1/16　**印张** 18.75　**字数** 470 千字
版次印次	2018 年 5 月第 1 版　2018 年 5 月第 1 次印刷
定　　价	100.00 元

(图书出现印装质量问题,本社负责调换)

前　言

　　根据国土资源部《关于开展全国矿产资源潜力评价工作的通知》(国土资源〔2007〕6 号)和中国地质调查局《关于加强煤炭资源潜力评价有关问题的通知》(项目办〔2007〕24 号),云南省煤田地质局承担了"云南省煤炭煤层气资源潜力评价"课题。受云南省煤田地质局委托,中国矿业大学负责对"云南省煤层气资源潜力评价"进行专题研究。研究工作开始于2009 年 3 月,开展了大量的野外地质考查和构造观测,采集煤、岩石、地层水样品 200 余件并进行了测试分析,收集全省相关勘查报告并从中提取煤层气地质信息,研究报告于 2010年 12 月通过了云南省国土资源厅专家组的结题验收。本专著即是在此专题研究报告基础上,结合中国矿业大学课题组等单位和个人近年来的进一步研究成果编撰而成。

　　中华人民共和国成立以来,云南省积累了十分丰富的煤炭资源勘查和开采资料,其中蕴含着丰富的煤层气地质与资源信息;至少进行过四轮煤层气资源调查,为本次煤层气资源潜力预测评价奠定了良好基础;地矿、石油等部门从事常规油气等矿产的勘查,为深部煤层气资源评价提供了难得的有利条件;云南省煤田地质局、中联煤层气有限责任公司、美国远东能源公司等在云南省内施工了一批煤层气参数井和排采试验井,开展了某些总结分析工作,对储层特性和煤层气产出特征有了初步认识。同时,前人对云南省煤层气地质条件也有一定的研究成果。

　　云南省"缺油少气",但为我国南方煤层气资源最为丰富的省区之一。20 世纪 90 年代中期开展过煤层气资源调查,21 世纪初至今断续开展过煤层气勘查,由于煤层气赋存与开发地质条件复杂多变,迄今尚未实现煤层气井工业性气流的突破,但前期尝试已经昭示了煤层气勘探开发的价值和前景。2016 年以来,科技部、国家能源局启动了国家科技重大专项滇东-黔西煤层气先导性试验研究工作。配合这一战略背景,本专著出版的目的主要包括三个方面:一是进一步查明云南省煤层气资源的数量、质量与分布特征;二为探讨云南省东部(滇东)煤层气成藏的主要特点与关键控制因素;三是分析云南省煤层气资源开发潜力与开发技术适应性。

　　围绕上述三个方面目标,本专著总结了如下五个方面主要研究成果:

　　一是云南省煤层含气性及煤层气资源。在前期评价结果的基础上,进一步从丰富的煤炭资源勘探资料中提取煤层气信息,筛分和厘定相关信息与参数的可用性,按照地质区划、行政区划、控气地质要素等评估煤层含气性特征,采用先进方法推测深部煤层含气性特点,重新计算了煤层气资源量,分析了煤层气资源的分布规律,更为客观、科学地获得了对全省煤层气资源特性的认识。

　　二是云南省煤储层物性及其地质控制因素。实地观测主要煤田、矿区、勘查区煤储层宏观裂隙发育特征,实验室观测显微裂隙和孔隙特征,补充测试了上二叠统和新近系主要煤层吸附性和基本力学性质,结合现有煤层气试井与开采试验资料,初步分析阐述了煤储层主要物性的分布规律和地质控制因素。

三是云南省煤层气成藏效应与有利区带。耦合分析煤层气成藏的构造条件、热力条件、水动力条件及其动力学机制,以滇东地区为重点建立煤层气成藏系统,划分煤层气成藏效应类型,进一步阐明煤层气成藏关键要素及其显现特征,预测煤层气有利区带展布规律,提出了下一步勘探和开发试验的方向性建议。

四是云南省煤层气资源开发潜力。分析不同地质条件(埋深、水文地质条件)、不同开采方式(地面、井下)的各煤阶储层煤层气的解吸率、采收率及可解吸量,计算相应的煤层气可采资源量,分析煤层气资源开发地质条件和开发潜力,预测适合于煤层气地面开发的地带及其分布。

五是云南省煤层气勘探开发技术适应性。针对滇东地区煤层气地质条件,对比分析各类技术的地面煤层气勘探开发效果。在此基础上,提出关于云南省煤层气开采方式、完井、增产激励措施等方面的认识。

本专著由秦勇、申建撰写初稿,秦勇负责统稿,罗俊、林玉成参与统稿,林玉成、秦勇、唐永洪、王巨民等组织并参与了现场调研,傅雪海、吴财芳、姜波、韦重韬等对部分章节进行了内部审读修改,秦勇最后定稿。勘查资料收集、数据统计与分析、煤层气资源量计算、相关图件编制及清绘由申建、兰凤娟、杨松、赵丽娟、高和群、邹明俊、陈召英、杜严飞、常会珍、冯晴等完成,王继尧、王猛、王爱宽、陈润等参加了部分现场考查和样品采集工作。

本专著参考和引用了中国矿业大学相关博士、硕士学位论文的部分内容,借鉴了云南省煤田地质局等单位几十年来的大量煤炭、煤层气勘查开发资料和前期研究成果。云南省煤田地质局协助组织了现场调研和样品采集,并为研究生学位论文研究提供了方便。课题立项和验收得到云南省国土资源厅的大力支持。样品测试分析由中国矿业大学分析测试中心、江苏省煤田地质研究所、中国石油勘探开发研究院廊坊分院等单位完成。谨此,对上述单位和个人为本专著所做的贡献表示衷心感谢!

本专著主要研究工作完成于2010年年底之前,虽然在正式出版前做了修订和少量补充,但所依托的一些基础依据难以更新,如当时采用的一些规范标准目前已经过时、煤炭资源不是最新一轮评价预测成果等,加之编著者对煤层气勘探开发新技术的了解不一定全面深入,导致其中的一些认识不一定十分客观。尽管如此,本专著作为一项云南省煤层气资源潜力专题研究成果的总结,期望能为云南省内正在开展的新一轮煤层气勘探和开发试验活动提供借鉴。

编者谨识

2017 年 2 月

目　　录

第一章　煤层气资源评价基础

云南省是我国南方煤炭和煤层气资源较为丰富的省份之一,两类资源量在南方各省市中均仅次于贵州省,居第二位。某些矿区煤矿瓦斯涌出现象严重,瓦斯爆炸事故频发,严重危及煤矿安全生产。云南省能源资源具有"缺油、少气、多水、富煤"的特征,煤炭消费从2010 年的 56.73％下降到 2014 年的 43.07％,可再生能源发电量明显增长(云南省工业和信息化委员会,2016)。云南省人民政府提出:加强常规油气资源调查评价与勘探开发利用,加快煤层气、页岩气开发利用(云南省发展和改革委员会,2016)。为此,客观认识和评价云南省煤层气资源开发潜力,对合理利用能源资源、改善能源结构、降低矿井瓦斯灾害、保护大气环境等具有重要的现实价值。本章简要分析云南省煤层气勘探开发与研究现状,简述煤田地质概况和煤炭资源及其分布特征,阐述云南省煤层气资源潜力预测与评价方法。

第一节　煤层气勘探开发与研究现状

自 20 世纪 90 年代中期至今,云南省至少组织过四轮较大规模的煤层气资源调查,同时对煤层气地质条件进行了研究。2002 年以来,云南省开始进行煤层气勘探与开发试验。中华人民共和国成立以来的煤炭资源勘查和开采活动,积累了大量的地质资料,其中蕴含着丰富的煤层气地质与资源信息。前人这些实践和研究工作,为本书煤层气资源潜力预测评价奠定了重要基础。

一、煤层气资源评价与预测

20 世纪 90 年代中期至 21 世纪初,云南省煤田地质局、滇黔桂石油指挥部、云南省煤炭地质勘察院、国土资源部等先后对云南省煤层气资源做过概略评价。

1997 年,云南省煤田地质局结合中国煤田地质局组织的全国煤层气资源评价项目,提交全省埋深 2 000 m 以浅的煤层气地质资源量 4 252.79 亿 m³,位列全国各省区第九名,占华南聚气区煤层气资源总量的 10.31％。但是,计算范围只包括圭山、恩洪、宣威 3 个目标区,估算对象只涉及平均含气量高于 4 m³/t 的可采煤层。

2000 年,滇黔桂石油指挥部和云南省煤田地质局计算了滇东地区煤层气资源,获得资源总量为 4 523 亿 m³(滇黔桂石油指挥部,2000;桂宝林 等,2000;顾成亮,2002)。其中,预测资源量 1 589 亿 m³,推测资源量 2 934 亿 m³,计算范围只涉及羊场、新寨、恩洪、圭山 4 个地区,没有包括褐煤以及滇中地区。根据云南省煤田地质局研究成果,全省煤层气资源量约5 000 亿 m³(林玉成,2004)。其中,滇东和滇东北烟煤、无烟煤的煤层气资源量为 4 000 亿～4 500 亿 m³,占全省煤层气资源量的 90％;恩洪、老厂、圭山矿区和镇威煤田是云南省煤层气主要富集区,煤层气资源量约 3 910 亿 m³。

2001 年,云南省煤炭地质勘察院选择恩洪、老厂、圭山、羊场、来宾、镇雄、华坪、蒙自、昭通 9 个矿区/煤田/盆地,对煤层气资源进行了评价(王巨民 等,2001;朱绍兵,2004)。评价面积 4 848.72 km²,计算深度 2 000 m 以浅,提交煤层气资源量 3 851.15 亿 m³。其中,预测资源量 471.95 亿 m³,占 12%;远景资源量 3 379.20 亿 m³,占 88%。据邓明国等(2004)资料,云南全省煤层气资源总量 4 240.88 亿 m³。其中,预测资源量 637.47 亿 m³,占 15%;远景资源量 3 603.41 亿 m³,占 85%。这些结果表明,云南省煤层气资源控制程度极低,有必要加大专门勘探与评价工作。

2001 年年底,云南省煤田地质局完成了《恩洪-老厂矿区煤层气资源评价》报告,系统分析了煤层含气性特点和物性特征,计算了风化带以深、2 000 m 以浅、含气量大于 4 m³/t 的可采煤层空气干燥基煤层气资源量。提交煤层气资源量 1 482.53 亿 m³,包括恩洪矿区 612.92 亿 m³,老厂矿区 869.61 亿 m³。其中,预测资源量 363.08 亿 m³,远景资源量 1 119.45 亿 m³;1 000 m 以浅资源量 872.84 亿 m³(占 59%),1 000~1 500 m 资源量 339.45 亿 m³(占 23%),1 500~2 000 m 资源量 270.24 亿 m³(占 18%)。

2006 年,国土资源部组织新一轮全国煤层气资源评价(新一轮全国油气资源评价项目办公室,2006),获得云南省煤层气地质资源量为 2 577.46 亿 m³,可采资源量为 1 001.33 亿 m³,平均可采率 38.85%(国土资源部,2006)。其中,滇东地区地质资源量 2 028.96 亿 m³,可采资源量 717.80 亿 m³,可采率 35.38%;滇中地区地质资源量 548.50 亿 m³,可采资源量 283.53 亿 m³,可采率 51.69%。所有资源量包括褐煤以及全部煤层中的煤层气资源量,但此次评价缺乏煤层气井试井、煤层气专项测试以及煤储层数值模拟结果的支持,煤田勘探资料也利用得不甚全面。

可以看出,各部门给出的评价结果差异极大,评价标准及范围不统一。即使大致换算到统一标准进行比较,各部门评价结果的差别仍然很大。换言之,某些评价结果的依据不明或不是十分充足,云南全省的煤层气资源量家底先前并未真正查明。

二、煤层气地质条件研究

云南省从 20 世纪 90 年代前半期开始煤层气地质研究,然后逐渐进入选区评价,近年来开始煤层气基础地质研究。

席维实(1994)分析了云南褐煤与烟煤中煤层气的成分。艾斌等(1994)初步分析了恩洪矿区煤层气地质条件和开发前景,建议在适当的构造部位布置 5 口煤层气探井。龚永能(1997)从构造环境、成烃演化、保存条件等方面,探讨了滇东地区上二叠统煤层气赋存地质控制因素,认为主要控制因素是埋深和构造,并分析了煤层气的富集规律。21 世纪初,滇黔桂石油指挥部开展滇东-黔西煤层气资源评价,分别从羊场、新寨、恩洪、圭山 4 个区块各采 1 块煤样,结合显微镜观测对煤层裂隙开展了初步观测、统计和描述(顾成亮 等,2000)。

桂宝林等(2000,2004)从深部构造、基底构造和盆地构造三个层次,探讨了滇东煤层气构造特征,分析了恩洪-老厂地区煤层气成藏条件,认为恩洪盆地主要煤层气系统均为复向斜的几个主体向斜,包括营上-都格、中吉克、大河-小河口、大地德-新村 4 个复向斜,其中,营上-都格系统为煤层气勘探开发有利地区,中吉克系统和大河-小河口系统为较有利地段,大地德-新村系统总体上次于前面 3 个系统;老厂矿区有老厂四勘区、德黑-箐口向斜(北预测区)、龙滩断裂环状断裂区(南预测区)、老厂背斜 4 个煤层气系统,其中,老厂四勘区的小老厂-雨汪区带成藏条件较好。

依据恩洪矿区 EH-1 和 EH-2 两口井的实际资料,分析了造成煤储层特性不理想的影响因素,认为构造复杂是导致煤层缺失的重要原因,构造煤发育致使煤层渗透率降低,发现煤储层压力正常～超压,地应力梯度显著高于国内其他地区(张宗羲 等,2003)。研究认为,构造通过对煤层地应力、渗透性等的影响,进一步影响到煤层气井后期压裂效果,最终对煤层气井的产气量起到决定性的控制作用。建议重点研究低渗条件下如何实施后期改造,进一步提高渗透性,增加产气量。

采用数理统计方法,分析了恩洪盆地煤层含气量异常及其分布规律,通过多次趋势面分析确定了煤层气相对富集的区域(陈励 等,2004)。采用相似方法,对老厂四勘区煤层气资源量进行了克里格估计(崔建福 等,2004)。总结老厂矿区煤层综合对比方法,对中外合作煤层气探井 FCY-LC01 各主要目的煤层进行了准确预测(孔令国 等,2004)。

根据恩洪、老厂矿区煤储层参数的构造影响分析,建议优先考虑在恩洪矿区老书桌或清水沟区块拉张应力场部位施工 2～3 口煤层气参数井,全面获取该区煤储层参数(储层压力、渗透率、破裂压力、煤等温吸附特性等),并研究人工造穴、储层压裂试验等提高煤层气井产能的方法,为正确评价和合理开发该区煤层气资源提供依据(王巨民,2003;屠红勇 等,2007)。

提炼煤炭资源勘查中的煤层气地质信息,分析了老厂矿区煤层含气性特征及控气地质因素(陈召英,2011)。云南省 198 煤田地质队总结了云南煤矿瓦斯地质特征,就构造对煤层影响、区域性煤层瓦斯含量、区域性煤矿瓦斯涌出差异性控制因素等,以及近 20 年来云南煤矿瓦斯事故进行了专题研究(苗琦,2013)。

关于同一矿区煤层气开发前景,前人看法不一:

(1) 恩洪向斜煤层渗流孔隙结构单一,非均质性不高,渗流能力相对较好,显微裂隙以较小微裂隙为主,定向性和连通性较差,可能造成渗流通道不连续和受阻等问题,导致渗透性变差(吴建国 等,2012)。认为云南省内煤层气资源开发潜力以恩洪向斜最好,其中首采区块位于向斜南部(刘金融,2014)。恩洪-老厂煤层气勘查区煤系埋深适中,中高阶中厚煤层,含气量高,构造复杂,资源潜力大,是西南地区最有希望实现煤层气勘探开发商业化的地区之一(贾高龙 等,2016)。

(2) 老厂矿区属中型富 CH_4 煤层气目标区,煤层气成藏地质条件和开采条件优越(蒋天国 等,2015)。认为镇雄县牛场-以古勘查区煤储层渗透率低,储层压力低,地应力高,煤层厚度薄,构造煤发育,在目前技术、经济条件下不具备规模化煤层气地面抽采的条件(徐金鹏,2014)。发现威信县玉京山勘查区上二叠统龙潭组 C5 煤层孔隙和裂隙都较发育,但裂隙常被方解石充填,致使 CH_4 的扩散和渗流能力不强,一定程度限制了煤层气的释放(李金龙 等,2016)。

关于云南省煤层气地质条件,前人从基础研究角度做过一些探讨:

(1) 根据构造形迹及其配套组合,定性分析了恩洪盆地和老厂矿区的构造应力特征(王朝栋 等,2004),但是没有区分特定构造应力场发生的地质时期,也未能研究构造应力场发生发展地质过程对煤层气成藏的控制效应。研究了老厂矿区煤层气水文地质条件,分析了构造对地下水动力条件的控制作用(郭秀钦 等,2004)。

(2) 探讨了昭通褐煤本源菌条件下生物气生成机制;认为生物气经历了两个产气周期,

第一周期为腐植组乙酸发酵产气,第二周期是在 CO_2 还原作用参与下的惰质组、稳定组产气;发现褐煤族组分中饱和烃是受微生物降解的主要成分,厌氧细菌对偶数碳烷烃及正构烷烃的降解能力更强,认为褐煤生物气产出是多种微生物共同作用的结果,煤矸石本身不能作为基质被厌氧细菌利用(王爱宽,2010;王爱宽 等,2011)。

(3) 发现老厂矿区四勘区煤层含气量与埋深关系在 $580 \sim 750$ m 埋深段出现递减的"异常"现象,发现区内主要次级背斜轴部与局部地温异常区段在空间上高度叠合,使得煤饱和吸附量的"临界深度"相对变浅,造成煤层含气量与埋深关系出现"异常"现象(赵丽娟 等,2010)。发现富源县大河矿区富煤一矿后备区随埋深增大,煤层含气量明显呈"波动式"增高(刘复焜,2013)。

(4) 认为恩洪向斜存在次生生物煤层气(陶明信 等,2012)。发现恩洪向斜上二叠统煤层重烃气浓度极端异常(陈励 等,2004);部分地区煤层重烃浓度在垂向上具有"半旋回"分布特征,在区域上成片集中分布,认为重烃浓度垂向分布模式受沉积层序、向斜构造和地下水活动的控制(兰凤娟 等,2012;兰凤娟,2013)。

(5) 对比分析了恩洪向斜和老厂地区煤储层孔隙-裂隙系统,发现老厂煤样吸附孔隙结构优于恩洪煤样,但恩洪煤样渗流孔隙结构均质性较好,渗流能力较强;老厂煤样显微裂隙密度相对较高,弥补了其渗流孔隙结构的不足(李松 等,2012)。

利用灰色关联度法识别出威信县观音山勘探区煤层含气量主控地质因素,建立了煤层含气量预测的 GM(1,N)模型和 GM(1,1)模型,认为煤层埋藏深度、煤层顶板 5 m 内砂岩厚度和顶板岩性是影响该区煤层含气量的 3 个关键因素(王盼盼 等,2012)。发现威信县新庄矿区瓦斯分布规律总体上在次级向斜轴部较高,瓦斯含量与煤层厚度呈正相关,区内岩溶对 C5 煤层含气量影响甚微(庞君 等,2012)。

三、煤层气勘探开发试验

云南省登记煤层气矿权区 6 个(图 1-1)。施工煤层气参数井和开发试验井 40 余口,例如恩洪盆地 8 口、老厂矿区 12 口、牛场-以古勘查区 3 口以及新庄矿区、蒙自盆地、昭通盆地各 1 口,开展了煤层气二维地震勘探以及大地电磁频谱探测工作。通过钻井、测井、试井、试气和样品测试获得了煤储层有关资料,为客观认识云南省煤储层特性提供了关键性资料。EH-2 井通过 5 个月的排采试验,获得最高日产气量 700 m³ 的初步成果,为今后的小井网开采试验积累了重要经验。

云南煤层气开发试验工程集中在滇东地区。2002 年年底开始,中联煤层气公司、云南省煤田地质局、美国远东能源公司三方合作,在恩洪向斜、老厂矿区完成二维地震勘探剖面 46.86 km,施工煤层气参数井和生产试验井 17 口(恩洪矿区 7 口,老厂矿区 10 口),进行了相应的地质录井、气测录井、测井等工作,其中恩洪 2 口井、老厂 4 口丛式井组压裂试气(中联煤层气公司 等,2014)。恩洪向斜 2 口井日产气量 $300 \sim 750$ m³,老厂雨旺区块 2 口井产气量 $500 \sim 1\ 000$ m³/d(贾高龙 等,2016)。

2010 年 3 月,云南云投镇雄矿业能源开发有限公司委托云南省煤炭地质勘查院开展了牛场、以古勘查区煤层气资源地面抽采条件评估,先后施工煤层气参数井 9 口,均进行了煤芯解吸实验及注入/压降试井(云南省煤田地质勘查研究院,2014)。2016 年至今,中联煤层气公司牵头启动国家科技重大专项项目,在恩洪向斜布置煤层气勘探井 3 口,在老厂矿区布

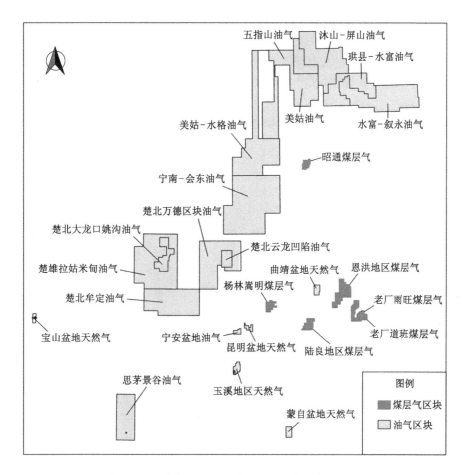

图 1-1　云南省煤层气及油气矿权区块分布示意图

置煤层气勘探井 5 口,目前已施工完成 5 口。

　　发现滇东-黔西地区前期煤层气勘探工作中存在许多重要问题,提出了解决办法(孟宪武 等,2006)。在开发选层方面,建议对厚度大于 1 m 的所有煤层进行测试,按照相距大于 20 m 含煤井段煤层相对集中的煤组进行测试。在开发方法方面,建议使用"射孔→排采"的顺序进行测试作业,以避免对多数煤层的歧视、降低投入,缩短完钻后到测试的时间间隔。在排采作业方面,建议排采必须要有足够的时间,正常排采时间(不含停泵时间)一般都应在 1 年以上。尽可能让目标层裸露,产液量、产气量处于相对稳定状态;对于产液困难的井,可注液氮或 CO_2 等(ECBM 技术)进行排驱。在开发方法和技术方面,可以考虑利用原有的(含煤勘井)不同井深、不同地质特点且井眼条件较好的 2~3 口井,采用不同方法进行测试及储层改造。

　　在恩洪向斜开展了高能气体压裂技术在煤层气开发中的试验应用,以期在煤储层中产生和形成多裂缝体系,同时产生较强的脉冲震荡作用于地层,改善和提高煤层导流能力(王建中,2010)。从整个生产环节分析了恩洪向斜前期煤层气勘探项目的得失,建议改进取芯设备,提高取芯率;考虑使用空气钻井技术,避免钻井液对储层的伤害;寻求更适合该地区的压裂工艺,引进、完善压裂设计软件;确定合理的排采强度,加强对气、水产量变化和井底压力变化的观察;深入研究储层压力、临界解吸压力、产气流动压力之间的相互关系及其对煤层井产能的影响(张宗羲 等,2006)。

根据恩洪-老厂煤层气勘查区煤系特征与地形特点,提出了具体的勘探开发策略建议:对煤层气、致密砂岩气和页岩气应"三气共探";应采用丛式井组、压裂改造和水平井等钻完井技术,试用 N_2 压裂和 CO_2 注入等增产措施;煤层气企业应与煤矿合作,在高瓦斯矿区推广利用煤层气地面抽采技术,在降低煤矿安全风险的同时加快煤层气商业化开发进程(贾高龙 等,2016)。

四、煤矿瓦斯抽采与利用

云南省高瓦斯矿井较多,主要集中在滇东和滇东北地区。2013 年,全省共有高瓦斯生产矿井 155 个,127 个分布在曲靖市,8 个在昭通市,11 个在红河州,5 个在大理州;按煤与瓦斯突出管理矿井 41 个,曲靖市 23 个,昭通市 13 个;煤与瓦斯突出矿井 44 个,曲靖市 10 个,昭通市 26 个,大理州 3 个。2012 年,全省发生煤矿瓦斯事故 9 起,死亡 37 人。2014 年,全省发生煤矿瓦斯事故 4 起,死亡 23 人,分别占云南省煤矿事故总起数和死亡总人数的 21%和 36.5%(孟智奇,2015)。2016 年上半年,云南省连续发生 2 起煤矿瓦斯事故,5 月 3 日盐津县沙坝煤矿瓦斯爆炸事故死亡 6 人,6 月 18 日师宗县泸兴煤矿瓦斯爆炸事故死亡 3 人(国务院安全委员会办公室,2016)。煤层气地面预抽,正是从源头上防治云南省煤矿瓦斯事故的根本途径。

云南煤矿安全监察局、云南省煤炭工业局 2009 年上半年正式启动了煤矿瓦斯治理示范工程,确定 10 对矿井和 2 个县(市、区)开展示范建设。截至 2010 年年底,全省已有 1 320 余个井工矿安装了瓦斯监控系统,占井工矿总数的 96%;重点产煤地区等 12 个县(市、区)和云南煤化工集团公司已经实现了县(市、区)、集团公司联网。根据规划,到 2010 年年底,建成 10 对全国"双百工程"示范矿井和富源县、麒麟区 2 个全国"双百工程"示范县(市、区);从 2011 年起,用 3 年左右的时间,把煤矿瓦斯治理工作体系示范工程建设全面推广到全省各工矿井和产煤县(市、区)。

2012 年 3 月,云南省人民政府发布了《关于加强煤矿瓦斯治理的实施意见》(云政发〔2008〕230 号)指出:贯彻落实"先抽后采、监测监控、以风定产"的瓦斯治理工作方针,紧紧抓住矿井通风系统、抽采抽放、监测监控、现场管理四个关键环节;加大瓦斯治理投入力度,煤矿瓦斯治理专项资金由煤矿企业按原煤实际产量从成本中税前提取列支,煤与瓦斯突出矿井 40 元/t,高瓦斯矿井 30 元/t,低瓦斯矿井 20 元/t;落实瓦斯抽采利用政策,用足用好已出台的销售煤层气(煤矿瓦斯)增值税先征后退、免征所得税,加速抽采设备折旧,煤层气(煤矿瓦斯)利用财政补贴,鼓励煤层气(煤矿瓦斯)发电上网和优惠电价等优惠政策。

2015 年 10 月,《国家煤矿安全监察局办公室关于转发〈云南省强化煤矿瓦斯防治十条规定实施意见〉的通知》(煤安监司办〔2015〕26 号)中强调:突出矿井必须建立地面永久瓦斯抽采系统,鼓励具备条件的矿井采取地面钻孔抽采煤层瓦斯等先进适用的区域防突措施;根据煤层瓦斯压力、瓦斯含量、煤层透气性等参数合理选择抽采方式方法和工艺,采取多种形式利用瓦斯,以抽保用、以用促抽,实现煤与瓦斯共采;必须将煤层瓦斯含量降到 8 m^3/t 以下或将瓦斯压力降到 0.74 MPa 以下。

2016 年 4 月,云南省人民政府出台《云南省国民经济和社会发展第十三个五年规划纲要》(云政发〔2016〕36号)。相关规划目标为:推进老厂、恩洪、镇雄、新庄等矿区煤层气资源勘查工程项目,推进曲靖市、昭通市煤矿瓦斯抽采利用工程项目;开发地面煤层气,抽采地下采空区、废弃矿井和井下瓦斯,实施一批瓦斯发电工程;"十三五"期间,全省煤层气和煤矿瓦斯抽采量实现 4.1 亿 m^3/年,利用量实现 3 亿 m^3/年,瓦斯发电装机容量达到 12.4 万 kW。

近年来,云南省煤矿瓦斯抽采量不断增长,2007 年突破了 6 000 万 m^3,2008 年达到了 6 300 万 m^3,2009 年在 7 500 万 m^3 左右,2012 年达到 1.85 亿 m^3,省政府期望 2020 年全省煤层气和煤矿瓦斯抽采量实现 4.1 亿 m^3。云南省煤矿抽采瓦斯利用率较低,但增长较快,2007 年全省煤矿抽放瓦斯利用率 3.3%,2012 年增至 11.22%,2013 年达到12.35%,省政府期望 2020 年达到 73%。规划建设了一批低浓度瓦斯发电站:2006 年 6 月,以昭通威信花家坝煤矿三号井为试点,建成云南省第一台功率为 500 kW 的瓦斯发电机组,设计年利用纯瓦斯 100 万 m^3;随后,曲靖市小窑沟煤矿、合乐武煤矿等多座瓦斯发电机组相继投入运行;2015 年 10 月,云南能投集团首座低浓度瓦斯发电站在观音山煤矿成功并网发电,装机容量 3×500 kW。

第二节 煤田地质概况

云南省聚煤期多,沉积类型多,含煤盆地构造变形历史不一,由此造成赋煤构造复杂多样。这一特殊的煤层气地质背景条件,与华北地区存在显著区别。

一、区域地层与含煤地层

云南省地层发育齐全,地层分区包括滇东、滇西两大分区及 12 个小区,含煤地层分别形成于早寒武世、中泥盆世、早石炭世、中二叠世、晚二叠世、晚三叠世、晚白垩世和新近纪。

(一)区域地层

1. 元古界及其之前地层

前震旦系。古元古界出露于云南中部的元谋、大红山、点苍山、哀牢山及南部的瑶山一带,为一套浅~深变质的沉积岩及火山岩,主要为片岩、片麻岩、大理岩、角闪岩等,厚 2 000 m~大于 9 253 m;中元古界出露于云南东部和西部,岩性以千枚岩、板岩、砂岩夹碳酸盐岩、片麻岩、变粒岩及变质火山岩为主,厚度大于 11 469 m。

震旦系。有两种类型:一为稳定型沉积,广泛出露于云南中、东部地区,与下伏昆阳群地层不整合接触,以砂岩夹砾岩、凝灰岩、碳酸盐岩及磷块岩为主;二为活动型沉积,屏边地区为细碎屑复理石建造,中甸地区和潞西地区为类复理石建造。

2. 下古生界

寒武系。出露于滇东罗平~师宗、个旧~屏边一带,滇中丽江~祥云~新平一带,在滇西高黎贡山~腾冲一带缺失。在华坪一带缺失下统底部及中上统,昆明一带缺失上统,昭通、巧家一带缺失上统上部。其他地区为一套碎屑岩及碳酸盐岩建造,与下伏地层整合或假整合接触,厚 2 431 m~大于 10 755 m。

奥陶系。主要出露于滇东北、昆明、宁蒗、大理~金平,滇东南及滇西保山~镇康一带,滇东北、大理及保山~镇康一带发育比较齐全,与下伏地层接触类型多样,以假整合为主。下统岩性主要为碎屑岩夹灰岩;中统主要为泥质碳酸盐岩夹碎屑岩;上统主要为页岩、粉砂岩、砂岩夹泥灰岩。

志留系。出露分布较广,主要有滇东北、曲靖～石屏、宁蒗、中甸～大理～金平、兰坪～墨江、保山～澜沧一带,地层发育普遍较齐全,与下伏地层整合或假整合。在滇中、滇东及滇东南地区以及高黎贡山～腾冲等广大地区地层缺失。下统岩性主要为笔石页岩、粉砂质页岩(或板岩),夹粉砂岩、砂岩、灰岩等;中统主要为泥质碳酸盐岩、碎屑岩;上统主要为泥质碳酸盐岩,夹页岩、粉砂岩、砂岩等。

3. 上古生界

泥盆系。除武定～玉溪一线以西的滇中地区以及滇东北的绥江～镇雄地区以外,全省均有广泛分布。与下伏地层一般整合、假整合接触,局部为角度不整合接触。下统主要为碎屑岩、硅质岩夹碳酸盐岩;中统以灰岩、砂岩、页岩为主,夹粉砂岩、白云岩、硅质岩等;上统以碳酸盐岩、硅质岩为主,夹页岩、粉砂质泥岩,并在景洪地区夹火山碎屑岩,中甸～丽江等地夹基性火山岩。

石炭系。除滇中广大地区、牛首山古陆、巧家～盐津～镇雄、屏边～马关、临沧～勐海及潞西一带缺失之外,其余地区均有广泛出露,发育齐全,底部与下伏泥盆系地层整合～假整合接触。下统主要为海相碳酸盐岩沉积岩;中统均为浅海相的碳酸盐岩沉积,由灰岩、生物碎屑灰岩、鲕状灰岩、白云质灰岩等组成,局部夹泥灰岩、白云岩、硅质岩、页岩及燧石层;上统以滨海、浅海相、海陆交互相沉积为主,由冰水沉积的含砾杂砂岩、砂岩、页岩、灰岩组成,局部夹少量白云岩、泥灰岩。

二叠系。除滇中大部分地区、牛首山古陆(岛)、越北古陆以及澜沧古岛等地区缺失外,均有广泛分布。与下伏石炭系地层多以假整合接触,其次为整合或角度不整合接触。中统由灰岩、结晶灰岩、沥青质灰岩、白云质灰岩、白云岩、杂色石英砂岩、砂页岩、铝土质岩等组成;上统自下而上层序为:底部为峨眉山玄武岩组,中部为龙潭组等海陆交互相含煤碎屑岩或为吴家坪组浅海相含煤碳酸盐岩,在滇西区局部为深海沉积或以火山岩为主,上部为长兴组浅海相沉积,主要为浅海相碳酸盐岩。

4. 中生界

三叠系。除康滇古陆局部地区、越北古陆、澜沧古岛、高黎贡山古陆等地区缺失外,其余地区分布广泛。下统主要为海陆交互相杂色砂、页岩及浅海相灰岩、泥灰岩夹砂岩、页岩;中统主要为浅海相灰岩、白云质灰岩、板岩、泥灰岩、页岩、砂岩、火山岩及火山碎屑岩;上统岩性主要为碳酸盐岩、页岩及含煤碎屑岩。

侏罗系。除滇东的曲靖、马龙、宜良、建水一线以东地区,哀牢山、滇西北中甸～丽江、高黎贡山等地区,以及滇西南局部地区缺失外,各地均有分布,尤以滇西～思茅、滇中大姚～楚雄一带最为发育,滇东北及滇东一带分布零星,主要为陆相红色碎屑岩系,由紫红色粉砂岩、泥岩、砾岩组成,夹泥灰岩。与下伏三叠统接触类型:兰坪～墨江～绿春一线以东地区多为整合,而以西地区为假整合及不整合接触。

白垩系。分布范围比侏罗系缩小,主要集中分布于滇中、兰坪～思茅中、新生代巨型坳陷中的大姚～楚雄、德钦～兰坪～景谷～勐腊一带,另外在勐海、耿马、临沧、潞西地区有零星分布。主要为陆相碎屑岩沉积,以砂岩、砾岩为主,次为泥岩、砂砾岩;在楚雄、兰坪局部地区夹泥灰岩;在潞西一带夹河口湾相的白云质灰岩。与下伏侏罗系假整合接触,局部为整合接触。

5. 新生界

古近系。广泛分布于境内大小不等的山间盆地和谷地中,盆地规模以中、小型为主,均为陆相碎屑沉积,各地厚度不一,一般厚约数百米,最厚可达数千米。与下伏各时代老地层不整合接触,与白垩系为整合~不整合接触。

新近系。广泛分布于云南省大小不等的山间盆地和谷地中,均为陆相碎屑沉积,多数形成近源碎屑含煤建造,与下伏各个时代的地层均呈不整合接触。

第四系。分布于云南省各地的山间盆地,洼地、湖泊、江河两岸,山麓山坡地带及洞穴内,为冲积、坡积、洪积、湖积、残积、钙华、冰川、泥石流等沉积及火山喷发岩,不整合于之前不同时代的地层之上。局部地区含有泥炭层,厚度不一。

（二）含煤地层

云南省境内腐植煤的聚煤作用始于中泥盆世,如禄劝中泥盆统曲靖组已出现了为数不多的角质残植煤;止于第四纪,如东川市拖布卡、安乐箐、乌龙及更新世早期的大理市松毛坡等地均赋存有年轻褐煤或泥炭。目前,世界上最年轻的褐煤发现于滇西腾冲盆地,成煤地质时代距今只有 3 万年左右(秦勇 等,1989,1995)。主要含煤地层有下石炭统、下二叠统、上二叠统、上三叠统和新近系。

1. 下石炭统万寿山组

万寿山组地层发育于早石炭世晚期(大塘期),主要分布于昆明-文山地层区昆明分区,罗平分区亦有少量分布,但仅夹炭质泥岩而不含煤层。含煤地层沉积范围仅限于巧家、昆明西山、通海一线以东,建水、弥勒、师宗、罗平一线以北的区域。属石炭纪海水西侵在古陆东侧的边缘过渡相或海陆交互相碎屑岩、泥质岩夹灰岩的含煤沉积。含煤地层与下伏汤耙沟组(亦称岩关组)的灰岩为连续沉积,以假整合或微角度不整合超覆于中、上泥盆统的灰岩之上。顶界与大塘阶旧司组灰岩呈整合接触。

万寿山组岩性以紫灰、灰黑、深灰、灰白、灰色页岩、含炭页岩、泥岩、砂质泥岩、粉砂岩、细至中粒砂岩、炭质泥岩、煤层及煤线为主,常夹灰岩、泥质灰岩及硅质岩。沉积厚度数米至274 m,一般数十米至150 m。自西向东逐渐增厚,在滇黔交界的贵州威宁一带厚达992 m。东部地层发育齐全,西部则仅发育后期超覆沉积。

万寿山组地层含煤性很差,仅局部地区出现可采煤层。含煤0~7层,一般1~3层;可采0~4层,一般1~2层;单层厚0~4 m,一般厚数十厘米至1 m。煤层不稳定,呈透镜状、藕节状、鸡窝状等,煤层结构一般较简单。煤层一般位于剖面的下部或中部,沿走向延长一般数十米至数百米,最长可达800~1 200 m。主要矿区有宜良万寿山、嵩明四营、沾益天生坝、昭通放羊冲、昭通靖安、昭通鲍家地、彝良小法路。

2. 下二叠统梁山组

梁山组主要分布于康滇古陆东侧峨山、弥勒、罗平一线以北的昆明小区、宣威分区、威信小区,属阳新海侵早期海水西侵过程形成的海陆交互相含煤沉积。古陆西侧的永胜分区、宾川小区虽有零星分布,但无煤层赋存。

梁山组岩性以黄褐、黄灰、灰白色细至粗粒石英砂岩与紫红、灰、黄绿、灰黑色泥岩为主,次为砂质泥岩、砂砾岩、铝土岩、炭质泥岩、煤层,夹少量灰岩、泥质灰岩、白云岩透镜体。含煤1~5层,一般1~2层。岩性、岩相变化较大。含煤地层的厚度由数米至237 m,一般厚30~70 m,东厚西薄。

梁山组地层含煤性很差,仅局部地区出现可采煤层。含煤1~5层,一般只有1层可采,局部地区可达4层可采。煤层呈透镜状、似层状、鸡窝状分布。煤层沿走向延长仅数十米、数百米或数千米即变薄、尖灭。主要可采煤层可分为上煤层、下煤层,当上煤层可采时,下煤层则不可采,反之亦如此。上煤层单层厚0~1.5 m,一般厚0.7 m,局部厚达11 m,仅寻甸黑土坡哨、会泽雨录、晋宁王家湾等少数地区达可采厚度。下煤层单层厚0~3.97 m,局部厚达6 m,一般厚1.46 m。煤层结构多为简单至较简单,个别地区为复杂结构煤层。可采矿区、矿点较多,昆明、玉溪、宜良、富民、沾益、宣威、会泽、镇雄等地区均有可采煤层。

3. 上二叠统含煤地层

晚二叠世是云南省境内两个最重要的聚煤期之一,含煤地层广泛分布于康滇古陆东西两侧的广大地区,以东侧的含煤性最好,西侧的滇西区含煤性普遍较差或不含煤,代之以火山岩或深海相建造为主。云南晚二叠世含煤地层沉积区显示原生沉积盆地的性质,具有由古陆剥蚀区~陆相沉积区~海陆过渡(交互)相区~海相区顺序过渡的特点,包含龙潭期和长兴期两个成煤期,且长兴期相对于龙潭期是海侵超覆的关系,因而具有多种含煤类型,其特点反映在组名含义上(表1-1)。

表 1-1　　　　　　　　云南晚二叠世含煤地层组名对照简表

沉积类型	以陆相沉积为主,局部为滨海过渡相沉积		滨海过渡相~海陆交互相沉积	以浅海相沉积为主
组名	宣威组	上含煤段	长兴组(石拂洞组)	长兴组
		中含煤段	龙潭组(黑泥哨组)	吴家坪组
		下含煤段		

下面以滇东地区为重点进行阐述。

(1) 宣威组

宣威组分布于康滇古陆东缘与盐津、镇雄、田坝、富源及曲靖恩洪以西之间的滇东及滇东北地区。岩性由砂岩、泥岩、炭质泥岩及煤层组成,夹薄层菱铁岩,底部有凝灰质残积铝土质泥岩,局部地带有辫状河底砾岩、砂砾岩,碎屑岩粒度从陆缘向海的方向逐渐变细,边缘相沉积明显。地层厚度27.19~279.69 m,一般厚100~270 m,东厚西薄,至康滇古陆边缘尖灭。根据岩性特征、含煤性及相变等因素,可分为上、中、下三个含煤段,上段与长兴期层位相当。本组与下伏峨眉山玄武岩呈假整合接触,与上覆下三叠统卡以头组为整合接触。

宣威组煤层主要发育在宣威冲积平原靠近贵州过渡相区的一侧,以宝山、羊场矿区为中心,全组上、下都含煤,一般含煤25~60层,煤层总厚13~27 m;一般8~15层可采,可采煤层总厚8~15 m,主要分布在中段。由此中心向西、向北,煤层层数减少,层位升高。例如,羊场矿区东部6井田,含煤64层,总厚27 m,可采煤层11层,可采总厚11.89 m;西部的12井田含煤23层,总厚约14 m,可采煤层4层,可采总厚9.50 m,主要分布在含煤地层中段上部及上段,下段不含可采煤层。在西部,本组可采煤层边缘附近的来宾、倘塘及盐津含煤区的东部,含薄煤9~15层,总厚约4 m,下段只夹煤线、中段偶有可采薄煤,可采煤层分布在上段,一般为2层,总厚1.5~2.50 m,向西不可采至尖灭。在海岸线附近的卡居、鲁海、罗木矿区,考虑到海侵层位处于底部不合煤段,仍归属宣威组,含薄煤17~35层,煤层总厚7.4~

11.46 m,含可采煤层 4～5 层,可采总厚 3.12～4.63 m,上段可采煤层增多至 2～4 层。

（2）龙潭组/吴家坪组/长兴组

龙潭组和吴家坪组的层位均相当于宣威组的中、下段,但二者分布区域及聚煤环境不同,并且吴家坪组下部层位要早于龙潭组。龙潭组为一套海陆交互相含煤地层,岩性为碎屑岩、泥质岩、煤、炭质泥岩夹薄层灰岩、泥质灰岩,碎屑岩含较多的硅质,沉积厚度为 50～335.71 m,一般 255 m。这两套含煤地层一般都假整合于峨眉山玄武岩或茅口组灰岩之上,吴家坪组亦有不整合超覆于下二叠统至上石炭统灰岩之上者;顶部以 M7 煤层顶面或含长兴期化石灰岩为界,与上覆长兴组地层呈整合接触。

龙潭组与长兴组共存区是富煤区,分布在庆云、后所、云山、恩洪、老厂、圭山一带,与宝山、羊场矿区逐渐过渡,主要可采煤层在中、下段,以中段为主。向北可采煤层逐渐也在长兴组出现。圭山鸭子塘至弥勒矿区含煤 6～27 层,煤层总厚 3～28.50 m;可采煤层 3～12 层,一般为 6 层,可采总厚 1.75～26.65 m,一般为 11.50 m。其中,下段含可采煤层 1～5 层,总厚 0.8～6 m;中段含可采煤层 2～6 层,总厚 1.75～19.11 m;上段含可采煤层 2～3 层,总厚 1～8.43 m,以鸭子塘矿区含煤性最好。庆云、后所、云山矿区全组含煤,一般 30～60 层,煤层总厚 20 m(后所)～40 m(大坪);3 个地层段均含可采煤层,一般 8～15 层,可采总厚 9～20 m,主要分布在中段。向南至恩洪矿区,含煤 29～46 层,总厚 23.7～40.30 m;可采煤层 8～16 层,总厚 9.35～26.27 m。老厂矿区含煤 24～31 层,总厚 28.10～29.47 m;可采煤层 5～14 层,可采总厚 14～26 m,一般为 20 m。其中,下段含可采煤层 1～3 层,平均可采总厚 3 m;中段含可采煤层 5～8 层,平均可采总厚 12 m;上段可采煤层 2～5 层,平均可采总厚 5 m。在镇威煤田,以镇雄矿区含煤性较好,一般含煤 8～15 层,总厚 4～8 m;可采煤层 2～4 层,可采总厚 3～5 m,主要集中在中段上部;下段夹 1～2 层薄煤,上段偶有局部可采煤层 1～2 层;向西近陆、向东临海方向,煤层变薄至尖灭。

吴家坪组为一套浅海碳酸盐岩台地相含煤地层,大致分布于师宗-弥勒断裂东南的滇东南文山、开远、个旧、砚山、丘北一带,岩性以灰岩为主,夹泥灰岩、白云岩、白云质灰岩,含煤地层厚度 73～287 m。本组一般含煤 1～4 层,可采 1 层,在砚山干河可采煤厚 1.75 m,向深部（NE）逐渐尖灭;丘北龙嘎东部发育局部可采薄煤层,厚度变化大,只在靠近越北古陆边缘煤层厚度较大,较稳定,一般可采 1 层,在大庄一带厚 2 m,在水结一带厚 3 m,在老鹰山一带厚 4.3 m。

在康滇古陆西侧,与龙潭组层位相当的含煤地层为黑泥哨组,分布于丽江、剑川一带,为一套海陆交互相含煤地层,含煤性差,仅局部含不稳定可采煤层。例如,滇西北鹤庆马厂煤矿可采煤层 5 层,总厚 5.20 m,变化大。在滇西和滇南,与龙潭组层位大致相当的含煤地层还有羊八寨组、老公寨组和南皮河组。羊八寨组分布于滇西南的弥渡、墨江、江城、普洱、勐腊一带,为一套思茅弧后盆地的滨海-浅海相含煤碎屑岩地层,偶含可采煤层,含煤性差。老公寨组分布于景谷、景洪一带,偶含煤。南皮河组分布于永德、耿马一带,系冈瓦纳古陆东缘的海陆交互相含煤碎屑岩地层,含煤性很差,迄今未发现有工业价值的煤层。

（3）长兴组

在滇东南的个旧～富宁以及滇西北的宁蒗～丽江一带,该组为典型的浅海相碳酸盐岩沉积,不含煤。在海陆过渡相区,该组发育于龙潭组之上,变为以碎屑岩为主的海陆交互相含煤地层。在滇东北威信,本组岩性为灰岩、泥灰岩夹粉砂岩及泥页岩,夹薄煤层,向东灰岩增多,向西在镇雄含煤最好,即与黔西的汪家寨组及川南的兴文组相当。长兴组沉积厚度数十米至 500 余米,与其下伏吴家坪组、龙潭组及上覆卡以头组均呈整合接触关系。但在滇东南,该组与上覆洗马塘组呈假整合接触关系。

4. 上三叠统含煤地层

云南省该期含煤地层集中分布在康滇古陆及其周边,岩性、岩相复杂,沉积环境差异极大,以陆相和海陆交互相为主,局部为滨海或浅海相。岩性主要为碎屑岩、泥(页)岩、碳酸盐岩、火山岩和煤。沉积厚度巨大,但不稳定。与下伏地层一般为假整合接触,亦常以不同层位超覆于老地层之上,局部为整合接触。

根据岩性、岩相及古生物面貌特征,云南上三叠统可划分为早期(卡尼阶)、中期(诺利阶)和晚期(瑞替阶)沉积:

早期含煤地层主要分布于宁蒗、宾川、大姚、双柏、元江一线以西,以及滇东南的建水、弥勒、师宗一线以南,由浅海相碎屑岩及碳酸盐岩组成,局部夹炭质泥岩或煤线。在康滇古陆之上隆起沉积区的永仁及一平浪一带,发育有紫红色细-中粒砂岩、砾岩夹泥岩,顶部具泥灰岩,为陆相沉积,一般厚 200~1 000 m。分布于开远东北部的南盘江两侧的八盘寨组,顶部局部夹煤线。滇中地层分区南部的云南驿组,下部含透镜状劣质煤层。

中期含煤地层分布范围较早期进一步扩大,西部沉积区向东扩展至宾川、永仁、元谋、一平浪、塔甸一线以东,东南部沉积区往北移至石屏、弥勒、师宗一线以北。主要含煤地层有:火把冲组,主要分布于罗平、师宗、建水、个旧、蒙自等地,煤层局部可采,或不含可采煤层;普家村组,分布在禄丰~一平浪一带,厚 500~2 500 m,含煤 2~8 层,可采 1~4 层,均为透镜体,极不稳定;大荞地组,只发育于永仁纳拉箐、宝顶山及太平场一带,厚达 2 260 m,在宝鼎矿区含煤达 800~100 余层,可采 37 层;花果山组,主要分布于祥云、楚雄、弥渡一带,厚 295~1 300 m,含可采煤层 1~3 层;松桂组,主要分布于宁蒗、永胜、鹤庆一带,厚 620~1 069 m,含薄煤层 3~30 层,可采 0~2 层。

晚期含煤地层沉积范围进一步扩大,除滇东曲靖~马龙,滇东南思茅、临沧~澜沧以及滇西高黎贡山等地缺失外,几乎广布云南全省。在隆起沉积区,以陆相-海陆交互相的碎屑岩、黏土岩为主,含数层可采煤层。在滇中的一平浪~元江等地,下部称为干海子组,含煤性较好;上部为舍资组,在滇中北部永仁一带称太平场组,含煤性较差。在坳陷沉积区边缘地带,称白土田组、新安村组或须家河组,为陆相-海陆过渡相碎屑岩含煤地层;在滇西,该组为夺盖拉组、麦初箐组、芒汇河组或三岔河组,陆相-海陆交互相碎屑岩地层,局部夹中酸性火山岩或薄煤层、煤线等。主要含煤地层包括:须家河组,主要分布于会泽、昭通、威信、绥江等地,一般厚 200~300 m,夹透镜状可采煤层 1 层;干海子组,在禄丰~一平浪一带,含多层煤层,一般可采 1 层;舍资组,发育在元谋~禄丰~一平浪一带,局部发育可采煤层;太平场组,分布于永仁一带,含数层劣质煤层;麦初箐组/夺盖拉组,分布于云岭分区,一般厚 1 000 m 以上,在兰坪温水庙、剑川白岩子及洱源红潭一带含煤 1~4 层,可采 1~3 层。

5. 新近纪含煤地层

新近纪是云南省境内两个最重要的聚煤期之一,含煤地层广泛发育众多中~小型陆相盆地,面积大者达数百平方千米,小者不到 1 km²,成因类型多样。据统计,云南省有新近纪盆地 253 个,包括含煤性不明的盆地 103 个和已知的 150 个。其中,已勘查的含煤盆地 90 个,未上钻的 60 个。含煤地层形成于中新世和上新世,沉积厚度几十米至 2 000 余米,岩性复杂多变,含煤 1 至数十层,煤层厚度几米～200 余米。

（1）中新世含煤地层

该期地层是云南省内主要含煤地层之一,广泛分布于大小不等的山间盆地和谷地,除昭通-东川分区缺失外,聚煤作用几乎遍及全省。该期地层主要形成于冲积扇及湖泊-沼泽环境,以碎屑岩、泥岩为主,少数为河流相等粗碎屑岩,普遍发育褐煤层。根据构造、沉积特征及含煤性,全省又分为滇西、滇东两个地层区。

滇西地层区。该区普遍发育中新统,在腾冲-瑞丽分区称为南林组,在保山-澜沧分区称为勐旺组,在兰坪-思茅分区称为三号沟组,在中甸-丽江分区称为双河组。地层最大厚度达 2 354 m,一般厚 482 m。岩性为泥岩、砂质泥岩、粉砂岩、砂岩、砾岩、泥质灰岩、炭质泥岩、褐煤层,局部地区发育侵入体或火山岩。含煤 0 至数十层,一般 6 层,4 层可采,可采煤层总厚数米至 44.56 m,平均 9.58 m,含煤性较差。

滇东地层区。该区中新统主要分布于昆明-开远分区,称为小龙潭组,在文山-富宁分区称为花枝格组,在元谋-楚雄分区称为石灰坝组。地层最大厚度 1 050 m,一般 375 m。岩性为泥岩、钙质泥岩、泥质灰岩、灰岩、粉砂岩、砂岩、砂砾岩、砾岩、硅藻土、炭质泥岩、褐煤层。含煤 0 至数十层,一般 10 层,4 层可采,可采煤层总厚数米至 188.52 m,一般 20～50 m,含煤性较好。

（2）上新世含煤地层

云南省缺失该期下部地层,上部地层广泛发育,是云南省内重要的含褐煤地层,广泛分布于大小不等的山间盆地和谷地。沉积环境以冲积扇-沼泽相为主,其次为湖泊相,典型的河流相少见,一般为碎屑岩和泥岩,普遍发育褐煤层。根据沉积特征及合煤性,同样又分为滇西、滇东两个地层区。

滇西地层区。该区内普遍发育上新世晚期含煤地层,在腾冲-瑞丽分区称为芒棒组,在保山-澜沧分区称为羊邑组,在兰坪-思茅分区称为福东组,在中甸-丽江分区称为三营组。地层最大厚度 950 m,一般 330 m。岩性为泥岩、硅藻质泥岩、页岩、粉砂岩、砂岩、砂砾岩、砾岩、褐煤层,局部有岩浆侵入体及火山岩,成岩程度较差。含煤 0 至数十层,一般 7 层,3 层可采。可采煤层总厚数米至 60.20 m,一般 4～20 m,含煤性较差。

滇东地层区。该区内除文山-富宁分区缺失该套地层外,其余分区中均有发育。该套含煤地层在元谋-楚雄分区称为沙沟组,在昭通-东川分区称为昭通组,在昆明-开远分区称为茨营组。地层最大厚度 790 m,一般 280 m。岩性为泥岩、砂质泥岩、粉砂岩、砂岩、砂砾岩、砾岩、炭质泥岩、褐煤层,成岩程度较低。含煤 0 至数十层,一般 10 层,4 层可采。可采煤层总厚数米至 76 m,一般 10～30 m,含煤性较好。

二、区域构造与盆地构造

（一）区域构造与聚煤作用

云南省位于特提斯构造域与环太平洋构造域的交接复合部位。从现代构造角度,云南全省分属 5 个构造单元(图 1-2)。

滇东地区以罗平-弥勒一线为界,北部位于扬子准地台,云南省内煤炭资源绝大部分集中赋存在这一地区,成煤时代以晚二叠世为主,新近纪次之;南部属于华南褶皱系,煤炭资源贫乏。滇中地区北部位于扬子准地台,但煤炭资源量很小,成煤时代以新近纪为主,晚三叠

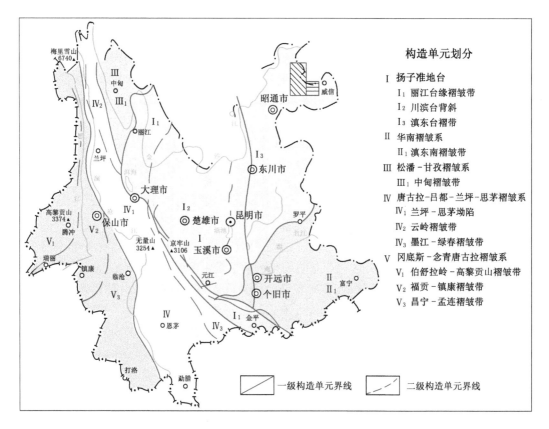

图 1-2　云南省构造分区略图

世次之；南部位于华南褶皱系西端，滇中煤炭资源主要集中于这一地区，为新近系褐煤。滇西地区构造十分复杂，从东向西，构造主体依次为 NNW 向展布的唐古拉-昌都-兰坪-思茅褶皱系和刚底斯-念青唐古拉褶皱系，北部跨松潘-甘孜褶皱系，成煤时代以新近纪为主，含煤盆地规模小，煤炭资源分散且数量不大。

二叠纪～三叠纪，云南省属于上扬子板块的一个组成部分。西部为板块主动边缘，紧挨古特提斯洋金沙江-哀牢山俯冲带；西北毗连盐源-丽江陆缘裂谷带与甘孜-理塘洋；南部濒临右江洋的罗平海槽；东部为板内滇黔陆表海（图 1-3）。

晚二叠世前，古扬子板块从南方冈瓦纳大陆分离并向北漂移，泥盆纪-晚二叠纪时已北移至赤道附近的热带气候区，为大规模聚煤作用的发生奠定了必要条件。二叠纪初，扬子大陆板块沿金沙江-哀牢山一线向西侧古特提斯洋壳下俯冲，陆壳边缘哀牢山逐渐隆起并向西推覆，导致板缘及板内川滇古陆的古断裂复活张裂，地幔物质上涌，地壳热隆上升。在永胜、宾川一带，海底火山强裂喷发，然后逐渐向东波及。西起程海断裂，东至小江断裂以东的滇东、黔西一带，为沿阶梯状 SN 向古断裂带，玄武岩覆盖了东至贵阳、南东至关岭与滇东南邱北一线的广大地区。至小江断裂以东，火山活动逐渐变弱，玄武岩最大厚度达 2 700～3 500 m，向东逐渐变薄，形成向东缓倾的斜坡，构成滇东-黔西地区晚二叠世含煤地层的沉积基底。

此外，区域上的 NW 向古断裂，如彝良-威宁-水城断裂，亦有明显的继承性同沉积活动，其沿线两侧岩性、岩相、地层厚度或含煤性有显著差异。NE 向的弥勒-师宗断层及 NW 向

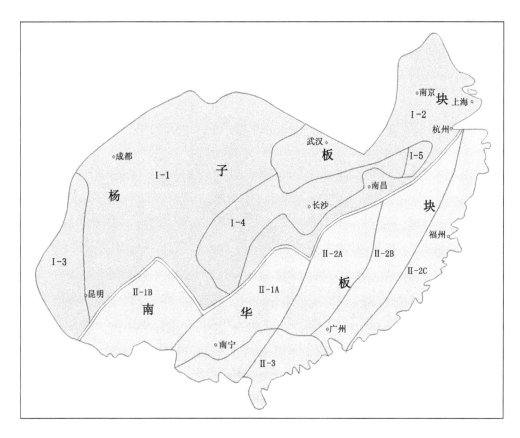

图 1-3　华南加里东期末大地构造分区简图（程裕琪，1994）

Ⅰ——扬子板块；Ⅰ-1——上扬子；Ⅰ-2——下扬子；Ⅰ-3——康滇地轴；Ⅰ-4——江南地块；Ⅰ-5——浙西地块；
Ⅱ——南华板块；Ⅱ-1——湘桂褶皱带（A湘中南褶皱系，B右江印支褶皱系）；Ⅱ-2——华夏褶皱带（A武功-诸广褶皱系，
B武夷-云开褶皱系，C东南沿海中生代火山岩断陷带）；Ⅱ-3——钦防海槽

的彝良-威宁-水城断裂基本为黔西、滇东地区晚二叠世海岸线，两者与 SN 向的小江断裂所构成的三角地带为区内晚二叠世最重要的富煤带，恩洪矿区与圭山矿区则处于富煤中心的西南部。

至中三叠世末，古特提斯金沙江-哀牢山洋与甘孜-理塘洋同时闭合，扬子板块与思茅地体及中朝地块碰撞接合，哀牢山群结晶基底进一步向西推覆并持续上升，其东侧受拉张致使红河断裂形成，该断裂及程海古断裂与绿汁江古断裂之间的滇中古陆剧烈沉降，形成上三叠统厚愈 287～5 300 m 的浅海相-陆相碳酸盐岩、砂泥质与中性火山碎屑建造及粗细碎屑岩含煤地层，火山活动仅沿程海断裂线带状分布。侏罗纪、白垩纪直至古近纪始新世，滇中地区总体持续沉降，形成巨厚（3 000～13 000 m）的内陆河湖相砂泥质及膏盐建造。

晚二叠世聚煤期，扬子板块继续向西俯冲，川滇古陆隆升，仍处于剥蚀状态。滇东处于川黔滇坳陷沉积区西部。坳陷区西缘的甘洛-小江古断裂为控制边界，其东盘滇东地区持续缓慢下沉，由西向东依次发育山前冲积扇平原、河流冲积平原、三角洲平原与滨海平原，形成以陆相为主的陆源碎屑岩含煤地层（图 1-4）。与此同时，板块西南被动大陆边缘弥勒-师宗古断裂与南盘江古断裂之间形成 NE 向的罗平断陷带，其中海陆交互相含煤沉积厚达 1 500 m。

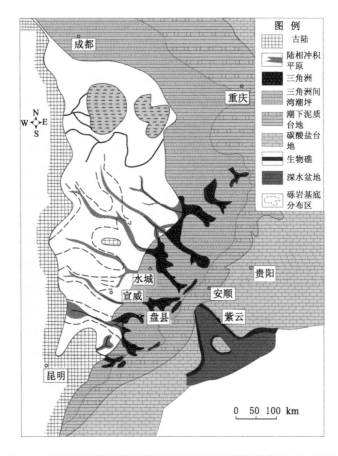

图 1-4　西南地区晚二叠世龙潭期岩相古地理图(邵龙义 等,1998)

　　滇东地区南部在三叠纪持续沉降,形成滨海-浅海砂泥质及碳酸盐岩沉积;至印支运动晚期,地壳短期上升,缺失上三叠统,仅滇东北部有上部(T_3^3)内陆河湖相粗细碎屑岩含煤地层形成。

　　至古近纪始新世中期末,印度板块沿雅鲁藏布江缝合带最终与中国板块碰撞,印度次大陆与古欧亚大陆连为一体。强烈的碰撞及印度板块随后的北推东挤,激起规模空前的喜马拉雅运动,青藏地区开始整体褶升。受喜山运动第一幕的影响,云南全境构造格局发生剧烈的陆内改造,上古生界及中、新生界地层全面褶皱,滇中及滇东的 SN 向、NW 向古断裂多转为压扭性左旋走滑活动,褶皱轴主要与相邻活动性古断裂平行,呈 NW 向、SN 向或 NE 向。几乎同时,太平洋板块向欧亚大陆的俯冲方向由 NNW 转为 NW 向,促使原 NE、NNE 向断裂转为右行压扭性活动,云南东部 NE 向断裂的右行扭动现象亦很显著。

　　渐新世末,受喜山运动第二幕影响,云南表现为差异性升降运动及轻微褶皱,还有强烈的断裂活动。红河断裂以东地区,在继承喜山早期构造活动格局基础上,断裂活动别具特点;特提斯构造系 NW 向与 SN 向左旋走滑断裂与环太平洋构造系的右旋走滑断裂活动频繁,构成古扬子板块上的走滑活动区。由于每一断裂沿走向各区段滑动速率的差异,常在断裂线弯曲部位,特别是 SN 向与 NE 向断裂交切部位常形成众多新近纪中小型断陷含煤盆地,如昭通、蒙自、昆明、先峰盆地等,皆不整合于下伏各时代地层之上。

（二）盆地后期改造与含煤地层赋存

云南省内含煤地层沉积后经过程度不等的构造变动,形成目前的煤田分布格局(图1-5)。

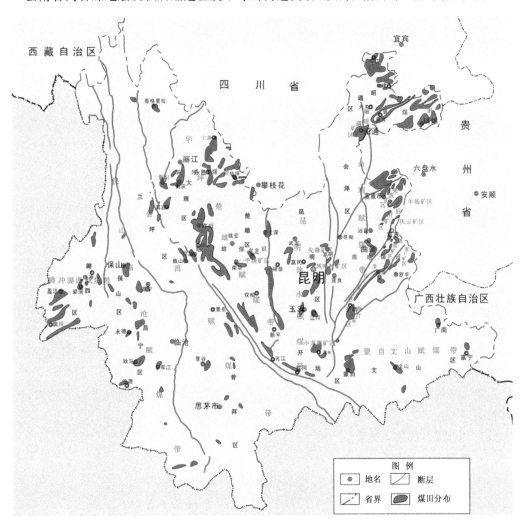

图1-5 云南省煤田分布图

在滇东地区,晚二叠世以来聚煤盆地具有如下后期改造特点。

第一,三叠纪早～中期,滇东地区地壳持续下沉,形成滨海-浅海相砂泥质、泥质碳酸盐岩、白云岩建造。随后,印支晚期(T₂末期)运动及燕山运动发生,云南全境上升,全区转为内陆环境。但是,自晚三叠世到白垩纪末,地壳运动以反复升降为特点,沉积时断时续,其间发生三次主要上升剥蚀期,分别发生在晚三叠世早～中期、早白垩世初期及晚白垩世。

第二,喜山运动第一幕使滇东地区上古生界及中生界全面褶皱隆起,盖层构造褶皱与断裂同等发育,构造线以 NE 向为主,少数为 SN 向,局部受结晶基底古构造继承性活动的影响出现近 EW 向,褶皱组合多见背斜窄、向斜宽缓的特点。本次构造活动为滇东地区现代构造轮廓及含煤地层赋存格局奠定了基础。

第三,渐新世末,受喜山运动第二幕影响,滇东地区除有轻度褶皱外,主要为上升剥蚀作用及较强烈的断裂活动。断裂活动尤具特点：受东（太平洋）西（新特提斯洋）板块活动的影响，NE向断裂具右行扭性活动特征，SN向断裂具左旋扭动特征，沿断裂线，特别是SN向昭通-曲靖断裂与NE向各断裂交切部位，形成新近纪串珠状断陷含煤盆地。

第四，上新世末发生喜山第三幕活动，其性质与第二幕基本相同。滇东地区仍表现上升剥蚀作用为主，褶皱作用轻微，断裂活动持续，形成现代地貌轮廓，各期含煤地层（除少数新近纪盆地外）出露地表，多在向斜构造部位残存保留，基本上形成赋煤构造的现代展布格局。

在滇中地区，晚三叠世以来聚煤盆地的后期改造与滇东有以下不同。

第一，晚三叠世聚煤期后，滇中地区持续坳陷，直至古近纪始新世中期末。其间，燕山运动表现为地壳升降活动。但是，一平浪地区在早白垩世中期的上升和剥蚀作用强度较大，造成下白垩统上段直接与上三叠统顶部假整合接触，侏罗系及下白垩统底部近万米地层剥蚀殆尽，上三叠统主含煤段以上盖层厚度为450～13 000 m。

第二，在喜山运动第一幕的影响下，上三叠统含煤地层及上覆中生界～新生界红层全面褶皱抬升，坳陷边界古断层（如SN向程海断裂、绿汁江断裂）活动性质转变，由张性转为挤压性推覆或逆冲。新产生的褶皱断裂构造线常平行边界古断裂伸展，呈NW向或SN向；近红河及程海边界古断裂，构造线密集，褶皱倒转，褶皱轴面及断裂面西倾；逆冲或推覆远离西部古断裂的褶皱一般开阔对称，唯北部华坪地区因盖层薄、受刚性结晶基底影响，形成穹隆状或短轴宽缓褶皱。华坪及祥云地区尚有正长斑岩等中性岩浆岩活动。

第三，喜山运动第二幕在滇中地区主要表现为地壳上升和轻微褶皱，断裂活动受西部新特提斯板块活动的影响，显示明显的左行走滑活动性质，并沿SN向及NW向走滑断裂线继续形成山间断陷含煤盆地，并局部伴有基性岩浆火山活动。

第四，上新世末的喜山运动第三幕，主要表现为上升和剥蚀作用及轻微褶皱活动；各期含煤地层出露地表，上三叠统含煤地层主要出露于坳陷盆地周边。

（三）典型向斜/矿区构造

1. 恩洪向斜构造特征

恩洪向斜位于曲靖市麒麟区、富源县境内，地理坐标为东经$103°53'$～$104°45'$，北纬$25°03'$～$25°40'$。向斜西部边界为富源-弥勒大断裂，其余边界主要为上二叠统含煤地层（宣威组）底界，局部为边界断层；总体轴向NNE-SSW展布，在北部呈近SN向；长53 km，宽9～20 km，面积620 km²，其中含煤面积485 km²（图1-6）。

恩洪向斜为一复式向斜，由恩洪复向斜和平关-大坪复向斜组成，面积分别为470 km²左右及150余平方千米。西部的恩洪复向斜夹持于富源-弥勒主干断裂与平关-阿岗主干大断裂间，两翼宽6～12 km，南宽北狭，地层倾角10°～25°，西北翼急倾斜；次级褶曲发育，西北翼依次为克依黑向斜、独木背斜、墨红-卑舍向斜、朵把朵向斜、九河-新村向斜、法乌向斜、古西沟-翁克背斜，东南翼依次有龙海沟向斜、大河-老虎箐背斜及下草坪向斜；各次级褶曲轴长4～10余千米，轴向与主轴线基本一致，自北向南作右旋雁行斜列展布。东部的平关-大坪复向斜轴向近SN，长24 km，宽2～12 km，地层倾角20°～40°，翼部较陡；东翼为断层所限而不完整，西翼次级褶曲较发育，依次有硐山背斜、鹦歌咀-桃树坪向斜、大水箐背斜；各褶曲之间多由走向断裂所分割，轴长4～12 km，宽1.5～3 km。

断裂构造可归纳为以下三大类型：

第一类，主干断裂，包括富源-弥勒大断裂和平关-阿岗大断裂。根据其"人"字形派生构

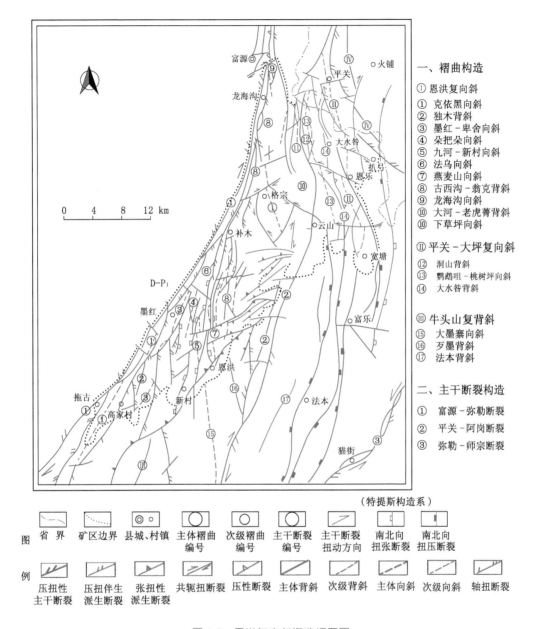

一、褶曲构造

① 恩洪复向斜
   ① 克依黑向斜
   ② 独木背斜
   ③ 墨红-卑舍向斜
   ④ 朵把朵向斜
   ⑤ 九河-新村向斜
   ⑥ 法乌向斜
   ⑦ 燕麦山向斜
   ⑧ 古西沟-翁克背斜
   ⑨ 龙海沟向斜
   ⑩ 大河-老虎菁背斜
   ⑩ 下草坪向斜

Ⅱ 平关-大坪复向斜
   ⑫ 洞山背斜
   ⑬ 鹦鹉咀-桃树坪向斜
   ⑭ 大水菁背斜

Ⅲ 牛头山复背斜
   ⑮ 大墨寨向斜
   ⑯ 歹墨背斜
   ⑰ 法本背斜

二、主干断裂构造

① 富源-弥勒断裂
② 平关-阿岗断裂
③ 弥勒-师宗断裂

（特提斯构造系）

图例 省界　矿区边界　县城、村镇　主体褶曲编号　次级褶曲编号　主干断裂编号　主干断裂扭动方向　南北向扭张断裂　南北向扭压断裂

图例 压扭性主干断裂　压扭伴生派生断裂　张扭性派生断裂　共轭扭断裂　压性断裂　主体背斜　次级背斜　主体向斜　次级向斜　轴扭断裂

图 1-6　恩洪复向斜构造纲要图

造性质及相交锐角指向，皆显示其西盘向 NE、东盘向 SW 作顺时针扭动（右旋扭动），具典型的环太平洋断裂构造系特征。富源-弥勒大断裂复向斜西部边界，长 240 km，总体走向 NE 20°～30°，断面倾向 NW，倾角 60°～80°；向斜范围内西盘中泥盆统～下二叠统逆冲在东盘上二叠统峨眉山玄武岩组～下三叠统永宁镇组之上，断距达 2 000 m 以上，断面附近地层直立、倒转、挤压现象明显，右旋压扭现象显著。平关-阿岗大断裂位于复向斜中部，为区内主干断裂之一，长度超过 100 km；断层走向 NE 20°～30°，为高角度压扭性斜向逆冲断裂；其中段分为东、西两支，复又合并，东支为主干断裂；东盘下二叠统～下三叠统飞仙关组逆冲在西盘峨眉山玄武岩组～中三叠统关岭组之上，地层断距 300～1 500 m，由南向北断距减小；

断层南段西侧 NE 向"人"字形派生张扭断裂成带密集分布,分支断裂延长数至 10 余千米, NE 端与主干断裂锐角相交;北段东侧发育压扭性褶曲及断裂,主要为平关-大坪复向斜及次级褶曲、小竹箐压性断裂等,走向近 SN 或 NNW,北端皆与主干断裂锐角相交。

第二类,次级断裂,包括伴生断裂和共轭扭断裂。伴生断裂为与主干断裂平行或与派生褶曲构造线平行的压扭性断裂构造,前者仅分布于主干断裂旁侧形成分支断裂带,后者广泛发育于各次级褶曲构造中,长度一般达 10 余千米,对含煤地层完整性破坏较大。共轭扭断裂分 NNW 及 NEE 两组,呈"X"形展布,稀疏散布全区,走向长数百米至数千米,断线平直,断面一般陡倾斜;NNW 向断裂多具左旋扭动特征,NEE 向断裂普遍具右旋扭动特征,常切割其他各类断裂构造,水平错距数十数百米。

第三类,特提斯断裂系,为 SN 向扭张断裂。主要分布于恩洪复向斜南段中部清水沟井田及老书桌井田,走向长 10~20 km,断距 100~300 m,倾角一般陡达 70°~80°,局部向深部变缓,近断层线附近地层倾角突然变陡或近于直立,局部出现牵引褶曲及挤揉现象,并见断层角砾岩及糜棱岩,显示先张后扭的力学特征,与 SN 向的小江断裂带类似。

王朝栋等(2004)将恩洪盆地分为 4 个构造区(图 1-7):

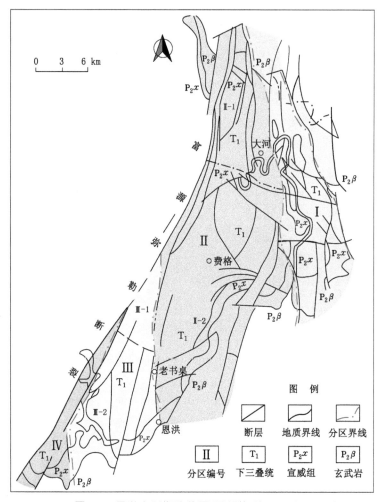

图 1-7　恩洪向斜构造分区(王朝栋 等,2004)

平关-大坪挤压构造区（Ⅰ），面积 112 km²。构造挤压强烈，形成一系列 NE 向深大断裂和褶皱，其中杨梅山-小竹箐断裂、平关-阿岗断裂属同期形成。在这两大断裂之间，发育一条近 NS 向挤压破碎带，包括两条深断裂在内的断裂几乎都是角度很陡的逆断层，中间部分形成下陷断块。断裂破坏了褶曲的完整性，在向斜内形成几个断块，背斜则成破轴状。剖面上，由东至西，形成箱式向斜隔槽，断裂强度较大，不断则已，一断即大。平面上，断裂构造线十分紧密。地形上，此区地形起伏较大，沟谷十分发育。区内横向次级小断层是喜马拉雅期和右旋应力的产物，它将 NS 向断层向 EW 错动，具有一定的拉张作用。区内断裂为封闭型，微裂隙系统受到挤压亦为关闭状态，应力相对较强，煤层渗透性大大降低。

大河-恩洪拉张构造区（Ⅱ），长 40 km，最宽 14 km，面积 270 km²。右旋应力作用使原 NE 向和近 NS 向断裂向 SW 弯曲，帚状向 SW 散开，还重新形成一组向北凸起（或弯曲）的 NE 向或 EW 向弧形次级断裂，并把原断裂错断、牵引、拉张、扭转，使本区构造形成以拉张为主的复杂构造格架。断裂十分密集，中央向斜两翼各形成一"叠瓦"排列，帚状向 SW 散开的构造格架中存在"反叠瓦构造"，将区内中央大向斜切成 8 段，将燕麦山向斜切成 4 段，向斜轴错动，都格村最大错距达 2 km 以上。由此，拉张、转动将该区块变成"粉碎性"断块区。区内可进一步分为两个亚区：富源-大河深断块区（Ⅱ-1），小河口-恩洪拉张构造区（Ⅱ-2）。后者发育一系列向东倾斜的逆断层，使向斜形成箱式断槽，三叠系地层覆盖较厚，局部达 1 500 m，其他地段在 1 000 m 以内。前者中央向斜开扩，两翼平缓，盖层厚度一般不大于 1 000 m；多发育正断层，几乎所有断层都具开放性质，有利于煤层气流动产出。

法乌-新村张扭构造区（Ⅲ），面积 113 km²。该区南部为张扭区，NW 部为压扭区，断裂基本为 NS 向，次级为 EW 向，但均被 EW 向断裂所切割。与Ⅱ区相比，构造线相对稀疏，断块相对较小。在右旋力作用下，发育较多小断裂，包括较多的隐覆断裂。法乌向斜断陷较深，约 1 000 m 左右，其他地区均埋深较浅，对勘探有利。断裂和褶曲在张性部分为开启式，在扭曲部分为挤压封闭式。其中，张性部分内部具有较多的隐覆断裂和裂隙，形成较多的渗透性较好的断块，如 F2-22 和 F4-28 以东、大地德横断裂以南地区。北部的法乌村以北区块以扭性断裂为主，封闭式裂隙较多。

克依黑压扭构造区（Ⅳ），呈三角形，面积 36 km²。为一挤压断槽，中心为东高西低的断块，边缘为两条逆断层，向东倾斜。老地层向上推覆，基底最大埋深 1 000 m。断层走向 NE，中段被次级小断裂切割，南部风化剥蚀。无煤层气勘探价值。

2. 老厂矿区构造特征

老厂矿区位于圭山煤田北段，主体为一轴向 NE45°～50°、轴面倾向 SE 的不对称短轴复背斜，含煤地层（上二叠统龙潭组和长兴组）基底无玄武岩（图 1-8）。南东翼为一单斜，保存完整，地层倾角一般 8°～20°，局部发育次级褶曲，弧形断层较发育，含煤地层分布连续广阔，是矿区主体；NW 翼为一深断槽型箱式向斜（德黑向斜），构造复杂，地层倾角 30°～50°，含煤地层虽埋藏深，但断层切割破坏严重。

区内断裂格局较为复杂。NE 向斜交逆断层多分布于背斜轴部附近，其余部位稀少；NE 向及近 SN 向断裂主要分布在南西翼东侧，多具压性和压扭性，倾角较陡，一般为 60°～85°，多集中成带分布。围绕复向斜轴部四周，形成一系列环状小规模次级断裂，已断至中三叠统法郎组二段，表明是燕山期到喜马拉雅期长期活动的结果。同时，次级环状断裂破坏、切割和牵引拉动 NE 向主断裂，使之弯曲变形。所有构造线和地层线均为椭圆形，使得整个

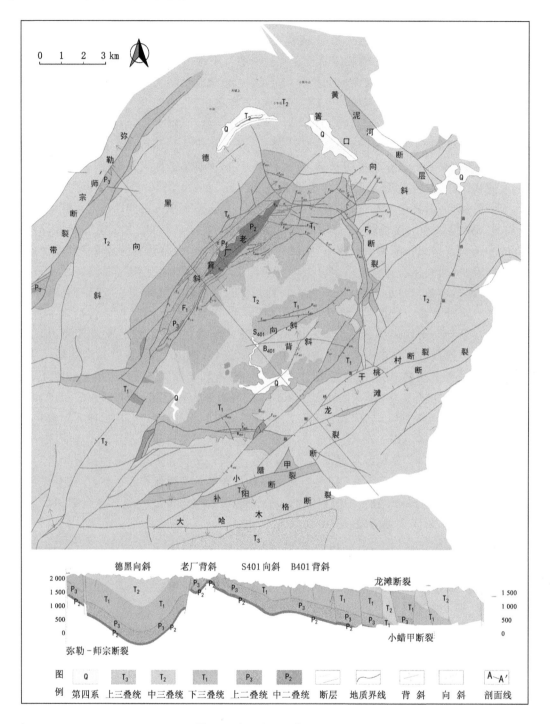

图 1-8　老厂复背斜构造纲要图

复向斜表现为一个较完整的椭圆形旋扭构造。

　　区内次级褶皱不甚发育,为一些幅度不大的宽缓褶曲。规模较大的有 SE 翼的 B401 背斜和 S401 向斜,对煤层含气量有较为明显的影响。B401 背斜轴向 NE88°,波幅 115～321

m；宽缓且基本对称，北翼倾角 12°～20°，南翼 7°～8°。S401 向斜紧邻并平行于 B401 背斜北侧，轴线西端扬起，轴面以 1°～3°往东倾伏，波幅 320 m 左右；宽缓开阔，北翼地层倾角 5°～33°，南翼地层倾角 8°～20°。此外，老厂矿区外围（预测区）规模较大的褶曲有北侧的德克向斜、底井背斜，南东侧的植白向斜、旧发背斜、石龙山向斜等。其中，与本项目有关的德克向斜总体为一轴向向北凸出的 NE～NW 向弧状构造，含煤地层埋藏较深。

王朝栋等（2004）根据构造机制、构造力学性质，并结合褶皱和断裂组合，将老厂复背斜分为 5 个构造区（图 1-9）：Ⅰ 老厂背斜区，包括一、二、三、五、六勘探区，向南、向北延伸至边界；Ⅱ 东部斜坡区，包括整个四勘探区，向南、向西延伸至环状断裂带；Ⅲ 北部、西部凹陷区，包括得黑箐口向斜全部；Ⅳ 东部、南部环状断裂区，包括东部、南部环状断裂带全部；Ⅴ 北部、西部环状断裂区，包括包括北部、西部全部环状断裂带。

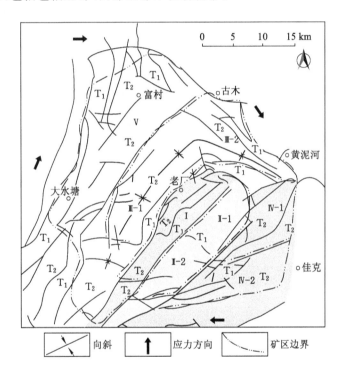

图 1-9　老厂矿区构造分区（王朝栋 等，2004）

3. 圭山矿区构造特征

该区为圭山煤田的中南段，总体为一倾向 SE 的似叠瓦状单斜构造，面积约 750 km² （图 1-10）。以 NE 向密集压扭性断裂为主体，间夹紧密线状或倒转褶皱。上二叠统含煤地层多隐伏深埋于盖层之下，局部以背斜形态或陡倾单斜形式存在或出露地表，前者如猫街预测区、纳省预测区、弥勒拖白煤矿（复杂叠瓦式背斜），后者如圭山矿区（复杂式单斜），含煤地层的破坏因素主要为断裂构造。

该区地层走向 NE20°～60°，倾角一般大于 40°，仅在九井田内黄梁子一带倾角较缓，为 30°左右；断层上盘地层倾角较陡，一般达 60°；圭山矿区十七、十八井田地层倾角普遍较大，多为 50°～60°，并有直立、倒转现象。北部褶皱较发育，多见短轴背斜；中部及南部靠近弥

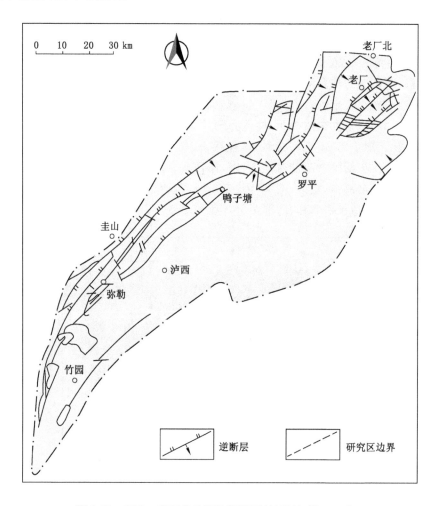

图 1-10　圭山－老厂盆地构造纲要图(桂宝林 等,2000)

勒、师宗断裂带附近,褶皱不显著,多为走向高度角逆断层和正断层,断裂十分复杂。构造变形以走向断层为主,在北部罗平、师宗交界附近,由于受一组 SN 向断裂影响,致使 NE 向断裂和褶皱呈"Z"形弧形弯曲。

次级褶曲普遍发育,包括宽阔的对称褶皱和紧密的不对称褶皱。在矿区中段的一～五井田,轴线长数 10～1 000 m。宽阔对称褶皱轴向与地层走向一致,往 SE 倾伏,两翼基本对称,地层倾角平缓,常被 NNW 向断层破坏。紧密不对称褶皱轴向与地层走向斜交,呈雁行式排列,轴面往 NE 或 SW 倾斜;轴面倾向 SW 的次级向斜,其 NW 翼地层倾角一般小于 25°,南东翼倾角一般大于 25°,有时甚至倒转。

该区断裂构造复杂,断层绝大多数为平行或斜交地层走向的高角度逆断层或正断层,倾角50°～70°。其中,SW～NE 和近 SN 向两组断层较为发育。前者规模较大,延深长,落差大,成组分布,以逆断层为主,断面倾向多与地层倾向一致,显示该区具有先压扭后张扭的多期活动特点。断层相互切割,将盆地分割成若干中小型地垒、地堑、阶梯状构造或叠瓦状等组合,同一地层或煤层重复出现,甚至深部含煤地层逆冲重叠在飞仙关组乃至永宁镇组之上。

该区虽然断裂构造复杂,但其性质多具压性扭性特征,断层封闭性较好,有利于煤层气的保存。落差较大的逆断层上盘,煤层埋深变浅,煤层连续和稳定性及煤层结构遭受破坏,对煤层气地质条件产生不利影响。

4. 华坪煤田构造特征

华坪煤田位于滇中坳陷北部边缘,毗邻四川攀枝花矿区,由木脚坪、轿顶山、河东、腊石沟、福田、义腊、龙泉、烟地、温泉等矿区组成;构造主体是以华坪为中心的中型穹隆,含煤地层主要为上三叠统太平场组,含煤面积约 720 km²。含煤地层围绕穹隆核部周边超覆不整合沉积,南部外围的上覆地层依次为侏罗系和白垩系。核部地层平缓,中生界向周边缓倾斜,常有次级褶曲出现。腊石沟矿区和福田矿区含煤性稍好,构造有一定代表性。

腊石沟矿区为一向北仰起收敛、向南倾伏散开的残留复式向斜,F3 断层构成东、西两个井田的天然边界;西部井田褶曲与断层均较发育,东部井田以褶皱为主,构造较为简单。

福田矿区与腊石沟矿区毗邻,地层走向近于 EW,向南倾斜,发育以 NNE 向为主的喜山期宽缓褶皱和断裂,根据构造特点,分为东部单斜区、中部宽缓褶皱区和西部单斜区。东部单斜区地层走向 80°～100°,倾向 SSW～SSE,倾角 12°～18°,构造简单。中部宽缓褶皱区发育次级褶曲 5 个,均向南倾伏,轴向 12°～20°,两翼地层倾角 15°～20°,断层稀少。西部单斜区为一单斜构造,地层走向 15°～20°,向 SE 方向倾斜,倾角 15°～20°,无明显次级褶曲,断层稀少,对煤层无破坏作用。

5. 蒙自盆地构造特征

蒙自盆地位于云南省南部,由雨过铺矿区和南部矿区构成,含煤地层为新近纪中新统小龙潭组,构造上为一楔形走滑断陷盆地,面积 529 km²(图 1-11)。盆地的形成,主要受控于 NW 向与近 SN 向两条古断裂同沉积走滑活动,两断裂所夹持的楔形地块向 NW 滑移下陷,接受超覆于古生界及中生界碳酸盐岩基底之上的中新世含煤沉积。

盆地为一宽缓向斜构造,轴向 NW320°,延伸长约 15 km(图 1-11)。含煤地层未出露地表,埋深 300～900 余米。南西翼平缓,地层倾角一般为 5°～10°;受盆地东缘边界断层影响,NE 翼相对较陡,地层倾角变陡一般为 20°～45°。盆地内部断裂十分稀少,次级褶曲不其发育。南部矿区总体上表现为一个向 SE 方向倾伏的向斜,北部的雨过铺矿区总体上一个完整的短轴背斜。

6. 昭通盆地构造特征

昭通盆地位于滇东北地区,含煤地层为新近纪上新世昭通组,面积 225 km²。盆地形成受控于 SN 向箐门古断裂(昭通～曲靖古断裂北段)与 NE 向洒渔河古断裂,以及基底向斜(古昭通向斜)的同沉积继承性活动。在新近纪成盆期,SN 向古断裂呈左行走滑扭动,NE 向古断裂作右行走滑扭动,两断裂所夹持的楔形地块则向 SW 方向滑移沉降,属走滑断坳型复合盆地(图 1-12)。

该盆地总体上属于一个复式向斜,断裂极其稀少,由海子向斜、荷花向斜和诸葛营向斜组成;三个次级向斜之间为凤凰山背斜,背斜轴部出露上二叠统(图 1-12)。昭通组含巨厚褐煤 2 层,富煤中心带与古基底向斜轴部重合,最大纯煤厚度达 193.77 m,煤层由盆地中心向边缘分叉变薄。海子向斜含煤地层埋藏较浅,适合于露天开采。荷花向斜和诸葛营向斜含煤地层埋深较大,属于预测区。

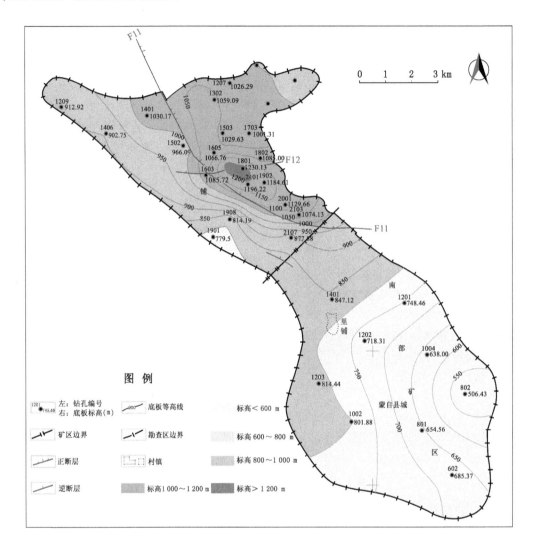

图 1-11　蒙自盆地 3 号煤层底板等高线图

三、区域岩浆活动及现代地温场分布

（一）区域岩浆活动

云南省境内岩浆活动广泛发育,岩类齐全,分别归属于元古旋回(澄江期之前),印支旋回(加里东期～印支期)及喜马拉雅旋回(燕山期～喜马拉雅期)三大岩浆旋回。但是,区内岩浆活动主要是间接地控制或影响含煤地层,仅在个别新近纪盆地(如剑川双河、梁河南林)中对含煤地层有直接影响或破坏作用。

海西期～印支期的火山喷发活动在泥盆纪、石炭纪、二叠纪和三叠纪均有发生,但最为广泛且与聚煤作用有关的为东吴运动期(中、晚二叠世之间)峨眉山玄武岩。在云南省境内,峨眉山玄武岩分布于普渡河断裂以东的滇东地区,面积约 42 000 km²,最大厚度超过 1 600 m,厚度总体上由北向南、由西向东逐渐递减(图 1-13)。峨眉山玄武岩构成了晚二叠世含煤地层的沉积基底,影响到聚煤期古地理格局。也有报道,在滇东北～黔西南一带的峨眉山玄

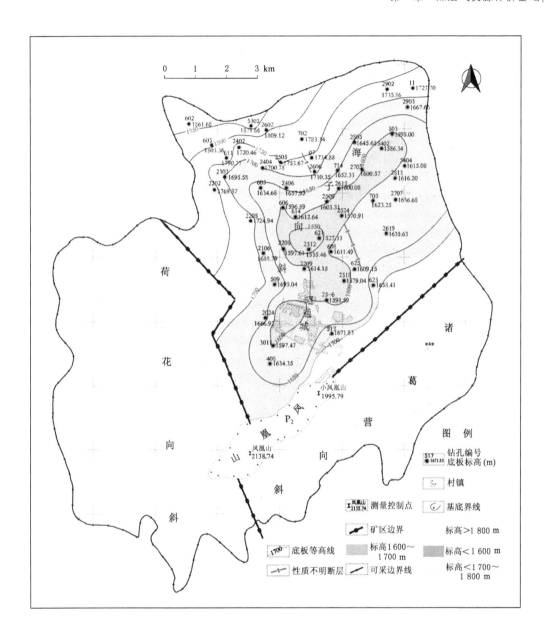

图 1-12 昭通盆地 3 号煤层底板等高线图

武岩中夹有一套厚度不大的陆相含煤地层,部分地区发育可采煤层(干晓锐,2007)。海西期~印支期尚有分布于康滇古隆起的各类基性及中酸性侵入岩,岩体多沿 SN 向大断裂成带分布,以辉绿岩类为主,侵入的最新围岩为二叠纪玄武岩,沉积于其上的最新地层为上三叠统。

燕山期岩浆活动在主要沉积盆地和赋煤区极弱,对煤化作用或聚煤作用几乎没有影响。火山岩仅分布在滇西保山以西怒江两岸的中侏罗统勐戛组上段,以橄榄玄武岩为主,夹极少量基性或中基性凝灰岩层,最厚达 335 m。该期基性~超基性侵入岩活动主要沿澜沧江岩

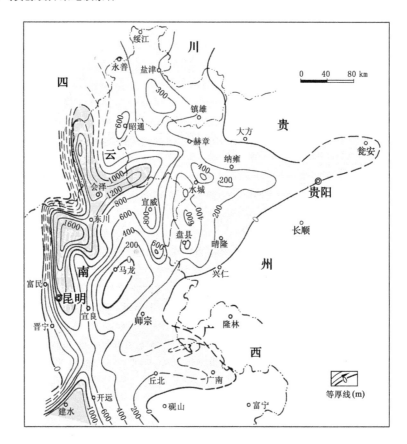

图 1-13　滇黔桂地区二叠纪玄武岩厚度等值线图(滇黔桂石油地质志编写组,1992)

带、石屏岩带等发育,为环状镁铁岩-铁质超镁铁岩组合或辉绿岩组合。中酸性岩浆活动较强,主要分布在滇西贡山潞西、滇东南个旧～马关一带。

喜马拉雅期火山活动主要发育在滇西和滇东南,集中分布在腾冲、剑川～大理和马关～屏边三地区,往往与新近纪含煤盆地伴生,对新近纪煤的煤化作用有一定促进作用。该期侵入岩主要为中酸性深成岩,零星分布于滇西地区。例如,在南林、剑川、双河等新近纪盆地有碱性岩侵入,显著促进了煤化作用,对煤层有一定破坏作用。

(二)现代地温场

据汪缉安等(1990)研究,云南省现代地温场分为 4 个热流区(图 1-14):

第一,滇西腾冲断块高热流区,热流值平均高达 85 mW/m²,欧亚大陆、印度次大陆和太平洋板块几人地体交汇前缘的强烈的构造活动造就了著名的喜马拉雅地热带,异常活跃的近代火山活动更是高热带形成的直接而重要的原因。

第二,三江海西-印支断褶带中～低热流区,8 个热流值平均为 60.85 mW/m²,两个断块均属古生代以来相对稳定的地质单元,均具有热流相对不高的基本特点。

第三,川滇块陷高热流区,大致范围为剑川～建水～曲靖～镇雄之间的倒三角形地带,包括了滇中、滇北的大部分地区,是一个受一系列近 SN 向长期活动深大断裂控制的地质区,热流最低值小于 45 mW/m²,最高值大于 100 mW/m²,平均 77 mW/m²,中部断裂相对不甚发育的红色盆地热流相对较低。

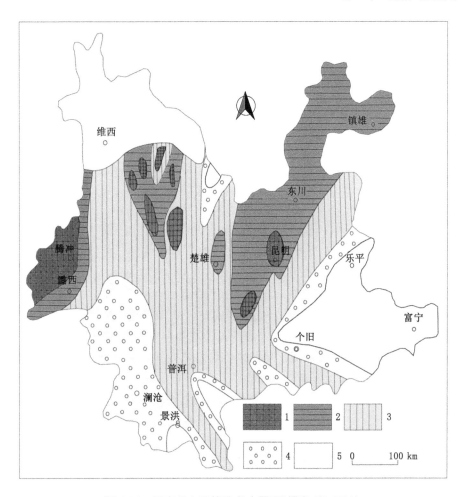

图 1-14 云南省大地热流分布图(汪缉安 等,1990)

1——>85 mW/m²;2——75~85 mW/m²;3——65~75 mW/m²;4——55~65 mW/m²;5——<55 mW/m²

第四,滇东南右江块隆低热流区,位于开远~沪西~罗平一线以南和红河以东地区,加里东期以后的各期构造运动在这里均不甚强烈,半数以上的大地热流测值小于 50 W/m²。

上述现代大地热流分布格局与地壳深部热结构变化有关,包括构造单元主要地质界面温度、各结构层地温梯度等。高地温型包括腾冲地块、盐源丽江陆缘坳陷和康滇古隆起 3 个构造单元,具典型现代构造活动区的地热特征,莫霍面温度高于 960 ℃,整个地壳地温梯度高于 2 ℃/hm;低地温型包括滇东坳褶带和右江块隆 2 个构造单元,代表稳定地质区的地热特征,莫霍面温度低于 700 ℃,整个地壳地温梯度低于 1.5 ℃/hm;中等地温型包括保山地块、兰坪思茅坳陷和滇中坳陷 3 个构造单元,代表中间过渡型地质区地热特点,莫霍面温度介于高、低地温之间(一般 700~850 ℃),整个地壳地温梯度为 1.5~2.0 ℃/hm(周真恒等,1997)。

四、水文地质条件

云南省地质条件多变,地形地貌复杂,气候条件多样,造成区域及煤田水文地质条件的千差万别,对煤层气保存和开采至关重要。

(一)滇东上二叠统煤田水文地质条件

滇东地区上二叠统煤矿区地处高原中、低山区,切割较强烈,沟谷发育。地表水主要为山间河流及少量水库,排泄条件较好。含煤地层及相关的含水层均为碎屑沉积,含弱裂隙水;上覆、下伏地层发育岩溶含水层,如下二叠统茅口组灰岩、下三叠统永宁镇组灰岩等,但与主含煤段均有几百米的极弱含水层、隔水层阻隔。这些极弱含水层的富水性弱,导水性差,与含煤地层之间的水力联系一般十分微弱。含煤地层地下水主要依靠大气降水或地表水补给,断层带多是封闭性的,富水性、导水性均较差,矿区水文地质一般为简单类型。

1. 含水层与隔水层

栖霞组和茅口组(P_1q+m)岩溶含水层。由灰岩、白云岩、白云质灰岩、燧石质灰岩等碳酸盐岩组成,溶洞、暗河普遍发育,地下水以大泉、群泉集中排泄。钻孔单位涌水量 $0.113\sim283.4$ L/(m·s),富水性强。该套含水层除在老厂背斜轴部附近通过断层与下伏龙潭组有一定水力联系外,在其余矿区与含煤地层均无水力联系。

峨眉山玄武岩组($P_2\beta$)相对隔水层。玄武岩夹凝灰岩,其厚度在滇东地区一般为 $200\sim750$ m,坚硬致密,发育有少量柱状节理,下伏于含煤地层底部,与主含煤段水力联系微弱。浅部风化带内富水性较强,深部富水性微弱。钻孔单位涌水量 $0.0004\sim0.0023$ L/(m·s),水质为 $HCO_3^--Na^+\cdot Ca^{2+}$ 型或 $HCO_3^--Ca^{2+}\cdot Mg^{2+}$ 型。

宣威组或龙潭组次含煤段(P_2x^1 或 P_2l^1)隔水层。厚度一般在 100 m 左右,主要由薄层至中厚层状粉沙岩、粉沙质泥岩、泥岩、铝土岩夹不可采煤层组成,钻孔单位涌水量为 $0.000019\sim0.00286$ L/(m·s),渗透系数为 $0.000021\sim0.0257$ m/d,富水性弱,为含煤地层底部的良好隔水层。

宣威组或龙潭组主含煤段及长兴组(P_2x^{2-3} 或 P_2l^{2-3} 及 P_2c)弱含水层。灰、深灰色细砂岩、粉砂岩、粉砂质泥岩、泥岩夹炭质泥岩及煤层,钻孔单位涌水量 $0.00023\sim0.153$ L/(m·s),$HCO_3^--K^+\cdot Na^+$ 或 HCO_3^-、$SO_4^{2+}-Ca^{2+}\cdot Mg^{2+}$ 型水为主。

卡以头组下段(T_1k^1)相对隔水层。直接覆盖在含煤地层之上,厚度一般为几十米~100 m,为薄至中厚层状的泥质粉砂岩、粉砂质泥岩、夹粉砂岩,坚硬致密,裂隙不发育,富水性极弱。

卡以头组上段(T_1k^2)弱含水层。厚度一般为几十米~100 m,由细砂岩夹泥质粉砂岩组成,钻孔单位涌水量 $0.0058\sim0.408$ L/(m·s),$HCO_3^--Ca^{2+}$ 型水,矿化度为 $0.06\sim0.2$ g/L,与含煤地层水力联系较弱。

飞仙关组第一段(T_1f^1)隔水层。厚度大于 100 m,紫红色厚层状泥岩夹中厚层状粉砂岩,为稳定、良好的隔水层。

2. 断层带富水性/导水性

滇东各上二叠统矿区构造较复杂,断层发育。断层以压扭性为主,断层破碎带宽度一般不大,且多被泥质充填或钙质胶结,导水性、富水性均较差。

据云南煤田地质部门对矿井巷道断层观测统计结果,涌水断层占 12%,多以淋水、滴水形式出现;局部地点个别张性断层的富水性和导水性较强,但补给差,以消耗静储量为主。例如,来宾矿区二号井断层最大突水点初始涌水量达 266 m³/h,但半年后水量逐步减小,最后稳定在 5 m^3/h 左右;在老厂背斜轴附近,断层受张扭应力场影响,加之断层一盘为茅口灰岩,断层导水性强,泉水流量 10～200 L/s。

进一步来看,滇东各矿区断层富水性和导水性与断层性质关系不明显,两盘地层含水性相差不多,富水性和导水性与断层规模大小关系不大。

3. 地下水补给、径流与排泄条件

在浅部露头区风化裂隙带范围内,煤层及相关含水层接受大气降水渗入补给,一般在 100 m 以浅为潜水。在潜水带内,地下水的补、径、排交替循环较活跃,富水性较强,水位变化幅度大;水质为 HCO_3^--Ca^{2+}·Mg^{2+} 或 HCO_3^--K^+·Na^+·Ca^{2+} 型,矿化度较低,为0.058～0.23 g/L。

随着深度的增加,地下水转变为承压水,补、径、排交替作用逐渐滞缓和减弱,含水层富水性随之减弱。水质多为 HCO_3^--Na^+·Ca^{2+} 或 HCO_3^--K^+·Na^+ 型,矿化度为 0.2～0.536 g/L。深度增加,地下水水头压力增大,有利于煤层气的保存和富集。

含水层地下水活动强弱在空间分布上具有分带性。一般来说,在浅部矿井中涌水量相对较大,干、雨季涌水量变幅高达 200%;深度超过 200 m 以下时,富水性减弱,干、雨季涌水量动态变幅减少为 18%。

(二)滇中上三叠统煤田水文地质条件(以华坪矿区为例)

华坪煤田地处高原山区,中山地势,相对高差一般为 500～800 m,切割强烈,沟谷纵壑,有利于大气降水迅速排泄,地表水系多属金沙江流域。上三叠统太平场组上覆地层多为新近系松散沉积物孔隙含水层,厚度变化大,富水性受季节影响较大,枯水季基本上不含水。含煤地层基底为泥盆系灰岩岩溶含水层,富水性较强,局部地段受古地形影响而直接与可采煤层接触,发生水力联系,地下水补给、径流、排泄明显受地层岩性控制。各矿区煤田水文地质条件属简单～中等类型。

1. 含水层与隔水层

太平场组上部相对隔水层(T_3tq^7～T_3tq^{11})。由细砂岩、粉砂岩、粉砂质泥岩及泥岩组成,对上部第四系或地表水起着隔水作用。

太平场组下部裂隙弱含水层(T_3tq^1～T_3tq^6)。岩性主要为中～细粒砂岩、细砂岩、粉砂岩、泥质粉砂岩、泥岩及煤层,其中第一段和第二段为区内主要含煤段。钻孔涌水量 0.05～28.05 L/s,单位涌水量 0.000 342～0.582 L/(m·s),渗透系数 0.000 82～1.70 m/d,泉水流量 1.593～0.005 L/s,水质为 HCO_3^--Mg^{2+}·Ca^{2+} 及 HCO_3^--Na^+ 型,矿化度稳定在 0.315～0.358 g/L 之间。

中泥盆统岩溶含水层(D_2)。由厚层状白云岩构成,岩性单一,厚度 77～180 m,泉水流量 70.00～0.39 L/s,钻孔涌水量 15.89～0.067 L/s,单位涌水量 0.001 05～0.465 7 L/(m·s),渗透系数 0.001 77～2.593 m/d。近地表灰岩露头附近地下水循环较剧烈,深部地下水循环迟缓,裂隙、溶隙、溶洞及富水性随深度增加而减弱。水质为 HCO_3^--Mg^{2+}·Ca^{2+} 型,矿化度 0.394～0.645 g/L。局部煤层直接超覆于灰岩上,导致灰岩含水层与含煤地层裂隙弱含水层有一定的水力联系。

寒武系隔水层。主要为厚层状泥灰岩,夹钙质粉砂岩,厚度大于 100 m。

2. 地下水补给、径流与排泄

区内各含水层主要接受大气降水,沿煤层及灰岩露头等途径补给,但补、径、排往往受地层岩性、构造条件等控制。地下水具有由北向南或北西向南东径流的总趋势,排泄方向基本与地表水一致,一般在低凹的沟谷一带排泄(如新庄河)。

(三)新生代含煤盆地(以蒙自盆地及昭通盆地为例)

这两个盆地是云贵高原上的大~中型山间盆地,盆内地势平缓,相对高差 60~100 m,四周群山环绕,与盆内高差 100~1 500 m,均为构造-溶蚀地貌。每个盆地自成一个完整的水文地质单元,发育巨厚褐煤层。含煤地层与基底含水层有一定水力联系,盆内含水层包括第四系松散沉积物孔隙含水层、新近系孔隙-裂隙含水层以及基底岩溶含水层。

1. 蒙自盆地水文地质条件

含煤地层为新近系中新统小龙潭组,基底岩溶含水层为中三叠统个旧组。含水层和隔水层分述如下:

第五段孔隙、裂隙含水层(N_1^5)。岩性以砂质泥岩为主,上覆第四系黏土,地下水具有承压性,钻孔单位涌水量 0.000 03~1.25 L/(m·s)。富水性块段单位涌水量 0.3~1.25 L/(m·s),水质类型为低矿化度 HCO_3^--Ca^{2+} 型,与煤层无水力联系。

第三、四段相对隔水层(N_1^{3-4})。岩性主要为钙质泥岩,富水性弱,为煤层顶板良好的隔水层。

第二段裂隙弱含水层(N_1^2)。顶板为钙质泥岩,不含水,中下部由褐煤夹泥岩、炭质泥岩组成,钻探发现泥浆有稀释现象,为煤层气开采的直接疏排含水层。

第一段隔水层(N_1^1)。主要岩性为砂质泥岩、泥质粉砂岩夹泥岩,富水性弱,为次含煤段底部隔水层,仅在部分地段起阻隔基底岩溶水的作用。

基底岩溶含水层(T_2g)。盆地基底主要为个旧组灰岩和白云质岩,属埋藏型岩溶含水层,以溶蚀孔洞及节理裂隙为主,钻孔涌水量 4.88~11.76 L/s,局部与含煤地层发生水力联系。

地下水补给、径流、排泄条件主要表现出如下特征:

第一,第四系松散沉积物孔隙水的补给形式有三种:大气降水垂直渗透补给,农田或沟渠水季节性补给,基岩泉水径流经矿区渗漏补给。地下水径流方向与矿区总体地貌倾斜方向一致,水力坡度比地形坡度稍小,分别流向长桥海、大屯海和三角海。

第二,第三系孔隙、裂隙水主要靠大气降水补给,在露头区为风化裂隙潜水;地下水一部分沿裂隙径流,就近于沟缓处以下降泉排泄;另外一部分则顺层及沿裂隙径流,并以静储量储集于新近系中。在第四系覆盖比较厚的地段,具有承压特点。

第三,岩溶含水层出露于在盆缘及高山裸露区,主要受大气降水补给;地下水受季节影响较大,雨季潜水面迅速抬高,充满水平循环带,水力坡度加大,径流加速可至矿区边缘或排泄口;雨季过后,岩溶潜水位随径流消耗而逐渐下降,地下水向盆地中心方向全部转化为深部径流,向枯水位接近,枯水位下降至盆内地表以下 80~200 m。盆内受覆盖层厚度的制约,沿 NNE 向蒙自~雨过铺一线新生界沉降带起着阻水作用,形成岩溶水地下分水岭,导致地下水径流一部分向南洞暗河排泄于南盘江,分水岭南侧岩溶水径流绿水河排泄。

蒙自盆地处于 NE 向石屏-蒙自-屏边断层中部,基底发育 NE 向、SN 向、EW 向断裂,如 F1、F2、F4、F5 等断层,其导水性与第四系含煤地层无水力联系。新近系盖层中断裂稀少,断层的富水性及导水性较差。

2. 昭通盆地水文地质条件

昭通盆地发育昭鲁河,汇集了盆内的干河、大坝河、荔枝河等,于杨家村流出盆地,经葡萄井人工河道注入洒鱼河,汇归于横江,属金沙江水系。盆内汇水区已建立水库 29 座,总库容量 4 192.67 万 m³,地表水一部分垂直入渗补给全新统含水层。含水层与隔水层包括:

新近系更新统隔水段（Q_{1-3}）。直接覆盖含煤地层,以黏土为主,单位涌水量 0.000 2～0.059 9 L/(m·s),渗透系数 0.000 458～0.227 m/d。水质为 HCO_3^--Mg^{2+}·Ca^{2+}、HCO_3^--Ca^{2+}型,对上部松散沉积物含水层及盆内地表水体起隔水作用。

新近系上新统主含煤段隔水层（N_2^3）。由黏土和煤组成,钻孔单位涌水量 0.000 17～0.000 697 L/(m·s),渗透系数 0.000 61～0.001 81 m/d;煤层钻孔单位涌水量 0.000 214 L/(m·s),渗透系数 0.000 559 m/d;水质为 HCO_3^--Ca^{2+}、HCO_3^--Mg^{2+}·Ca^{2+}、HCO_3^--K^+·Na^+·Ca^{2+}型。

新近系上新统煤层底板相对隔水层（N_2^2）。以黏土为主,夹砾石,钻孔单位涌水量 0.000 021～0.020 4 L/(m·s),渗透系数 0.001 24～0.191 m/d。该含水层一般对下部底砾石含水层起隔水作用,但在箐门洪积扇与狮子山东南部的冲积扇群分布地带与底部砾石含水段间有一定的水力联系。

新近系底部砾石弱含水层（N_2^1）。主要为砂岩、灰岩及玄武岩的砾石层,松散或半胶结状。钻孔单位涌水量 0.007 5～0.65 L/(m·s),渗透系数 0.110 593～1.18 m/d,地下水标高 1 894.95～1 911.97 m。该含水层直接覆盖于盆地基底之上,是基底上部、下部含水岩组间水力联系的桥梁。

盆地基底含水层。包括碳酸盐岩岩溶含水层、碎屑岩及喷发岩裂隙弱含水层。这些含水层受构造影响而相互发生水力联系,构成统一含水岩体,在局部地段对煤层开采疏排发生水力联系,水质主要为 HCO_3^--Ca^{2+}、HCO_3^--Mg^{2+}、HCO_3^--K^+·Ca^{2+}·Na^+、HCO_3^--Mg^{2+}·Ca^{2+}·K^+·Na^+型。

盆地各含水层主要接受大气降水补给,补给、径流、排泄条件受地层岩性及构造条件控制。除松散沉积物孔隙含水层外,其余含水层均与煤层有着直接或间接联系,从地下水补给、径流、排泄上基本上可视为一个整体。

第三节 煤炭资源及其分布

20 世纪末,中国煤田地质总局组织了全国第三次煤田预测,云南煤田地质局在这次预测工作中对全省煤炭资源进行了摸底。尽管从那时以来的 10 余年间云南全省煤田资源量发生了一定变化,新一轮煤田预测结果也已获得(程爱国 等,2013),但与第三轮相比变化不大。同时,考虑本次煤层气资源评价所依托的煤炭资源状况,本书根据第三次预测结果阐述云南省煤炭资源及其分布。

一、煤炭资源概况

根据《云南省煤炭资源预测与评价报告(第三次煤田预测)》(潘润群 等,1994),云南省煤炭资源量为 683.350 1 亿 t。其中:预测资源量 438.663 2 亿 t,占资源总量的 64.19%;累计探明储量 244.686 9 亿 t,占资源总量的 35.81%(表 1-2)。

表 1-2   云南省煤炭资源量统计表（潘润群 等,1994）

时代	资源总量		预测资源量		探明储量		详查、精查储量	
	资源量/亿 t	比例/%	资源量/亿 t	占资源量/%	储量/亿 t	占资源量/%	储量/亿 t	占探明储量/%
N	174.776 1	25.58	19.301 7	11.04	155.474 4	88.96	118.895 0	76.47
T_3	22.252 7	3.26	20.057 2	90.13	2.195 5	9.87	1.568 2	71.43
P_2	471.688 7	69.02	384.987 5	81.62	86.701 2	18.38	47.479 8	54.76
P_1	8.677 6	1.27	8.599 2	99.10	0.078 4	0.90	0	0
C_1	5.955 0	0.87	5.717 6	96.01	0.237 4	3.99	0.124 7	52.53
总计	683.350 1	100	438.663 2	64.19	244.686 9	35.81	168.067 7	68.69

在探明储量中,详查、精查储量 168.067 7 亿 t,占探明储量的 68.69%,占资源总量的 24.59%;精查(含详查终)82.975 4 亿 t,占探明储量的 33.91%。按照埋深统计,垂深 1 000 m 以浅资源量 344.064 9 亿 t,1 000~1 500 m 资源量 61.888 9 亿 t,1 500~2 000 m 资源量 32.709 4 亿 t。

二、煤炭资源区域分布

云南省煤炭资源主要分布在滇东地区,资源量 582.548 4 亿 t,占全省资源总量的 85.25%,主要分布在圭山、镇雄、昭通、恩洪、宣威等煤田或含煤区(图 1-15)。其中,探明储量 179.34 亿 t,占全省探明储量的 73.29%;预测资源量 403.208 4 亿 t,占全省预测资源量的 91.92%。

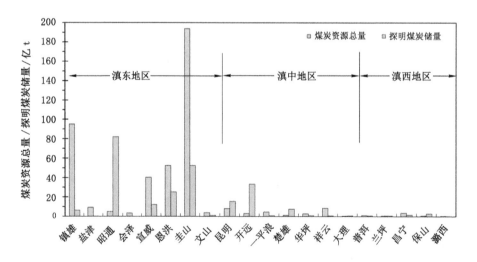

图 1-15   云南省煤炭资源区域分布

滇中地区煤炭资源分布在开远、昆明、祥云、一平浪、华坪、楚雄、大理等 7 个含煤区,规模最大开远含煤区(以小龙潭盆地为主)的资源量不超过 40 亿 t,多数都在 10 亿 t 以下(图 1-15)。区内煤炭资源量 88.565 9 亿 t,占全省资源总量的 12.96%。其中,探明储量 54.459 9 亿 t,占全省探明储量的 22.26%；预测资源量 29.106 0 亿 t，占全省预测资源量的 6.64%。

滇西地区划分为普洱、兰坪、昌宁、保山、潞西等 5 个含煤区，煤炭资源量 12.239 6 亿 t，只占全省资源总量的 1.79%（图 1-15）。资源量相对较大的有昌宁、普洱 2 个含煤区，前者资源量 3.67 亿 t，后者资源量 1.17 亿 t，其余含煤区煤炭资源均不到 1 亿 t。区内煤炭探明储量 5.890 9 亿 t，占全省探明储量的 2.41%；预测资源量 6.348 8 亿 t，占全省预测资源量的 1.45%。

三、煤炭资源的层域分布

根据云南省第三次煤田预测结果（表 1-2）：

下石炭统万寿山组煤炭资源量 5.995 亿 t，占全省资源总量的 0.88%，仅分布于巧家、昆明西山、通海一线以东，建水、弥勒、师宗、罗平一线以北的区域。其中，预测资源量 5.717 6 亿 t，占该组资源总量的 96.01%，全省预测资源量的 1.30%；探明储量 0.237 4 亿 t，占该组资源总量的 3.99%，全省探明储量的 0.10%。

下二叠统梁山组煤炭资源主要分布于康滇古陆东侧峨山、弥勒、罗平一线以北的滇中～滇东地区，资源量 8.677 6 亿 t，占全省资源总量的 1.270%，探明程度极低。其中，预测资源量 8.599 2 亿 t，占该组资源总量的 99.10%，全省预测资源量的 1.96%；探明储量 0.078 4 亿 t，仅占该组资源总量的 0.90%，全省探明储量的 0.03%。

上二叠统是云南省最为重要的含煤地层，煤炭资源主要分布罗平以北的滇东～滇东北地区，滇中～滇西有所分布，但所占比例极低。煤炭资源量 471.688 7 亿 t，占全省资源总量的 69.03%。其中，预测资源量 384.987 5 亿 t，占该组资源总量的 81.62%，全省预测资源量的 87.76%；探明储量 86.701 2 亿 t，占该组资源总量的 18.38%，全省探明储量的 35.43%。

上三叠统煤炭资源分布较广，但在滇中地区华坪、一平浪～峨山塔甸、祥云一带较为集中，滇东北和滇西地区有少量分布。煤炭资源量 22.252 7 亿 t，占全省资源总量的 3.26%，探明程度极低。其中，预测资源量 20.057 2 亿 t，占该组资源总量的 90.13%，全省预测资源量的 4.57%；探明储量 2.195 5 亿 t，占该组资源总量的 9.87%，全省探明储量的 0.90%。

新近系煤炭资源广泛分布于全省大小不等的陆相山间盆地和谷地中，资源总量 174.776 1 亿 t，占全省资源总量的 25.58%，探明程度极高。其中，预测资源量 19.301 7 亿 t，占该组资源总量的 11.04%，全省预测资源量的 4.40%；探明储量 155.474 4 亿 t，占该组资源总量的 88.94%，全省探明储量的 63.54%。

四、煤类及其资源量

云南省煤炭资源以褐煤、无烟煤和焦煤为主，褐煤资源量在全省煤炭资源总量中的比例达 25.47%，无烟煤为 25.46%，焦煤和 1/3 焦煤为 12.06%，三者之和达到 62.99%，其他煤类的资源量所占比例很低（图 1-16，表 1-3）。无烟煤主要分布在滇东～滇中地区，尤其是滇东北的镇威煤田和滇东的圭山煤田。褐煤资源尽管遍布全省，但资源量集中产出于滇东北的昭通盆地以及滇中的小龙潭盆地、先锋盆地等。焦煤在多个含煤区均有产出，但资源集中在滇东的宣富煤田和恩洪盆地。

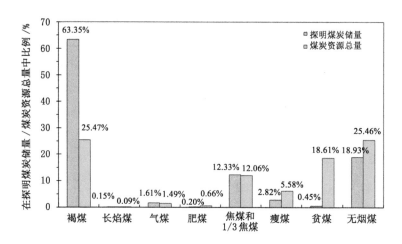

图 1-16　云南省煤炭探明储量/资源总量的煤类分布

表 1-3　　　　　　　　　　　云南省煤炭资源分煤类统计表

煤类	勘查程度	探明储量			类别	资源总量		
		储量/亿 t	比例/%	小计		储量/亿 t	比例/%	小计
气煤 QM	详、精	3.361 4	85.18	3.946 4	预测	6.223 8	66.09	10.170 2
	普、找	0.585 0	14.82		探明	3.946 4	33.91	
气肥煤 QF	详、精	—	—	0.009 1	预测	—	—	0.009 1
	普、找	0.009 1	100		探明	0.009 1	100	
肥煤 FM	详、精	0.482 6	100	0.482 6	预测	3.722 0	88.52	4.504 6
	普、找	—	—		探明	0.482 6	11.48	
1/3 焦煤 1/3JM	详、精	2.925 1	58.88	4.968 2	预测	16.750 3	77.12	21.718 5
	普、找	2.043 1	41.12		探明	4.968 2	22.88	
焦煤 JM	详、精	16.972 9	67.33	25.208 9	预测	35.383 0	58.40	60.691 9
	普、找	8.236 0	32.67		探明	25.208 9	41.60	
焦煤～瘦煤 JM～SM	详、精				预测	71.870 0	100	71.870 0
	普、找				探明	—	—	
瘦煤 SM	详、精	6.768 0	97.97	6.908 0	预测	31.200 9	81.87	38.108 9
	普、找	0.140 0	2.03		探明	6.908 0	18.13	
褐煤 HM	详、精	118.648 6	76.54	155.019 2	预测	19.043 8	10.84	174.063 0
	普、找	36.370 6	23.46		探明	155.019 2	89.06	
长焰煤 CY	详、精	0.289 8	78.24	0.370 4	预测	0.257 9	41.05	0.628 3
	普、找	0.080 6	21.76		探明	0.370 4	58.95	
不黏煤 BN	详、精	—	—	0.013 6	预测	0.350 2	96.26	0.363 8
	普、找	0.013 6	100		探明	0.013 6	3.74	
弱黏煤 RN	详、精	—	—	0.091 2	预测	0.147 8	61.84	0.239 0
	普、找	0.091 2	100		探明	0.091 2	38.16	

煤类	勘查程度	探明储量			类别	资源总量		
		储量/亿 t	比例/%	小计		储量/亿 t	比例/%	小计
1/2 中黏煤 1/2ZN	详、精	0.242 7	100	0.242 7	预测	—	—	0.242 7
	普、找	—	—		探明	0.242 7	100	
贫煤 PM	详、精	—	—	1.106 2	预测	126.032 9	99.13	127.139 1
	普、找	1.106 2	100		探明	1.106 2	0.87	
无烟煤 WY	详、精	18.420 0	39.77	46.320 4	预测	127.680 6	73.38	174.001 0
	普、找	27.900 4	60.23		探明	46.320 4	26.62	

就探明程度来看,褐煤储量 155.019 2 亿 t,占云南全省探明储量的 63.35%;焦煤和 1/3 焦煤储量 30.177 1 亿 t,占全省探明储量的 12.33%;无烟煤储量 46.320 4 亿 t,占全省探明储量的 18.93%;气煤储量 3.946 4 亿 t,占全省探明储量的 1.61%。以上几个煤类的探明储量占全省探明总储量的 96.22%,其余煤类储量所占比例较低。

第四节 评价研究方法

立足于进一步评价煤层气资源开发潜力、为云南省煤层气经济高效开发提供基础条件的根本目的,考虑煤层气/煤炭资源综合勘探的实际,以中华人民共和国成立以来丰富的煤田地质资料、矿井地质资料和前期煤层气勘探开发试验资料为主要信息源,结合部分必要的现场考察和样品测试,采取野外调研与室内研究相结合、宏观分析与微观观测相结合、条件对比与综合分析相结合、多学科分析与多种测试技术手段相结合、重点解剖与整合集成相结合的工作方法,充分提取煤层气资源及其开发地质条件信息,客观评价云南省煤层气资源规模和分布特征,研究煤层气成藏主要地质特点和成藏效应,预测煤层气资源开发利用潜力,评价不同地质条件下煤层气开采技术方法的适应性。

一、评价内容与目的

总体目标是评价云南省煤层气资源潜力,分解为三个具体目标:其一,查明全省煤层气资源的数量、质量与分布特征;其二,探讨滇东地区煤层气成藏主要特点与关键控制因素;其三,评价全省煤层气资源开发潜力,分析相关开发技术的适应性。

围绕上述三方面目标,重点开展以下五方面评价预测工作:

第一方面,煤层含气性及煤层气资源。在前期评价结果的基础上,进一步从丰富的煤炭资源勘探资料中提取煤层气信息,筛分和厘定相关信息与参数的可用性,按照地质区划、行政区划、控气地质要素等评估煤层含气性特征,采用先进方法推测深部煤层含气性特点,重新计算煤层气资源量,分析煤层气资源的分布规律,以更为客观地获得对云南省煤层气资源特性的认识。

第二方面,煤储层物性及其地质控制因素。实地观测主要煤田、矿区、勘探区煤储层宏观裂隙发育特征,实验室观测显微裂隙和孔隙的发育特征,补充测试上二叠统和新近系主要煤储层的吸附性和基本力学性质,结合现有煤层气试井与开采试验资料,初步阐明煤储层主要物性的分布规律和地质控制因素。

第三方面,煤层气成藏效应与有利区带。分析滇东地区构造应力场及其演化特征,开展煤层埋藏-受热-生气历史数值模拟,分析煤田地下水动力场和化学场条件。在此基础上,耦合分析煤层气成藏的构造、热力学、水动力条件及其动力学机制,建立煤层气成藏系统,划分煤层气成藏效应类型,进一步阐明煤层气成藏关键要素及其显现特征,预测煤层气有利区带展布规律,为确定下一步勘探方向提供建议。

第四方面,煤层气资源开发潜力。分析不同地质条件(地质背景条件、煤储层特性、水文地质条件等)、不同开采方式(地面、井下)的各煤阶储层煤层气的解吸率/采收率及可解吸量,计算相应的煤层气可采资源量,分析煤层气资源开发地质条件和开发潜力,预测适合于煤层气地面开发的地带及其分布。

第五方面,煤层气勘探开发技术适应性。针对滇东地区煤层气地质条件,对比分析如下技术的适应性:低固相、空气泡沫、清水钻井及液氮、凝胶加砂压裂效果,不同排采制度(液面降深、井底压力、套压)对煤层气-水产能的影响,垂直单井、不同类型井组、丛式井、水平井地面煤层气勘探开发效果。在此基础上,提出关于云南省煤层气开采方式、完井、增产激励措施等方面的建议。

二、评价流程与技术方法

(一)评价流程

评价工作流程包括资料准备、地质调查与地质分析、前期资源评价结果厘定、煤层气资源量计算、煤层气成藏效应分析、富集高渗地带预测、开采技术适应性分析、煤层气开发潜力评价等环节,分为五个阶段循序渐进地开展工作。

第一阶段,资料调研与初步分析,地质考察,样品采集。

在进一步跟踪了解国内外煤层气地质研究和资源评价前缘动态的基础上,以滇东、滇东北有关区块为重点,系统收集云南省煤田地质勘探报告、煤矿开发地质资料以及相关测试化验资料、研究报告和煤层气资源评价报告。在对相关资料进行初步分析的基础上,开展系统的现场(野外和矿井)地质调查与样品采集。

(1)地质调查的重点

资料调研。系统收集区域地质资料(如区调报告、遥感图像、地震剖面、地震台网小震资料、构造应力实测数据、水文地质资料等),各类勘探资料(如地层煤层资料、煤质和煤层气化验测试资料、钻孔水文地质资料、钻孔剖面井温实测数据、煤层气井试井与排采试验数据等),矿井地质和瓦斯资料,相关专题研究报告等。

地表地质调查。含煤地层典型剖面观测描述,区域构造剖面和典型向斜构造剖面测制,典型向斜水文地质剖面测制,岩浆活动特征观测,断层及节理观测、统计与描述,典型钻孔岩芯观测描述等。

(2)样品采集重点

矿井地质调查。煤矿井下巷道构造特征观测,矿井煤层剖面裂隙观测、统计与描述,断层导水/阻水特征观测等。

样品采集侧重于:地面及矿井地质剖面上的岩石、煤岩(包括定向)样品,不同水文地质单元中地质剖面上含水层、隔水层岩石样品,岩浆侵入体及蚀变带附近岩石样品,构造岩定向样品,煤系及上覆地层中脉体等样品,地表、钻孔、矿井水样品。

第二阶段,分析煤层气基本地质条件,补充现场地质考察和样品采集。

基于第一阶段的地质调查工作,开展样品基本性质的补充测试分析,编制区域性地质图件及分析性图件,分析煤层气基本地质条件,基于典型性和代表性原则补充地质考察和样品采集工作。

基本性质测试分析主要包括:煤岩煤质,如显微组分定量、镜质体反射率测定、工业分析、元素分析等;煤储层基本性质,如吸附性(等温高压吸附)、微孔结构(低温液氮法、汞浸入法)、显微结构和显微裂隙等;水化学性质分析。

区域性地质图件主要包括:煤田构造类图件,含煤地层岩性岩相类图件,层序地层格架图件和柱状图,煤层煤质类图件,煤层含气性图件,煤层裂隙及煤体结构图件,水文地质类图件,岩浆活动分布图件等。

在上述工作基础上,对含煤地层、区域及煤田构造、煤层煤质(含煤阶)、水文地质以及煤储层含气性、吸附性、煤层气可解吸性、煤体结构、煤中孔隙、煤层裂隙、压力系统等煤层气基本地质条件及其时空分布规律进行初步分析。

第三阶段,前期资源评价结果厘定,煤层气资源量/储量计算。

以煤层含气量和等温吸附数据的核定为核心,系统检查与分析云南省内前期煤层气资源评价参数的合理性,进而厘定不同地区、不同煤层前期煤层气资源评价结果的可信性和可用性。

在此基础上,合理划分计算单元,结合近年来煤层气参数井和排采试验井资料,科学地确定计算参数,重新或补充计算省内不同地质单元的煤层气资源量,厘定资源量/储量的类级,分析煤层气资源量/储量的地质-地理分布规律。

第四阶段,煤层气成藏效应分析、富集高渗地带预测。

在前三个阶段成果的基础上,进一步开展专项测试、物理模拟和数值模拟,分析煤层气成藏地质条件和成藏效应,预测煤层气富集高渗地带及其分布规律。

专项测试与物理模拟试验主要包括:显微构造分析,主要为岩组分析和煤岩光性组构分析;地热场参数和古流体性质分析,主要是脉体包裹体的形成温度、固/液/气相成分及同位素;岩石基本物理性质。

拟开展的数值模拟主要为:基于构造演化史、沉积充填史、地层厚度恢复、岩石热物理参数等研究成果,采用现行商业性盆地模拟软件,模拟主煤层的埋藏-受热-生气历史;采用有限元分析方法和FLAC等商业性分析软件,基于构造变形、断层节理以及显微构造、岩石力学等的野外考察和实验室研究成果,模拟研究区晚古生代以来不同关键地质时期的构造应力场。

整理分析以上成果,重点了解滇东地区煤层气成藏的宏观/微观地质条件及其演化特征,为进一步理解煤层气成藏效应提供基础。然后,进一步耦合分析各类地质条件之间的配置关系,分析控制宏观/微观成藏条件之间有利于耦合的关键地质因素,建立煤层气成藏效应或类型的判识标志,探讨煤层气富集高渗地带分布规律及发育条件,预测煤层气富集高渗发育地带及其分布规律。

第五阶段,分析开采技术适应性,评价煤层气开发潜力。

基于上述研究成果,针对主要区块的具体煤层气地质条件,参考国内外前期煤层气开采的实际经验,分析不同钻井、完井、增产措施对云南省煤层气开发的适用性,并提出技术措施的相关建议。在此基础上,以地质因素和技术因素为主,适当考虑经济因素与环境条件,评价主要区块的煤层气开发潜力,提出开发规划的建议。

（二）关键技术方法

1. 煤层气资源量计算方法

（1）煤层气地质资源量

与其他评价方法相比,体积法更适合于煤层气资源量/储量计算,故本书选择体积法作为主要的评价方法:

$$G_i = \sum_{j=1}^{n} M_{rj} \cdot \bar{C}_j$$

式中　n——计算单元中划分的次一级计算单元总数;

　　　G_i——第 i 个计算单元的煤层气地质资源量,10^8 m^3;

　　　M_{rj}——第 j 个次一级计算单元的煤炭储量或资源量,10^8 t;

　　　$\bar{C}_j$——第 j 个次一级计算单元的煤储层平均原地基含气量,m^3/t。

（2）煤层气可采资源量

在获取煤层气地质资源量后,乘以可采系数计算煤层气可采资源量,计算公式为:

$$G_r = G_i \cdot R$$

式中　G_r——煤层气可采资源量,10^8 m^3;

　　　G_i——煤层气地质资源量,10^8 m^3;

　　　R——煤层气可采系数。可采系数一般采用等温吸附法获得,典型区块可进一步利用煤储层数值模拟结果予以校正。在既无等温吸附资料又无其他试井资料的情况下,采用解吸法求取煤层气可采系数。

（3）计算参数

① 一般参数

·煤炭资源量。以全国第三次煤田预测资料为准。

·煤炭储量选取。从计算单元内的煤田地质精查和详查报告获得。

·煤储层含气面积。通过煤田勘探获得的钻井数据、地球物理数据确定,在煤储层埋深图、煤储层底板构造图上圈定。

·煤储层厚度。通过煤田、油气勘探获得的钻井数据、地球物理数据,确定煤储层厚度。对于无钻井和物探控制的深部煤储层,采用煤储层厚度图预测结果。在本书中,必须达到可采厚度下限的煤层方可参与煤层气地质资源量计算。

·煤的密度。采用煤的视密度,来自煤田勘探实测值。

·煤的吸附常数。原地基,包括朗缪尔体积和朗缪尔压力,通过等温吸附实验获取。对于缺乏实测值的计算单元,类比相同煤阶、邻近单元内的实测值。

·废弃压力。该项参数是一项经济技术参数,受到开采技术水平、作业成本等影响。采用《全国新一轮煤层气资源评价》(国土资源部,2006)相关取值,即:贫煤～无烟煤区为 1.38 MPa,长焰煤～瘦煤区为 0.7 MPa,褐煤区为 0.4 MPa。

② 关键参数

·煤层含气量。钻井取芯获得的含气量为损失气量、解吸气量(模拟储层温度)和残余气量之和。所有参与计算的煤层含气量均以原地基为准。

煤层含气量取值有以下方法:

一是实测法。采用煤田勘探井或煤层气井煤芯实测含气量,分块段求其均值。该方法主要适用于同一块段同一煤层有 3 个以上有效控制点的情况。

二是类比法(地质综合分析法)。在缺乏煤层含气量实测值的计算单元内,类比相邻或地质条件相似、具有相同埋深范围单元内的含气量值。

三是推测法。以获得浅部计算单元内含气量与深度关系为前提,推算地质条件相似的深部计算单元内的含气量值。根据实际情况,选择梯度法、等温吸附法、地质综合分析法等。其中:

梯度法主要适用于同一构造单元中的深部外推预测区,或不同构造单元中基本条件相近的预测区,其应用前提条件为:同一构造单元中已有浅部区含气性资料;煤阶受埋深控制,煤阶相当或变化较小;埋深与煤层气含量关系密切。

等温吸附法计算式为:含气量=理论吸附量×含气饱和度。理论吸附量可以由朗缪尔方程求得;煤储层压力由试井获得,或根据煤层上覆水头高度估算;含气饱和度根据浅部煤层实测饱和度或成藏条件估算。

地质综合分析法适用于几乎没有煤阶、煤质和含气性实测资料的情况。通过对预测区煤层赋存特征、地质构造演化历史及煤层埋藏-热演化-生烃-保存历史分析,确定煤的变质作用类型和煤阶,进而预测其含气性。

·煤层气风化带深度。实际工作中,主要用以下两种方法确定煤层气风化带深度:

其一,CH_4 浓度-深度关系法。根据 CH_4 浓度-深度关系,直接获得 CH_4 浓度 80% 对应的深度;在 CH_4 浓度 80% 对应的含气量远远高于 4 m^3/t 的情况下,也可通过 CH_4 浓度-含气量关系,求取含气量 4 m^3/t 左右所对应的深度。在有实测 CH_4 浓度的煤田或矿区,一般采用这种方法。

其二,类比法。对缺乏 CH_4 浓度实测数据的地区,采用类比法。

·煤层气可采系数。本书中的可采系数,是依据等温吸附试验结果、原始含气量和与排采废弃压力对应的含气量计算的理论值,可用来反映基于煤岩等温吸附特性的煤层气可采系数。计算公式如下:

$$R = \frac{C_i - C_a}{C_i}$$

为便于应用上式可变为:

$$R = 1 - \frac{V_L \cdot p_a}{C_i(p_L + p_a)}$$

式中　C_a——煤层气井废弃时的煤层含气量,m^3/t;

$\quad\quad$ C_i——煤层原始含气量,m^3/t;

$\quad\quad$ V_L——朗缪尔体积,m^3/t;

$\quad\quad$ p_L——朗缪尔压力,MPa;

$\quad\quad$ p_a——废弃压力,MPa。

·煤储层压力。如果条件许可,则采用煤层气井试井结果。如果无试井结果可资借鉴,则采用钻孔抽水试验得到的水头高度换算视储层压力。

·煤储层渗透率。如果条件许可,采用煤层气井试井结果。在缺乏试井资料的典型盆地,采用地球物理测井曲线予以解释。

2.煤层气资源类别评价标准

在国土资源部 2006 年组织的"全国新一轮煤层气资源评价"项目中,采用单层煤厚、含气量、煤层埋深、煤层渗透率和煤层压力特征等 5 个参数作为煤层气资源类别评价标准(表1-4)。在此基础上,通过对参数赋分,进一步划分三个资源类别。

表 1-4　　　　煤层气资源类别评价参数取值标准(国土资源部,2006)

煤阶	参与评价的因素及评价赋分									
	单层煤厚 /m	分值	含气量 /(m³/t)	分值	埋深范围 /m	分值	渗透率 /mD	分值	煤储层 压力状态	分值
气煤~无烟煤	>5	50	>10	50	300~1 000	50	>1	50	正常~超压	50
褐煤~长焰煤	>10		>4		<500		>10		正常	30
气煤~无烟煤	2~5	30	4~10	30	1 000~1 500	30	0.1~1	30	正常	
褐煤~长焰煤	5~10		2~4		500~1 000		5~10		欠压	
气煤~无烟煤	<2	20	<4	20	>1 500	20	<0.1	20	欠压	20
褐煤~长焰煤	<5		<2		>1 000		<5		欠压	

然而,煤层气资源潜力大小的首要基础是要有足够的资源量,涉及含气面积和资源丰度,仅用单层煤厚和含气量无法表述资源量的大小。同时,云南省绝大多数含煤地区缺乏煤层渗透率和储层压力实测数据,仅靠类比往往与实际地质条件有较大出入,甚至严重失真。有鉴于此,考虑云南省目前煤层气地质控制程度,本书提出了符合省内煤层气资源条件的煤层气资源基本类型划分方案。据此方案,以向斜为基本单元,评价云南省煤层气资源的基础类别和等级。

进一步而言,考虑可采资源埋深比、含气面积、可采资源丰度三个具体参数:

① 可采资源埋深比是煤层气可采资源埋藏深度比例,系指埋深 1 000 m 以浅煤层气可采资源量占煤层气可采总资源量的比例。滇东地应力较高,煤层埋藏深度一旦超过 1 000 m,现行技术方法难以使地面井高产,无论是前期煤层气井排采试验还是产能数值模拟结果均佐证了这一地质特点(后面详述)。为此,在云南省(至少是滇东地区)决定煤层气资源可采潜力的首要因素是与埋深有关的地应力条件,然后才是煤储层以及煤层气资源条件。然而,单纯的埋藏深度只是一个"点"上的概念,只有将资源条件落实到埋深上去,方案才具有代表性和可操作性。为此,本书采用"可采资源埋深比"参数,将煤层气可采资源划分为三个基础等级(表1-5)。

表 1-5　　　　根据资源埋深比参数划分的煤层气可采资源基础等级

可采资源等级	Ⅰ	Ⅱ	Ⅲ
1 000 m 以浅可采资源埋深比/%	≥60	≥40~<60	<40

② 含气面积是煤层气资源量计算面积的简称,可采资源丰度系指煤层气可采资源丰度。评价的目的是为合理开发云南省煤层气资源提供依据,故煤层气资源规模是需要考虑的关键因素。煤层含气面积与煤层气可采资源丰度之积,即为煤层气资源量。资源量大的区块,往往面积大或煤层厚度大,煤层气资源不一定富集。换言之,资源规模本身大小并不能完全反映资源的富集程度。潜力评价的首要任务,是要优选面积足够大且资源富集程度

高的区块。为此,基于本书第六章的统计结果,采用可采资源丰度划分出三类,采用含气面积划分为三型,由此进一步将煤层气可采资源划分为三类九型(表1-6)。其中,以可采资源丰度1.0亿 m³/km² 和2.0亿 m³/km² 为界划分出三个等级,进一步与含气面积交叉而形成9个煤层气可采资源类型。

表 1-6　　　　　　　煤层气可采资源类级划分方案(以可采资源埋深比等级Ⅰ为例)

可采资源丰度 /(亿 m³/km²)	含气面积/km²		
	≥300 (1)	≥100~<300(2)	<100 (3)
≥2.0 (1)	Ⅰ11	Ⅰ12	Ⅰ13
≥1.0~<2.0 (2)	Ⅰ21	Ⅰ22	Ⅰ23
<1.0 (3)	Ⅰ31	Ⅰ32	Ⅰ33

综合表1-5与表1-6划分标准,通过"级"、"类"、"型"的组合,完整的煤层气可采资源类型系列包括27种类型,采用三位数代码对其予以表征。例如,Ⅰ23 类型表示 1 000 m 以浅可采资源埋深比不小于 60%、可采资源丰度在 1.0 亿~2.0 亿 m³/km² 之间、向斜含气面积小于 100 km² 的煤层气资源。显然,仅从资源条件来看,Ⅰ11 类型煤层气资源的浅部可采资源比例高、资源丰度高、含气单元面积大,最具有可采前景。然而,某些资源规模相对较小但富集程度较高的煤层气资源类型也不可忽视,如Ⅰ13 类型。

在上述分类方案中,可采资源埋深比参数在一定程度上考虑到煤层渗透率因素,可采资源量本身隐含着煤储层压力、含气量、含气饱和度等煤储层含气性和地层能量特征。尽管如此,关于煤层渗透性和储层能量条件的估计多是间接性的,某些关键性的因素由于缺乏足够的实测数据而难以估计,如地应力控制之下煤层渗透率的变化、构造控制之下的煤储层物性的非均质性分布等。为此,在选定具体的煤层气勘探与开发试验区块时,还应结合区块的特点开展进一步测试与分析。

3. 煤层气成藏效应分析

在含煤层气地质系统中,煤层气富集成藏依赖于地层压力系统的逐步强化,而煤层气保存的基本地质条件是系统内部压力达到动态平衡。换言之,煤层气成藏过程就是压力系统逐渐调整的地质过程,含气系统就是一个能量动态平衡系统(秦勇 等,2012)。在系统内部,煤层气成藏或破坏过程均围绕着地层压力场和弹性能量场(系统内能)的动态平衡进行。在成藏过程中,宏观动力学因素作用于煤储层,使煤储层中微观动力学条件之间的耦合关系不断发生变化,这种动态平衡变化特征体现为固、液、气三相物质弹性能综合而成的煤储层弹性能,并控制着煤层气的成藏效应。因此,煤储层弹性能在本质上是联系煤层气成藏动力学条件与成藏效应之间的纽带,也是解译煤层气成藏动力学条件耦合特征的关键。

煤储层弹性能包括煤基块弹性能、水体弹性能和气体弹性能,三者与构造应力能、热应力能、地下水动力能密切相关(秦勇 等,2012)。煤基块弹性能受到地应力、温度、煤岩弹性模量、泊松比等的影响,与构造-埋藏史(埋深)和受热-生气史(煤阶)密切相关。水体弹性能主要受流体压力、水压缩系数、热膨胀系数影响,流体势也是水体弹性能的一个组成部分,同样受到埋深、流体压力、流体密度的影响。气体弹性能受流体压力、压缩系数、热膨胀系数、煤层温度以及煤层含气量的影响。当地质选择过程使煤储层弹性能量场逐渐增高时,煤层气就会相对富集;反之,煤层气将会逸散,即含煤层气系统被破坏的过程就是消耗系统中煤储层弹性能的过程。

基于上述认识,参考课题组成员前期建立的煤层气有利区带动力学地质选区方法(秦勇等,2012),从煤储层弹性能角度分析云南省煤层气能量动态平衡系统与成藏效应,开展煤层气有利区带优选。其方法流程如下:

第一步,从岩石力学、渗流力学、物理化学等的经典定律出发,通过对煤储层弹性能地质影响因素的系统分析,分别建立煤基块弹性能、水体弹性能、气体弹性能和综合弹性能的地质-数学模型。

第二步,基于宏观动力学条件分析,结合煤岩体多相介质渗透率物理模拟和岩石力学性质测试成果,数值模拟煤层气地质演化动态平衡史(韦重稻,1998),获取不同地质时期煤储层弹性力学性质、含气性、渗透性、储层压力等微观动力学参数。

第三步,将上述微观动力学参数带入弹性能数学模型,分别求得不同地质历史时期的煤基块弹性能、水体弹性能、气体弹性能和综合弹性能(吴财芳 等,2007),编制相应的弹性能地质历史曲线和平面等值线图件,将宏观/微观动力学条件耦合起来。

第四步,根据上述研究成果,建立由煤层气压力系统发育系数、煤储层裂隙开合系数、煤储层裂隙发育系数构成的滇东地区煤层气成藏效应三元判识模式(吴财芳,2004;秦勇 等,2012),由此将成藏效应划分为不同类型。显然,压力系统发育系数越高,越有利于煤层气富集;裂隙开合系数和发育系数越高,越有利于煤储层高渗。

第五步,根据滇东地区具体情况厘定三元判识标志分割值,建立煤层气成藏效应类型分类系统,分析煤储层弹性能区域分布规律及其地质演化历史,进而对煤层气富集高渗有利地带进行预测。

三、评价结果表述与提交

按照统一的评价方案,以滇东、滇东北、滇中作为一级评价单元,盆地/矿区/独立向斜作为二级评价单元,勘探区/井田作为三级评价单元,逐级进行测评和汇总。考虑深度、时代、煤层、煤阶等地质因素,计算各级各类评价煤层气资源量,确定或预测评价单元的资源丰度,逐级汇总提交煤层气资源量/储量评价成果。

同时,分析云南省煤层气资源的分布规律,评价煤层气资源开发潜力,预测煤层气富集高渗区带展布,讨论煤层气开采技术适应性,提出开发部署与规划的建议,编绘滇东和滇东北重点煤田/盆地以及全省煤层气资源评价图件,对云南省煤层气资源潜力作出评价和预测。

第二章 煤层及其物质组成

煤是以有机质为主的沉积岩。在地层状态下储集天然气体的煤层,被称为煤储层。与常规天然气储层相比,煤储层具有多重孔隙介质、渗透性较低、孔隙比表面积较大、吸附能力极强、储气能力大等特点。其中,煤储层物质组成以有机质为主。换言之,煤储层是一种有机储层,这是煤储层有别于主要由矿物质构成的常规天然气储层的最根本特性,进而导致煤层气富集和开采中的一系列特有性质。为此,煤层的几何形态、分布规律、物质组成以及基本物理性质,不仅是煤层含气性和煤层气资源状况的关键影响因素,而且对煤层气可采性起着至关重要的控制作用。

第一节 聚煤规律与煤层分布

云南省晚古生代聚煤作用主要发育在滇东的康滇古陆东侧海陆过渡相地区,规律性显著(云南省煤田地质局,1994)。进入中生代,云南省内构造分异加剧,晚三叠世聚煤作用古地理景观复杂,新近纪聚煤作用局限于一系列陆相中~小型盆地。聚煤期后构造变动使含煤地层赋存条件进一步复杂化,尤其是晚古生代含煤地层在区域上被构造强烈分割,煤层及其厚度的分布进一步发生变化,奠定了云南省内现代煤层气富集格局的重要基础。进一步而言,早石炭世、早二叠世含煤地层对云南省内煤层气资源的贡献极其微小;晚二叠世龙潭期~长兴期以及新近纪含煤地层广泛分布,是云南省境内煤层气资源的主要赋存层系;晚三叠世聚煤作用在滇中一带有重要意义。

一、晚二叠世聚煤规律与煤层分布

(一)晚二叠世区域聚煤规律

云南省晚二叠世含煤地层形成于陆相、海陆过渡相和海相3类古地理景观以及7个沉积体系和13种沉积环境(表2-1)。含煤地层总体上形成于海侵序列,海侵作用从南向北、从东向西推进,煤层多形成于海岸带附近的滨海平原和冲积平原。

陆相沉积环境包括风化壳沉积体系、冲积扇沉积体系和河流沉积体系,煤层总体上发育较差。风化壳沉积形成于含煤地层下伏峨眉山玄武岩之上,没有泥炭沼泽发育。冲积扇带沉积紧邻康滇古陆东侧,含煤性很差或不含煤。河流沉积分布于冲积扇带与三角洲或滨海沉积体系之间,以曲流河环境为主,如滇东的宣威冲积平原,分布范围广,含煤性较好。湖泊沉积发育不甚典型,多为河流、上三角洲河道之间、泛滥平原上的一些小型湖泊,但对局部地区煤层顶板岩性起着控制作用,如徐家庄、后所、庆云、恩洪、羊场等矿区9号煤层顶板,有利于煤层气的保存。

表 2-1   云南省晚二叠世沉积环境类型（云南省煤田地质局，1991）

古地理	沉积体系	沉积环境	亚环境
陆地沉积	风化壳	风化残积层	残积铁铝层，凝灰质残积层
	冲积扇	冲积扇	扇顶，扇中，扇尾
	河流	河道	滞留，边滩，心滩，天然堤
		泛滥盆地	决口扇，湖泊(滨湖，浅湖)，淡水沼泽
海陆过渡沉积	三角洲	三角洲平原，三角洲前缘，前三角洲	分流河道，天然堤，决口扇，河口坝，远砂坝，前缘席状砂分流间湾，沼泽(淡水，半咸水)
	海岸	障壁海岸(海湾～潟湖)	海湾，潟湖，潮坪(砂坪，泥坪，混合坪，潮道，潮沟)，半咸水沼泽，泥炭沼泽
		无障壁海岸	后滨，前滨
浅海沉积	碳酸盐台地	局限台地，半局限台地，碳酸盐潮坪	
	碎屑浅海～半深海	碎屑浅海浊流	

　　海陆过渡相沉积是区内煤层发育的主要沉积环境，煤层厚度较大，分布广泛，构成煤层气资源的主要载体。三角洲沉积体系分布广泛，但规模差别大，以滇东的水城三角洲、盘县三角洲最为典型，区域上涵盖了恩洪、老厂等主要地区，含煤性最好。海岸沉积体系在龙潭期广泛发育，在长兴期基本消失，主要分布在滇东圭山～弥勒～开远一带，聚煤作用发育。泥炭沼泽发育的沉积背景主要是下三角洲平原分流河道及下三角洲潟湖～间湾～潮坪环境，以前者最为有利。

　　海相沉积包括碳酸盐台地沉积体系和碎屑海相沉积体系。前者在龙潭期集中发育在滇东南地区，在长兴期扩展到滇东北地区，局部在潮坪环境发育泥炭沼泽(吴家坪组)。后者发育在滇东地区师宗～弥勒断裂与南盘江断裂之间的海槽，沉积了海相碎屑岩夹碳酸盐岩，发育少量薄煤层，含煤性普遍很差。

　　上述古地理特征和沉积环境控制了云南省内晚二叠世聚煤作用强弱的区域分布特征。由西向东、由北向南沉积环境由陆相到海相依次过渡，NE 向师宗～弥勒断裂、EW 向盐津隆起(黔中隆起)、SN 向小江断裂之间的三角地带是黔西～滇东地区最主要的聚煤区。其中，滇东富煤带位于老厂矿区一带，煤层总厚度最大可达 30 余米，富煤中心位于黔西的盘县与水城之间，煤层总厚达 50 余米(图 2-1，图 2-2)。

　　聚煤作用迁移性规律显著，由南向北、由东向西，含煤范围逐步扩大，含煤层数减少，含煤层位上移。煤层首先在老厂、恩洪一带发育，然后向 NW 方向超覆，各煤层上、下叠覆地段成为富煤带，呈近南北方向展布。富煤带中煤层总厚度有所变化：南部的恩洪向斜、老厂矿区、圭山矿区鸭子塘一带，含煤地层下～上段均发育可采煤层，但多集中在下～中段；恩洪向斜、后所矿区、庆云矿区一带，各段均有可采煤层，但含煤层位重心向中～上段迁移，主要煤层集中在中段上部；向北到羊场矿区，下段只含煤线；向西部方向，下段几乎不含煤，主要煤层迁移到中段上部及上段；再向北西到来宾矿区，主要煤层集中在上段，中段几乎不含煤，下段则不含煤；在威信、镇雄矿区，可采煤层发育在中段上部；向北到盐津一带，可采煤层迁移到上段，中～下段已不含煤；在西部及西北部近古陆边缘地带，几乎没有煤层发育。总体

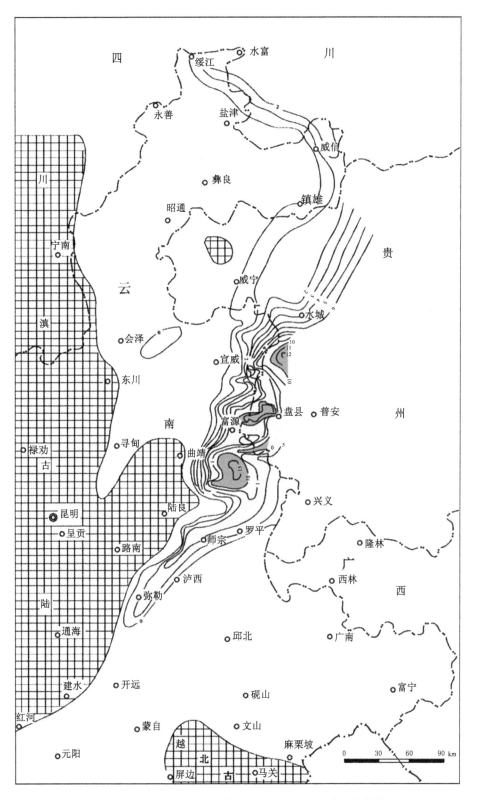

图 2-1 滇东地区晚二叠世含煤地层下段煤层厚度等值线图

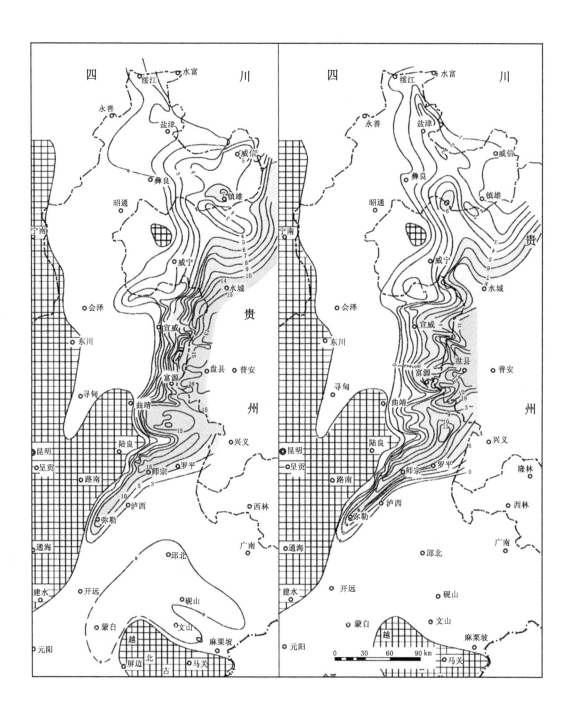

图 2-2　滇东地区晚二叠世含煤地层中段(左)和上段(右)煤层厚度等值线图

来看,煤层在含煤地层中～上部发育最好,主要形成于滨海平原及滨海冲积平原。

（二）典型向斜/矿区煤层分布

1. 恩洪向斜煤层及其分布

恩洪向斜含煤地层为上二叠统宣威组,厚205～335 m,平均250 m;含煤18～73层,煤层总厚15.99～67.68 m,平均32 m;可采煤层8～20层,一般11～13层,编号为7、9、11、13、14、15、16、17、19、21、22、23号煤层,可采厚度10～31 m,平均18 m。可采煤层厚度等值线总体上呈NW向展布,局部为SN向;由西向东及自北向南,可采煤层层数增多,煤厚增大,含煤性增强(图2-3)。

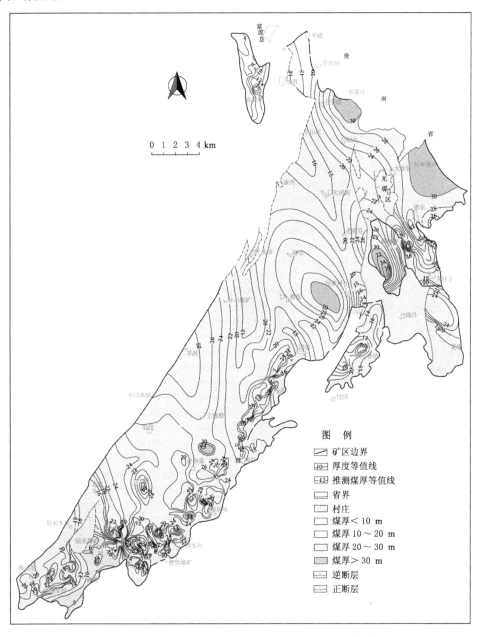

图2-3　恩洪向斜上二叠统可采煤层总厚度等值线图

主要可采煤层多位于含煤地层中～下段,上段较差;煤层结构自上而下由简单变复杂。富煤区段主要分布在中段～南段的普查区东部、老书桌井田、7 井田及清水沟井田东部,北部的大坪普查区南部。据煤田预测结果,补木嘎、硐山北部、桃树坪西部、云山西部等也可能发育富煤区段。

煤层气资源评价的重点为 9 号、16 号、23 号煤层:

9 号煤层位于宣威组中～上部,为中厚～厚煤层,厚度较稳定,一般 1.7～5.0 m,是唯一的全区发育可采煤层。偶见煤层缺失点,如 1 井田和北部外围的徐家庄矿区,均为分流河道同期或期后冲刷造成。偶见煤层分叉现象,如恩洪煤矿 1 号井。厚煤带主要分布在老书桌井田,中段南部普查区及其以北,以及恩乐、扒弓、大水塘一带,其他地区有零星分布。

16 号煤层位于宣威组顶部,层位稳定,以中厚煤层为主,部分为薄煤层,局部发育厚煤层。平均厚度 1.0～4.2 m,一般 1.3～2.0 m,向斜内除龙海沟井田、篆湾一带外,其他地段均为大面积可采。含夹矸 0～5 层,一般 1～2 层,结构较复杂。该煤层在向斜南部厚度稳定,结构简单;向北层位和厚度的稳定性变差,厚度逐渐增大,不可采点增多,在云山一带常因河流冲刷变薄或缺失,煤层结构趋于复杂。

23 号煤层位于宣威组下部,层位较稳定,厚度变化大,一般 0.7～4.0 m,以中厚煤层为主。除 1、4、龙海沟井田及硐山一带外,一般大部分可采,结构复杂,在 9 井田～宽塘一带极为复杂。

2. 老厂矿区煤层及其分布

老厂矿区含煤地层为龙潭组和长兴组,厚 415～475.41 m,平均 460.13 m,含煤 20～53 层,一般 27～42 层,较稳定者约 26 层;煤层总厚 40.75 m,可采煤层 15 层,一般为 11 层,可采总厚 6.47～33.34 m,一般 20 m,其中 2、3、7、8、9、13、14、16、17、18、19 号煤层全区可采。4 号煤层为薄煤层,19 号煤层为厚煤层,其余煤层均为中厚煤层,层位一般较稳定,结构一般较简单。13～19 号煤层的结构相对复杂,稳定性相对较差(图 2-4)。

煤层气资源评价的重点为 9 号、13 号、19 号煤层:

9 号煤层位于龙潭组顶部,层位稳定,厚度一般在 0.75～7.53 m 之间,平均 2.59 m,全矿区可采,厚煤带分布于老厂矿区北部。含夹矸 0～12 层,一般 2～4 层,岩性为薄层高岭石泥岩,煤层结构较简单～复杂。

13 号煤层位于龙潭组上部,层位稳定,厚度 0～13.34 m,一般 2.5～2.7 m,厚煤带主要分布于老厂四勘区中部等地。含夹矸 0～13 层,一般 0～3 层,结构简单。

19 号煤层位于龙潭组中～上部,厚度 0～12.52 m,一般 1.48～3.8 m,属中厚～厚煤层,在老厂四勘区南段不可采,厚煤带主要分布于老厂二、六及四勘区的东北及西南端。含夹矸 1～11 层,一般 1～4 层。

3. 新庄矿区煤层及其分布

新庄矿区位于镇威煤田,含煤地层为龙潭组和长兴组,前者为主要含煤段。含煤 9～18 层,一般 11 层;煤层总厚 7.05～14.10 m,一般约 8.40 m。可采及局部可采煤层 3 层,分别为龙潭组第二段 5 号、6 号煤层和长兴组 4 号煤层,平均可采厚度 5.63 m。

4 号煤层位于长兴组中下部,厚 0～2.36 m,平均 1.17 m,结构简单;厚度变化较大,且存在分叉、合并和冲刷现象。5 号煤层位于龙潭组顶部,厚 0.17～10.23 m,一般约 1.97 m,在区内大部可采,结构简单～中等;煤层厚度变化较大,在矿区西部呈现出西厚东薄、南厚北薄

图 2-4　老厂矿区上二叠统可采煤层总厚度等值线图

的分布规律,但在东部却与之相反(图 2-5)。6 号煤层位于龙潭组上部,结构简单~中等;厚度 0.56~2.99 m,一般约 1.96 m,变化较大。

4. 部分其他煤田或矿区煤层及其分布

(1)圭山煤田。含煤地层为龙潭组,含煤 24~37 层,煤厚 7.69~34.46 m,主要煤层集中发育在龙潭组中~上部。可采和局部可采煤层 2~16 层,编号分别为 2+1、5、5+2、5+4、5+7、6、7、9、11、14、15、16、17 号,可采总厚 5.41~34.24 m,平均 20.08 m。上部和下部煤层稳定性较差,中部煤层较为稳定,结构简单。在煤田中段及南段的圭山、鸭子塘至弥勒矿区,含煤 6~27 层,煤厚 3~28.5 m;可采煤层 3~12 层,一般 6 层,可采总厚 1.75~26.65 m,一般 11.5 m,以鸭子塘矿区含煤性最好。

(2)羊场矿区。含煤地层为宣威组,含煤 42~48 层,较稳定煤层 27 层,主要煤层发育于宣威组中上部。可采煤层 8~15 层,一般 8 层,编号分别为 2+1、3、5+7、7、9 号,可采总厚 3~13 m,平均 6 m。煤层结构简单,但厚度普遍不稳定。除部分井田的 2+1、3、7 号煤

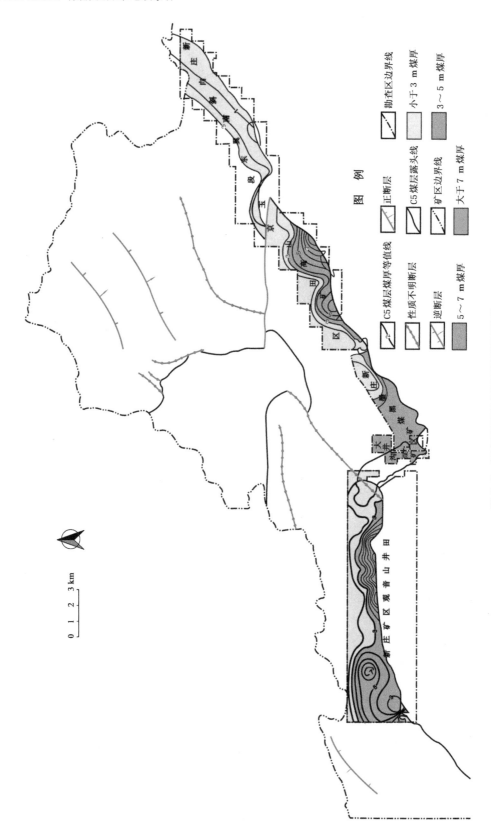

图 2-5　新庄矿区 C5 煤层厚度等值线图

层外,煤层平均厚度多小于 1.30 m。中下部煤层厚度变化较大,常有分叉、合并现象;上部煤层相对稳定,9 号以下的煤层仅在部分井田可采。

（3）来宾矿区。含煤地层为宣威组,含煤 35～37 层,煤厚在 10 m 左右,主要煤层集中于上段。含可采和局部可采煤层 4 层,煤层结构简单,厚度普遍不稳定。主要可采煤层为 2、2+1、3、7 号煤层,可采总厚 1.14～4.81 m,平均 2.96 m。含煤性垂向变化明显,上部含煤性相对较好,但煤层厚度变化较大,2 号煤层常有分叉、合并现象;下部含煤性较差,仅出现薄煤层。煤层厚度在南西部较薄,向北部有增厚趋势。

二、晚三叠世聚煤规律与煤层分布

（一）晚三叠世区域聚煤规律

在晚三叠世,云南省境内处于古特提斯洋闭合、冈瓦纳古陆与欧亚古陆碰撞阶段,控煤构造活动、岩相古地理格局以及含煤沉积复杂多样。

根据岩性、岩相及聚煤作用的差异,可分为 6 个构造单元(图 2-6):

其一,保山地区为残留海环境,晚三叠世早期末～中期为滨海相沉积范围不断地向西部浅海相区迁移,晚期为近海的河湖沼泽沉积环境,没有煤层发育。

其二,德钦～思茅地区为弧后盆地,晚三叠世早期～中期总体上以滨海相～浅海相环境为主,晚期在兰坪～巍山一带发育滨海沼泽和滨岸河湖相环境,有煤层发育,但含煤性较差。

其三,中甸地区为弧后盆地,晚三叠世早期为活动型浅海～半深海相环境,中期发育滨海～潟湖相及海湾潮坪沼泽相沉积,晚期为陆相河湖环境沉积,有煤层发育,含煤性变化大。

其四,康滇地区发育裂谷带,晚三叠世早期沿古陆周边沉积浅海相碳酸盐岩及砂页岩,中期转化为滨海～海湾、潟湖环境,晚期为陆相河湖沼泽环境,是云南省晚三叠世最主要的聚煤地带,但含煤性变化极大。

其五,滇东南地区发育裂陷台地,晚三叠世早期以浅海相沉积为主,中期主要发育滨海～湖泊、潟湖～潮坪以及交替出现的滨海沼泽沉积,晚期可能仍为海陆过渡相沉积,局部发育煤层。

其六,南盘江地区为裂陷槽构造环境,晚三叠世早期主要发育浅海相沉积,中～晚期可能为浅海～海陆过渡相环境,没有煤层发育。

总体上来看,晚三叠世聚煤作用在中期最强,主要发生在康滇陆内裂谷带及周边。在位于滇中的康滇陆内裂谷带,晚三叠世中期在永仁一带局限性初始裂谷盆地内沉积了以河流体系为主的含煤沉积大荞地组,在安宁河～易门一带形成了河流-湖泊沉积体系的含煤碎屑岩沉积普家村组;晚期随着康滇古隆的整体沉降,超覆沉积了冲积扇、河流-湖泊沉积体系的含煤碎屑岩地层干海子组或舍资组。

康滇陆内裂谷带的聚煤构造包括两种类型:

其一,裂谷盆地,分布于一平浪地区,含煤层数多达 10～100 层,可采煤层达 40 余层,可采总厚 28～50 余米,主要煤层稳定性较好。

其二,断陷盆地,分布于裂谷带东西两侧边缘,西缘的华坪、宾川一带发育以河流-湖泊沉积体系为主的含煤地层,煤层层数可达 20 层,均位于地层下部,底部发育可采煤层 1～3 层,煤层薄而稳定;东缘的小江断裂带发育冲积扇、河流-湖泊相地层,沉积期较晚,气候变干旱,不含煤。

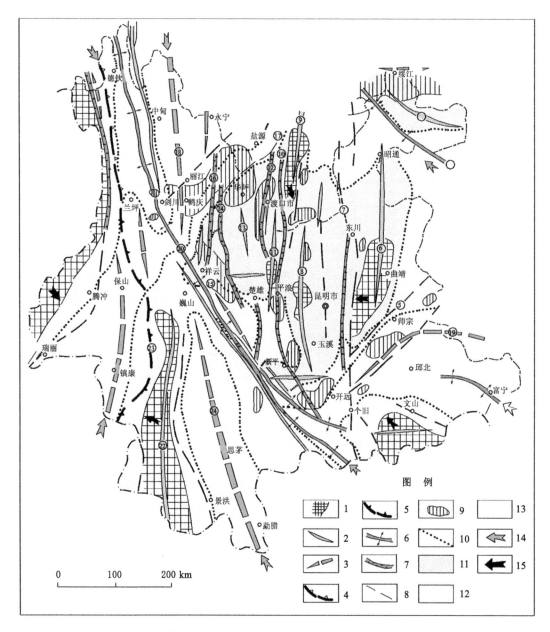

图 2-6 云南省晚三叠世聚煤期构造纲要图

此外,在滇北丽江陆缘裂谷带、滇西哀牢山裂陷槽、滇东断坳盆地、滇东南裂陷盆地均有晚三叠世含煤沉积,含煤数层可达 20 余层,但可采煤层较少,往往呈鸡窝状、透镜状产出,横向上极不稳定,含煤性极差。

(二)华坪矿区晚三叠世煤层及其分布

华坪矿区位于滇北地区,与四川渡口宝鼎矿区相邻。晚三叠世含煤地层大箐组含煤 20 ～30 层,煤层总厚 3.39～7.84 m。可采煤层 1～5 层,一般 2～3 层,可采煤层总厚 0.48～ 6.49 m,平均 0.5～1.13 m。煤层稳定性差,厚度在横向上变化大,主要可采煤层(C1、C2、 C5)常有分叉、合并现象,煤层结构复杂。其中,福田、腊石沟井田含煤性相对较好,C1 煤层可采,厚度一般为 0.17~2.33 m,平均 0.92 m。

三、新近纪聚煤规律与煤层分布

(一)新近纪区域聚煤规律

在新近纪,云南省境内构造分异显著,形成滇东走滑活动区(金沙江~哀牢山断裂以东地区)、腾冲~瑞丽热隆张裂活动区、兰坪~思茅挤压活动区及保山~临沧过渡区 4 个大地构造单元,产生了数量众多、成因类型多样的小型山间盆地,多数盆地有含煤地层发育,但聚煤作用强度和特征差异显著(表 2-2)。

表 2-2　　　　云南省新近纪盆地含煤性特征(云南省煤田地质局,1994)

盆地发展阶段		聚煤古地理	沉积条件及岩相组合	含煤性特征					含煤性
				含煤段厚度/m	可采煤层数	单煤层厚度/m	可采总厚/m	煤质	
结束阶段	早期	扇前或扇间洪泛平原或河泛平原	网状河道与漫滩沼泽交织分布,或局部有小型浅水湖泊,时有扇侵入。主要为杂色粗细碎屑物沉积,岩性变化大,煤层不稳定或极不稳定,仅少数盆地具工业价值。如先锋、玉溪盆地上含煤段	≥360	0~6	0~19	0~30	中~高灰、低硫煤	差
			河流体系发育,洪泛平原相广布,可采煤层较多,沉积环境较稳定。但仅个别盆地出现	≥412	10	0.80~37	65	低~中灰、低硫煤	好
	晚期	湖滨带	扇三角洲之间浅水湖湾带沼泽化。含煤段或煤层常夹在静水湖相沉积之间,向湖心方向延续尖灭	0~80	0~5	0~2	0~5	富灰、富硫煤	差
扩张超覆阶段	早期	扇前或扇间洪泛洼地,或者扇前或扇间沼泽	扇前或扇间沼泽与浅水湖泊交替出现,一般以细碎屑含煤沉积为主。在冲积扇退缩或湖泊淤浅期,泥炭沼泽连片发育,聚煤条件较好,为盆地主要聚煤古地理环境	40~600	3~27	0.15~35	10~96	高灰、硫分变化大	好~较好
			盆缘一侧或四周为冲积带,盆地中心带发育开阔覆水泥炭沼泽,沉积环境稳定,为云南省重要的聚煤古地理景观。如昭通、小龙潭、上允等盆地	75~300	1~3	5~237	5~278	低灰、低~中硫煤	最好

续表 2-2

盆地发展阶段		聚煤古地理	沉积条件及岩相组合	含煤性特征					含煤性
				含煤段厚度/m	可采煤层数	单煤层厚度/m	可采总厚/m	煤质	
成盆初始阶段	晚期	扇前或扇间谷地	以冲积扇、辫状河为特点,粗碎屑沉积发育。成盆期沉降及沉积速度快,盆内与盆缘高差大,盆地基底起伏大,沉积范围局限,沼泽环境极不稳定	0~数十	0	0~2	0	高灰、低硫煤	极差

从盆地构造来看,发育断陷盆地和坳陷盆地两种基本类型,坳陷盆地聚煤作用普遍优于断陷盆地,其扩张期常有厚煤层~巨厚煤层发育。主含煤段多出现在含煤地层的中部或下部,厚数十米至 500 m。单个盆地含煤层数最多可达 57 层,1~27 层可采,煤层总厚数米至 324 m,含煤系数 2%~90%。可采煤层单层厚度一般数米至 10 余米,最厚可达 237 m(小龙潭盆地),可采煤层总厚数米至 278 m(表 2-2)。煤层厚度变化较大,常见分叉、尖灭现象,煤层结构简单至复杂。

根据成因机制,云南省新近纪盆地分为 4 类 10 型,包括张裂伸展盆地(热降张裂型和伸展裂陷型)、压陷盆地(坳陷型和断坳型)、走滑盆地(楔型和离散型)、复合盆地(走滑-断坳型、走滑-压裂型、压隆-张裂型和张裂-断坳型)。其中,压陷盆地、走滑盆地以及走滑-压陷复合盆地的含煤性较好,特别是坳陷型、楔型、走滑-断陷型盆地聚煤作用强度普遍较高,而纯张裂成因盆地聚煤作用普遍较差。

压陷盆地散布于怒江断裂以东地区,多为小型盆地。坳陷型如滇中的开远小龙潭、澜沧上允、勐滨及姚安等盆地,含煤性极好,煤层层数少(1~3 层),主煤层较稳定,常为厚~超巨厚煤层,可采厚度可达上百米;厚煤带位于盆地沉降中心,向盆缘分叉变薄。断坳型如滇西的龙陵镇安以及滇南~滇西南的永平、永德、双江、耿马、沧源芒回、景洪小勐养等盆地,含煤性较好,含煤 1~20 层,可采仅数层,可采总厚 3~60 m,单层厚度中等~巨厚,横向上分叉变薄,富煤带位于冲积扇前缘。

走滑盆地普遍发育在滇东地区,在保山~临沧过渡区亦有发育。楔型盆地呈三角形楔状,如蒙自、富宁、普阳、昆明、嵩明、江川、曲靖、越州、陆良、马关等盆地,盆地规模相对较大,多数盆地含煤性好,煤层层数 1~41 层,可采数层,可采煤层总厚 5~50 m,一般为中厚~巨厚(>30 m)煤层。离散型盆地规模微型~中型,盆地狭长,如红河、弥渡、南华吕合、剑川双河、玉溪等盆地,含煤 1~50 层,可采 1~16 层,可采煤层总厚 3~48 m,以薄~中厚煤层为主。

复合盆地分布范围广,但数量较少。走滑-断坳型如昭通、禄丰罗茨、弥勒、宜良可保、华宁等盆地,主要分布于滇东走滑活动区,含煤性好~极好,发育煤层 4~35 层,可采 1~27 层,可采总厚 4~140 m,常为厚~超巨厚煤层,且较稳定。走滑-压裂型以寻甸先锋盆地最为典型,含煤性较好。压隆-张裂型分布于兰坪~思茅挤压活动区,含煤性一般较差,煤层层数 1~17 层,可采煤层 1~13 层,可采总厚 5~60 m,以薄煤层为主,少数盆地发育巨厚煤层,局部厚度达 50 余米,但变化大,稳定性差。张裂-断坳型以景谷盆地较为典型,含煤性较差。

总体来看,聚煤作用强度大的盆地均分布在滇东地区,如寻甸先锋、开远小龙潭、昭通3个盆地发育超巨厚煤层,单层最大厚度分别为237 m、223 m和148 m。

(二)典型盆地煤层分布

1. 昭通盆地煤层及其分布

昭通盆地含煤地层为上新世昭通组,含煤3层,较稳定2层,最大纯煤厚度193.77 m,一般40~100 m。其中,海子向斜煤层厚度最大,可采厚度一般80~130 m;荷花向斜和诸葛营向斜煤层可采厚度一般为30~50 m。

3层煤层的发育特征为(图2-7):

M1煤层。结构简单,层位稳定,在海子、荷花、诸葛营向斜均有分布,厚度一般为0.8~1.5 m,其中在诸葛营向斜达5.24 m。

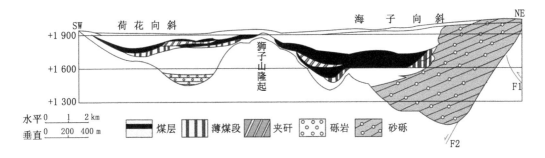

图2-7　昭通盆地构造剖面图(沈玉蔚,1982)

M2煤层。盆地内较稳定的复杂结构巨厚煤层。海子向斜该煤层厚度为20.0~125.29 m,一般95 m。煤层结构在盆地南部较简单,向北部及盆缘变为复杂,夹矸层数增多,一般30~40层,最多达60余层,夹矸总厚约为10 m。荷花向斜中部NW~SE向发育两层厚夹矸,将该煤层分为M2-1、M2-2、M2-3三层,厚度分别为4.68~20.00 m、17.10~24.90 m和3.40~12.27 m,煤层在南北两侧合并。诸葛营向斜该煤层结构简单,一般厚56 m,最大厚度达135.21 m。

M3煤层。仅分布于海子向斜中部,受SE向苏家古潜梁及SW向箐门洪积扇限制,形成南北两个聚煤中心。南区富煤带煤层结构较简单,只在东、西两缘结构较复杂,纯煤厚度一般45 m,最大厚度达83.64 m;北区富煤带煤层结构简单~复杂,含薄夹矸15层左右,纯煤厚度一般25 m,最大厚度44.17 m。

2. 蒙自盆地煤层及其分布

含煤地层为上新世小龙潭组,含煤0~15层,一般5~8层,煤层总厚0~54.57 m,一般10~35 m。发育可采煤层1~4层,可采总厚1~53.54 m,一般25 m;主要可采煤层为2号和2-2号煤层,局部可采煤层为1号和2-3号煤层(图2-8)。各煤层夹矸层数多,厚度变化较大,常合并组成厚~巨厚复煤层或煤层组,较稳定~不稳定。

1号煤层位于龙潭组顶部,厚度0~3.70 m,可采厚度1.0~3.7 m,平均2.25 m;煤层结构较简单,厚度变化规律明显,属局部可采较稳定煤层。2号煤组由2-1、2-2和2-3号煤层组成,产出于龙潭组下段,含煤0~11层,一般2~5层;可采总厚1~51.54 m,一般23.50 m;

煤层由盆地中部向盆缘分叉、变薄、尖灭,其中 2-1、2-2 号煤层富煤带较明显。

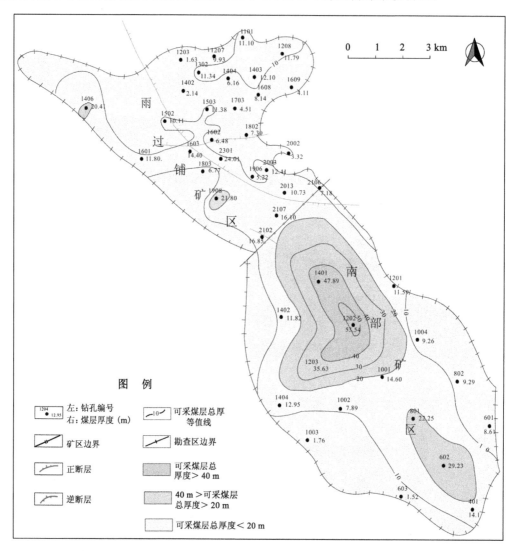

图 2-8　蒙自盆地可采煤层总厚度等值线图

第二节　煤的岩石学组成

煤的物质组成包括岩石学组成和化学组成两个系统。在地质历史时期,云南省境内发育的成煤环境几乎包括了世界上所有的成煤环境类型。成煤时代不同,古地理景观和成煤植物发生较大变化,奠定了煤物质构成的基础。

一、上二叠统煤的岩石学组成

云南省上二叠统煤主要赋存在滇东地区。在晚二叠世聚煤期,滇东地区位于上扬子盆地西缘,紧邻康滇古陆,沉积环境具有在海陆相环境背景之上偏陆相的特点。形成于该类沉积背景下的煤,陈佩元等(1996)将其称之为"陆缘型煤"。这一氧化性相对较强的沉积背景条件,决定了滇东上二叠统煤中半暗煤和半亮煤比例较高、暗淡煤次之的宏观煤岩类型总体特征(韩德馨 等,1996)。例如:恩洪盆地以半亮煤和半暗煤为主,暗淡煤次之;老厂矿区东部~中部地段主要为光亮煤,中部地段出现以半亮煤为主的煤层,西部边缘则以半暗煤和半亮煤为主;新庄矿区 C1 煤层以半暗煤为主,C5 煤层主要由半亮煤组成;田坝矿区以半暗煤和半亮煤为主,个别分层中出现光亮煤和暗淡煤。

从显微煤岩组成来看:滇东上二叠统煤以镜质组为主,平均含量介于 57%~79% 之间;惰质组次之,平均含量 14%~15%;壳质组平均含量变化极大,为 0.2%~30%;半镜质组含量较低,为 5.7%;矿物平均含量较低,变化在 2.3%~5.6% 之间(韩德馨 等,1996)。滇东不同地点上二叠统"陆缘型煤"的镜质组含量为 44%~60%,半镜质组含量为 0.9%~2.5%,惰质组含量为 21%~32%,壳质组含量为 8%~17%,矿物含量为 5%~13%(陈佩元 等,1996)。上述两个资料来源的数据相比,后者镜质组含量相对较低,惰质组含量和矿物含量显著较高(表 2-3)。究其原因,煤层中显微煤岩学组成的非均质性极强,其定量结果在很大程度上取决于采样地层、采样层位、采样方式和样品数量。

表 2-3　　　　　　　　滇东地区部分上二叠统煤的显微煤岩组分定量结果

矿区	煤层	显微煤岩组成/%					资料来源
		镜质组	半镜质组	惰质组	壳质组	矿物	
圭山		79.0	5.0	14	1.8	2.3	韩德馨等(1996)
富源		58.0	2.9	23	16.0	3.7	韩德馨等(1996)
羊场		68.0	7.4	15	9.6	5.6	韩德馨等(1996)
曲靖小冲沟矿	C6	56.6	1.6	21	9.4	10.8	陈佩元等(1996)
后所大庆矿	C9	43.4	2.5	27	14.7	12.9	陈佩元等(1996)
后所大庆矿	C17	41.7	2.1	29	16.9	10.0	陈佩元等(1996)
富源补木矿	C9	53.3	2.5	23	15.2	5.8	陈佩元等(1996)
富源糯木窑	C8	52.4	2.4	32	7.9	5.0	陈佩元等(1996)
富源乌乐窑	C9	58.8	0.9	28	7.8	5.0	陈佩元等(1996)
恩洪矿二井	C9	54.1	1.1	30	6.0	8.5	陈佩元等(1996)
羊场田坝	3 上	57.8	11.6	12.8	10.8	7.0	陈善庆等(1989)
羊场田坝	3 下	64.1	11.2	14.7	7.6	2.4	陈善庆等(1989)
羊场田坝	12	58.8	12.4	16.7	4.5	7.6	陈善庆等(1989)

根据云南省煤田勘探钻孔煤芯资料:上二叠统煤中镜质组含量为 50.3%~97.8%,一般 58.2%~82.2%;半镜质组含量为 0.8%~18.6%;惰质组含量为 1.0%~41.1%,一般在 18% 左右;壳质组含量甚少;矿物以黏土矿物为主(一般 12% 左右),次为氧化物矿物(一般 4.6%),碳酸盐组及硫化物组含量很少,但下含煤段煤中硫化物含量较高(有的超过 3%)(云南煤田地质局,1994)。

滇东有关矿区上二叠统煤的显微煤岩组成具有如下特征:

恩洪向斜各煤层显微组分以镜质组为主,惰质组次之。镜质组含量介于 50.3%~

97.8%之间,平均74%;半镜质组含量为0.8%～18.6%,平均6.7%;惰质组含量为1.0%～41.4%,平均18%;壳质组含量甚微。各煤层中矿物以黏土为主,含量一般在12%左右;次为氧化物矿物,一般在4.6%左右;碳酸盐矿物及硫化物含量很低,但下含煤段煤中硫化物含量较高,有时可达3%以上。

在老厂矿区,东部边缘煤中镜质组含量极高,介于84%～96%之间,平均91%;惰质组含量为0～2.6%,平均1%;矿物含量为3.2%～14.5%,平均约8%。中东部煤中镜质组含量为70%～93%,平均81%;惰质组3%～19%,平均9.45%;矿物含量1%～21%,平均9.65%。西部边缘煤中镜质组含量41%～71%,平均62.3%;惰质组含量6%～29%,平均14.6%;矿物含量14%～23%,平均23.1%。可以看出,从矿区东部到西部,煤中镜质组含量减少,惰质组和矿物含量增加,这与东部临海、西部靠陆的古地理格局一致。在矿物中,石英含量在1%～20%之间,黏土含量低于20%,硫化物含量在0～4.5%之间。

新庄矿区煤中显微组分以镜质组和惰质组为主,含少量稳定组。其中:镜质组含量27%～81%,平均53.34%,以均质镜质体为主,基质镜质体次之,含少量碎屑镜质体和团块基质体;惰质组含量9%～40%,平均19.87%,以无结构丝质体为主,个别钻孔中以半丝质体、碎屑丝质体为主,结构丝质体次之,含极少量粗粒体和微粒体。矿物以黏土矿物为主,平均含量10.31%;硫化物、碳酸盐矿物和氧化物矿物平均含量分别为5.95%、4.11%和6.42%。

二、上三叠统煤的岩石学组成

上三叠统煤主要赋存在康滇古陆西缘的华坪、一平浪～峨山塔甸、祥云一带,形成于滨海山前平原～冲积平原环境(胡友恒,1990)。因此,晚三叠世形成于这一地带的煤也具有"陆缘型煤"岩石学组成的某些特点。例如,据韩德馨等(1996)报道,滇中盆地上三叠统煤以半亮煤为主,比例为44%;光亮煤次之,占34%;半暗煤和暗淡煤比例也较高,可达21.3%。再如,上三叠统煤的宏观煤岩类型为半暗煤～半亮煤,局部为半亮煤～光亮煤(云南省煤田地质局,1994)。又如,据本课题组前期对一平浪矿区福德山井田K1b煤层的宏观描述,煤层下部为半亮煤,上部由半暗煤和暗淡煤交替组成(图2-9)。

滇中上三叠统煤的显微煤岩组分定量数据较少。据有限资料,与滇东下二叠统煤相比,滇中上三叠统煤以镜质组和矿物含量相对较高为特征,似乎"陆缘型煤"快速堆积和泥炭沼泽水介质动力强的特点更为明显(表2-4)。以含矿物基计算:镜质组含量为54.0%～88.2%,在多数样品中大于60%;矿物含量变化于2.1%～22.1%之间,一般都高于15%。换算成不含矿物基:镜质组含量为61.7%～98.3%,在多数样品中大于75%,平均为82.3%。矿物以黏土为主,次为石英和方解石,呈分散状与基质镜质体混杂;可见星散状、结核状黄铁矿零星分布。

三、新近系煤的岩石学组成

云南省境内的新近系煤层形成于陆相中～小型聚煤盆地,成煤时代晚,形成环境具有近源和快速埋藏的特征。这一地质背景,决定了新近系煤物质组成的特点,即煤化程度低(主要为软褐煤)、腐植化和凝胶化成分含量高、灰分产率较高及硫化物或全硫含量总体上较低。

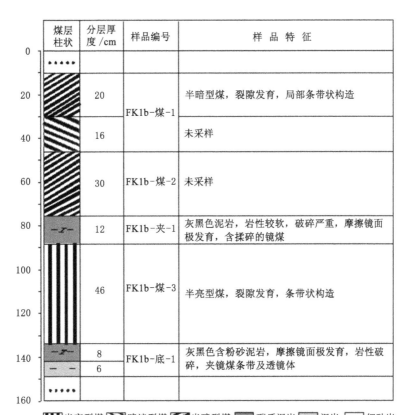

图 2-9 一平浪矿区福德山井田 K1b 煤层结构(李壮福,2004)

表 2-4　　　　　　　　滇中地区部分上三叠统煤的显微煤岩组分定量结果

地点	煤层	显微煤岩组成/%					资料来源
		镜质组	半镜质组	惰质组	壳质组	矿物	
一平浪煤田		78.6		8.4	0.4	12.6	韩德馨等(1996)
祥云煤田		57.8		35.9		6.3	韩德馨等(1996)
石屏煤田		79.8		1.4		18.8	韩德馨等(1996)
一平浪煤田		88.2	3.0	6.6	0.1	2.1	陈佩元等(1996)
一平浪塔店矿区	1	80.6		6.3	0.5	12.6	云南省煤田地质局198队(1997)
一平浪福德山向斜	3	63.5		13.6	4.2	18.7	李一波(1993)
一平浪福德山向斜	2	54.0		19.4	5.8	20.8	李一波(1993)
一平浪福德山向斜	1	61.9		13.0	3.0	22.1	李一波(1993)

　　根据国际煤岩学委员会建议,软褐岩石类型分为木质煤、碎屑煤、丝质煤和富矿物煤四类(ICCP,1993)。云南省小型盆地褐煤层常以木质煤为主,富矿物煤比例较高;中型盆地以

碎屑煤为主,常见木质煤。例如,寻甸县金所盆地为一小型山间盆地,上新世茨营组 3 号煤层厚 8.40 m,柱状剖面上木质煤与碎屑煤交替产出(姜尧发 等,2002)。其中:木质煤厚 4.65 m,占总厚度的 55%;碎屑煤厚 1.85 m,占 22%;丝质煤厚 0.9 m,占 11%;富矿物煤厚 1.0 m,占 12%。再如,昭通盆地为一中型山间盆地,主要煤层中除偶见一些木质煤和丝质煤分层以外,主要由碎屑煤组成。

上述宏观煤岩类型特征,实质上提供了显微煤岩组成的信息。从云南全省来看,显微组分以腐植组占绝对优势,比例在 72.2%～98.8% 之间,常见细屑体和密屑体,次为凝胶体、充分分解腐木质体和木质结构腐植体;稳定组占 6.8% 左右,常见树脂体、碎屑稳定体和木栓质体,有少量的角质体和孢子体;惰质组占 2.2% 左右,主要为丝质体、半丝质体,常见零星分布的菌类体;矿物组分以黏土组为主,占 3.0%～31.8%,呈细粒分散状、团粒集合体出现于细屑体和密屑体内。

典型盆地的显微煤岩定量结果与上述总体统计资料基本一致:

昭通盆地为典型的软褐煤。据 102 件钻孔煤芯样品统计:去矿物基腐植组含量普遍在 80% 以上,平均含量大于 88%,且随层位降低而规律性增高;惰质组最高含量不超过 11%,一般在 3% 以下;稳定组含量最高可达 16%,煤层平均含量随层位降低而减小;矿物含量变化较大,但全煤基平均含量超过 15%,且以黏土矿物占绝对优势,硫化物、碳酸盐、氧化物等十分稀少(表 2-5)。

表 2-5   **昭通盆地新近纪褐煤显微煤岩组分统计**

煤层	显微组分/(去矿物基,%)			矿物/(全煤基,%)		$R_{o,max}$ /%
	腐植组	惰质组	稳定组	黏土	其他	
M1	$\dfrac{80.8\sim96.0}{88(4)}$	$\dfrac{3.2\sim5.2}{3.1(4)}$	$\dfrac{0.8\sim14.1}{9(4)}$	$\dfrac{5.0\sim40.6}{19.6(4)}$	$\dfrac{0\sim1.67}{1.15(4)}$	$\dfrac{0.30\sim0.31}{0.31(2)}$
M2	$\dfrac{81.4\sim100}{92.8(85)}$	$\dfrac{0\sim10.5}{2.56(85)}$	$\dfrac{0\sim16.0}{5.1(85)}$	$\dfrac{0\sim40.9}{13.8(85)}$	$\dfrac{0\sim3.3}{0.9(85)}$	$\dfrac{0.29\sim0.37}{0.31(50)}$
M3	$\dfrac{91.4\sim100}{96.7(13)}$	$\dfrac{0\sim7.37}{1.67(13)}$	$\dfrac{0\sim10.53}{1.66(13)}$	$\dfrac{2.0\sim34.9}{12.6(13)}$	$\dfrac{0\sim9.8}{1.87(13)}$	$\dfrac{0.29\sim0.31}{0.30(6)}$

注:括号中为样品数。

先锋盆地先锋勘探区同样为典型的软褐煤,腐植组随机反射率为 0.29%～0.35%,平均为 0.31%。8 件煤样统计数据显示:全煤基腐植组含量 73.1%～86.0%,平均 80.6%;惰质组含量 1.93%～7.11%,平均 3.2%;稳定组含量 0～5.9%,平均 2.0%;矿物含量 8.9%～22.7%,平均 14.2%,以黏土矿物占绝对优势,偶见黄铁矿和石英颗粒。

蒙自矿区各煤层显微煤岩组分以腐植组为主,含量变化介于 73.45%～86.70% 之间,低于其他盆地;稳定组含量 12.40%～26.18%,显著高于其他盆地;惰质组含量 0.36%～5.25%,与其他盆地大致相当;无机组分以黏土矿物为主,含量为 15.0%～24.2%,硫化物含量 3.2%～4.5%,碳酸盐和氧化硅含量甚微。

滇东～滇中部分其他盆地新近纪软褐煤的显微煤岩定量结果,一方面与上述显微组分定量结果基本一致,另一方面细化了对显微组分构成的认识(表 2-6)。全煤基腐植组平均含量普遍大于 80%,一般在 92% 以上。其中:以碎屑腐植体为主,凝胶腐植体次之,含有一定数量的结构腐植体。

表 2-6 云南省部分盆地新近纪褐煤显微组成定量结果(唐跃刚 等,1990)

采样 地点	煤层	腐植组/%				稳定组 /%	惰质组 /%	矿物 /%	$R_{o,ran}$ /%
		结构 腐植体	碎屑 腐植体	凝胶 腐植体	小计				
金所	M3	22.5	52.8	19.5	94.6	2.7	1.0	1.9	0.20
罗茨	M2	21.3	60.5	11.0	92.3	2.9	1.4	2.9	0.21
可保	M3-2b	18.3	48.9	22.0	89.0	2.7	4.4	3.9	0.23
可保	M3-2a	10.6	51.9	28.9	91.9	1.1	0.9	6.1	0.22
可保	M7-2	11.6	58.9	18.4	88.6	1.6	2.8	7.0	0.26
小龙潭		10.2	49.0	32.5	92.4	2.7	1.8	3.1	0.30
先锋	M3	11.3	44.3	36.9	92.3	4.7	1.5	1.5	0.35
义马		11.6	42.6	25.2	79.4	2.7	14.7	2.3	0.45

第三节 煤的化学组成

煤的化学组成除了受到古泥炭沼泽条件的影响外,还与煤化作用程度和过程密切相关。煤化作用的结果,同样影响到煤层的孔隙性、吸附性和裂隙发育状况,进而在一定程度上控制煤层含气性和渗透性,是决定煤层气资源潜力和可采性的重要地质因素。

一、上二叠统煤的灰分产率和全硫含量

受从西向东由陆变海的古地理格局控制,滇东地区上二叠统煤质区域分布规律性十分显著(云南煤田地质局,1991)。

总体上来看,各矿区原煤灰分产率一般为 10.42%～38.97%,平均为 19.56%～33.95%。在区域上,由西部的康滇古陆东缘向东部的古海洋方向,原煤灰分产率逐渐降低,灰分产率等值线平行古陆边缘呈 SN 向带状分布(图 2-10)。滇东地区东缘处于滨海冲积平原环境,煤的灰分产率相对较低,总体上在 20%～30% 之间,多为中灰煤,如镇雄、宝山、羊场、庆云、徐家庄、云山、恩洪、老厂等矿区;位处西部沉积边缘煤层变薄带的矿区,煤的灰分产率较高,一般大于 30%,多为富灰煤甚至高灰煤,如来宾、卡居、鲁海、罗木等矿区。在古寻甸河发育地带,形成 EW 向的煤层薄化带及富灰煤带,如罗木至后所 1～4 井田为富灰煤,灰分产率比其两侧的庆云、云山等矿区增高 7% 左右。

在柱状剖面上,含煤地层上段煤层(1～6 号)和下段煤层(18～21 号)灰分产率相对较高,分别为 27.30%～33.95% 和 28.50%～29.58%,属富灰煤;中段煤层(7～17 号)灰分产率相对较低,在 19.56%～26.11% 之间,属中灰煤。尤其是全区发育的主采煤层 9 号煤层,由于形成于海退向海侵转化前的相对稳定时期,灰分产率最低,多属中灰煤～低

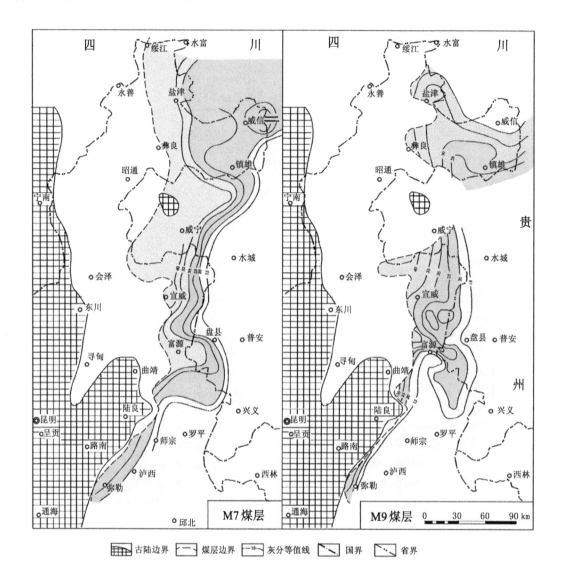

图 2-10　滇东地区上二叠统煤的灰分产率等值线图

灰煤。

　　原煤全硫含量变化极大,分布在 0.10％～6.50％之间。在区域上,同一煤层全硫含量具有从西向东规律性带状增高的特点,这与沉积背景由陆向海的分布格局一致,显示出全硫含量主要取决于古泥炭沼泽受海水影响的程度(图 2-11)。

　　在柱状剖面上,含煤地层上段煤层(1～11 号)全硫含量极低,为 0.13％～0.37％,属特低硫煤;中段煤层(12～16 号)全硫含量相对较低,为 0.40％～1.70％,属特低硫～中硫煤;下段煤层(17～21 号)全硫含量最高,且变化极大,为 1.72％～6.50％,属中硫～特高硫煤。这一规律与成煤期由东向西、由南向北的海水进退特征有关。下段沉积期发生海侵作用,煤中全硫含量整体较高,恩洪矿区 16 号以下的所有煤层均为中硫煤～高硫煤,但向北至后所、草场矿区一带则高硫煤层数减少,层位降低。

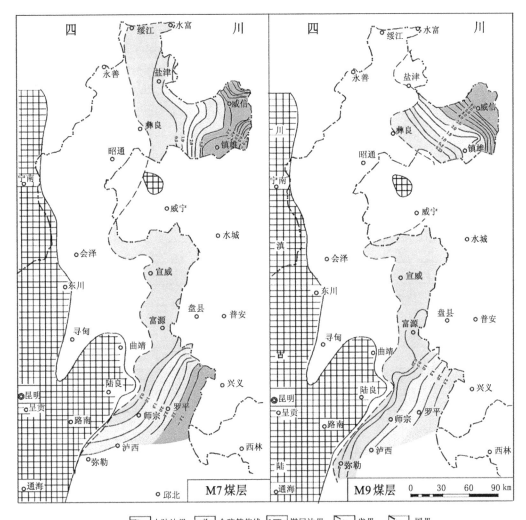

图 2-11 滇东地区上二叠统煤的全硫含量等值线图

基于煤田勘探资料,不同矿区或同一矿区不同煤层的煤质存在不同程度的差异(表 2-7):

恩洪矿区各煤层原煤灰分产率介于 $18.28\%\sim27.90\%$,随层位降低而增高,属中灰~高灰煤;全硫含量为 $0.20\%\sim5.07\%$,随层位降低而显著增高,属特低硫~特高硫煤。

老厂矿区各煤层灰分平均产率分布在 $17.55\%\sim25.68\%$ 之间,主要为中灰煤;全硫平均含量为 $0.90\%\sim3.43\%$,顶部煤层为高硫煤,中段煤层以低硫煤为主,底部煤层为高硫煤~特高硫煤。

新庄矿区各煤层属于中灰煤~高灰煤,其中 5 号煤层原煤灰分产率表现为东高西低、南高北低的分布趋势;原煤全硫含量 $0.61\%\sim13.32\%$,平均 2.80% ,从特低硫煤到高硫煤均有分布,但整体上为高硫煤~特高硫煤。

表 2-7　　　　　　　　滇东部分矿区上二叠统原煤的化学组成

矿区	煤层编号	灰分产率/(daf,%) 范围	灰分产率/(daf,%) 平均	全硫含量/(daf,%) 范围	全硫含量/(daf,%) 平均	碳含量/(daf,%) 范围	碳含量/(daf,%) 平均	氢含量/(daf,%) 范围	氢含量/(daf,%) 平均
恩洪	9	8.59～49.99	18.28	0.07～1.03	0.20	83.21～89.53		4.43～4.98	
恩洪	16	6.84～46.24	23.09	0.09～5.37	1.04	83.80～92.12	89.57	3.54～6.02	4.83
恩洪	23	13.5～59.38	27.90	1.03～14.18	5.07	84.78～90.80	89.46	3.88～5.45	4.45
老厂	C2	10.68～46.88	24.11	0.45～7.08	2.45				
老厂	C3	9.76～41.89	17.55	0.23～4.95	0.91				
老厂	C4	9.96～41.93	20.28	0.24～5.01	1.73				
老厂	C7+8	9.45～36.84	18.40	0.49～8.48	2.19				
老厂	C8	8.41～28.12	20.19	0.26～4.37	0.90				
老厂	C9	10.56～36.10	18.19	0.19～5.77	0.95				
老厂	C13	8.94～37.51	17.95	0.30～5.79	2.06				
老厂	C14	9.73～49.05	20.31	0.29～5.30	1.81				
老厂	C15	9.22～38.65	19.47	0.32～4.40	1.11				
老厂	C16	9.60～41.75	18.48	0.32～6.15	1.14				
老厂	C17	8.79～49.17	25.68	0.40～11.50	5.30				
老厂	C18		20.90		2.28				
老厂	C19		21.77		3.43				
新庄	C5	15.09～44.89	27.18	0.61～13.32	2.80	73.65～90.40	87.46	3.30～4.39	3.70

二、上三叠统煤的灰分产率和全硫含量

据云南省煤田地质局(1994)统计,各矿区上三叠统原煤灰分平均产率为 13.49%～25.43%,全硫含量为 0.38%～3.40%,在区域上变化较大,但主要属中灰、特低硫～高硫煤(表 2-8)。

表 2-8　　　　云南省部分上三叠统矿区煤质统计(云南省煤田地质局,1994)

矿区		原煤/% 灰分 A_d	原煤/% 挥发分 V_{daf}	原煤/% 全硫 $S_{t,d}$	精煤/% 灰分 A_d	精煤/% 挥发分 V_{daf}	精煤/% 全硫 $S_{t,d}$	煤类
禄丰—平浪		23.53	27.86	1.62	7.75	27.10	1.33	肥煤
禄丰棚溪		25.43	14.29	2.56	5.55	16.11	1.68	贫煤,瘦煤
华坪	腊石沟	21.90	33.36	0.49	6.38	32.02	0.54	1/3 焦煤
华坪	河东	12.37	34.61	0.47	4.92	34.43	0.48	1/3 焦煤
华坪	轿顶山	25.20	34.28	0.38	7.00	32.32	0.49	1/3 焦煤
华坪	华祝	19.23	27.70	1.60	7.27	28.24	0.83	1/3 焦煤
华坪	阿牛坪	20.12	38.89	1.18	5.65	36.77	0.83	气煤,弱黏煤
华坪	福田	24.48	33.57	0.88	6.49	31.97	0.67	1/3 焦煤

矿区	原煤/%			精煤/%			煤类
	灰分 A_d	挥发分 V_{daf}	全硫 $S_{t,d}$	灰分 A_d	挥发分 V_{daf}	全硫 $S_{t,d}$	
峨山塔甸	18.58	8.86	3.40	6.93	7.87	2.21	无烟煤
新坪比里河	18.86	4.52	0.89				无烟煤
楚雄三街	13.49	7.97	1.11				无烟煤
祥云香么所	19.38	8.35	0.50	4.29	5.36	0.52	无烟煤
宾川干甸	21.48	9.23	0.87				无烟煤

华坪煤田不同矿区、不同井田、不同煤层的灰分产率变化较大,但全硫含量相对稳定,多为低硫煤:河东矿区 C4、C1b 和 C1a 煤层原煤灰分平均产率分别为 17.14%、8.22% 和 11.75%,全硫平均含量在 0.46%~0.49% 之间;阿牛坪矿区 C2、C2-下和 C2-1 煤层原煤灰分平均产率分别为 17.35%、19.00% 和 24.03%,全硫平均含量为 0.96%~1.59%;轿顶山矿区 C5b、C5a 和 C2 煤层的灰分平均产率为 24.35%~26.89%,全硫平均含量为 0.33%~0.44%;腊石沟矿区 C1a、C1b、C2a、C21 和 C5b 煤层灰分平均产率变化较大,分别为 16.39%、13.55%、21.99%、19.92% 和 37.67%,全硫平均含量为 0.36%~0.62%。

三、新近纪煤的灰分产率和全硫含量

滇东~滇中地区主要盆地新近纪煤部分煤质指标统计结果见表 2-9。可以看出:不同盆地煤层灰分平均产率多在 20%~35% 之间,属中灰煤~高灰煤,但个别井田产出低灰煤,如先锋矿区松树地井田;全硫含量变化较大,从低硫煤到特高硫煤均有产出,但以低硫煤~中硫煤为主。

表 2-9 　　　　　滇东~滇中地区主要盆地新近纪褐煤的煤质统计

盆地	煤层	原煤/%			精煤/%		煤类
		灰分 A_d	全硫 $S_{t,d}$	挥发分 V_{daf}	碳 C_{daf}	氢 H_{daf}	
昭通盆地荷花向斜	M2-1a	18.39	0.64	56.75	66.23	5.40	褐煤
	M2-1b	21.29	0.74	56.84	65.68	5.35	褐煤
	M2-2	20.21	0.87	56.53	65.93	5.18	褐煤
	M2-3a	29.23	2.25	56.92	65.69	5.14	褐煤
	M2-3b	27.81	2.08	57.24	66.56	5.14	褐煤
	M2-4	33.84	2.13	60.02	66.53	5.36	褐煤
	M2-5a	35.96	4.85	59.58	63.09	4.87	褐煤
	M2-5b	31.72	4.13	59.88	67.35	5.15	褐煤
	M2-6	32.23	3.08	61.61	66.86	5.50	褐煤
	M2-7	35.10	2.25	61.61	66.00	5.61	褐煤
	M2-8	35.81	2.07	64.07			褐煤

续表 2-9

盆地	煤层	原煤/%			精煤/%		煤类
		灰分 A_d	全硫 $S_{t,d}$	挥发分 V_{daf}	碳 C_{daf}	氢 H_{daf}	
昭通盆地 诸葛营向斜	M1	19.80	1.05	56.12	66.53	5.09	褐煤
	M2	24.31	1.85	57.37	67.58	4.97	褐煤
昭通盆地 海子向斜	M1	16.91	0.82	56.68	66.84	5.02	褐煤
	M2	23.58	1.54	57.36	66.93	4.96	褐煤
	M3	30.60	2.85	39.90	66.33	5.14	褐煤
蒙自盆地 南部勘探区	1	27.35	4.96	52.26	66.85	4.94	褐煤
	2-1	21.93	4.17	52.84	69.07	4.98	褐煤
	2-2	21.54	4.52	51.03	69.39	4.84	褐煤
	2-3	28.86	3.96	51.67	66.85	5.12	褐煤
小龙潭江北区		20.70	2.60	53.55			褐煤
小龙潭江南区		16.80	3.30	53.35			褐煤
先锋矿区 先锋勘探区	M3	18.77	0.32	57.51	67.52	5.69	褐煤
	M5-1	20.81	0.39	57.00	67.85	5.74	褐煤
	M5-2	20.42	0.45	57.07	68.67	5.70	褐煤
先锋矿区 松树地井田	M8-1	9.81	2.03	53.32			褐煤
	M8-2	9.42	1.50	53.06			褐煤
先锋矿区 鲁白煤矿	M3	22.43	0.43	59.22	67.23	5.81	褐煤
	M4	22.44	0.39	56.60	66.79	5.57	褐煤
	M5-1	23.28	0.51	56.34	67.34	5.47	褐煤
	M5-2	21.58	0.64	55.79	68.11	5.52	褐煤

值得注意的是:其一,灰分产率与全硫含量具有对数正相关的关系,尽管有一定的离散性,但相关趋势较为明显;其二,昭通盆地煤中全硫平均含量明显高于先锋、小龙潭等滇中盆地;其三,昭通盆地不同煤层以及同一煤层的灰分产率和全硫含量随层位升高而明显呈现出降低的趋势。其中的地质原因及其对煤层含气性、渗透性的影响,尚待今后进一步研究探讨。

从云南省范围来看,新近纪煤质在区域上具有明显的分区性。滇东区、昌宁～澜沧区煤质相对较好,滇西高黎贡山区煤质较差,这与盆地基底稳定程度、同沉积构造活动强度、盆地古地理景观所控制的盆地沉降速度、物源区供给、泥炭沼泽条件密切相关。其中:滇东区煤层普遍以低灰～中灰、低硫～高硫煤为主,仅在边缘地带(剑川、蒙自、马关等)发育富灰、高硫煤;兰坪～思茅区以中灰～高灰、低硫～高硫煤为主,灰分产率相对两侧邻区偏高;昌宁～澜沧区一般为低灰～中灰、特低硫～低硫煤,仅个别地区为高灰煤;高黎贡山区原煤灰分产率较高,普遍为高灰、特低硫煤。

四、煤化作用程度

云南省过去的煤田勘探工作很少进行精煤挥发分产率分析，为此，本书采用原煤无水无灰基挥发分产率、镜质体反射率作为表征煤阶的主要指标，将精煤碳、氢元素含量作为辅助指标。

（一）煤阶分布概述

云南省聚煤时代较多，煤阶齐全，上古生界和中生界煤阶分布格局复杂（表2-10）。

表 2-10　　　　　　　　　　云南省部分中新统煤的煤质分析结果

地　点	煤层编号	原煤挥发分产率 V_{daf}/%	精煤/%		煤类
			碳含量 C_{daf}	氢含量 H_{daf}	
潞西红旗煤矿	1	45.21			长焰煤
	2	46.19			长焰煤
潞西梁河南林煤矿	1	50.56	73.00	5.71	长焰煤
潞西梁河横路煤矿	1	50.73	74.34	5.75	长焰煤
	2	51.61	61.43	4.78	
昌宁芒回一井田	1	39.60	81.04	5.30	气煤
	2	39.32	80.24	5.63	气煤
	3a	40.16	77.11	5.50	气煤
	5	38.41	79.28	5.48	气煤
	6	36.34	81.93	5.43	气煤
	7	38.08	79.19	5.52	气煤
昌宁临沧白塔井田	1	45.44		4.91	长焰煤
	2	44.13			长焰煤
大理丽江河源井田	4a	47.65			长焰煤
	4b	45.92			长焰煤
大理剑川河源井田	4a	44.55			长焰煤
普洱景谷大街矿区	8	44.23	72.69	5.75	长焰煤
	7	41.74	76.33	5.10	长焰煤
	6	44.37	75.06	5.81	长焰煤
	5	45.86	73.87	5.23	长焰煤
	4	42.45	78.31	5.82	长焰煤
	3	42.12	77.61	5.47	长焰煤
	2	43.64	77.08	5.43	长焰煤
	1	44.02	75.58	5.47	长焰煤
普洱景谷回煌矿区	2	47.45	69.66	5.28	长焰煤
	2-1	47.03	70.01	5.31	长焰煤
	3	47.03	70.04	5.20	长焰煤

续表 2-10

地　点	煤层编号	原煤挥发分产率 $V_{daf}/\%$	精煤/%		煤类
			碳含量 C_{daf}	氢含量 H_{daf}	
普洱蛮蚌矿区		23.23	86.13	4.52	焦煤
		23.86	84.45	4.83	焦煤
		26.60	82.69	4.53	焦煤
		23.43	82.23	4.48	焦煤
文山马关花支格煤矿	上煤层	48.19			长焰煤
	下煤层	45.62			长焰煤
文山马关南部勘探区	2-1	48.67	77.33	5.60	长焰煤

　　早石炭世、早二叠世煤层主要分布于滇东北、滇东及昆明附近,总体上在远离康滇古陆的滇东北及滇东会译、宣威一带一般为贫煤～无烟煤,靠近古陆边缘的昆明一带多为瘦煤～贫煤,沾益一带为气煤～肥煤。

　　晚二叠世煤层主要分布于康滇古陆以东的滇东地区,滇西、滇南地区局部或零星赋存。煤阶较为齐全,从气煤～无烟煤均有发育。其中,无烟煤主要分布于镇雄、盐津、富源老厂及开远大庄等地,贫煤在威信及文山州居多,烟煤绝大部分分布于宣威、恩洪煤田及圭山矿区。总体上,低煤化烟煤主要沿牛首山古隆起及越北古隆起周边分布,远离古隆起向坳陷区方向煤阶逐渐增高。

　　晚三叠世煤层主要分布于康滇古隆起区范围内及周边的滇中、滇西及滇东北地区,滇南、滇东南地区有零星分布。多为无烟煤及贫煤,少数地区为肥煤、焦煤至瘦煤,如滇东北绥江、滇中一平浪等地;在滇北华坪与宁蒗之间,产出气煤、肥煤和焦煤。总体来看,康滇古隆起之上及川南古陆南部隆起区的滇东北地区煤阶相对较低,古隆起周边及一些古裂谷带煤阶有所增高。

　　新近纪煤层广泛分布于云南省内众多中～小型内陆盆地,煤化程度一般只达到褐煤,少数达长焰煤～肥煤。滇东和滇西地区上新世煤一般为软褐煤(褐煤1号),南部及西南边缘地区中～上新统煤多为硬褐煤(褐煤2号)。沿新近纪活动断裂带产出中新统烟煤,煤阶达到长焰煤、气煤和肥煤,如红河断裂带沿线的金宝山、戛洒、元江～河口盆地,阿墨江断裂带沿线的大街、三章田盆地,把边江断裂带沿线的梅子街、把边江盆地,无量山～营盘山断裂带沿线的景谷、普洱、中董盆地,西沙河弧形断裂带沿线的梁河、陇川盆地等(表2-10)。此外,其他盆地也有新近系烟煤零星分布,如滇东南马关、滇西北剑川双河、滇西沧源芒回等盆地。

　　(二)滇东地区上二叠统煤阶分布

　　滇东地区上二叠统以焦煤、贫煤和无烟煤为主,等煤阶带几乎平行于康滇古陆边缘分布,从古陆边缘向东依次产出气煤、肥煤、焦煤、瘦煤、贫煤和无烟煤,表明其发育总体上受控于最大埋深差异导致的变质分异作用(图2-12)。

　　滇东地区上二叠统煤阶具有东西分带、南北分区的总体展布格局(图2-12,表2-11)。在南部开元～蒙自～文山～丘北一带,发育向北凸出的弧形等煤阶带,由南向北从肥煤依次过渡为无烟煤,焦煤和贫煤带相对较宽,瘦煤带极其狭窄,肥煤带分布局限。在中南部富源～老厂一带,等煤阶带呈 NE 向展布,几乎没有肥煤发育,近古陆边缘的恩洪一带主要发育

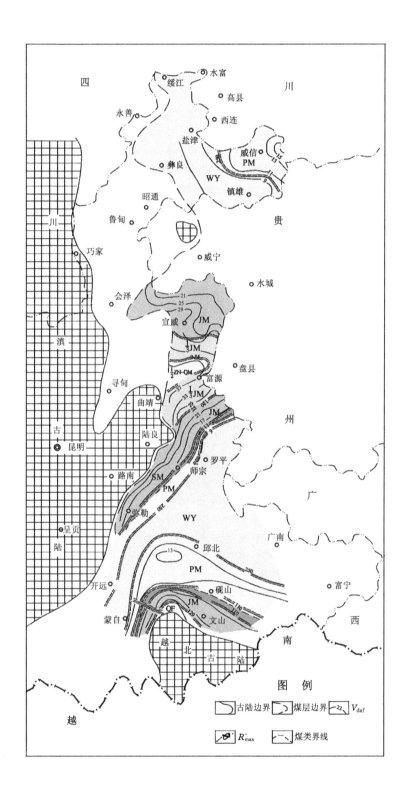

图 2-12　滇东地区上二叠统煤的挥发分产率及镜质体最大反射率等值线图

较宽的焦煤带,向东经过极其狭窄的瘦煤带和相对狭窄的贫煤带后,在圭山东部～老厂变为呈面式分布的广阔无烟煤带。在中北部富源～宣威一带,没有瘦煤、贫煤和无烟煤发育,等煤阶带总体上呈 NEE～EW 向展布,富源以西小面积产出气煤和肥煤,此带南北两侧为大面积的焦煤带。在北部镇雄～延津一带,大面积发育贫煤和无烟煤,等煤阶带呈 NW 向展布,由西向东煤阶降低。

在上二叠统含煤地层柱状剖面上,随着煤层层位的降低,煤化作用程度发生不同程度的增高,表明该区煤化作用程度基本上定型于目前构造格局形成之前,这种情况在恩洪～老厂一带更为典型(表2-11)。例如,恩洪盆地南部的恩洪矿区上～中部煤层一般为焦煤,而下部～底部煤层演变瘦煤甚至贫煤;北部的大坪矿区上～中部煤层为肥煤,下部煤层演变为焦煤。再如,老厂矿区所有煤层尽管都是低级无烟煤(3号无烟煤),但随层位降低,挥发分产率明显降低,镜质体最大反射率趋于增高,指示煤化作用程度有所提高。

表 2-11　　　　　　　　　　滇东地区部分上二叠统煤层煤阶指标测试数据

地点	煤层	V_{daf} /%	$R_{o,max}$ /%	煤类	地点	煤层	V_{daf} /%	$R_{o,max}$ /%	煤类
镇雄大井沟矿	5	15.00	2.24	贫煤	恩洪大坪矿区	2+1	28.71	1.17	肥煤
镇雄马河矿区	1	17.02	2.08	贫煤		3	28.59	1.18	肥煤
	5	12.95	2.24	贫煤		6	26.70	1.22	肥煤
	6	14.31	2.27	贫煤		7		1.27	肥煤
镇雄庙坝矿区	1	12.69		贫煤		7+1	29.21	1.25	肥煤
	2	11.65		贫煤		8	25.95	1.25	肥煤
	3	13.63		贫煤		9	26.27	1.29	肥煤
	4	11.35		贫煤		10	25.81	1.28	肥煤
	5	10.58		贫煤		12	25.50	1.31	焦煤
	6	15.78		贫煤		16	26.22	1.34	焦煤
镇雄墨黑矿区	5	14.27	2.04	贫煤		17	25.54	1.37	焦煤
镇雄石坎向斜	5	13.81		贫煤		19	24.11	1.37	焦煤
	6	13.39		贫煤		21	26.22	1.41	焦煤
	7	12.55		贫煤					
	9	17.46	2.06	贫煤	圭山鸭子塘1井田	3	22.70		焦煤
镇雄新庄东段	5	13.30		贫煤		9	20.95		焦煤
	6	15.07		贫煤		17	17.69		瘦煤
	9	14.83		贫煤		211	18.77		瘦煤
	10	17.51		贫煤		212	16.96		瘦煤
镇雄新庄观音山	1	13.90	2.02	贫煤		22	15.40		瘦煤
	5a	10.62	2.32	贫煤	圭山鸭子塘4井田	3	22.84		焦煤
镇雄玉京山勘探区	5a	13.05	2.00	贫煤		9	22.61		焦煤
	5b	13.90		贫煤		12	19.95		焦煤

地点	煤层	V_{daf}/%	$R_{o,max}$/%	煤类	地点	煤层	V_{daf}/%	$R_{o,max}$/%	煤类
镇雄玉京山勘探区	9	16.14	2.38	贫煤	圭山鸭子塘4井田	13	24.56		焦煤
	10	15.62		贫煤		14	21.22		焦煤
镇雄南井田北段	5b	8.28		无烟煤		16	22.23		焦煤
	6a	8.36		无烟煤		17	21.08		焦煤
盐津兴隆场矿区	6	11.08		贫煤		21-1	21.46		焦煤
宣威阿宜矿区	1-2	26.99		焦煤		21-2	21.80		焦煤
	2	25.77		焦煤		22	21.20		焦煤
	4	26.20		焦煤		24	19.44		瘦煤
	6	24.59		焦煤		26	19.56		瘦煤
	8	23.76		焦煤	圭山拖白煤矿	13	16.30		瘦煤
宣威来宾铺2井田	1	27.49		焦煤		12	17.93		瘦煤
	1+2	27.33		焦煤		10	18.22		瘦煤
	3	26.84		焦煤		9	17.86		瘦煤
	4	27.40		焦煤		8	16.99		瘦煤
宣威来宾铺5井田	1	30.02		肥煤	老厂第二勘探区	2	8.65		无烟煤
	3	28.96		肥煤		3	8.39		无烟煤
宣威罗木矿区	1	38.31	0.69	气煤		4	8.42		无烟煤
	2	37.71	0.70	气煤		7	8.41		无烟煤
	3	37.89	0.71	气煤		8	8.10		无烟煤
	5	40.61	0.71	气煤		9	7.96		无烟煤
	6	39.04	0.74	气煤		13	7.81		无烟煤
	7	38.31	0.75	气煤		13+1	7.64		无烟煤
	9	37.16	0.79	气煤		15	5.93		无烟煤
宣威羊场3井田	2+1	32.83		焦煤		15+1	7.54		无烟煤
	3	31.34		焦煤		17	8.00		无烟煤
	6	29.73		焦煤		18	7.48		无烟煤
	7	29.88		焦煤		19	7.39		无烟煤
	9	30.73		焦煤		23	7.03		无烟煤
宣威羊场8井田	2+1a	25.72		焦煤	老厂第三勘探区	2	8.49		无烟煤
	2+1c	24.73		焦煤		3	7.78		无烟煤
	5+1	24.73		焦煤		7	6.96	3.07	无烟煤
	6	23.74		焦煤		8	7.04		无烟煤
	9	22.75		焦煤		9	6.99	3.19	无烟煤
	13	21.76		焦煤		13	6.54	3.28	无烟煤

地点	煤层	V_{daf} /%	$R_{o,max}$ /%	煤类	地点	煤层	V_{daf} /%	$R_{o,max}$ /%	煤类
宣威宝山文兴 1 井田	2	23.14		焦煤	老厂第三勘探区	16	6.19		无烟煤
	3	22.50		焦煤		17	6.11		无烟煤
宣威谷山矿区	1	18.78		瘦煤		18	6.44	3.36	无烟煤
	2	19.32		瘦煤		19	6.40	3.28	无烟煤
	3	17.53		瘦煤	老厂第四勘探区	2	7.31	2.59	无烟煤
	4	15.95		瘦煤		3	7.23	2.56	无烟煤
恩洪大河硐山 1 井田	2	33.26		焦煤		4	7.10		无烟煤
	2+1	31.87		焦煤		7+8	6.77	2.54	无烟煤
	3	32.65		焦煤		9	6.55	2.56	无烟煤
	4+1	30.54		焦煤		13	6.40	2.80	无烟煤
	5	31.12		焦煤		13+1	6.44		无烟煤
	7	30.94		焦煤		15	6.24		无烟煤
	9	29.99		焦煤		15+1	6.23	2.71	无烟煤
	10	29.04		焦煤		17	6.03		无烟煤
	11	28.07		焦煤		18	6.12		无烟煤
	12	28.66		焦煤		19	6.14	2.73	无烟煤
	13	27.65		焦煤	老厂雨汪勘探区	2	10.74	2.80	无烟煤
	15	24.99		焦煤		3	8.03	2.82	无烟煤
	16	26.59		焦煤		5	9.00	2.82	无烟煤
	19	25.00		焦煤		6	9.02		无烟煤
恩洪煤田恩洪 2 井田	5	23.74		焦煤		7	9.01	3.03	无烟煤
	7	20.76		焦煤		8	8.64	2.95	无烟煤
	8	22.75		焦煤		9	8.81	2.97	无烟煤
	9-1	21.76		焦煤		10	8.10		无烟煤
	9-2	21.76		焦煤		12	8.80		无烟煤
	11	21.76		焦煤		13	8.07	2.87	无烟煤
	14	21.76		焦煤		15	9.07	2.92	无烟煤
	14+1	20.76		焦煤		16		2.93	无烟煤
	15	20.76		焦煤		18		2.98	无烟煤
	16	18.78		瘦煤		19		2.98	无烟煤
	18	19.77		瘦煤	老厂白龙山勘区	2	8.66	2.77	无烟煤
	19-1	18.78		瘦煤		3	8.48	2.79	无烟煤
	20	19.77		瘦煤		4	8.27	2.56	无烟煤
	21-2	19.77		瘦煤		7+8	7.78	2.80	无烟煤
	23	19.77		瘦煤		9	7.47	2.82	无烟煤

地点	煤层	V_{daf}/%	$R_{o,max}$/%	煤类	地点	煤层	V_{daf}/%	$R_{o,max}$/%	煤类
恩洪煤田恩洪2井田	24	20.76		瘦煤		13	7.25	2.81	无烟煤
恩洪煤田恩洪6-3井田	8	22.65		焦煤	老厂白龙山勘区	16	7.37	2.85	无烟煤
	9b	20.07		焦煤		18	7.41	2.87	无烟煤
	10	20.66		焦煤		19	6.70	2.90	无烟煤
	11b	20.56		焦煤	文山龙戛矿东段	2	15.29		贫煤
	14	20.27		焦煤	文山蚂蚁河矿	2	14.05		贫煤
	14+1	20.47		焦煤		1	15.87		贫煤
	15a	19.08		瘦煤	文山开远大庄矿	2	8.81		无烟煤
	15b	19.27		瘦煤	文山水结磺厂矿	下	29.11		焦煤
	16	18.88		瘦煤	文山砚山干河矿	1	14.42	1.97	贫煤
	19a	16.00		瘦煤		3	13.00	2.22	贫煤
	19b	15.21		贫煤		4		2.32	贫煤
	21a	17.29		贫煤					
	21b	16.60		贫煤					
	23b	16.30		贫煤					
恩洪老书桌井田	3		1.483	焦煤					
	3b		1.388	焦煤					
	4		1.402	焦煤					
	5b		1.420	焦煤					
	7	22.57	1.479	焦煤					
	8	22.31	1.504	焦煤					
	9	21.60	1.534	焦煤					
	11	21.11	1.553	焦煤					
	13	21.00	1.608	焦煤					
	15	19.82	1.617	焦煤					
	16	19.27	1.623	焦煤					
	18	18.07	1.684	焦煤					
	19	18.18	1.706	瘦煤					
	23b	17.00	1.774	瘦煤					

第四节　煤的孔隙率与孔隙结构

煤中孔隙是指煤体未被固体物质(有机质和矿物质)充填的空间,是煤层气赋存的主要场所,其孔径结构是研究煤层气赋存状态、气水介质与煤基质块间物理、化学作用以及煤层气解吸、扩散和渗流的基础。

一、煤的孔隙率分布

煤的孔隙率是指煤中孔隙体积与总体积之百分比。孔隙率测试方法很多,通常根据煤的真密度和视密度进行换算,即:

$$\varphi = \frac{\rho_t - \rho_a}{\rho_t} \times 100\%$$

式中　　φ——孔隙率,%;

ρ_t——真密度,g/cm³;

ρ_a——视密度,g/cm³。

测定煤的真密度常用比重瓶法,以水作置换介质,操作方便,但水分子直径较大,不能进入微细毛细管和微孔,所测真密度仅是近似值。因此,通过密度换算孔隙率,在一定程度上反映煤层气可渗流通道体积,可部分反映煤层气渗流情况。

据勘探实测资料统计:昭通盆地新营盘普查区褐煤孔隙率为 17.0%～28.7%,平均为22.1%;蒙自盆地南部普查区褐煤孔隙率 9.9%～35.8%,平均 17.4%;宣威煤田罗木矿区气煤孔隙率0.6%～10.1%,平均 6.0%;恩洪向斜顺源煤矿焦煤孔隙率 0.7%～4.4%,平均 2.8%;圭山煤田老厂矿区四勘区无烟煤孔隙率 0.5%～9.0%,平均 4.4%;镇雄煤田牛场-以古矿区贫煤孔隙率 4.5%～5.8%,平均 5.2%(表 2-12)。

表 2-12　　　　　　　　　云南部分地区煤的孔隙率统计特征

位置	煤阶	孔隙率/%			位置	煤阶	孔隙率/%		
		最小	最大	平均			最小	最大	平均
蒙自盆地南部普查区	褐煤	9.9	35.8	17.4	恩洪向斜顺源煤矿	焦煤	0.7	4.4	2.8
昭通新营盘普查区	褐煤	17.0	28.7	22.1	镇雄煤田牛场-以古矿区	贫煤	4.5	5.8	5.2
宣威煤田罗木矿区	气煤	0.6	10.1	6.0	圭山煤田老厂四勘区	无烟煤	0.5	9.0	4.4

可以看到,从褐煤到无烟煤,不同煤阶孔隙率呈下凹曲线分布,平均孔隙率在褐煤阶段最高,焦煤阶段最低,向无烟煤方向重新增高(图 2-13)。孔隙率的这一分布特点,与煤层渗透率与煤阶关系基本一致,即:褐煤盆地煤层渗透率最高,宣威、镇雄、圭山煤田次之,以焦煤～瘦煤为主的恩洪盆地相对较低。试井资料显示,恩洪盆地 EH1、EH2 井煤层渗透率分别为 0.016 mD 和 0.004 5 mD。

云南煤孔隙率随煤层层位的降低,存在三种不同分布趋势(图 2-14)。其一,下降型,下部煤层孔隙率小于上部煤层,如蒙自、昭通、恩洪矿区,特别是褐煤盆地,埋深增加,孔隙率衰减非常显著,显示沉积压实作用对煤层孔隙率起着强烈的控制作用。其二,上升型,下部煤层孔隙率高于上部煤层,主要存在于宣威低煤化度烟煤区,表明沉积作用控制下的煤物质组成和结构具有更为重要的影响。其三,复杂型,孔隙率与层位之间不存在单调增减关系,各煤层平均孔隙率很接近,表明压实作用已经完成,煤化作用达到较高程度,影响煤孔隙率的主要因素可能是煤物质组成和结构的差异。

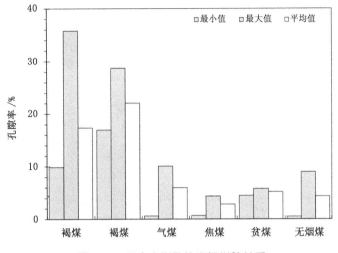

图 2-13 云南省煤孔隙率与煤阶关系

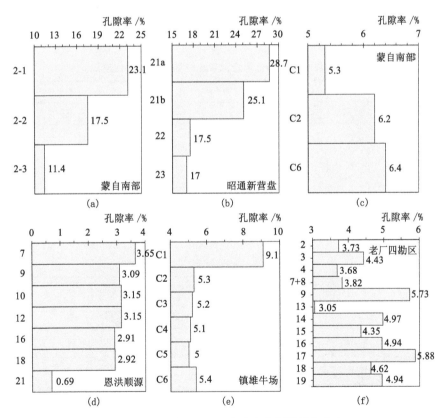

图 2-14 云南某些矿区煤孔隙率的煤层层位分布

二、煤的孔隙结构

煤样压汞测试结果见表 2-13 和表 2-14。褐煤～焦煤的压汞总孔容介于 0.030 5～0.532 9 cm³/g 之间,平均为 0.178 4 cm³/g;昭通红泥褐煤以中孔为主,其他煤样均以过渡孔为主;孔比表面积介于 5.748~19.882 m²/g 之间,昭通红泥褐煤孔比表面积集中在过渡孔,中孔和微孔均占有较大比例,而其他样品孔比表面积贡献基本上来自过渡孔和微孔(图 2-15)。单从绝对孔容来看,昭通红泥褐煤、富源海龙肥煤的大孔孔容最多,可能有利于煤基质渗透率的发育。

表 2-13　　　　　　　　　　云南部分煤样孔容压汞测试结果

采样地点	$R_{o,max}$ /%	孔容 V/(10^{-4} cm³/g)					孔容比/%			
		V_1	V_2	V_3	V_4	V_t	V_1/V_t	V_2/V_t	V_3/V_t	V_4/V_t
昭通红泥褐煤	0.31	886	3 628	695	120	5 329	16.6	68.1	13.0	2.3
曲靖潦浒褐煤		44	231	1 089	310	1 674	2.6	13.8	65.1	18.5
寻甸金所褐煤		84	475	1 207	507	2 273	3.7	20.9	53.1	22.3
富源海田气煤	0.73	94	37	252	138	521	18.0	7.1	48.4	26.6
富源海龙肥煤	1.04	132	168	225	79	604	21.8	27.8	37.3	13.0
恩洪桃坪焦煤		74	36	140	55	305	24.3	11.9	45.8	18.0

注:V——孔容;V_1——大孔($\phi>1\,000$ nm)孔容;V_2——中孔($1\,000$ nm$>\phi>100$ nm)孔容;V_3——过渡孔(100 nm$>\phi>10$ nm)孔容;V_4——微孔(10 nm$>\phi>7.2$ nm)孔容;V_t——总孔容。

表 2-14　　　　　　　　云南部分煤样中值孔径和孔比表面积压汞测试结果

采样地点	中值孔径/nm		孔比表面积 S/(m²/g)					孔比表面积比/%			
	孔容法	面积法	S_1	S_2	S_3	S_4	S_t	S_1/S_t	S_2/S_t	S_3/S_t	S_4/S_t
昭通红泥褐煤	326.9	17.2	0.078	5.372	8.781	5.651	19.882	0.4	27.0	44.2	28.4
富源海田气煤	17.4	9.5	0.006	0.068	5.634	6.681	12.389	0.0	0.5	45.5	53.9
富源海龙肥煤	98.0	10.6	0.011	0.261	4.463	3.800	8.535	0.1	3.1	52.3	44.5
恩洪桃坪焦煤	27.7	10.4	0.004	0.070	3.073	2.601	5.748	0.1	1.2	53.5	45.3

注:S——孔比表面积;S_1,S_2,S_3,S_4——大孔($\phi>1\,000$ nm)、中孔($1\,000$ nm$>\phi>100$ nm)、过渡孔(100 nm$>\phi>10$ nm)、微孔(10 nm$>\phi>7.2$ nm)比表面积;S_t——总孔比表面积。

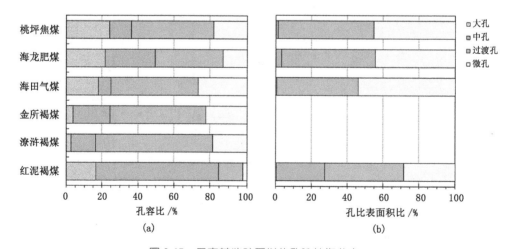

图 2-15　云南某些矿区煤的孔隙结构分布

进一步来看,云南主要矿区煤的孔容中值孔径变化介于 17.4～326.9 nm 之间,平均 117.5 nm,孔容中值孔径与煤阶关系不显著,但仍然显示出褐煤孔径最大的特征;孔比表面积中值孔径变化于 9.5～17.2 nm 之间,平均 11.53 nm,除褐煤较高以外,其他煤样相差不大(表 2-14)。

另外,吴建国等(2012)分析 7 件煤样的测试资料,认为恩洪向斜煤层厚度大,煤阶适中,微小孔发育,吸附能力强,有利于煤层气的吸附;渗流孔隙结构单一,非均质性不高,渗流能力相对较好,显微裂隙以较小微裂隙(D 型)为主,定向性和连通性较差,可能造成渗流通道不连续和受阻等问题,导致渗透性变差,对将来煤层气的开发产生不利影响。

第三章　煤层含气性及其地质控制

煤层含气性可从诸多方面进行表征,如煤层气组成、煤层含气量、含气饱和度、可解吸率以及煤层气资源量、资源丰度等。同时,在盆地深部或缺乏实测资料的地区,尚需对煤层含气性进行预测。本章在前两章阐述地质背景和煤层特性的基础上,进一步分析云南省上二叠统和新近系煤层气化学组成、煤层含气量的分布规律,初步分析煤层含气性的地质控制因素。

第一节　煤层含气量预测方法

通常采用含气量梯度法、等温吸附＋含气饱和度法、地质类比分析法等方法,预测未知区和深部煤层含气量。长期以来,煤层气地质界致力于发展煤层含气量的测井解释方法,但由于受测井仪器发展水平限制,解释结果的可靠性仍然较低。近年来,也发展了一些新的预测方法,如煤层地质演化历史数值模拟法、煤质-灰分-含气量类比法等,但这些方法很大程度上属于地质类比分析法范畴。

一、地质类比分析法

如果预测区及其浅部煤层几乎没有煤质煤岩、煤层含气性、煤吸附性等实测资料,地质类比分析就是预测煤层含气量的唯一方法。通过对预测区煤层气基本地质条件的综合分析,选择地质条件类似且拥有煤层含气量预测结果的地区,作为预测区煤层含气量预测的重要依据。

在已知煤阶、煤质等基础资料但缺乏煤层实测含气量和等温吸附试验数据的情况下,综合分析煤层气地质条件,然后采用煤质-灰分-含气量类比方法,选择煤阶、煤质条件类似地区煤层含气量梯度、等温吸附等数据,作为预测该区煤层含气量的依据。

二、实测解吸数据外推法

20 世纪 50 年代至 60 年代早期,煤田地质勘探中煤层气(瓦斯)含量测试采用真空罐法,60 年代晚期以后采用集气法,80 年代以来大多采用解吸法。

解吸法包括中国煤炭行业方法[《煤层气含量测定方法》(GB/T 19559—2008)、《煤层瓦斯含量井下直接测定方法》(GB/T 23250—2009)]和美国矿业局直接法(USBM)。按照传统的煤炭行业标准《煤层气测定方法(解吸法)》(MT/T 77—1994)规定,煤层含气量由四部分组成,即损失气量(V_1)、现场 2 h 解吸量(V_2)、真空加热脱气量(V_3)及粉碎脱气量(V_4)。USBM 方法测定的煤层含气量由三阶段实测气量构成,包括逸散气量、解吸气量和残余气量。

通过对实测解吸数据与煤层埋深关系的拟合分析,可在一定边界条件限制下推测深部煤层含气量。这种关系往往用含气量梯度(煤层埋藏深度每增加百米的含气量增量)表征,故实测解吸数据外推法也称为含气量梯度法。

煤层含气量是地层压力和地层温度的函数,基于单调函数原则的实测解吸数据外推法存在一个下限深度适宜范围。关于这一下限深度,苏联学者认为在 CH_4 风氧化带之下 500～700 m,英国斯克顿煤田定在垂深 800～900 m,张新民等(1991)认为是在垂深 800～1 000 m 之间。秦勇等(2005,2012,2016)研究表明,煤层含气量随深度单调增加的下限深度与煤阶密切相关,变化在 700～1 900 m 之间。

三、等温吸附-含气饱和度法

采用这种方法对煤层含气量的预测精度相对较高,但应用前提要求较为严格。首先,具备煤的等温吸附实测数据,实验煤样的煤阶、物质组成、物理性质等应与拟预测煤层相似;第二,需要事先采用适当方法了解煤层压力状态,如试井压力、矿井/钻孔瓦斯压力、水头高度等效储层压力等;第三,了解煤储层温度及其随深度的变化规律;第四,合理估算煤层的含气饱和度。

采用等温吸附-含气饱和度法预测煤层含气量的理论基础在于,煤层含气性取决于煤的吸附能力和含气饱和度,即含气量为特定吸附压力下最大吸附量与含气饱和度的乘积。基于朗缪尔原理,煤层含气量(无水无灰基)预测数学模型如下:

$$V_P = S_G (1 - A_d) \frac{V_L p}{p_L + p} e^{n(t_0 - 1)} \tag{3-1}$$

或

$$V_P = S_G (1 - A_d - M_{ad}) \frac{abp}{1 + bp} e^{n(t_0 - 1)} \tag{3-2}$$

式中 V_P——预测的煤层含气量,m^3/t;

       S_G——含气饱和度,%;

       V_L——朗缪尔体积(无水无灰基),m^3/t;

       p_L——朗缪尔压力(无水无灰基),MPa;

       p——煤储层压力,MPa;

       n——常数,$n = 0.02/(0.993 + 0.07p)$;

       t_0——开始解吸时间,s;

       a,b——吸附常数(无水无灰基),其中 a 相当于朗缪尔体积,b 为朗缪尔体积的倒数;

       A_d——煤的干燥基灰分产率,%;

       M_{ad}——煤的空气干燥基水分含量,%。

四、低阶煤层含气量数值模拟方法

与中、高阶煤相比,低阶煤($R_{o,max} < 0.65\%$)储层煤层气中游离态、水溶态 CH_4 占有更大比例。Pratt 等(1999)在储层温度和低于储层温度下进行平行煤样自然解吸实验,发现低于储层温度的煤样损失气低估了 57%,含气量低估了 29%;分析美国粉河盆地 Triton 井的煤芯含气量测试结果,认为由于没有将游离气和溶解气计算在内,因而使含气量被低估了 22%。即使在储层温度下解吸,损失气量也是根据解吸气量来推导,美国粉河盆地勘探阶段估计的煤层含气量要比煤层气生产后得到的实际含气量低数倍。

据新一轮全国煤炭资源潜力评价结果,云南省煤炭资源总量为 752.61 亿 t,其中探明资源量302.87亿t(程爱国 等,2013)。其中,云南省探明保有褐煤资源量约占全省煤炭资源探明保有总量的62%(云南省人民政府,2017)。依此估算,云南省褐煤资源探明储量约188亿t。褐煤赋存在新近纪中新世和上新世地层,埋藏浅,厚度大,比较稳定,具有非常有利的煤层气开发条件。因此,评价预测褐煤储层含气性特征及其分布,对于云南省煤层气资源开发具有重要意义。

煤层气以三种方式赋存在煤中,以单分子/多分子层方式吸附在煤微孔隙表面,以游离方式赋存在孔隙和裂隙中,以溶解方式存在煤层孔隙水中。在中、高阶煤储层中,吸附气占总含气量的90%以上,游离气和水溶气一般可以忽略;低阶煤储层孔隙率大,吸附性弱,微孔比例较低,游离气和水溶气往往占有更高比例。现行钻孔煤芯解吸法使得低阶煤在取芯过程中游离气快速逸散,吸附气快速解吸,且不测水溶气,可能造成所测的总含气量严重偏低。因此,物理模拟与数值模拟相结合,是准确预测低阶煤储层含气量的较好方法。

鉴于上述,低阶煤储层含气量必须兼顾吸附气、游离气和水溶气。吸附气基于等温吸附实验,结合储层压力计算;游离气通过孔隙率测试及煤层气体压力换算得到;基于CH_4溶解度实验,结合不同埋深煤层所对应的气体压力、温度、水矿化度等参数,可模拟计算水溶气含量(申建 等,2014)。

1. 吸附气含量

基于朗缪尔方程,可求得煤层吸附气含量:

$$V = \frac{V_L p}{p + p_L} \tag{3-3}$$

式中　p——储层压力,MPa;

　　　V_L——煤样朗缪尔体积,即平衡水条件下测得的极大吸附量,m^3/t;

　　　p_L——朗缪尔压力,MPa。

傅小康(2006)通过实验,获得昭通褐煤空气干燥基CH_4等温吸附数据,朗缪尔体积随温度升高而单调减小(图3-1)。拟合这套实验数据,得到昭通盆地褐煤朗缪尔常数:25 ℃时,$V_L = 4.10$ m^3/t,$p_L = 0.29$ MPa;35 ℃时,$V_L = 3.39$ m^3/t,$p_L = 0.24$ MPa;45 ℃时,$V_L = 3.31$ m^3/t,$p_L = 0.24$ MPa。在25~35 ℃区间,朗缪尔体积的衰减梯度为0.071 $m^3/℃$;在35~45 ℃区间,衰减梯度为0.008 $m^3/℃$。

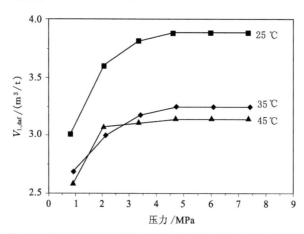

图3-1　昭通盆地褐煤样品CH_4等温吸附曲线(傅小康,2006)

根据昭通盆地煤田勘探资料(表 3-1),地下水压力梯度为 0.92 MPa/hm,埋深 1 000 m 以浅的煤层温度不超过 35 ℃。蒙自盆地缺乏等温吸附实测数据,可采用昭通数据进行类比。由此,基于式(3-3),采用煤储层含气饱和度 70%,估算出昭通盆地、蒙自盆地不同埋深下的空气干燥基煤层吸附气含量(表 3-2,表 3-3)。

表 3-1　　　　　　　　　　昭通盆地煤田勘探钻孔简易水文观测结果

钻孔号	层位	埋深/m	静止水位标高/m	水柱高/m	水温/℃	矿化度/(mg/L)	水质类型
补 1808	N_2^3 煤段	114.00	1 903.57	94.07	22	930.44	重碳酸盐、钙、镁型
. 1705	N_2^3 煤段	98.02	1 899.63	98.97	19.00	1 219.24	重碳酸盐、钙、钾、钠型
1820	N_2^3 煤段	27.09	1 893.98	21.31	18	631.58	重碳酸盐、钙、镁型
Ⅲ-2	N_2^3 煤段	168.19	1 898.28	156.09	17	1 155.16	重碳酸盐、钾、钠、钙型

表 3-2　　　　　　　　　　昭通盆地不同埋深下煤层含气量模拟结果

参数	煤层埋深/m								
	200	300	400	500	600	700	800	900	1 000
温度/℃	22.8	24.2	25.6	27	28.4	29.8	31.2	32.6	34
水压/MPa	1.84	2.76	3.68	4.60	5.52	6.44	7.36	8.28	9.2
气压/MPa	0.3	0.5	0.7	0.9	1.1	1.3	1.5	1.7	1.9
吸附气/(ad,m³/t)	1.26	1.29	1.29	1.28	1.26	1.23	1.21	1.18	1.15
矿化度/(mg/L)	1 334	1 690	2 046	2 402	2 758	3 114	3 470	3 826	4 182
水溶气/(原位,m³/t)	0.28	0.4	0.51	0.62	0.71	0.8	0.87	0.95	1.01
游离气/(原位,m³/t)	0.01	0.04	0.07	0.1	0.13	0.15	0.18	0.21	0.23
总含气量/(原位,m³/t)	1.55	1.73	1.87	2.00	2.10	2.18	2.26	2.34	2.39

表 3-3　　　　　　　　　　蒙自盆地不同埋深下煤层含气量模拟结果

参数	煤层埋深/m								
	200	300	400	500	600	700	800	900	1 000
温度/℃	26.5	28.75	31	33.25	35.5	37.75	40	42.25	44.5
水压/MPa	1.96	2.94	3.92	4.90	5.88	6.86	7.84	8.82	9.80
气压/MPa	0.3	0.5	0.7	0.9	1.1	1.3	1.5	1.7	1.9
吸附气/(ad,m³/t)	1.18	1.19	1.17	1.13	1.09	1.11	1.11	1.10	1.10
水溶气/(原位,m³/t)	0.25	0.36	0.45	0.61	0.68	0.74	0.79	0.84	0.89
游离气/(原位,m³/t)	0.01	0.04	0.07	0.1	0.12	0.15	0.17	0.2	0.22
总含气量/(原位 m³/t)	1.44	1.59	1.69	1.84	1.89	2	2.07	2.14	2.21

2. 水溶气含量

溶解于煤层水中的 CH_4,可以通过单位重量煤体含水量乘以原位条件下 CH_4 溶解度得到。付晓泰等(1996)推导出 CH_4 在水中的溶解度方程,适用范围在 20~160 ℃之间和压力低于 60 MPa。

$$R_s = 22.4 \times 10^{-3} \left[\left(K_p + \frac{\varphi_i}{RT + b_m p} \right) p - \frac{b_m p^2 K_p}{RT + b_m p} \right] \tag{3-4}$$

式中 R_s——溶解度，m^3/m^3 H_2O；

$\quad\quad K_p$——平衡常数；

$\quad\quad \varphi_i$——有效孔隙率，小数；

$\quad\quad R$——摩尔气体常数，8.314 J/(K·mol)；

$\quad\quad T$——温度，K；

$\quad\quad b_m$——气体分子的 Van der Waals 体积，对 CH_4 为 4.28×10^{-5} m^3/mol；

$\quad\quad p$——压力，MPa。

根据实验数据拟合，最大有效孔隙率与温度关系为（付晓泰 等，1996）：

$$\varphi_i = \alpha(0.009\ 696\ 829 + 3.163\ 917\ 8 \times 10^{-5} t - 1.257\ 929 \times 10^{-6} t^2 + $$
$$2.129\ 631 \times 10^{-8} t^3) \tag{3-5}$$

式中，α 为分子体积校正系数，等于 He 与 CH_4 的 Van der Waals 体积之比，即 $\alpha = 0.821\ 4$。

$$K_p = -18.561 e^{2\ 133.89/T} \tag{3-6}$$

统计煤田勘探测试资料，昭通盆地褐煤平均密度为 1.3 t/m^3，全水分含量为 45.4%～61.89%，平均为 55.17%（毕作文，1990）。由此，可换算出标准状态下昭通盆地不同埋深褐煤层的溶解气含量：

$$V_s = M_t / \rho_{coal} \tag{3-7}$$

式中 V_s——单位质量煤水溶气含量，m^3/t；

$\quad\quad M_t$——全水分含量，%；

$\quad\quad \rho_{coal}$——煤密度，t/m^3。

昭通盆地多年恒温带平均温度为 20 ℃，地温梯度 1.41 ℃/hm（周真恒 等，1997）。由此，得到昭通盆地不同埋深下的煤层温度；盆地新近系地下水压力梯度 0.92 MPa/hm，得到不同埋深的储层压力（表 3-2）。盆地煤层水矿化度较低，只有 0.6～1.2 g/L（表 3-1），其对 CH_4 溶解度的影响可以忽略不计。根据这些参数，估算出昭通盆地不同埋深水平的煤层水溶气含量（表 3-2）。

云南省煤田地质局对蒙自盆地 3 口井做过简易测温，恒温带平均温度约 22 ℃，地温梯度为 1.76～2.86 ℃/hm，平均地温梯度为 2.25 ℃/hm。结合静水压力梯度 0.98 MPa/hm，计算出煤层水溶气含量（表 3-3）。

3. 游离气含量

昭通盆地煤层气风化带深度约 200 m，故：

$$p = (H - 200) p_g + p_0 \quad (H > 200\ m) \tag{3-8}$$

式中 p——不同埋深下的煤层气体压力，MPa；

$\quad\quad p_0$——煤层气风化带内气体压力，褐煤取 0.1 MPa；

$\quad\quad p_g$——气体压力梯度，褐煤取 0.20 MPa/hm；

$\quad\quad H$——煤层埋深，m。

根据气体状态方程，煤层中游离气最大含量为：

$$V_f = \varphi_f \frac{Z}{Z_s} \frac{1}{\rho_{coal}} \frac{p}{p_s} \frac{T_s}{T} \tag{3-9}$$

式中　V_f——标准状态下的游离气体积；

　　　φ_f——游离气所占的孔隙率；

　　　Z——真实气体体积压缩系数；

　　　p_s, T_s, Z_s——标准状态下压力、温度和压缩系数。

根据压缩系数计算模式，在煤储层原位条件下，Z/Z_s 约等于 1（孟祥适 等，2004）。设游离气所占孔隙率为 5%，将式（3-8）代入式（3-9），计算出不同埋深下煤层的游离气含量。从表 3-2 和表 3-3 看出，昭通盆地和蒙自盆地煤层埋深增大，水溶气和游离气含量增加，吸附气含量无明显变化，甚至略有降低。浅部水溶气所占比例较小，在 200 m 埋深约占 10%；在深部所占比例明显增大，在埋深 1 000 m 约为总含气量的 1/2～1/3。游离气含量对总含气量影响较小，在 1 000 m 埋深只占总含气量的 10% 左右。

五、深部煤层含气量预测方法

煤层含气量是煤层埋藏演化过程中多次吸附/解吸、扩散/渗流、运移后，在现今地层条件下达到动态平衡的结果。与浅部地层条件相比，深部地层的温度和压力更高，煤层受到的压缩作用更强，导致深部煤层含气量与埋藏深度之间的关系与浅部不同，不能简单采用浅部的煤层含气量梯度予以推测，需要建立针对性的预测理论和方法。近年来的大量勘探资料和研究进展显示，在一定的"临界深度"之下，煤层含气量随埋深的增大不是继续增高，而可能出现下降趋势，这是深部地层温度效应大于压力效应的必然结果（秦勇 等，2012，2016；申建 等，2014）。

（一）含气量梯度法

含气量梯度法主要适用于同一构造单元中的深部外推预测区，或不同构造单元中基本地质条件相近的预测区，是可靠程度相对较高且应用最广的传统预测方法之一。其理论基础为：在构造相对简单的赋煤块段，在一定的埋深范围内，煤层含气量主要受煤层埋深所控制，且与埋深呈正相关关系。

根据上述原理，含气梯度法预测深部煤层含气量的前提条件是：① 同一构造单元中已有浅部煤层解吸实测资料的深部地区；② 煤阶受埋深控制，煤阶相当或变幅较小；③ 浅部煤层气解吸数据较为丰富，含气量梯度明显，或煤层埋深与煤层含气量之间关系离散性较小。问题在于，煤层含气量随埋深增大是否可能无限增高？换言之，深度对煤层含气量的增高是否存在约束？

分析现有资料，老厂、新庄矿区深部煤层含气量预测大致适宜于该方法。新庄矿区按构造划分出三个块段，观音山块段含气量梯度 1.46 m³/hm(daf，下同)，墨黑块段 1.58 m³/hm，玉京山-高田块段 1.04 m³/hm[图 3-2(a)]。老厂矿区含气量数据集中在一～六勘探区，构造简单，未再细分块段，含气量梯度为 0.54 m³/hm[图 3-2(b)]。

（二）煤阶-等温吸附法

该方法适用范围较广，特别是煤阶变化较大的地区。它也是本书对恩洪向斜深部煤层含气量采用的主要预测方法。

煤阶-等温吸附法的理论基础，在于煤层气主要以吸附方式赋存在煤基质微孔表面，吸附量的大小主要受控于煤阶、地层温度和地层压力。应用该方法进行深部煤层含气量预测，

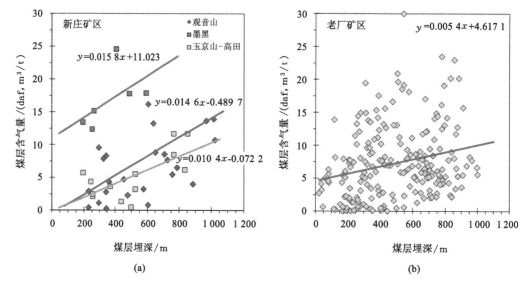

图 3-2　新庄和老厂矿区煤层含气量与埋深拟合关系

需要不同煤阶等温吸附测试数据,且预测区煤阶、地层温度和地层压力的分布规律基本查明(刘焕杰 等,1998)。

根据等温吸附实验,采用朗缪尔方程,得到吸附体积与吸附压力关系:

$$V_P = \frac{pV_L}{p + p_L} \tag{3-10}$$

在镜质体最大反射率($R_{o,max}$)小于 4.0% 的阶段,朗缪尔体积与镜质体反射率之间显著线性正相关;朗缪尔压力与镜质体最大反射率呈"下凹式"曲线关系,最小值出现在焦煤与贫煤过渡阶段($R_{o,max}$ 为 1.7% 左右),其后随煤阶的增大尽管有所增加,但变化幅度不大,即煤阶对朗缪尔压力影响相对较小(图 3-3)。恩洪向斜主要为焦煤和瘦煤,煤阶差异不大,且处于朗缪尔压力最小值的煤阶阶段。

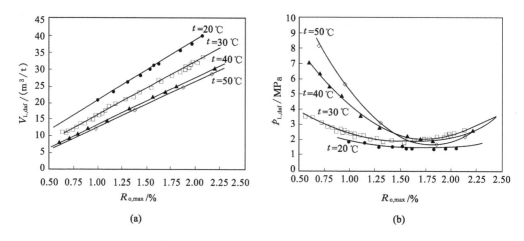

图 3-3　煤的朗缪尔常数与镜质体反射率关系(傅雪海 等,2008)

基于恩洪向斜 EH1 和 EH2 煤层气井等温吸附实测数据(表 3-4),采用图 3-3 中 20 ℃ 条件下镜质体反射率与朗缪尔体积之间关系,得到如下拟合关系:

$$V_L = 17.63 \, R_{o,max} + 2.877 \, 3 \tag{3-11}$$

从表 3-4 也可看出,随镜质体最大反射率升高,恩洪向斜煤的朗缪尔压力几乎没有实质性变化。因此,本书对恩洪向斜煤的朗缪尔压力采用实测数据的平均值,约为 2.58 MPa。

表 3-4   恩洪 EH1 和 EH2 煤层气井等温吸附测试结果

煤层	$V_{daf}/\%$	$V_{L,ad}/(m^3/t)$	$V_{L,daf}/(m^3/t)$	$p_{L,ad}/MPa$	$p_{L,daf}/MPa$	$R_{o,max}/\%$
10	24.02	19.99	25.62	2.89	2.89	1.29
15	21.97	16	22.1	2.38	2.38	
16	21.82	20.04	24.14	2.39	2.39	1.39
19	20.6	20.13	22.96	2.66	2.66	1.43

Kim(1977) 和 Levy 等(1997)发现,煤层含气量与温度存在线性关系。叶建平等(1999)、秦勇等(2005)也得出类似结论。因此,在等压条件下,温度与吸附量之间的关系为:

$$V_T = -bT \tag{3-12}$$

联立式(3-10)式(3-12),可得温度和压力共同作用下煤层 CH_4 吸附量公式:

$$V = V_P + V_T = \frac{pV_L}{p + p_L} - bT \tag{3-13}$$

式中 V——总吸附量,m^3/t;

   V_P——等压条件下的吸附量,m^3/t;

   V_T——等温条件下的吸附量,m^3/t;

   p_L——朗缪尔压力,MPa;

   V_L——朗缪尔体积,m^3/t;

   p——吸附压力,MPa;

   T——地层温度,℃;

   b——含气量温度衰减系数,$m^3/(t \cdot ℃)$。

根据等温吸附实验结果,美国 18 个亚烟煤~无烟煤煤样的含气量平均温度衰减系数约为 0.14 $m^3/(t \cdot ℃)$(Kim,1977);在吸附压力 5 MPa,20~65 ℃ 范围内,美国肯塔基平衡水煤样 CH_4 吸附量衰减系数为 0.12 $cm^3/(g \cdot ℃)$(Levy et al.,1997);在 30~40 ℃ 区间,重庆南桐干燥煤样的 CH_4 吸附量衰减系数为 0.1~0.3 $cm^3/(g \cdot ℃)$;平顶山二$_1$煤从 30 ℃ 开始,随温度升高,CH_4 吸附量衰减系数为 0.2 $cm^3/(g \cdot ℃)$(叶建平 等,1999);山东济阳气煤~无烟煤煤样的 CH_4 吸附量平均衰减系数,在 30~40 ℃ 区间为 0.29 $cm^3/(g \cdot ℃)$,在 40~50 ℃ 区间为 0.09 $cm^3/(g \cdot ℃)$(秦勇 等,2005)。

这些实验结果所得到的趋势基本一致。为此,本书采用类比方法,取吸附量温度衰减系数为 0.12 $m^3/(t \cdot ℃)$。将厘定的上述参数代入式(3-13),得到恩洪向斜综合煤阶、温度和压力效应的煤层吸附量计算方程:

$$V = \frac{p(17.63R_{o,max} + 2.877 \, 3)}{p + 2.58} - 0.12 \times (T - 20) \tag{3-14}$$

根据抽水试验数据,拟合出恩洪向斜视储层压力为:
$$p = 0.008\ 2h - 0.021\ 5 \tag{3-15}$$
式中,h 为煤层埋藏深度,m。

根据煤田钻孔测温资料(表 3-5),恩洪向斜地温梯度约 2.1 ℃/hm,恒温带年均温度 15 ℃。由此,得到地层温度 T 与煤层埋深 h 之间关系:
$$T = 15 + 2.1h/100 \tag{3-16}$$

表 3-5   恩洪向斜钻孔简易测温结果

矿区	地温梯度/(℃/hm)		
	最低	最高	平均
老书桌矿区	1.36	1.92	1.64
清水沟矿区	0.60	2.90	1.82
中段南部	2.20	3.50	2.85
平均	1.39	2.77	2.10

将上两式代入式(3-14),得恩洪向斜干燥无灰基煤吸附体积与煤层埋深关系:
$$V = \frac{(0.008\ 2h - 0.021\ 5)(17.63R_{o,max} + 2.877\ 3)}{(0.008\ 2h - 0.021\ 5) + 2.58} - 0.12 \times (2.1h/100 - 5) \tag{3-17}$$
拟合镜质体最大反射率与埋深关系(图 3-4),得:
$$R_{o,max} = 0.000\ 5h + 1.408\ 1 \tag{3-18}$$

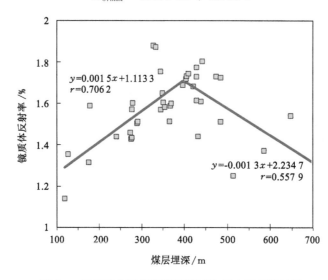

图 3-4　恩洪向斜煤层埋深与镜质体最大反射率关系

整合上述方程,可得恩洪向斜煤的吸附体积与煤层埋深关系:
$$V = \frac{(0.008\ 2h - 0.021\ 5)[17.63 \times (0.000\ 5h + 1.408\ 1) + 2.877\ 3]}{(0.008\ 2h - 0.021\ 5) + 2.58} -$$
$$0.12 \times (2.1h/100 - 5) \tag{3-19}$$

恩洪向斜煤层气井煤层实测饱和度介于44.2%～57.0%之间,平均为50.6%。由此,进一步采用式(3-19)计算出煤阶、埋深控制下的吸附量,求得不同深度的煤层预测含气量。结果显示,恩洪向斜煤层实测含气量与预测含气量基本吻合(图3-5)。

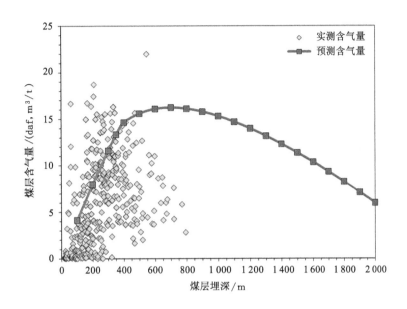

图3-5　恩洪向斜煤层实测平均含气量与预测结果比较

第二节　煤层气化学组成与风化带

煤层气化学组分主要为CH_4、CO_2和N_2,含少量的重烃气(乙烷、丙烷、丁烷和戊烷)、H_2、CO、SO_2、H_2S以及微量的稀有气体(氦气、氖气、氩气、氙气等)。其中,CH_4和重烃气统称为烃气。煤层埋藏深度增大,煤层气化学组成随之变化,从地表至煤层气风化带下限深度依次形成CO_2-N_2带、N_2-CH_4带和CH_4带(贺天才 等,2007)。其中,前两带统称煤层气风化带。

一、煤层气化学组成统计特征

据1161件钻孔煤芯解吸数据,云南省各构造单元煤层气主要由CH_4、CO_2、N_2组成,部分煤田、向斜或矿区含有较高浓度的重烃气(表3-6)。

表3-6　　　　　　　　　　云南省主要构造单元煤层气组分统计结果

位置	构造单元	样数/件	CH_4/%			N_2/%			CO_2/%			C_2H_6/%		
			最小	最大	平均	最小	最大	平均	最小	最大	平均	最小	最大	平均
滇东北	新庄	96	0.01	99.61	71.78	0.25	92.11	25.33	0	10.99	0.97	0.01	2.60	0.63
	石坎	12	14.63	99.61	59.24	0	0	0	0.25	81.53	42.76	0.03	5.38	0.88

续表 3-6

位置	构造单元	样数/件	$CH_4/\%$			$N_2/\%$			$CO_2/\%$			$C_2H_6/\%$		
			最小	最大	平均	最小	最大	平均	最小	最大	平均	最小	最大	平均
滇东中	羊场	172	1.0	99.46	56.62	0.13	99.00	2.90	0.11	29.42	4.33	0.02	26.76	4.75
	恩洪	510	0.86	99.95	66.65	0	98.15	25.78	0	77.78	4.19	0	36.98	10.73
	老厂	240	1.00	99.36	72.92	0	98.6	23.74	0	74.52	4.55	0.02	1.87	0.42
	圭山	72	0.22	99.3	57.45	0	99.65	39.66	0.13	35.01	2.90	0	0	0
滇东南	蒙自	5	5.68	15.05	10.24	84.00	95.32	88.06	1.64	6.55	4.10	2.11	4.04	3.31
	文山	5	8.08	51.78	32.75	34.19	86.42	57.97	1.32	5.92	3.25	1.06	1.83	1.46
滇中	华坪	9	45.41	94.79	69.80	0	47.08	21.54	2.46	33.49	8.74	0	0	0
	一平浪	7	0.76	93.10	48.32	5.48	90.96	47.51	0.83	7.97	3.50	0.31	1.56	0.77
	祥云	4	69.57	94.43	87.11	0.21	0.21	0.21	3.97	29.61	11.39	0.82	1.98	1.40
	昆明	22	1.46	41.15	15.15	0.00	98.54	73.29	0.00	77.05	17.94	0	0	0
滇西	普洱	7	0.42	80.25	22.34	0	0	0	4.19	96.58	73.18	3.00	16.00	7.05

不同构造单元煤层实测 CH_4 平均浓度变化极大,低者只有 10.24%,高者可达 87.11%,云南全省平均为 47.86%。进一步分析,CH_4 平均浓度的高低与成煤时代密切相关,煤化作用程度是其直接原因之一。上二叠统和上三叠统煤层 CH_4 平均浓度一般超过 55%,如滇东北的新庄,滇东中部的羊场、恩洪、老厂和圭山,滇中的华坪、一平浪、祥云等。新近系煤层 CH_4 平均浓度不超过 35%,多在 35% 以下,如滇东南的蒙自和文山、滇中的昆明、滇西的普洱等。

煤层气中的其他组分一般以 N_2 为主,不同构造单元 N_2 平均浓度变化在 20%~50% 之间,与 CH_4 平均浓度互为消长关系。但是,蒙自、昆明两区煤层 N_2 浓度极高,分别达到 88.06% 和 73.29%;石坎、普洱两区煤层 CO_2 平均浓度极高,分别为 42.76% 和 73.18%。尽管这些矿区均为新近系褐煤,但某些矿区煤层中富集 N_2,某些矿区煤层中富集 CO_2,其中的地质原因值得今后进一步探讨。

值得注意的是,恩洪、羊场等上二叠统矿区煤层重烃气浓度显著异常,在普洱等新近系矿区中也存在类似现象。恩洪向斜煤芯解吸统计样品达到 510 件,重烃气浓度最高达 36.98%,平均为 10.73%。羊场矿区统计样品 172 件,重烃气浓度最高为 26.76%,平均 4.75%。普洱矿区尽管只有 7 件样品实测数据,但重烃气浓度低者 3%,高者达到 16%,平均为 7.05%。煤层重烃气浓度异常的现象蕴含着丰富的煤层气成因信息,对煤层瓦斯突出预测指标研究等也有所帮助,值得深入研究。

二、煤层气化学组成区域分布

云南省煤层气化学组成具有分区相似的统计特点(图 3-6、表 3-6)。滇东北和滇东中地区 CH_4 平均浓度大都在 60% 以上;滇东南低煤阶区域较低,最高为 32.75%;滇中较高,介于 15.15%~87.11% 之间,多在 48% 以上;而滇西普洱区又下降到 22.34%。不同区域煤层气成分亦存在其特殊性:滇东中羊场和恩洪矿区、滇西普洱矿区重烃气平均浓度在 4.0% 以上;滇东北石坎和滇西普洱区出现 CO_2 浓度异常,均在 40% 以上。

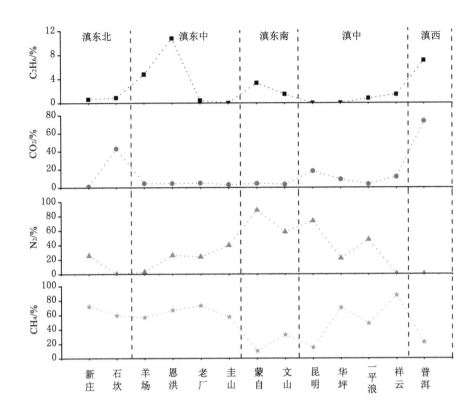

图 3-6　云南省部分矿区煤层气化学组成对比

三、煤层气化学组成的垂向分布

云南省主要矿区煤层气化学组成与埋深之间的关系十分离散,CH_4 浓度在浅部煤层中变化极大,随埋深增大趋于增高,离散性趋于降低(图 3-7)。

新庄矿区在埋深 600 m 之后,煤层 CH_4 浓度多数高于 80%;重烃气浓度一般低于0.5%,与埋深关系不明显。恩洪向斜从埋深 200 m 左右开始,煤层 CH_4 浓度最低值随埋深增大而增高,但埋深 600～800 m 多数煤层的 CH_4 浓度仍然低于 80%。究其原因,一是恩洪向斜煤层重烃气浓度极高,且有随埋深增大而不断增高的趋势;二是深部煤层中 N_2 浓度较高,相当一部分样品中 N_2 浓度在 20% 左右。老厂矿区煤层重烃气浓度不超过 0.50%,CH_4 浓度与埋深之间关系类似于新庄矿区,不同之处在于埋深 600 m 之后几乎所有样品的煤层 CH_4 浓度都高于 60%,原因同样在于深部煤层中 N_2 浓度较高。

恩洪向斜煤层层位不同,重烃气浓度有所差异,分布上具有明显的规律性。从顶部煤层至底部煤层,可见三个重烃气浓度分布段,每段中重烃气浓度随层位变化逐渐增高,但至下一煤层突然降低,表现为"半旋回"形式(图 3-8)。上段包括 4 号～9 号煤层,重烃气浓度在 8号和 9 号煤层中显著异常,最高可达 34.60%;中段 10 号～18 号煤层,除上部三层煤层外,其他煤层的重烃气浓度均存在异常,最高值为 29.65%;下段包括 19 号～23 号煤层,每一煤层中都存在重烃气浓度异常,最高值为 31.03%。

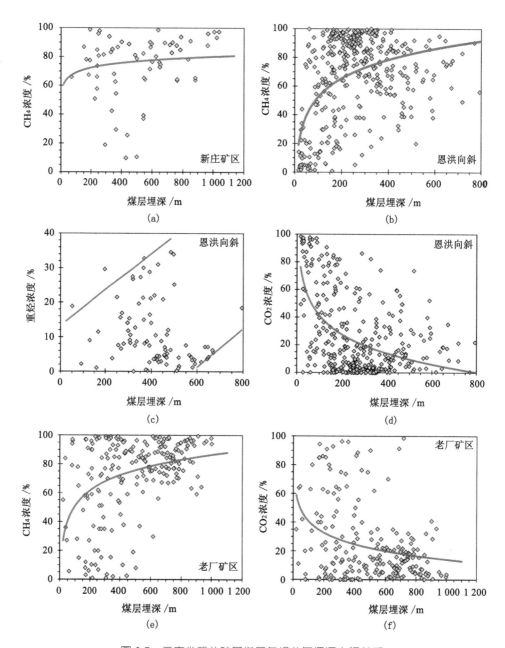

图 3-7 云南省部分矿区煤层气组分与埋深之间关系

四、煤层气风化带深度

煤层气风化带深度的确定,常采用煤层 CH_4 浓度低于 80%,或煤层 CH_4 含量低于 4 m^3/t 两个标准。在某些地区,煤层含气量和 CH_4 浓度的这两个界限往往无法相互匹配。尤其是在 CH_4 含量远大于 4 m^3/t 且 CH_4 浓度却很低的情况下,如果单以 CH_4 浓度划定风化带深度,则可能造成煤层气资源在估算中大量丢失。鉴于此,本书根据云南省内具体的煤层气地质条件,综合调整这两个标准来确定风化带深度。

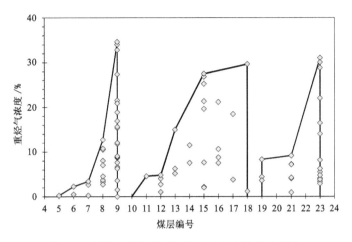

图 3-8 恩洪向斜煤层重烃气浓度的层位分布规律

(一)老厂矿区煤层气风化带深度

无论采用哪种数值拟合方法,老厂矿区煤层 CH_4 浓度 80% 所对应的煤层含气量都在 7 m^3/t 以上,资源浪费过多,均不合理;选用相关系数最高的幂指数模型,CH_4 浓度 80%、70%、60% 所对应的煤层埋深分别约 700 m、500 m 和 250 m(图 3-9)。其中,煤层 CH_4 含量 4 m^3/t 对应的埋深大致在 200~250 m 之间。因此,本书采用埋深 200 m 作为老厂矿区煤层气风化带的下限深度。

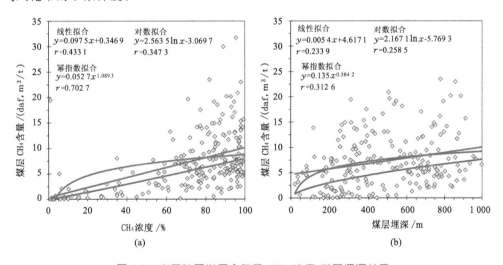

图 3-9 老厂矿区煤层含气量-CH_4 浓度-煤层埋深关系

(二)新庄矿区煤层气风化带深度

采用线性、对数和幂指数模型,新庄矿区煤层 CH_4 浓度 80% 所对应的煤层含气量分别为 10.18 m^3/t、10.28 m^3/t 和 7.86 m^3/t,显然不甚合理;当煤层 CH_4 浓度为 60% 时,对应的煤层含气量分别为 7.06 m^3/t、8.35 m^3/t 和 6.23 m^3/t;若煤层 CH_4 浓度为 50%,对应的煤层含气量分别为 5.51 m^3/t、7.13 m^3/t 和 4.71 m^3/t;若煤层 CH_4 浓度为 40%,对应的煤层含气量分别为 3.95 m^3/t、5.64 m^3/t 和 3.70 m^3/t(图 3-10)。为此,采用煤层 CH_4 浓度 40%

作为新庄矿区煤层气风化带下限标准,所对应的煤层埋深在 200 m 左右。

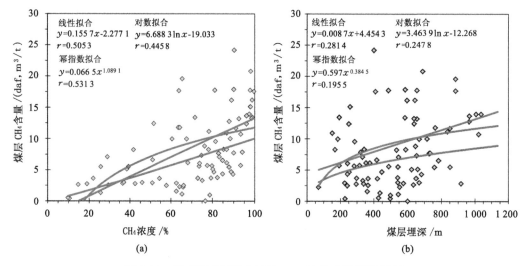

图 3-10　新庄矿区煤层含气量-CH₄ 浓度-煤层埋深关系

(三)恩洪向斜煤层气风化带深度

恩洪向斜煤阶跨度大,从焦煤~无烟煤均有分布,不同煤阶煤层的含气性特征差异较大。为此,按煤阶统计是确定恩洪向斜煤层气风化带下限深度的最佳途径。

1. 气煤~肥煤数值拟合

按煤层 CH₄ 浓度 80%,幂指数和指数模型拟合分别得到煤层含气量 2.76 m³/t 和 3.70 m³/t,对应的煤层埋深在 260 m 和 340 m 左右(图 3-11)。这两种拟合方法,煤层 CH₄ 浓度 80% 对应的煤层含气量在 2.5~4 m³/t 之间,具有一定的合理性。按煤层含气量 4 m³/t,对数模型拟合相应埋深 729 m,线性模型拟合相应埋深 402 m,后者拟合程度较高。为此,采用 CH₄ 浓度 80%、埋深 400 m 作为恩洪向斜气煤~肥煤的煤层气风化带下限深度标准。

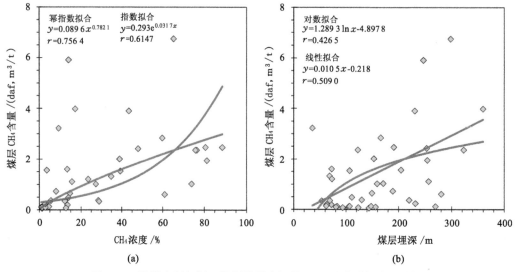

图 3-11　恩洪向斜气煤~肥煤煤层含气量-CH₄ 浓度-煤层埋深关系

2. 焦煤数值拟合

按煤层 CH_4 浓度 80%，幂指数和指数拟合得到的煤层含气量分别为 5.72 m^3/t 和 6.36 m^3/t，含气量偏高，资源浪费大；若按 CH_4 浓度 60%，这两种方法拟合结果所对应的煤层含气量分别为 3.97 m^3/t 和 2.88 m^3/t，对数和线性拟合对应的煤层埋深分别为 160 m 和 40 m（图 3-12）。对数拟合相关性较高，且对应的煤层含气量较为合理。因此，采用 CH_4 浓度 60%、埋深 160 m 作为恩洪向斜焦煤的煤层气风化带下限深度标准。

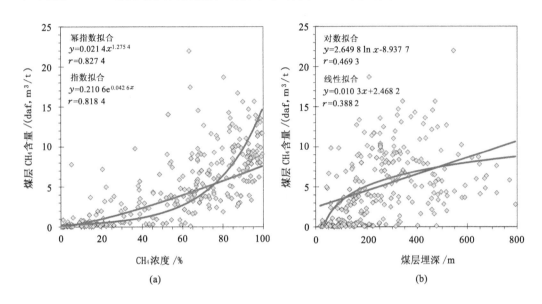

图 3-12 恩洪向斜焦煤煤层含气量-CH_4 浓度-煤层埋深关系

3. 焦煤～瘦煤过渡阶段数值拟合

取煤层 CH_4 浓度 80%，幂指数和指数拟合分别得到的煤层含气量为 6.88 m^3/t 和 6.10 m^3/t，含气量偏高，资源浪费大；取煤层 CH_4 浓度 60%，这两种方法拟合得到的煤层含气量分别为 4.55 m^3/t 和 2.83 m^3/t，对数拟合前一含气量所对应的煤层埋深为 40 m，线性拟合则为负值，显然前者更为合理（图 3-13）。综合考虑，采用煤层 CH_4 浓度 60%、埋深 50 m 作为恩洪向斜焦煤～瘦煤过渡阶段煤层气风化带下限深度标准。

4. 瘦煤数值拟合

取煤层 CH_4 浓度 80%，幂指数和指数拟合分别得到的煤层含气量为 7.18 m^3/t 和 6.31 m^3/t，含气量偏高，资源浪费大；取 CH_4 浓度 60%，这两种方法拟合得到的煤层含气量分别为 6.64 m^3/t 和 3.56 m^3/t，对数拟合后一含气量所对应的煤层埋深在 30 m 左右，线性拟合则为负值，前者更为合理（图 3-14）。综合考虑，采用 CH_4 浓度 60%、埋深 50 m 作为恩洪向斜瘦煤阶段煤层气风化带下限深度标准。

5. 各煤阶煤层气风化带深度确定结果

归纳上述分析结果，恩洪向斜不同煤阶煤层的煤层气风化带下限深度值见表 3-7。由于恩洪向斜以焦煤占优势，综合采用煤层气风化带深度 160 m。

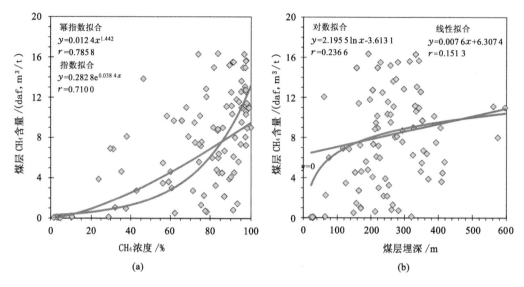

图 3-13 恩洪向斜焦煤～瘦煤过渡阶段煤层含气量-CH₄ 浓度-煤层埋深关系

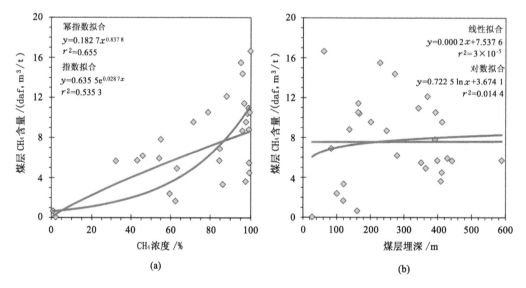

图 3-14 恩洪向斜瘦煤煤层含气量-CH₄ 浓度-煤层埋深关系

表 3-7　　　　　　　　恩洪向斜分煤阶拟合得到的煤层气风化带深度

煤阶	煤层气风化带下限深度 /m	取值标准	
		CH₄ 浓度/%	CH₄ 含量/(m³/t)
气煤～肥煤	400	80	2.76
焦煤	160	60	3.97
焦煤～瘦煤过渡	50	60	4.55
瘦煤	50	60	3.56

（四）其他矿区煤层气风化带深度

除上述矿区以外，滇东其他矿区采用 CH_4 浓度 80% 来厘定煤层气风化带深度。基于钻孔煤芯解吸数据分析，圭山煤田煤层气风化带深度取 260 m，宣富煤田取 330 m（图 3-15）。至于蒙自和昭通两个褐煤盆地，煤层气风化带深度取 200 m，对应的煤层 CH_4 含量在 1.6 m^3/t 左右。

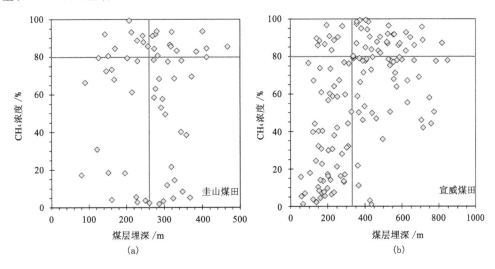

图 3-15　圭山和宣富煤田煤层含气量-CH_4 浓度-煤层埋深关系

五、恩洪向斜煤层重烃气异常地质影响因素

如图 3-16 所示，恩洪向斜煤层重烃气浓度的分布与煤层层位有关，具体到勘探区或者井田也是如此，如老书桌井田、大坪勘探区等。进一步分析，煤阶、煤岩显微组成也与重烃气浓度的高低有一定关系，但某些关系似乎与传统认识不符。

精煤挥发分产率降低或煤阶增高，煤层重烃气浓度趋于降低（图 3-16）。进一步分析，重烃气异常尽管在挥发分产率低于 10%（无烟煤）的煤层也有出现，但显著异常集中分布在挥发分产率 30%～15% 之间的煤化作用阶段，主要对应于焦煤阶段，跨部分肥煤和瘦煤（兰风娟，2013）。在传统生烃模式中，腐植型有机质重烃气生成阶段集中在生油高峰附近，大致位于镜质体最大反射率 0.9%～1.3% 之间。恩洪向斜煤层重烃气与煤阶之间的关系虽说略微滞后于传统模式，但大致相当。

在三大煤岩显微组分组中：壳质组富氢，多数属于 Ⅱ 型有机质，生成重烃气的能力相对较强；惰质组化学结构以芳香稠环体系为主，脂肪性侧链和官能团极少，富碳贫氢，生气能力最弱；镜质组富碳富氧，生气能力居中，一般情况下生成重烃气的能力较弱。然而，恩洪向斜大坪普查区煤层重烃气浓度随壳质组和镜质组含量的增高而降低，随惰质组含量增高而增大，与传统理论截然相反（图 3-16）。这一关系，至少暗示恩洪向斜壳质组和镜质组不是煤层重烃气的主要来源。进一步分析，该区煤的惰质组中是否含有较多数量且在光学显微镜中难以识别的壳质碎屑，这些"碎屑"能否成为煤层重烃气的主要母质来源？煤层重烃气异常是否具有其他成因，如外源气体吸附、煤层分子筛作用导致的煤层气组分分馏效应？有待深入探讨研究。

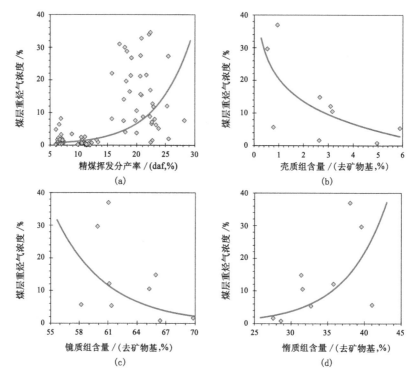

图 3-16　恩洪向斜大坪普查区煤层重烃气浓度与部分影响因素之间关系

第三节　煤层含气量及其分布

在煤层气资源勘探中,煤层含气量是需要确定的最基本参数。煤层只有含有一定数量的煤层气,才可能具有进一步勘探和开发的经济价值。同时,煤层含气量在地域和层域上具有高度的非均质性。

一、煤层含气量统计特征

勘探成果显示,云南省内煤层含气量高低首先与成煤时代有关。上二叠统煤层含气量最高,但在不同煤田不同矿区变化极大(表 3-8)。上三叠统煤芯解吸数据很少,已有数据显示煤层含气量极低,如华坪煤田煤层含气量为 0.24~4.00 m³/t(埋深 116~441 m),平均为 1.10 m³/t,CH₄ 浓度只有 3.33%~63.56%。新近系煤层含气量最低,如在昭通、蒙自等盆地,单件煤样实测含气量一般不超过 2.00 m³/t。

表 3-8　　　　　　　　　　云南省部分矿区煤层含气量统计特征

煤田	矿区	煤层含气量/(m³/t)			煤田	矿区	煤层含气量/(m³/t)		
		最小	最大	平均			最小	最大	平均
镇雄	新庄	0.04	40.62	9.10	圭山	老厂	0.03	38.74	6.91
宣威	羊场	0.02	23.95	4.86	华坪		0.24	4.00	1.10
恩洪	恩洪	0.03	30.32	5.85	镇雄	以古			

上二叠统煤层主要分布在滇东地区。在煤田勘探深度范围内,滇东北镇雄煤田以新庄矿区煤层含气量最高,介于 0.04~40.62 m³/t 之间,平均为 9.10 m³/t;滇东地区北部的宣威煤田以羊场矿区煤层含气性较好,煤层含气量为 0.02~23.95 m³/t,平均为 4.86 m³/t;中部的恩洪向斜煤层含气量较高,最高可达 30.32 m³/t,但平均只有 5.85 m³/t;南部的圭山煤田以老厂矿区显示最好,煤层含气量为 0.03~38.74 m³/t,平均为 6.91 m³/t。在深部一定深度范围内,煤层含气量将会明显增高。

二、煤层含气量区域分布

恩洪向斜为一轴部偏西的不对称向斜,且具有向斜控气的总体特征,由此控制了煤层含气量在区内的总体分布规律。尽管恩洪向斜内部不同区段不乏一些富气中心,但煤层含气量具有"向斜核部高,周缘斜坡低;西高东低,南高北低"的区域展布格局(表 3-9,图 3-17)。向斜北部地区煤层埋深大,勘探程度较低,采用含气量梯度法结合构造发育特征预测,煤层含气量普遍较高。

表 3-9 恩洪向斜不同井田煤芯解吸及煤层含气量预测结果

区段	井田	C9 煤层含气量/(m³/t)			C13 煤层含气量/(m³/t)			C19 号煤层含气量/(m³/t)		
		最小	最大	平均	最小	最大	平均	最小	最大	平均
北部	(预测)	4	6	10	4	16	10	4	18	11
中部	补木	7.25	19.27	11.56	8.59	13.62	10.69			
南部	老书桌	1.95	13.57	9.24	5.57	11.61	8.98	5.45	11.88	9.01
	清水沟	5.39	23.39	13.35	5.44	19.56	11.65	5.40	18.62	13.58

老厂矿区煤层含气量主要受老厂复背斜控制,两翼均具有向斜控气的特征。煤层含气量在背斜核部低,在周缘斜坡高,在中部和西部低,在北部、东部和南部高(表 3-10,图 3-18)。

表 3-10 老厂矿区不同部位煤芯解吸及煤层含气量预测结果

区段	井田	C9 煤层含气量/(m³/t)			C13 煤层含气量/(m³/t)			C19 煤层含气量/(m³/t)		
		最小	最大	平均	最小	最大	平均	最小	最大	平均
北部	预测区	8.00	24.00	16.00	8.00	24.00	16.00	8.00	24.00	16.00
中南	一勘区	0.47	8.06	3.36	0.50	8.00	4.25	0.75	8.64	4.70
	二勘区	0.03	11.02	6.40	0.06	12.34	4.70	0.09	30.53	7.72
	三勘区	0.14	5.01	2.58	2.80	3.16	2.98	1.79	4.25	3.02
南部	四勘区	1.82	16.36	7.11	3.70	13.54	7.33	3.58	15.42	7.02
	六勘区	8.04	9.78	8.91	12.00	17.42	14.71	12.00	19.72	15.86

老厂矿区北部预测区位于老厂背斜的 NW 翼,煤层最大埋深超过 2 000 m,勘探程度低,煤层气参数井煤芯解吸量高。五勘区处于背斜 SE 翼最靠近背斜核部的地带,煤层埋藏浅,断层切割和煤层破坏严重,煤层气散失殆尽,基本不含气。一勘区西北边缘接近背斜核部,煤层多在煤层气风化带以浅,含气量偏低。二勘区次级构造不发育,煤层气保存条件较

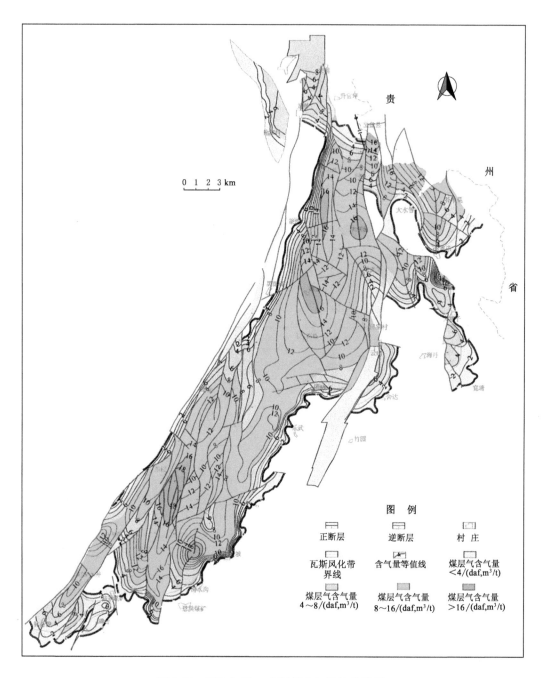

图 3-17　恩洪向斜 16 号煤层含气量等值线图

好,含气量较高。三勘区不明性质的断层较多,区内存在地温场正异常现象,煤层含气量受到影响。四勘区位于背斜 SE 翼较深部位,且受 B401 次级背斜和 S401 次级向斜的控制,煤层含气量较高。南部预测区煤层埋深过大,勘探程度较低,预测含气量较高。

　　新庄矿区发育一系列轴向 NEE 的次级褶曲,构造线展布格局复杂,但总体上具有向斜控气的特点。受此构造特征控制,煤层含气量在次级向斜轴部较高,含气量等值线总体上呈

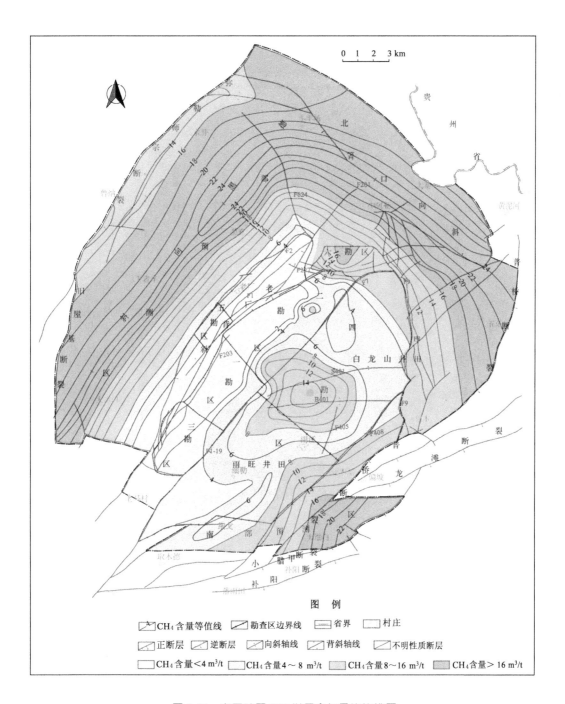

图 3-18 老厂矿区 C13 煤层含气量等值线图

NEE 向展布(图 3-19)。观音山井田位于矿区西南部,煤层含气量变化介于 0.25~40.62 m³/t 之间,一般为 2.3~16.18 m³/t,平均为 7.91 m³/t;北部和西部煤层含气量较高,东部断层附近含气量明显降低。墨黑矿区位于南部中西段,总体上为一次级背斜,煤层含气量中部低、周缘高,显示出背斜控气的典型特征;煤层含气量为 9.81~16.70 m³/t,平均为 13.04

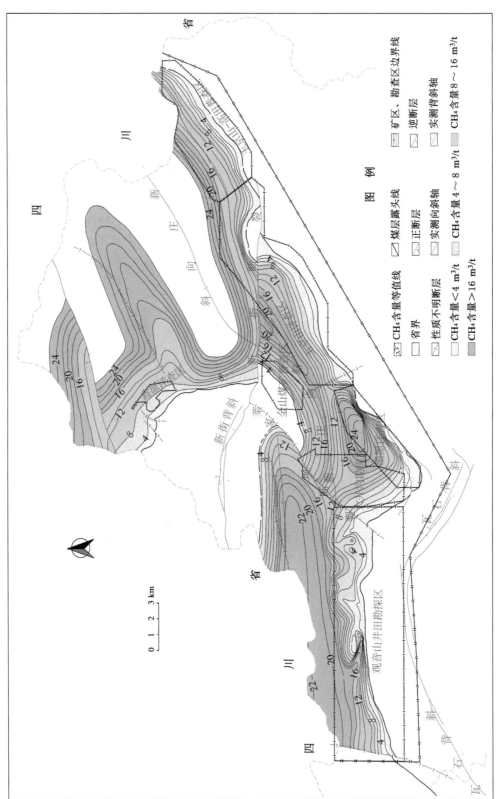

图 3-19 新庄矿区 C5 煤层含气量等值线图

m^3/t。南部东段的玉京山-高田普查区和玉京山详查区煤层含气量为 0.44～17.68 m^3/t,一般为 0.44～11.79 m^3/t,平均为 6.29 m^3/t;从南缘向北,煤层埋深增大,含气量随之增高。

镇雄以古-牛场勘查区上二叠统发育三层可采煤层。其中:C1 煤层平均厚度 1.06 m,含气量为 0.6～19.5 m^3/t,平均为 5.9 m^3/t;C5(C5c)煤层均厚 1.75 m,含气量为 0.6～20.3 m^3/t,平均为 7.00 m^3/t。在勘查深度(1 000 m)范围内,勘查区显示出向斜控气的特征,煤层含气量等值线大体上与煤层底板等高线走向一致,含气量梯度为 0.6～0.8 m^3/(t·hm);煤层含气量以牛场向斜、以古向斜、窝凼沟向斜轴部为富集中心,往向斜两翼逐渐变低。在一些封闭性断裂交汇处及背斜核部,局部出现一些小型煤层气富集区域。

蒙自盆地是一个新近纪褐煤盆地,煤层含气量普遍较低。同时,受埋深和断层的控制,煤层含气量具有"南高北低,深部高浅部低"的分布特点(图 3-20)。北部的雨果铺矿区煤层埋藏较浅,实测含气量介于 1.6～1.8 m^3/t 之间;中段 F11 和 F12 断层交汇部位含气量明显偏低,显示这两条断层具有开放性质,导致煤层气逸散。南部矿区煤层埋藏深度最大的部位位于盆地东南部,最大深度在 800 m 左右,煤层含气量也由 NW 方向向 SE 方向逐渐增大;区内煤层实测含气量最小值为 1.8 m^3/t,根据梯度法预测深部煤层含气量在 2.2 m^3/t 左右。

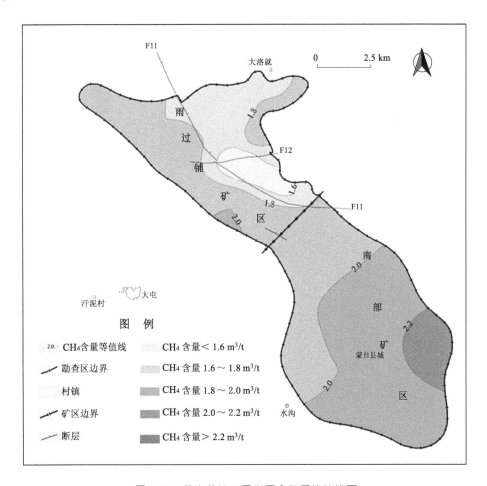

图 3-20　蒙自盆地 3 号煤层含气量等值线图

昭通盆地形成于新近纪,由三个次级向斜构成,发育巨厚褐煤层,含气量普遍较低。煤层在西部的荷花向斜和东南部的诸葛营向斜埋藏较浅,在北东部的海子向斜埋深相对较大,含气量也呈现出"北东部高,西部和东南部低"的分布格局,显示出向斜控气的地质特征。2 号煤层在荷花向斜和诸葛营向斜大部分地段处于煤层气风化带(200 m 以浅)内,含气量低于 1.6 m³/t;在海子向斜多数地段,煤层埋深大于 200 m,最深约 400 m,含气量在 1.6~1.8 m³/t 之间(图 3-21)。3 号煤层仅发育于海子向斜,含气量为 1.6~1.8 m³/t。

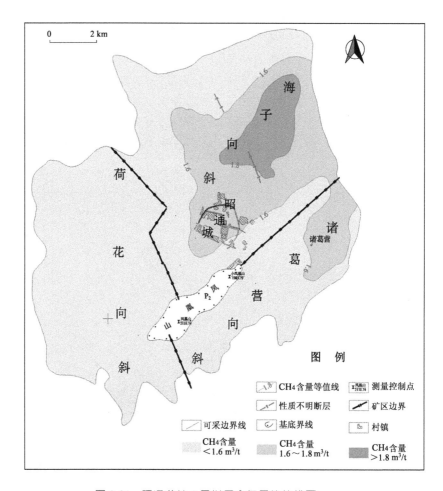

图 3-21　昭通盆地 2 号煤层含气量等值线图

三、煤层含气量层域分布

滇东三个重点矿区或盆地可采煤层平均含气量统计数据见表 3-11。

分析统计结果,三个矿区可采煤层平均含气量均随层位降低而趋于增高,但在此背景之上叠加了显著的"旋回式"或"波动式"非单调函数变化,其中的两个特点最为引人瞩目(图3-22):

表 3-11　　　　　　　　　　　滇东地区重点矿区/盆地煤层含气量统计

矿区	煤层	样数	平均埋深/m	平均含气量/(m³/t)	矿区	煤层	样数	平均埋深/m	平均含气量/(m³/t)
恩洪	1	4	138.13	0.44	老厂	C2	33	352.06	5.56
	2	3	165.81	2.43		C3	18	633.11	5.52
	3	6	170.62	3.80		C4	7	724.83	5.37
	4	1	160.49	0.66		C7/C7+8	42	450.66	8.07
	5	14	155.74	2.03		C8	5	308.80	5.05
	6	16	234.07	2.49		C9	16	601.77	7.73
	7	12	206.67	4.46		C13	32	410.06	5.71
	8	18	290.33	6.27		C14	4	695.62	8.25
	9	78	230.76	5.64		C15	3	632.02	7.96
	10	9	215.26	7.07		C16	12	706.02	8.35
	11	13	166.93	5.09		C17	2	712.28	4.61
	12	11	259.52	3.76		C18	17	576.66	8.00
恩洪	13	11	303.21	4.39	老厂	C19	19	580.95	9.99
	14	23	202.48	5.56		C23	3	488.33	6.51
	15	30	253.64	7.74		C24	1		0.67
	16	36	240.64	5.89		C25	1		5.92
	17	24	249.55	4.06		C26	17		8.00
	18	33	238.44	2.50		C28	36		9.86
	19	33	278.73	8.91		C30	5		5.22
	20	4	171.04	7.96	新庄	C1			4.82
	21	37	308.81	8.76		C5			9.64
	22	3	176.12	8.30		C9			7.40
	23	23	397.10	6.75					
	24	5	244.34	7.22					

（1）在不同煤层段，单一煤层平均含气量随层位呈低-高-低的分布规律。每个煤层段中，单一煤层最高平均含气量随层位降低而增高，由此构成平均含气量总体增高背景上的多个变化旋回。

（2）恩洪向斜与老厂矿区煤层平均含气量的层位旋回式变化总体上同步。大致分别以4号、12号、18号、24号煤层为界，出现4~5个一级旋回。其中，恩洪向斜缺乏底部可采煤层，显示出4个完整的平均含气量一级旋回；老厂矿区发育底部的25号~30号可采煤层，平均含气量随层位变化出现5个完整旋回。

新庄矿区可采煤层层数较少，但单一煤层平均含气量同样具有非单调函数变化的趋势（表3-11）。C1煤层含气量在2.15~7.71 m³/t之间，平均为4.82 m³/t；5号煤层含气量为0.03~40.55 m³/t，平均为9.64 m³/t；9号煤层含气量为0.95~17.35 m³/t，平均为7.40

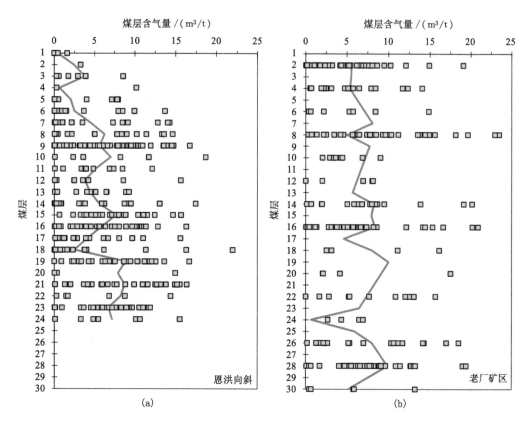

图 3-22 恩洪向斜和老厂矿区煤层含气量层位分布(图中曲线为平均含气量)

m^3/t。平均含气量以中部的 C5 煤层最高,层位降低或升高均有降低趋势。

煤层平均含气量与煤层层位之间的上述旋回式关系及其在不同矿区之间的同步特征,一方面指示煤层段之间地层流体动力联系较弱,具有叠置煤层气系统的基本特征;另一方面,暗示沉积作用控制之下的含煤地层层序地层格架,可能对煤层含气性及其分布存在重要影响(秦勇 等,2008)。

四、煤层含气量埋深分布

总体来说,滇东地区煤层含气量与埋深之间关系表现为两类情况:一是正相关趋势,二为异常相关趋势。前者如老厂矿区、新庄矿区等(图 3-9,图 3-10),后者如恩洪向斜总体趋势。在异常相关现象存在的情况下,无法采用梯度法预测深部煤层含气量。但是,如果分煤阶考察,则恩洪向斜煤层含气量与埋深之间仍大致符合正相关关系的一般规律,这也是在该向斜按不同煤阶来厘定煤层气风化带深度的关键原因和地质依据(图3-11~图3-14)。

第四节 煤层气富集的地质控制因素

云南省内煤层气富集程度分异显著,控气地质因素复杂。不同矿区不同勘探区之间尽管存在以细碎屑沉积物和多煤层为主的含煤地层层序结构、含煤地层富水性总体上较弱等共性,但每一矿区乃至同一矿区不同勘探区控气地质因素都有其特殊性,需根据不同情况予以具体分析。

一、煤层厚度和顶板岩性对煤层含气量的影响

含煤沉积体系是由一系列具有成因联系的沉积相构成。沉积相的发育特征和时空组合型式,控制了煤层几何形态、展布范围、煤岩成分、煤层结构、顶底板岩石类型等,进而在不同程度上影响到煤层储气能力、煤层气保存条件和开采地质条件。

（一）煤层厚度与煤层含气量

煤层气逸散以扩散方式为主,空间两点之间的浓度差是其扩散的主要动力。根据菲克定律以及质量平衡原理建立的煤层 CH_4 扩散数学模型,在其他初始条件相似的情况下,煤储层厚度越大,达到中值浓度或者扩散终止所需要的时间就越长(韦重韬 等,1998)。煤储层本身就是一种高度致密的低渗透性岩层,上、下部分层对中部分层起着强烈的封盖作用,煤储层厚度越大,中部分层中煤层气向顶底板扩散的路径就越长,扩散阻力就越大,对煤层气的保存就越为有利(秦勇 等,2000)。在地层条件下,煤层厚度与煤层含气量呈正相关关系的实例并不鲜见。然而,煤层含气量的控气地质因素极其复杂,往往弱化甚至掩盖了这种成因联系的地质显现特征。

滇东主要矿区或盆地煤层含气量与煤层厚度之间的关系十分离散(图 3-23)。对于恩洪向斜,剔除煤阶和顶板岩性因素的影响,仅依据处于焦煤阶段且顶板为泥岩的部分 9 号煤层(焦煤)数据分析,煤层厚度-含气量上包络线随煤厚增大反而降低,但下包络线具有正相关趋势。老厂矿区的情况与恩洪向斜相似,上包络线趋势十分明显,而下包络线趋势十分微弱。新庄矿区煤层含气量与煤层厚度的关系与理论模式类似,煤层厚度增大,含气量随之增高,但离散性也随之增强。

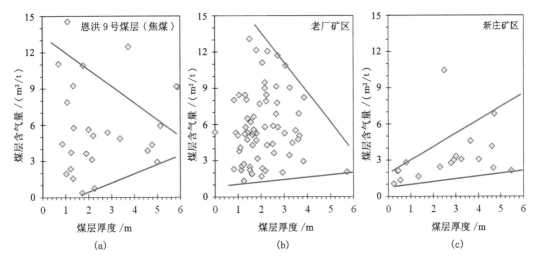

图 3-23 滇东重点矿区煤层含气量与厚度之间关系

基于上述统计特征,可形成几点基本认识:其一,煤层厚度与含气量之间的下包络线存在正相关趋势,表明煤层含气量与煤层厚度之间的理论关系在滇东地区仍有残存,沉积作用

控气特征尚未完全消失;其二,上包络线的存在指示滇东地区其他因素对煤层含气性的影响更为显著,包括属于沉积作用范畴的层序地层结构、属于后期改造范畴的煤层构造变形、煤化作用等;其三,恩洪和老厂矿区上、下包络线随煤层厚度增大呈"收敛"趋势,指示其他因素的影响程度随煤层厚度增大而减弱;其四,新庄矿区煤层受后期改造的程度相对较弱,煤层气开发条件可能相对较好。

（二）顶板岩性与煤层气保存条件

煤层顶底板岩性与煤层封闭性密切相关,影响到煤层气保存条件。一般来说,砂岩和灰岩顶板孔隙、裂隙甚至溶洞发育,封盖性差,煤层含气量往往较低;泥岩、砂质泥岩顶板致密,孔隙直径小且孔隙率低,封盖条件好,煤层含气量高。然而,滇东地区统计数据与上述一般情况并不完全相符（表 3-12）。

表 3-12   滇东地区上二叠统煤层顶板岩性与煤层含气量统计数据

构造单元	顶板岩性	统计样数	煤层含气量/(m³/t)		
			最小	最大	平均
恩洪向斜	泥岩	33	3.12	14.74	7.68
	粉砂质泥岩	15	3.66	16.71	9.01
	粉砂岩	3	0.82	10.42	6.46
老厂矿区	泥岩	12	2.21	16.16	6.53
	粉砂质泥岩	23	1.31	11.71	5.95
	粉砂岩	4	2.46	10.88	6.98
新庄矿区	泥岩	14	0.44	40.62	13.25
	泥质灰岩	11	0.25	16.18	7.37
	粉砂质泥岩	18	0.54	13.95	5.46
	粉砂岩	1			0.42

如表 3-12 所示,恩洪向斜以粉砂质泥岩顶板煤层的含气量最高,泥岩顶板煤层的含气量明显较低,粉砂岩顶板煤层含气量最低,但与泥岩顶板煤层差别不大;老厂矿区三类岩性顶板煤层的含气量差异不大,但粉砂岩顶板煤层含气量稍高,泥岩顶板煤层含气量略低,粉砂质泥岩顶板煤层含气量最低;新庄矿区不同岩性顶板煤层的含气量差异显著且符合一般规律,即从泥岩、泥质灰岩、粉砂质泥岩到粉砂岩顶板,煤层含气量依次显著降低。

上述统计特征揭示:恩洪向斜和老厂矿区顶板岩性与煤层含气量之间关系与一般性认识不符,表明含煤地层后期改造相对强烈,在很大程度上调整了沉积作用奠定的煤层气保存条件格局;新庄矿区含煤地层后期改造相对较弱,沉积作用对煤层气保存条件仍起着较大的控制作用。这一认识,与根据煤层厚度与煤层含气量统计规律得到的认识基本一致。

王盼盼等（2012）采用灰色关联度法,识别了滇东北地区观音山井田煤层含气量主控地质因素,建立了煤层含气量预测 GM(1,N)模型和 GM(1,1)模型,发现煤层埋藏深度、煤层顶板 5 m 内砂岩厚度、顶板岩性是影响该井田煤层含气量的三个关键因素,认为利用残差尾段序列建立的 GM(1,1)模型具有较高的预测精度。

此外,裂缝或断层发育的煤层顶底板,煤层含气量远低于顶板裂缝或断层不发育的煤层。据恩洪、宣威等煤田(矿区)统计,同一煤层且顶板岩性相似的情况下,顶板无断层切割的煤层的含气量,一般是顶板张性断裂发育煤层的3～12倍。

二、沉积层序与叠置煤层气系统

沉积作用对煤层含气性的控制是多方面的,上述煤层厚度、顶板岩性与煤层含气量之间关系就是沉积控气作用在滇东地区的某些表现特征。从更大尺度分析,含煤地层的沉积层序控制了煤层气能量系统的分布,进而在同一套含煤地层中发育多个垂向叠置的含煤层气系统。如图3-8和图3-22所示,滇东地区上二叠统煤层重烃气浓度和含气量随层位变化出现分段式或旋回式的分布特征。进一步分析,这种变化的分段性和旋回性与地层组和地层段的划分高度一致(图3-24,图3-25)。

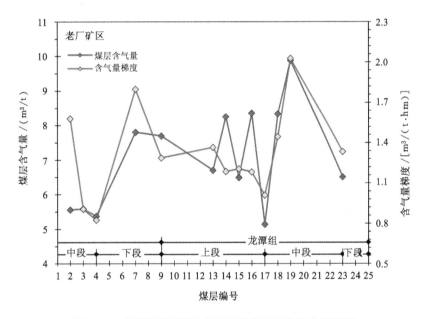

图 3-24　老厂矿区煤层含气性与含煤地层分段之间关系

老厂矿区单一煤层平均含气量和含气量梯度随层位呈现出旋回式变化,最低值位于4号煤层和17号煤层,显现出煤层含气性在层位上至少发育三段式大旋回,每一旋回表现为一个完整的含气性升降过程(图3-24)。上部旋回包括1号～4号煤层,旋回底界位于长兴组中段与下段界限处,该旋回表现为一个复式旋回,以长兴组与龙潭组交界层位为界,可分辨出上、下两个亚旋回;中部旋回包括7号～17号煤层,底界与龙潭组上段底界高度吻合;下部旋回包括18号～23号煤层,涵盖龙潭组中段和下段煤层。从图3-22可知,24号～30号煤层含气量在层位上表现为另外一个旋回式变化,旋回顶界与龙潭组下段上界吻合。

恩洪向斜单一煤层平均含气性随层位的变化虽然不如老厂矿区剧烈,但同样呈现出明显的三段旋回式变化特征(图3-25)。上部旋回位于宣威组上段,含1号～5号煤层,底界临近上段与中段的分界层位;中部旋回是一个复式旋回,含6号～17号煤层,跨龙潭组整个中段以及上段底部和下段顶部;下部旋回发育在下段内部,含18号～23号煤层。25号煤层之

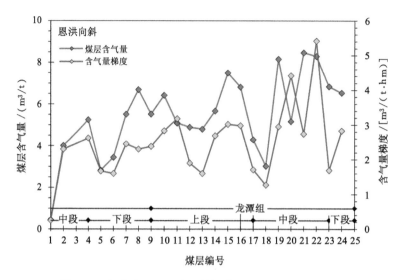

图 3-25　恩洪向斜煤层含气性与含煤地层分段之间关系

下目前缺乏煤芯解吸资料,但由 24 号、25 号煤层的趋势以及老厂下部煤组情况推测,23 号煤层至底部煤层之间还应存在另一旋回。对比图 3-24 和图 3-25,老厂矿区与恩洪向斜煤层含气性的旋回结构极其相似,表明这种旋回结构受控于一个统一的控气地质背景。

煤层气保存或逸散是煤储层内在因素和外部条件综合作用的结果。内在因素是受控于煤物理性质和化学特征的吸附能势,外部条件是受控于构造、水文、沉积等因素的动力场条件,两者共同维系着煤储层压力系统动态平衡。鉴于此,根据煤层气吸附原理,在一个统一的储层压力系统中,煤层埋深加大或层位降低,煤储层压力随之增高,煤层含气量呈现出递增或递减(在临界饱和深度之下)的规律(秦勇 等,2005)。上述两个矿区煤层含气性在层位上的旋回式变化,毫无疑问地指示了一个客观现象,即各含气性旋回之间缺乏有效的流体动力联系,含煤地层中发育了四套相对独立的含煤层气系统。

诚然,产生这种现象的地质原因是多方面的,如煤层物理性质和物质组成(秦勇 等,1999;张群 等,1999;琚宜文 等,2005)、煤层厚度(叶建平 等,1999)、含煤段沉积组合(秦勇等,2000,2008,2016;傅雪海 等,2001)、构造控制、水文地质条件(洪峰 等,2005;叶建平 等,2001;傅雪海 等,2001)等。老厂矿区含煤地层由龙潭组和长兴组构成,恩洪向斜含煤地层为宣威组,每组依据沉积组合和含煤性各划分为三段。同时,含煤层气系统之间的界限与地层段界限高度吻合或接近,指示受控于聚煤期大地构造背景的层序地层结构控制着叠置煤层气系统的发育特征。这一特征在客观上影响到煤层含气性的垂向分布,在多煤层地区煤层气开发方案制定和实施过程中应该引起高度关注。

三、煤层含气量的煤岩与煤阶控制

广义的煤质,包括煤的岩石学组成、化学组成以及由它们共同表征的煤化作用程度。即使在一个煤田范围内,煤质变化往往也十分显著,使得煤层含气性地质控制因素进一步复杂化。

煤岩显微组分吸附性和孔隙发育特征的不一,导致储气能力出现差异。华北淮南矿区煤的朗缪尔体积与镜质组含量之间总体正相关,但在镜质组临界含量附近发生显著变异,镜

质体反射率为 $0.5\%\sim0.6\%$,煤层的镜质组临界含量在 55% 左右(秦勇 等,2000)。低于这一临界值,无论镜质组含量高低如何,极限吸附量均小于 $15\ m^3/t$;反之,极限吸附量突然跃升,离散性突然增大,最高可达 $30\ m^3/t$ 左右。由此认为,若含气饱和度较低,镜质组含量低于 55% 的长焰煤～气煤储层中可能难以赋存具有开采价值的煤层气。惰质组与极限吸附量之间关系较为复杂:当镜质体反射率小于 2.0% 时,惰质组含量增高,极限吸附量呈现为先增后减的变化趋势;镜质体反射率一旦大于 2.0%,两者之间似乎不再存在相关关系(秦勇等,1999)。滇东各矿区煤中镜质组平均含量一般高于 60%(第二章第二节),煤岩组成似乎不是影响煤层含气量的关键因素。

滇东地区上二叠统煤中壳质组含量较低,虽然煤岩组成对煤层含气量的地质约束不是十分明显,但镜质组和惰质组含量高低对含气量还是有所影响,且在不同矿区的表现方式不尽相同。就恩洪、老厂、新庄三个矿区总体来看,煤中镜惰比〔(镜质组＋半镜质组)/惰质组〕增高,煤层含气量呈对数下降趋势,意味着惰质组对煤层气的吸附能力更强,似乎与传统认识不符(图 3-26)。究其实质,这一规律可能与煤阶对煤层含气量的控制作用有关。

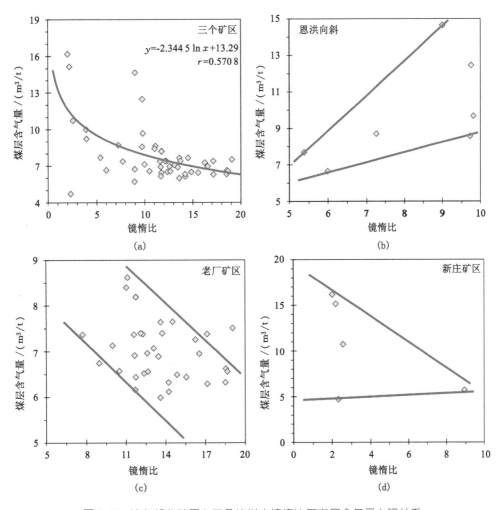

图 3-26　滇东部分矿区上二叠统煤中镜惰比与煤层含气量之间关系

考察不同矿区：恩洪向斜煤层含气量随镜质组含量增高而趋于增大，惰质组含量增加其趋于降低，结果是镜惰比增高、含气量增大，符合烟煤储层含气量与煤岩组成之间关系的一般规律；老厂矿区的规律与恩洪向斜截然相反，随镜惰比增高，煤层含气量反而降低，这可能是镜质组与惰质组的化学结构、物理性质在高煤阶阶段发生反转的结果（秦勇，1994），有待今后进一步探讨；新庄矿区主要为贫煤，有少量无烟煤，煤岩显微组成与煤层含气量之间关系与老厂矿区类似，同样显示出高阶煤显微组分的吸附特性与孔隙结构特点。

基于煤阶参数，发现精煤挥发分产率与煤层含气量之间的包络线，在挥发分产率介于15％～10％之间达到最大值（图3-27）。也就是说，在挥发分产率高于10％的煤化作用阶段，含气量随煤化程度的增高而趋于增大；进入无烟煤阶段（挥发分产率低于10％）之后，含气量随煤化程度的进一步增高而急剧降低。据全国160余个矿区或勘探区统计资料，煤阶与煤层含气量的包络线具有急剧增高→缓慢增高→急剧增高→急剧降低的阶段性演化特征，含气量上限在无烟煤早期（镜质体反射率为2.8％～3.5％）期间达到最大值，然后随煤化程度增加而急剧降低；同时，包络线附近的含气量绝大部分位于我国煤层封盖条件极好及煤储层渗透率极差的地区（秦勇 等，1999）。滇东三个矿区符合全国的这一总体规律，但包络线峰期略微提前，峰值略有降低。

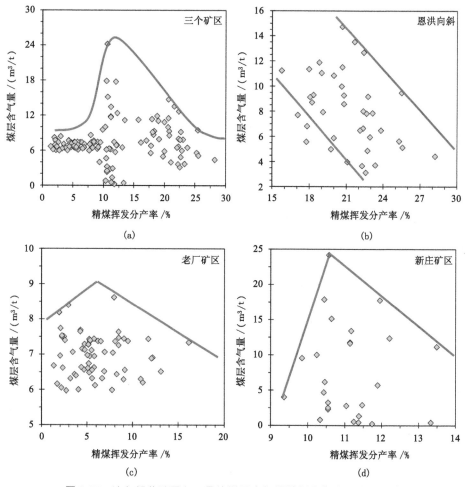

图3-27　滇东部分矿区上二叠统煤层含气量随煤化作用程度的分布

滇东不同矿区煤层含气量上限与精煤挥发分产率之间关系也符合上述总体规律（图3-27）。恩洪向斜镜质体反射率变化在1.18%～1.77%之间，含气量随反射率增大或挥发分产率降低而增高；老厂矿区以无烟煤为主但有部分贫煤，新庄矿区以贫煤为主但赋存部分无烟煤，两个矿区煤层含气量与精煤挥发分产率之间的包络线都存在一个拐点，前者拐点大致位于挥发分产率7%左右，后者大致在挥发分产率10.5%左右，均没有脱离全国总体规律中含气量上限值的变化范围。

四、构造特征与煤层气保存条件

构造类型不同，含煤地层和煤层在构造演化过程中的受力情况和改造特征各异，导致煤层及其顶底板的产状、厚度、结构、物性、地下水径流条件等出现差异，进而影响到煤层气的保存条件和富集程度。

恩洪向斜次级褶皱密集发育，褶曲之间被压扭性、压性、张扭性断裂分隔，众多伴生及派生的断裂构造穿插切割。根据构造形态、动力学特征、构造类型组合关系以及主要控气特点，将恩洪向斜控气构造划分为双侧正断层次级向斜、逆断层封闭向斜、逆断层封闭断阶和双侧逆断层断块四种类型（表3-13，图3-28）。

表3-13　　　　　　　　　　恩洪向斜煤层气构造类型及控气特征

构造类型	构造特征	控气基本特征	实例
双侧正断次级向斜	向斜两翼多发育正断层	轴部煤层含气量高于两翼	恩洪复向斜中段南部，清水沟井田西部
逆断层封闭向斜	向斜一侧发育逆断层，另一侧发育正断层或者不发育断层	煤层含气量在正断层附近降低，在向斜轴部较高，在逆断层附近最高	2井田
逆断层封闭断阶	单斜一侧发育正断层，一侧发育逆断层	逆断层翼煤层含气量高于正断层翼	老虎箐地区
双侧逆断层断块	向斜两翼发育逆断层	深部一侧逆断层附近煤层含气量相对较高	1井田，戈朋地区

双侧正断次级向斜主要发育在恩洪复向斜中段南部、清水沟井田西部等地段，三类逆断层封闭构造的显著特点是逆断层一侧煤层含气量较高。值得注意的是，区内张扭性断层附近钻孔煤层含气量往往较高，如老书桌井田606孔、706孔、CK4孔、602孔、412孔等，含气量都在9 m³/t以上，可能与恩洪向斜广泛发育的"人"字形断层交汇部位有关，导致煤层整体处于挤压状态，封闭性得以提高。

老厂矿区位于云南"山"字形构造东翼第二道弧与黄泥河反射弧的结合部位，构造形式多样，构造线多方向，主要发育EW向构造、NE向构造、弧形构造等，均由断层和次级褶皱构成（图1-9）：

（1）EW向构造。EW向断层主要分布于矿区南部外围，断层破碎带片理化、硅化强烈，断层泥、角砾岩、糜棱岩、石英脉充填致密，显示压性、压扭性特征，对于区内煤层含气性影响不大。EW向褶皱主要为S401次级向斜和B401次级背斜。在等标高条件下，次级背

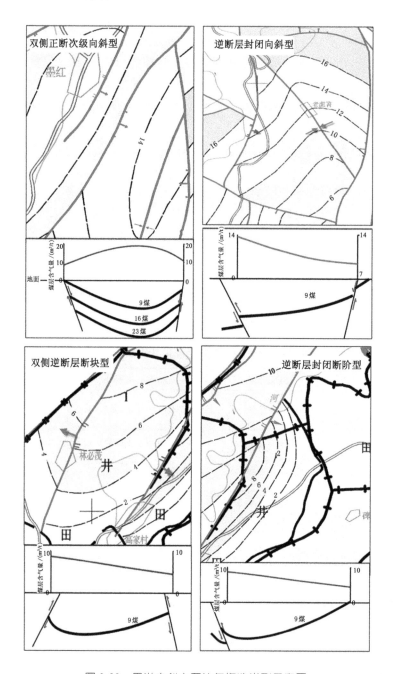

图 3-28　恩洪向斜主要控气构造类型示意图

斜轴部煤层含气量一般高出正常单斜翼的 1.5～2 倍。例如,20111 孔位于 B401 背斜轴部,各煤层含气量为 13.0～19.2 m³/t,而等标高单斜区段的煤层含气量只有 5～10 m³/t。

(2)NE 向构造。区内相对较早形成的构造形态,由一系列次级背斜、向斜和众多叠瓦式逆冲断层构成,以老厂背斜以及 F1、F3、F201 等断层为代表。褶皱和断裂呈右行雁列排列,褶皱平缓,断裂面呈缓坡状,总体上为压扭性构造。老厂背斜两端有大泉出露,显示张性特征,煤层埋藏浅,含气量很低,如 20106 孔 C9 煤层含气量仅为 0.03 m³/t,20107 孔 C9 煤层含气量为 0.66 m³/t。在五勘区,F3 断层下盘各孔钻进过程中均无煤层气涌出现象,表明该断层附近煤层气已经大量逸散,造成 F3 断层以东大面积的低瓦斯(一～二级)区;F3 断层以西 578 号线 5 号孔近背斜轴部发生瓦斯涌出现象,该次级背斜轴部煤层气有所富集。

（3）弧形构造。由云南"山"字形构造东翼第二道弧、黄泥河反弧及其派生的一系列弧形褶皱和断裂所组成,为区内最主要的构造形态,如箐口向斜以及 F7、F1-6、F1-8 断层等,构造线大致呈环状分布,中部为相对隆起地块。矿区北部和东部的 F7 断层以及西南部的 F1-6断层、F1-8断层,走向曲折,分别向 NE 和 SW 方向突出而呈弧形。断层破碎带宽达数十米,有泉水从破碎带流出,显示张扭性特征。F7 断层旁侧 23304 孔煤层含气量为 0.2～2.2 m³/t,距断层较远的 23105 孔煤层含气量为 9.8～12.1 m³/t。F1-8 断层两盘煤层含气量很低,如北西盘 30703 孔 C7 煤层含气量为 0.3 m³/t,南东盘 C7 煤层含气量为 0.4 m³/t、30704 孔 C9 煤层含气量为 0.17 m³/t。

第四章 煤层渗透性及其地质控制

煤层是一种典型的双重孔隙介质,由基质孔隙-裂隙系统组成(Close,1993)。其中,基质孔隙渗透率仅为 $10^{-9} \sim 10^{-12}$ m^2,可忽略不计,使得煤层渗透性主要取决于裂隙系统的渗透性。煤层裂隙渗透性受裂隙发育程度(如数量、规模、连通性等)及开启程度的影响,或根据实测予以确定,或通过对相关影响参数的研究而预测。

第一节 煤层渗透性预测方法

煤储层渗透率的多种获取方法中,只有试井方法和产能历史匹配方法求得的结果接近于地层条件下的真实情况。云南省目前已有数十口煤层气井试井资料,但缺乏长期稳定的排采历史数据。为此,本书以试井结果为基准,采用地球物理测井曲线换算、煤层及煤芯裂隙观测等多种方法,对煤层渗透率发育状况进行预测。

一、注入压降试井法

注入压降法是一种单井压力瞬变测试,原理是将测试管柱及封隔器、压力计等测试工具下入井内预定位置(也可以是空井筒,但测试层上部必须是已被套管封固)后,连接地面设备、管线和测试流程,打开井下测试阀及井口闸门,使用指定的清水(以不污染煤层为准),然后启动地面注入泵,以恒定排量将水注入井中(煤层)一段时间后关井,测压降(恢复),可连续进行多次测试。在注入和关井测试阶段都用井下压力计记录井底压力随时间的变化,从而测得各阶段煤层的响应参数(贺天才 等,2007)。同时,测取煤层应力等参数。通过分析注入和关井测试两个阶段的压力数据,获得煤储层试井渗透率。

二、测井曲线解释法

大量的实测资料和研究成果揭示,煤体结构类型对煤储层渗透率有重要影响,碎粒煤、糜棱煤的发育与分布,是造成煤储层渗透率降低及区域变化的主要原因。了解和预测碎粒煤、糜棱煤的分布特征,是预测煤层渗透率区域变化的一种有效途径。利用煤储层的自然电位、导电性、密度、放射性和声波时差等地球物理特征,识别煤体结构发育程度,可较为准确地判识煤体结构。对比分析刻度井的测井解释和试井资料,建立煤储层渗透率与不同类型构造煤分层厚度之间的数学模型。

三、数值模拟法(应力渗透率)

Enever 等(1997)研究了澳大利亚煤层渗透率与地应力相关性,渗透率与有效地应力呈指数关系。McKee 等(1986)研究了在美国皮申斯、圣胡安和黑勇士等盆地,有效地应力增加,煤层渗透率呈指数降低。我国华北地区地应力在 20 MPa 以上时,煤层渗透率以小于 0.1 mD 为主;地应力小于 10 MPa 时,煤层渗透率以大于 0.1 mD 为主(叶建平 等,1999)。华北部分矿区煤层试井渗透率与与原地最小主应力呈指数关系(何伟刚 等,2000)。

秦勇等(1999,2008)发现,沁水盆地煤层试井渗透率随着现代构造应力场主应力差增大呈指数形式急剧升高。傅雪海等(2001,2002)以山西沁水盆地中～南部为例,采用FLAC-3D 软件模拟现代地应力状态,结合煤层裂隙发育状况现场观测数据以及力学实验获得裂隙方向线应变,利用渗透率二阶张量表达式模拟得到不同埋深下的水平渗透率,构建了沁水盆地煤层渗透率与三维地应力之间耦合的数学模型,并对研究区煤层初始渗透率进行了预测。

因此,根据野外孔裂隙测量及地应力测试结果,采用数值模拟方法反演古今地应力场,通过分析地应力场大小、方向与裂隙开合关系,预测煤层渗透率展布。

四、构造曲率法

构造曲率量化反映线或面的弯曲程度。煤岩层受构造应力作用弯曲后,背斜中和面以上部位受局部张应力作用,形成张裂缝或先期裂隙张开,中和面以下部位受到挤压应力作用,难以形成裂缝或先期裂隙闭合;向斜则正好相反(Hobbs,1967;Pollard et al,1988;袁鼎等,1999)。由此,可以通过构造曲率大小反映构造应力状态和裂隙发育情况,从而预测煤岩层渗透率。

影响岩层裂缝发育的因素分为内在因素和外在因素,前者包括岩性、地层厚度、粒度和孔隙率等,后者是指构造部位(Nelson,1985)。构造部位因素实质上是通过构造应力或应变的大小来影响裂缝的发育;就褶皱变形而言,构造应变的大小体现在构造面的曲率值上,通常是曲率越大的地方裂缝越发育(袁鼎 等,1999)。

采用构造曲率方法研究裂隙发育程度和分布规律,需要具备两个前提:第一,所研究地层必须是受构造应力作用而变形弯曲的岩层,表现为横弯褶皱、纵弯褶皱等;第二,假设岩层为完全弹性体,未考虑塑性变形,构造裂隙产生于岩层曲率较大处,在岩石力学性质相似的条件下,曲率越大,裂隙越为发育(Lisle et al,1995)。因此,曲率值反映出弯曲岩层中由于派生拉张应力而形成的张性裂缝的相对发育程度。

张建博等(2003)将沁水盆地网格化为 12 450 个结点,取奥陶系顶面高程与太原组～山西组地层厚度之和的一半作为太原组～山西组地层中和面高程,采用极值主曲率法计算出每个结点的曲率值。结果表明:沁水盆地构造曲率绝对值一般在 $0.1 \times 10^{-4}/m$ 左右,也有达到 $0.2 \times 10^{-4}/m$ 的地段,最高可达 $5 \times 10^{-4}/m$;构造曲率在向斜部位为负值,在背斜部位为正值,高曲率位于褶皱作用相对强烈的地区。同时,以构造曲率绝对值 $0.1 \times 10^{-4}/m$ 为标准,大于此值的构造带裂隙相对发育,煤储层具有高渗透率发育的基础。但是,对比煤层渗透率试井数据,沁水盆地煤储层构造主曲率实际上以中等为好,渗透率大于 0.5 mD 对应的构造曲率在 $0.05 \times 10^{-4} \sim 0.2 \times 10^{-4} / m$ 之间,构造曲率低于 $0.05 \times 10^{-4}/m$ 或高于 $0.2 \times 10^{-4}/m$ 时,渗透率反而降低。换言之,过高的构造曲率可能导致煤体结构强烈破碎,煤体成为碎粒煤或糜棱煤,渗透率反而降低。

第二节　煤体结构与煤层裂隙观测结果

煤体结构系指煤岩体受构造应力破坏或煤层原生结构保存的程度,是控制煤层渗透率的重要地质因素,对吸附性和含气性也有一定影响。根据国家标准《煤体结构分类》(GB/T 30050—2013),煤体结构划分为原生结构、碎裂结构、碎粒结构和糜棱结构4种类型(国家质量监督检验检疫总局 等,2013)。云南省晚新生代以来构造应力对新近系煤层的改造作用微弱,中新世～上新世煤层原生结构保存完好。为此,本节主要描述云南省内上二叠统煤体结构的发育特征及其分布规律。

一、钻孔煤层编录及观测结果

根据钻孔煤层编录资料,结合测井解释,重点统计分析恩洪向斜、老厂矿区、新庄矿区的煤体结构。同时,为了便于应用以往钻孔煤层简易观察和编录资料,统一将煤体结构归纳为两大类,即Ⅰ类和Ⅱ类,分别对应块状(原生结构和碎裂结构)类型和粉状(碎粒结构和糜棱结构)类型。

观察结果显示,老厂矿区四勘探区 C9 煤层结构以简单～复杂为主,煤体结构以Ⅰ类为主;C13 煤层结构以简单为主,煤体结构以Ⅰ类为主;C19 煤层结构以复杂为主,煤体结构以Ⅱ类为主[图 4-1(a),表 4-1]。就整个老厂矿区来看:上部煤层裂隙较发育,但长度较短、密度较小,部分裂缝被方解石脉或黄铁矿薄膜充填,连通性可能较差;中部煤层裂隙发育,密度较大,连通性相对较好,但裂缝多被矿物充填,可能会降低煤层渗透率;下部煤层裂隙发育程度和连通性变化较大,裂缝同样被矿物充填,煤层渗透率的非均质性可能会更强(表 4-2)。

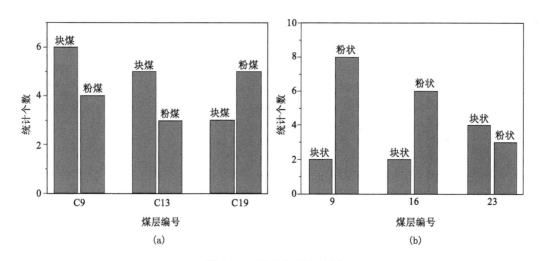

图 4-1　煤体结构构成比例

(a) 老厂矿区;(b) 恩洪矿区

表 4-1　　　　　　　　　老厂矿区四勘查区钻孔煤芯煤体结构描述

孔号	煤层编号	厚度/m	煤层结构	煤体结构	孔号	煤层编号	厚度/m	煤层结构	煤体结构
4109-2	C9	1.69	复杂	块状,0.15 m 粉状	4225-1	C9	2.14	复杂	块状
	C13	3.79	复杂	下部为粉末状		C13	5.83	复杂	粉煤为主,顶部 0.7 m 块煤
	C19	2.48	复杂	上部粉末状,下部块状		C19	3.74	复杂	块煤为主,粉煤 1.4 m
4117-2	C9	0.93	简单	块状、碎块状	4225-2	C9	0.6	简单	块状
	C13	1.06	简单	块状		C13	1.84	简单	块状碎块状
	C19	1.64	简单	块状		C19	1.75	复杂	粉末及鳞片状为主
4213-1	C9	0.7	简单	鳞片状,具挤压现象	4229-2	C9	2.17	简单	粉末状及块状
	C13	1.87	简单	块状		C13	1.8	简单	条带状
4213-2	C9	0.57	简单	煤质差,具挤压现象		C19	2.25	复杂	碎块状、下部粉末状
	C19	3.45	复杂	粉煤为主,底部 0.4 m 块煤	4307-1	C9	2.52	复杂	粉末状或粒状
4221-1	C9	3.92	复杂	块状		C13	1.05	简单	块状
	C13	2.2	简单	粉煤为主		C19	1.14	简单	块状
	C19	3.5	复杂	粉煤为主,顶部 1.1 m 及底部 0.4 m 块煤	5-588-5	C9	2.78	复杂	块煤为主,夹粉煤

表 4-2　　　　　　　　　老厂矿区钻孔煤芯裂隙统计结果

煤层	裂隙类型	煤岩类型	裂隙参数				裂隙充填情况	裂隙连通性	裂隙发育程度
			长度/cm	高度/cm	缝宽/μm	密度/(条/cm)			
C7+8	面裂隙	半暗	0.01~0.1/0.02	0.01~0.3/0.06	3~15/4	14.4	部分黄铁矿充填	差,缝短	较发育
	端裂隙								
	面裂隙	半亮	0.03~2.2/0.78	0.02~2/0.25	4~120/10	7.1	部分氧化物充填	差,缝短	较发育
	端裂隙		0.02~1.2/0.33	0.06~0.3/0.28	5~15/9	1.7			
C9	面裂隙	半亮	0.03~4.0/0.87	0.02~1.1/0.53	5~110/11	6.8	大量氧化物充填	中等	发育
	端裂隙		0.02~0.9/0.24	0.1~1.5/0.47	4~120/9	4.3			
C9	面裂隙	半亮	0.02~2.0/0.1	0.03~2.0/0.23	2~50/8	23.6	大量碳酸岩充填	中等	发育
	端裂隙		0.01~0.8/0.14		2~50/7	25.4			
C13	面裂隙	半亮	0.01~3.4/0.55	0.01~3.5/0.60	2~300/19	10.3	大量氧化物充填	差,缝短	较发育
	端裂隙		0.01~1.5/0.19	0.02~1.1/0.16	6~150/15	4.8			
C19	面裂隙	半亮	0.02~3.5/0.25	0.01~3.5/0.26	2~300/19	11.3	大量氧化物充填	中等	发育
	端裂隙		0.02~0.6/0.13	0.02~2.0/0.42	2~80/9	9.4			

　　恩洪向斜煤层以复杂结构为主,9号、16号煤层的煤体结构以Ⅱ类为主,23号煤层中Ⅰ类结构与Ⅱ类结构大致相当;向斜东缘、南缘三层目标煤层的煤体结构均以Ⅱ类为主,在中部的正基煤矿以Ⅰ类结构为主[图4-1(b),表4-3]。其中:

　　——大坪矿区。宣威组上部含煤段1号～7号煤层表现为块状构造,内生裂隙发育,视电阻率较高;中段的7号～18号煤层表现为块状和层状构造,内生裂隙发育,视电阻率较上部略高;下段的19号～24号煤层为块状～粉状构造,内生裂隙不发育,视电阻率较低。

　　——6-1井田。3号煤层为条带状～碎粒状,9a号～14号煤层为条带状,15号煤层为碎粒状(局部条带状),16号煤层为条带状,17号煤层为碎粒～糜棱状,19a号煤层呈糜棱状,19a号、21b号煤层为条带状,22号煤层为块状,23b号煤层为碎粒状(局部条带状)。

表 4-3　　　　　　　　　　　　　　恩洪矿区钻孔煤芯煤体结构描述

孔号	煤层编号	厚度/m	煤层结构	煤体结构	孔号	煤层编号	厚度/m	煤层结构	煤体结构
207-3	9	1.78	复杂	碎块状	13-4	9	1.46	简单	鳞片状
	16	1.72	复杂	鳞片状		23		复杂	粉末状
	23	0.48	复杂	完整	ZK103	9	0.93	简单	粉末状
47-1	9	5.8	复杂	鳞片状		16	0.98	简单	块状,质硬
	16	1.68	复杂	鳞片状		23	0.97	简单	块状,质硬
	23	2.96	复杂	条带状结构	ZK302	9	1.85	简单	粉末状及碎块状
48-5	9	4.48	复杂	粉状		16	0.74	简单	碎块状
	16	2.21	复杂	粉状		23	5.3	复杂	粉末状
	23	3.97	复杂	鳞片状	ZK101	16	5.23	简单	粉末状为主,碎块状
3-47	9	1.72	复杂	块状		9	1.67	简单	粉末状
	16	1.32	复杂	上层粉状,下层片状	ZK101	16	0.74	简单	碎块及粉末状
11-2	9	3.6	复杂	鳞片状,质松易捻成粉末		23	1.94	复杂	中上部碎块状,底部0.6 m完整
ZK102	9	2	简单	粉末状					

　　——6-2井田。8号、9b号和11b号煤层呈鳞片状～糜棱状,局部呈条带状或块状;15号煤层为条带状,发育滑动镜面;16号煤层为条带状～碎裂状,17号煤层呈块状,18号、19a号、19b号和21号煤层为条带状;22号和23号煤层呈鳞片～粉状,24号煤层为条带状。

　　——8井田。1号煤层为碎裂煤～碎粒煤,8号～9号煤层为粉煤(偶见块煤);11号～13号煤层在顶部为块状,其他分层为粉煤;14号～16号煤层块状、粉煤交替产出;14号、15a号煤层为条带状,发育滑动镜面;15b号煤层为条带状,16号煤层为条带状～碎裂状;17号煤层呈块状,18号～21号煤层为条带状;22号、23号煤层呈鳞片～粉状,24号煤层呈条带状。

　　新庄矿区C5煤层以复杂结构为主,煤层上部主要发育Ⅰ类煤,下部以Ⅱ类煤为主(表4-4)。

　　根据228口钻孔编录统计结果,滇东北地区镇雄县牛场-以古勘查区构造变形程度较高,构造煤发育(徐金鹏,2014)。其中:原生结构煤占16%,碎裂煤占30%,碎粒煤占50%,

糜棱煤占 4%(表 4-5)。C1 煤层呈块状构造,裂隙不甚发育,两组裂隙直角相交,近垂直层理。裂隙中无充填。C5/C5c 煤层的暗煤中裂隙不发育,亮煤中裂隙较发育,裂隙不平直,裂缝多充填矿物;主裂隙缝宽 1～200 μm,平均密度为 4.01 条/cm;次裂隙缝宽 1～130 μm,密度为 0.5～9.3 条/cm。

表 4-4　　　　　　　　　　新庄矿区钻孔煤芯煤体结构描述

矿区	钻孔号	煤层厚度/m	煤层结构	煤体结构
墨黑	201	1.26	复杂	粉末状
	301	1.8	复杂	顶部、底部块状,中部粉末状
	401	0.61	简单	碎块状
	402	4.51	复杂	块状,粉末状
	501	3.85	简单	顶部 0.8 m 块状,下部粉末状
	502	5	复杂	上部块状或鳞片状,下部粉末状
玉京山-高田	402	6.96	复杂	顶部 0.5 m 及底部 1.0 m 块状,中间粉状
	601	5.39	复杂	上部碎粒状,中下部粉末状
	1001	3.55	复杂	顶部块状,其余多呈粉状
	1002	10.61	复杂	上部块状,下部以粉煤为主
	1801	0.48	复杂	顶部 0.1 m,底部 0.15 m 为块煤,其余为粉煤
	2202	0.56	复杂	块状,内生裂隙发育
	2602	0.85	简单	块状
	3901	0.87	复杂	上部 0.4 m 块状,内生裂隙发育;下部 0.58 m 粉煤

表 4-5　　　　滇东北镇雄县牛场-以古勘查区钻孔煤芯煤体结构组成(徐金鹏,2014)

块段	煤体结构/%				块段	煤体结构/%			
	原生结构	碎裂	碎粒	糜棱		原生结构	碎裂	碎粒	糜棱
牛场	17.65	17.65	64.7	0	官房	21.28	36.17	40.42	2.13
坪上	9.09	33.77	55.84	1.3	以古	27.78	29.63	38.89	3.7
红岩	6.06	18.18	63.64	12.12	总计	16.23	29.82	50.44	3.51

二、矿井采样观测结果

煤中天然裂隙发育特征,直接影响着煤储层渗透率大小和方向,是煤层气井产能的关键控制因素。利用云南滇东地区部分矿井煤样,观测统计了部分地点煤层裂隙发育情况(表 4-6)。

宣威煤田煤层发育三组裂隙,连通性好;长度 0.12～23 mm,宽度 0.009～0.2 mm,密度约 7.6 条/cm;部分裂缝见方解石充填。

恩洪向斜煤层发育两组裂隙,多呈树枝状分布,部分呈网状产出;长度 0.27～30 mm,宽度 0.006～0.25 mm,密度 6.8 条/cm,连通性好。

老厂矿区新寨煤矿煤层裂隙发育程度较弱,以细微裂隙为主,大～中型裂隙十分少见;

发育两组相互垂直的裂隙,缝长 0.32~25 mm,缝宽 0.006~0.20 mm,裂隙密度约 4 条/cm,连通性较差。

圭山矿区煤层发育两组近于相互垂直的裂隙,多数为细微裂隙,大~中型裂隙同样少见;缝长 0.14~20 mm,缝宽 0.005~0.2 mm,部分裂隙的缝宽大于 25 mm;裂隙呈网络状产出,连通性可能较好。

表 4-6 云南滇东地区部分矿井煤层裂隙观测结果

观察位置	面裂隙					端裂隙					密度/(条/cm)	裂隙发育程度	裂隙组数
	长度/mm		宽度/mm		间距/cm	长度/mm		宽度/mm		间距/mm			
	最小	最大	最小	最大		最小	最大	最小	最大				
宣威羊场	0.12	>23	0.009	0.20	0.03~2.4	0.15	>20	0	0.1	0.01~2.0	7.6	发育	三组
恩洪	0.27	>30	0.006	0.25	0.03~1.3	0.24	>40	0.01	0.2	0.03~2.0	6.8	发育	两组
老厂新寨	0.32	>25	0.006	0.20	0.03~2.0	0.13	>30	0.01	0.1	0.03~3.0	4.3	较发育	两组
圭山	0.14	>20	0.005	0.20	0.01~1.2	0.12	>40	0	0.5	0.02~2.6	8.0	发育	两组

第三节 煤体结构的地球物理测井解释

测井曲线通过密度、疏松程度、破碎程度、富水情况(导电性)等的地球物理响应来反映煤层渗透性。构造破坏程度提高,煤中构造裂隙增多,孔隙率增大,强度降低,含水性增强,导电性变好,导致视电阻率降低、视密度减小、煤体弹性波传播速度减慢以及井筒直径增大。因此,可利用煤田勘探中大量测井曲线资料,尤其是视电阻率电位曲线(DLW)和伽马-伽马曲线(HGG),建立煤层渗透率与煤体结构之间关系,进而预测煤层渗透率(傅雪海 等,1999,2003)。

一、煤体结构测井曲线解释方法

(一)煤体结构判识基本程序

就井田内部而言,同一煤层在一定的区域范围内其沉积环境、物质来源基本稳定,煤岩组成、煤质、物性相近或存在一定的变化趋势。正常结构煤层的物性未受到煤体结构变化附加因素的影响,同一煤层的不同物性参数曲线在一定区域范围内有着各自相类似的基本形态特征。

通过分析,可以了解所研究煤层测井参数曲线的幅值和基本形态在区域上及层域上的变化规律。在此基础上,将需要分析的层点测井曲线与同一煤层正常结构煤的测井曲线进行对比,比较同一种参数曲线之间的差异,以确定该层点测井曲线有无变化及变化的部位和变化的明显程度。

将需要分析的层点测井曲线与同一钻孔中其他煤层的测井曲线进行对比,分析该层点测井曲线幅值和基本形态是否符合该煤层在区域上的变化规律,对异常变化部位要分析其影响因素,保证煤体结构判识结果的准确性。

将需要分析的层点测井曲线与邻近钻孔中同一煤层的测井曲线进行对比,分析该层点测井曲线幅值和基本形态是否符合该煤层在区域上的变化规律,保证其资料解释的一致性。参考钻孔煤芯的煤体结构描述,对煤层测井曲线进行综合分析。

（二）煤体结构定性划分方法

在上述分析识别的基础上,根据各测井参数曲线幅值和形态特征变化的明显程度,参照表 4-7 中测井曲线响应,按以下原则确定煤体结构类型。

表 4-7 　　　　　　　　　　不同煤体结构类型测井曲线形态(傅雪海 等,1999)

煤体结构类型	曲线形态(变化特征)				
	视电阻率电位	伽马-伽马	自然伽马	声波时差	井径曲线
Ⅰ类:原生结构煤	幅值增高,界面陡直,峰顶圆滑	高幅值,峰顶一般近似水平锯齿状	低幅值异常,多呈近似缓波状	高幅值,峰顶一般波浪状	一般与围岩一致或略有起伏近似一直线
Ⅱ类:过渡结构煤	与Ⅰ类相比幅值略有降低,多呈微台阶状或微波浪状	与Ⅰ类相比幅值略有增高	幅值变化不明显	与Ⅰ类相比幅值略有增高	与Ⅰ类相比幅值略有增高
Ⅲ类:强烈构造变形煤	曲线幅值明显降低,上、下台阶状,凸形或箱形。当全层为构造煤时,多数界面呈缓波状	大多数幅值明显增高	幅值变化不明显	幅值明显增高,峰顶多呈参差状或大的波浪状	井径曲线明显增大,个别变为方块状

Ⅰ类(原生结构煤):各测井曲线反映的幅值大小、形态特征与同一煤层原生结构煤相应部位的测井曲线比较,无明显变化者。

Ⅱ类(过渡结构煤):各测井曲线反映的幅值大小、形态特征和同一煤层原生结构煤相应部位的测井曲线比较,均略有变化且符合物性规律,其变化部位判识为Ⅱ类。

Ⅲ类(强烈构造变形煤):该煤层有两种或两种以上测井参数曲线反映的幅值大小、形态特征与同一煤层原生结构煤相应部位的测井曲线比较,均有符合物性规律的明显变化;或仅有一条测井曲线反应有明显变化,其他测井参数曲线相应部位略有变化,其变化部位判识为强烈构造变形煤。

各类煤体结构煤分层的定厚应在变化相对明显的主要参数曲线上进行,以发生变化的始、末点作为分层界限点,两点之间的煤厚即为该结构类型煤分层厚度。

测井曲线形态是煤层物性的综合反映,除煤体结构外,水分、灰分、井径以及测井技术条件都会对其产生影响,在判识煤体结构时必须综合分析考虑(表 4-8)。但是,在同一钻孔内,这些因素对不同煤层和同一煤层不同分层的影响相同,可不予考虑。

（三）煤储层渗透率预测

上述Ⅱ类和Ⅲ类煤层或煤分层的发育和分布,是造成煤层渗透率降低的主要原因。因此,了解和预测Ⅱ类、Ⅲ类煤体结构的层域和区域分布,是预测煤层渗透率的简便且有效的途径。

通过钻孔可见煤层点中Ⅱ类和Ⅲ类煤体结构的发育程度,由其厚度或者Ⅱ类和Ⅲ类煤分层厚度占纯煤总厚度的百分比两种方式表征。根据煤层气井试井资料及测井曲线的煤体结构测井解释,建立Ⅱ类和Ⅲ类煤分层厚度或者其百分比与煤层渗透率关系。

表 4-8 地球物理测井曲线特征影响因素

参数曲线名称	曲线变化特征	曲线变化的可能因素
视电阻率电位	幅值减小	煤层灰分增加、水分增高、煤体结构破坏
	幅值增大	煤层灰分降低
伽马-伽马	幅值减小	煤层灰分增高
	幅值增大	煤层灰分降低、井径扩大、煤体结构破坏
自然伽马	幅值减小	煤层灰分增加
	幅值增大	煤层灰分降低
井径	幅值增大	井径人为扩大、煤层垮落而井径扩大
声波时差	幅值增大	煤层破碎、松散、裂隙增加,井径扩大

二、煤体结构测井解释成果统计特征

表 4-9 和表 4-10 列出了 55 口煤田勘探孔煤体结构的测井解释成果。其中:恩洪矿区 13 孔 39 层次 112 分层,老厂矿区 9 孔 27 层次 93 分层,新庄矿区 7 孔 6 层次 18 分层。依据区内已有的煤层气试井资料,进一步建立煤层渗透率与Ⅱ类和Ⅲ类煤分层厚度比例之间的相互关系。

表 4-9 恩洪、老厂矿区煤体结构测井解释成果

煤层	钻孔	埋深/m	分层结构 厚度/m	分层结构 类别	解释可靠性评价 可靠	解释可靠性评价 较可靠	解释可靠性评价 参考	煤层	钻孔	埋深/m	分层结构 厚度/m	分层结构 类别	解释可靠性评价 可靠	解释可靠性评价 较可靠	解释可靠性评价 参考
9	ZK202	449.57	0.81	Ⅰ			√	9	K4223-1	670.36	1.33	Ⅱ		√	
	44-3	251.45	2.80	Ⅱ		√					(0.49)				
	207-3	26.77	1.61	Ⅱ		√					2.4	Ⅲ	√		
			(0.05)						K4215-1	622.15	0.84	Ⅱ	√		
			0.06	Ⅰ		√					1.2	Ⅲ	√		
			(0.11)						K4227-1	671.15	4.01	Ⅲ	√		
			0.11	Ⅰ		√					0.91	Ⅱ			√
	609 上盘	441.57 上	2.70	Ⅲ	√				K4103-1	129.72	(0.31)				
	609 下盘	455.38 下	4.78	Ⅲ	√						2.07	Ⅰ			√

续表 4-9

恩洪矿区								老厂矿区							
煤层	钻孔	埋深/m	分层结构		解释可靠性评价			煤层	钻孔	埋深/m	分层结构		解释可靠性评价		
			厚度/m	类别	可靠	较可靠	参考				厚度/m	类别	可靠	较可靠	参考
9	11-3	139.38	0.95	Ⅲ	√			9	K4209-2	747.29	2.2	Ⅱ		√	
			(0.09)								(0.29)				
			0.09	Ⅲ	√						1.61	Ⅰ		√	
	补2102	201.78	1.40	Ⅰ		√			K4229-1	641.34	0.62	Ⅱ		√	
			1.60	Ⅱ		√					1	Ⅰ		√	
			1.24	Ⅲ		√					(0.82)				
	406	368.91	1.08	Ⅱ		√					0.57	Ⅲ		√	
			4.90	Ⅲ		√					0.6	Ⅱ		√	
	501	446.88	2.09	Ⅲ	√				11705	222.2	1.08	Ⅱ		√	
			(0.26)								(0.23)				
			1.44	Ⅱ		√					0.12				
			(0.26)								(0.26)				
			0.34	Ⅰ		√					0.46	Ⅰ		√	
			(0.19)						20101	173.19	0.9	Ⅱ		√	
			0.98	Ⅰ	√						0.8	Ⅲ			
	603	262.00	1.10	Ⅱ			√	13	K4223-1	694.79	2.16	Ⅲ	√		
			3.85	Ⅲ			√				(0.67)				
	ZK303	233.74	0.99	Ⅰ		√			K4215-1	629.99	0.78	Ⅲ		√	
	503	274.52	0.82	Ⅱ							0.6	Ⅱ		√	
			(0.28)								1.06	Ⅰ	√		
			0.60	Ⅲ					K4103-1	149.82	0.95	Ⅰ	√		
	1005	327.36	0.90	Ⅱ	√						(0.49)				
			1.40	Ⅲ	√						0.5	Ⅰ	√		
			0.96	Ⅱ		√					0.4	Ⅰ	√		
			(0.47)						K4209-2	789.19	(1)				
			0.70	Ⅰ	√						0.89	Ⅰ	√		
	ZK005	353.74	2.43	Ⅰ		√				772.46	1.43	Ⅲ	√		
16	ZK202	517.08	1.01	Ⅱ			√		K4227-1	732.86	2.14	Ⅲ	√		
	44-3	312.05	0.75	Ⅰ	√						(0.3)				
			0.70	Ⅱ		√					1.59	Ⅲ	√		
			(0.20)								(0.31)				
			0.45	Ⅱ		√									

续表 4-9

恩洪矿区								老厂矿区							
煤层	钻孔	埋深/m	分层结构 厚度/m	类别	可靠	较可靠	参考	煤层	钻孔	埋深/m	分层结构 厚度/m	类别	可靠	较可靠	参考
16	207-3	87.38	1.10	II	√			13	K4229-1	691.33	1.34	III		√	
			0.55	I	√						2.28	III	√		
			(0.13)								(0.29)				
			0.70	I	√						1.15	III	√		
	609	514.82	1.12	III	√						(1.33)				
	11-3	214.93	2.75	III	√				K4215-2	800.28	1.8	III	√		
		218.48	0.15	III	√						0.8	II		√	
			(0.07)								0.74	III		√	
			0.48	III	√				20101	192.31	0.28	III	√		
			(0.08)								(0.11)				
			0.58	III	√						0.41	III		√	
			(0.25)								1.24	II		√	
			0.67	II	√	√			11705	267.42	0.97	I		√	
	补2102	337.57	0.80	I		√					(0.59)				
			0.43	II		√					0.94	II		√	
	406	427.68	1.00	II	√				K4223-1	752.81	1.68	II		√	
			0.36	III	√				K4215-1	692.56	0.9	I		√	
	501	502.10	1.16	II	√						1.1	II	√		
	603	322.83	1.40	II		√					0.52	I	√		
	ZK303	297.80	0.48	I		√			K4227-1	782.68	(0.23)				
	503	329.52	1.24	III		√					0.9	II	√		
			(0.21)								0.88	I	√		
			0.36	I		√		19	K4103-1	227.4	0.45	III		√	
	1005	380.93	1.30	II		√					(0.7)				
	ZK005	419.85	1.14	II		√					0.36	III		√	
23	207-3	150.48	0.25	I	√					221.1	0.78	III		√	
			(0.13)								1.78	III		√	
			0.81	I	√						(0.46)				
	609	587.57	1.20	I	√				K4209-2	855.87	0.55	II	√		
	11-3	262.78	0.14	I		√					(0.38)				
			(0.13)								0.98	I	√		
			0.19	II		√			20101	226.28	0.22	III	√		

恩洪矿区								老厂矿区							
煤层	钻孔	埋深/m	分层结构 厚度/m	类别	解释可靠性评价 可靠	较可靠	参考	煤层	钻孔	埋深/m	分层结构 厚度/m	类别	解释可靠性评价 可靠	较可靠	参考
23	11-3	262.78	(0.06)					19	20101	226.28	(0.13)				
			0.55	II		√					0.27	III	√		
	补2102	380.29	0.33	I		√					(0.16)				
			(0.19)								0.28	III	√		
			0.86	II		√					(0.3)				
			(0.18)								0.62	II	√		
			0.96	I		√					0.7	III	√		
	11-3	265.78	0.20	II		√			K4215-2	848.39	(0.21)				
			(0.05)								1.03	II	√		
			0.13	II		√					1.1	I	√		
			(0.56)								0.82	I		√	
			0.34	II		√					(0.17)				
			(0.04)								0.38	II		√	
			0.09	II		√					(0.12)				
	406	496.61	1.83	III	√						0.22	III		√	
	501	579.30	0.62	I	√				11705	312.42	(0.21)				
			(0.44)								0.32	III	√		
			0.56	I	√						(0.43)				
			(0.17)								0.26	I		√	
			0.24	I	√						(0.09)				
			(0.34)								0.42	I		√	
			1.27	I		√									
			(0.26)												
			1.11	II		√									
			(0.32)												
			0.92	II	√										
	603	411.71	3.47	II		√									
			(0.11)												
			0.56	I	√										
	503	401.19	0.24	I	√										
			(0.17)												
			0.42	II		√									

恩洪矿区								老厂矿区							
煤层	钻孔	埋深/m	分层结构		解释可靠性评价			煤层	钻孔	埋深/m	分层结构		解释可靠性评价		
			厚度/m	类别	可靠	较可靠	参考				厚度/m	类别	可靠	较可靠	参考
	503	401.19	(0.09)												
			0.64	I		√									
23	1005	442.87	0.59	I	√										
			(0.57)												
			0.40	I		√									
			0.90	Ⅲ	√										
			0.50	Ⅱ		√									

表 4-10   新庄矿区 C5 煤层煤体结构测井解释成果

钻孔编号	埋深/m	分层结构		解释可靠性评价			备注
		厚度/m	类别	可靠	较可靠	参考	
303	559.00	1.28	Ⅲ	√			
102	489.70	3.11	Ⅲ		√		
1203	489.25	1.40	Ⅱ			√	
		1.00	Ⅲ			√	
1601	669.52	4.30	I			√	
		1.20	Ⅱ			√	
402	78.06	2.70	Ⅱ			√	
		3.20	Ⅲ			√	
		2.46	Ⅱ			√	
1001	767.47	1.47	Ⅱ			√	(1) 本区测井均为数字测井,曲线幅值太小,部分三侧向测井曲线不能采用;
		(0.27)					(2) 曲线幅值太小,导致可靠性程度相对较低。
		3.47	Ⅲ			√	
601	525.47	1.00	Ⅱ			√	
		(0.23)					
		0.87	Ⅱ			√	
		(0.27)					
		0.90	Ⅱ			√	
		2.68	Ⅲ			√	

恩洪向斜 13 口井中,有 81 个煤分层、31 个夹矸分层,净煤累计厚度 83.73 m。根据解释成果统计: Ⅰ 类(原生结构煤)有 30 分层 20.27 m,分别占煤分层总数和净煤累计厚度的

37.04％和24.21％；Ⅱ类(过渡结构煤)有32分层31.45 m,分别占煤分层总数和净煤累计厚度的39.51％和37.56％；Ⅲ类(强烈构造变形煤)19分层32.01 m,分别占煤分层总数和净煤累计厚度的23.46％和38.23％(表4-11)。

表 4-11　　　　　　　滇东重点矿区煤体结构测井解释统计特征

矿区	钻孔	Ⅰ类煤分层		Ⅱ类煤分层		Ⅲ类煤分层	
		厚度/m	％	厚度/m	％	厚度/m	％
恩洪	406	0.00	0.00	2.08	22.68	7.09	77.32
	501	4.01	34.42	4.63	39.74	3.01	25.84
	503	1.24	28.70	1.24	28.70	1.84	42.59
	603	0.56	5.39	5.97	57.51	3.85	37.09
	609	1.20	12.24	0.00	0.00	8.60	87.76
	1005	1.69	22.09	3.66	47.84	2.30	30.07
	44-3	0.75	15.96	3.95	84.04	0.00	0.00
	11-3	0.14	1.92	2.17	29.69	5.00	68.40
	207-3	2.48	47.78	2.71	52.22	0.00	0.00
	ZK005	2.43	68.07	1.14	31.93	0.00	0.00
	ZK202	0.81	44.51	1.01	55.49	0.00	0.00
	ZK303	0.99	67.35	0.48	32.65	0.00	0.00
	补2102	3.49	45.80	2.89	37.93	1.24	16.27
老厂	11705	3.05	50.92	2.40	40.07	0.54	9.02
	20101	0.53	9.55	2.76	49.73	2.26	40.72
	K4103-1	3.52	58.47	0.91	15.12	1.59	26.41
	K4209-2	3.88	37.34	2.75	26.47	3.76	36.19
	K4215-1	1.96	42.61	1.44	31.30	1.20	26.09
	K4215-2	1.10	25.17	1.83	41.88	1.44	32.95
	K4223-1	0.00	0.00	3.01	67.64	1.44	32.36
	K4227-1	1.40	12.30	0.90	7.91	9.08	79.79
	K4229-1	1.00	12.47	1.22	15.21	5.80	72.32
新庄	303	0.00	0.00	0.00	0.00	1.28	100.00
	102	0.00	0.00	0.00	0.00	3.11	100.00
	1203	0.00	0.00	1.40	58.33	1.00	41.67
	1601	4.30	78.18	1.20	21.82	0	0.00
	402	0.00	0.00	5.16	61.72	3.20	38.28
	1001	0.00	0.00	1.47	29.76	3.47	70.24

老厂矿区9口井中,有76个煤分层、28个夹矸分层,净煤累计厚度65.22 m。根据解释成果统计：Ⅰ类(原生结构煤)有20分层16.44 m,分别占煤分层总数和净煤累计厚度的30.30％和25.21％；Ⅱ类(过渡结构煤)有18分层18.32 m,分别占煤分层总数和净煤累计厚

度的 27.27％和 28.09％％；Ⅲ类(强烈构造变形煤)有 28 分层 30.46 m，分别占煤分层总数和净煤累计厚度的 42.42％和 46.7％(表 4-11)。

新庄矿区 6 口井中，有 15 个煤分层、3 个夹矸分层，净煤累计厚度 31.04 m。根据解释成果统计：Ⅰ类(原生结构煤)有 1 分层 4.3 m，分别占煤分层总数和净煤累计厚度的 6.67％和 13.85％；Ⅱ类(过渡结构煤)有 8 分层 12.00 m，分别占煤分层总数和净煤累计厚度的53.33％和 38.66％％；Ⅲ类(强烈构造变形煤)有 6 分层 14.74 m，分别占煤分层总数和净煤累计厚度的 40.00％和 47.49％(表 4-11)。

Ⅰ类煤原生结构保存完好，其渗透性取决于内生和外生裂隙发育程度，可改造性强。Ⅱ类煤受到一定程度的构造破坏，天然裂隙发育，但若煤层原生结构基本保存，则煤层气渗流通道网络发育良好，往往具有较高的渗透性。Ⅲ类煤受到构造强烈破坏，煤层原生结构不复存在，十分发育的天然裂隙往往被构造剪切搓动形成的煤粉所充填或阻塞，导致煤层渗透性极低。

总体来说，恩洪向斜Ⅰ＋Ⅱ类煤厚所占总煤厚比例在 13.24％～100％之间，平均为70.36％；老厂矿区Ⅰ＋Ⅱ类煤厚度占比为 20.21％～90.98％，平均为 60.46％；新庄矿区Ⅰ＋Ⅱ类煤厚占比为 0～100％，平均为 41.64％。综上分析，三个矿区Ⅰ＋Ⅱ类煤分层的厚度比例总体上大于Ⅲ类煤，意味着较有利于煤层渗透性的发育和改造。其中，恩洪向斜煤层渗透率相对较高，老厂矿区次之，新庄矿区相对较差。

三、煤体结构区域和层域分布特征

恩洪矿区由边缘向中心方向，Ⅲ类煤比例呈减小的趋势，老书桌和中段南部煤体最为破碎，到向斜中心煤体结构反而变得完整，这可能与边缘断层发育而中部断层相对稀少有关(图 4-2)。从层域上看，煤层越厚，Ⅲ类煤越发育；在测井解释的三层煤中，9 号煤层Ⅲ类煤最为发育，其他两层煤基本相当；后续试井分析发现，下部 16 号、23 号煤层渗透率均大于 9号煤层(表 4-12，图 4-3)。

表 4-12　　　　　　　　　　滇东地区重点矿区煤体结构层域分布

恩洪矿区					老厂矿区				
孔号	煤层	Ⅰ类煤/m	Ⅱ类煤/m	Ⅲ类煤/m	孔号	煤层	Ⅰ类煤/m	Ⅱ类煤/m	Ⅲ类煤/m
406	23			1.83	11705	C9	0.58	1.08	0
	16		1	0.36		C13	0.97	0.94	0
	9		1.08	4.9		C19	1.5	0.38	0.54
501	23	2.69	2.03		20101	C9	0.53	0.9	0.8
	16		1.16			C13	0	1.24	0.69
	9	1.32	1.44	2.09		C19	0	0.62	0.77
503	23	0.88	0.42		K4103-1	C9	2.07	0.91	0
	16	0.36		1.24		C13	1.45	0	0
	9		0.82	0.6		C19	0	0	1.59

续表 4-12

恩洪矿区					老厂矿区				
孔号	煤层	Ⅰ类煤/m	Ⅱ类煤/m	Ⅲ类煤/m	孔号	煤层	Ⅰ类煤/m	Ⅱ类煤/m	Ⅲ类煤/m
603	23	0.56	3.47		K4209-2	C9	1.61	2.2	
	16		1.4			C13	1.29		1.43
	9		1.1	3.85		C19	0.98	0.55	1.78
609	23	1.2			K4215-1	C9		0.84	1.2
	16			1.12		C13	1.06	0.6	
	9		7.48			C19	0.9	1.1	
1005	23	0.99	0.5	0.9	K4215-2	C9		0.84	1.2
	16		1.3			C13	1.06	0.6	
	9	0.7	1.86	1.		C19	0.9	1.1	
44-3	16	0.75	1.15		K4223-1	C9		1.33	2.4
	9		2.8			C13			4.56
11-3	23	0.14	1.5			C19		1.68	
	16		0.67	3.96	K4227-1	C9			4.01
	9			1.04		C13			5.07
207-3	23	1.06				C19	1.4	0.9	0.9
	16	1.25	1.1		K4229-1	C9		1.22	0.57
	9	0.17	1.61			C13			5.23
ZK005	16		1.14			C19			
	9	2.43							
ZK202	16		1.01						
	9	0.81							
ZK303	16	0.48							
	9	0.99							
补2102	23	1.29							
	16	0.8	0.86						
	9	1.4	1.6	1.24					

老厂矿区沿 NW 方向,靠近断层Ⅲ类煤发育,如 F202 断裂旁 20101 井、F408 断裂附近 K4209-2 井;距离向斜轴部越近,Ⅲ类煤所占比例增加,如从 K4215-1 井到 K4215-2 井;近似标高下,往 NE 方向Ⅲ类煤越发育。由此暗示,就老厂矿区而言,远离断层和向斜轴部方向,煤层构造变形程度减弱,煤层渗透率增高,可改造性增强。从层域上看,在测井解释的三个煤层中,Ⅰ+Ⅱ类煤分层厚度比例在 C13 煤层最低,在 C9 煤层最大,显示 C9 煤层可改造性和渗透性可能相对较好(表 4-12,图 4-4)。

在新庄矿区,墨黑勘查区Ⅲ类煤最为发育,玉京山勘查区Ⅰ+Ⅱ类煤分层与Ⅲ类煤分层厚度百分比各占 50% 左右(表 4-11,图 4-5)。根据矿井瓦斯事故情况调查,墨黑矿区发生过多次煤矿瓦斯突出事故,出现过重大瓦斯伤亡事故,显示墨黑矿区煤层渗透性整体较差。

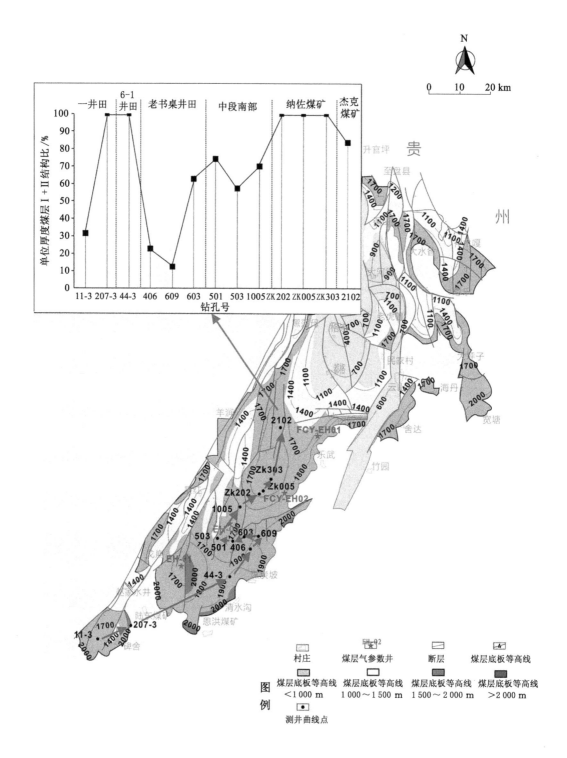

图 4-2　恩洪矿区煤体结构区域分布

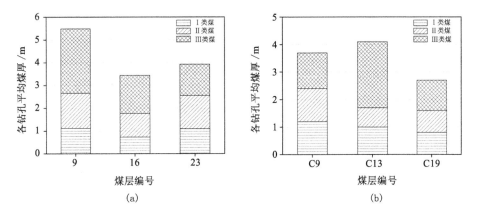

图 4-3　煤体结构测井解释结果层位分布

（a）恩洪矿区；（b）老厂矿区

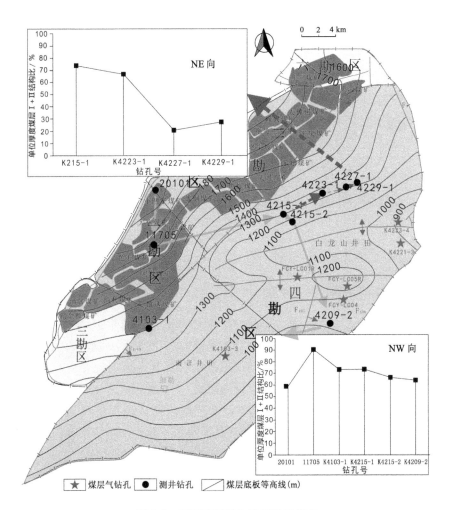

图 4-4　老厂矿区煤体结构区域分布

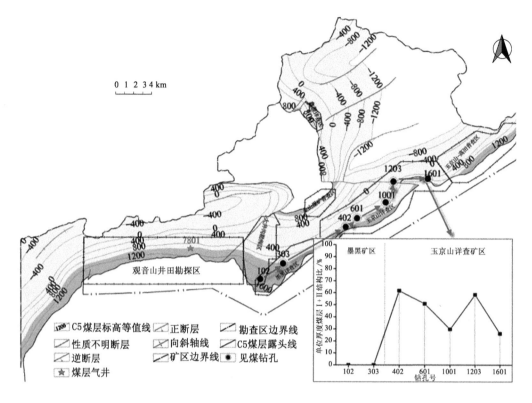

图 4-5　新庄矿区煤体结构区域分布

第四节　煤层试井渗透率发育与分布

云南省现有煤层气井主要分布在滇东恩洪矿区和老厂矿区,滇东北新庄矿区、昭通盆地部分煤层气井进行了试井和排采试验。

一、煤层试井渗透率区域分布

煤储层渗透性可由多种方法获取,如试井、应力-渗透率数值模拟、煤层气井生产历史拟合(储层模拟)、实验室测定、地球物理测井曲线解释等。诸多方法中,只有试井法和储层模拟法求得的结果与实际情况最为接近。储层模拟法需要具备煤层气井生产历史资料,因此目前主要是通过试井分析获得煤储层原位渗透率。

2009 年之前的试井成果表明:滇东恩洪向斜煤储层渗透率变化在 0.001 6～0.013 mD之间,平均为 0.016 2 mD;老厂矿区煤储层渗透率为 0.023 5～0.243 3 mD,平均为 0.092 6 mD;滇东北新庄矿区煤储层渗透率为 0.51 mD(表 4-13)。总体来看,煤层试井渗透率极低,一般达不到 0.1 mD。相对而言,新庄矿区煤层渗透率较高,可与华北沁水盆地南部山西组煤层平均渗透率相比;老厂矿区煤层渗透率明显高于恩洪向斜,但总体上低于 0.1 mD。上述试井渗透率成果,与本书第三章根据密度换算得出老厂矿区煤层平均孔隙率高于恩洪向斜煤层平均孔隙率的认识相互吻合。

表 4-13　　　　　　　　　　　　滇东地区部分煤层气井试井成果

矿区	井号	煤层	煤厚/m	埋深/m	渗透率/mD	储层压力/MPa	破裂压力/MPa	闭合压力/MPa	储层温度/℃	压力梯度/(MPa/hm)
恩洪	EH1	9	1.57	513.33	0.001 6	5.09	15.61	13.43	30.49	0.99
		16	1.61	568.53	0.011	5.46	20.87	18.55	31.19	0.96
	EH2	9	4.97	499.6	0.004 5	3.13	12.74	11.44	23.87	0.63
		16	1.67	558.77	0.013	6.83	11.87	10.89	25.4	1.22
		21	2.2	603	0.056	4.06	13.56	10.96	27.93	0.67
老厂	4117-2	C3	1.34	504.64	0.243 3	6.379	13.63	12.3	27.12	1.26
		C7＋8	4.96	550.92	0.023 52	6.74	12.033	11.32	28.779	1.22
	老厂 08	C13	4.55	993.43	0.016	11.27	22.31	21.44	22.29	1.13
	K4221-3	C2		633.07	0.0167	7.79	16.65	15.26	20.62	1.23
		C7＋8		683.33	0.023 2	7.72	16.33	15.08	21.6	1.13
	K4223-4	C2		782.15	0.016 5	9.31	18.07	17.86	19.7	1.19
		C7＋8		834.7	0.009 7	10.85	18.15	17.1	20.6	1.30
	K4103-3	C2		541.52	0.05	7.78	12.76	11.04	27.43	1.44
		C7＋8		581.86	0.26	3.71	10.26	9.75	29.97	0.64
新庄	7801	C5	4.2	636.96	0.51	7.03	13	12.04	22.47	1.10

2013 年,滇东北地区镇雄以古-牛场勘查区进行煤层气专项勘查,获得 10 口井 15 层次的试井数据。扣除钻遇断层破碎带的 1 口井 2 层次之外,其他煤层试井渗透率变化介于 0.02~0.97 mD 之间,多数低于 0.30 mD,平均为 0.22 mD,高于滇东地区上二叠统煤层的试井渗透率。其中,C1 煤层渗透率为 0.07~0.15 mD,平均为 0.10 mD;C5(C5c)煤层渗透率为 0.02~0.97 mD,平均为 0.28 mD。

二、煤层试井渗透率层域分布

从层域分布来看,恩洪向斜三层煤层试井渗透率随层位降低而呈增高趋势,老厂矿区与之相反(图 4-6)。究其可能原因:埋深增加,煤层孔隙和裂隙被压缩,导致煤层渗透率减小;老厂矿区上部 C2、C3 煤层多为块状,中部和下部 C7＋8、C13 煤层多为粉状;同时,恩洪向斜中段 9 号、16 号煤层的煤体结构以粉状为主,下部煤层的煤体结构较上部完整。显然,煤层渗透率受煤体结构控制远大于埋深作用。

三、影响煤层试井渗透率发育的地质因素

煤层渗透率影响因素十分复杂,包括煤储层物理力学性质、孔隙-裂隙发育特征、煤层埋深、应力状态、煤的物质组成和结构等。云南省处于印度板块与欧亚板块碰撞带附近,构造背景复杂,地应力、埋深因素对煤储层渗透率影响十分显著。

（一）构造应力场对煤层渗透率的影响

地应力梯度的高低,是造成煤层试井渗透率区域分布差异的重要地质原因。据试井资料,滇东地区地应力场中最小主应力(闭合压力)梯度降低,煤层渗透率随之增高,两者之间

呈相关性良好的负幂指数关系[图 4-7(a)]。当最小主应力小于 13 MPa 时,试井渗透率绝大多数大于 0.05 mD;当最小主应力大于 13 MPa 时,试井渗透率均低于 0.05 mD,且随主应力增加变化很小。

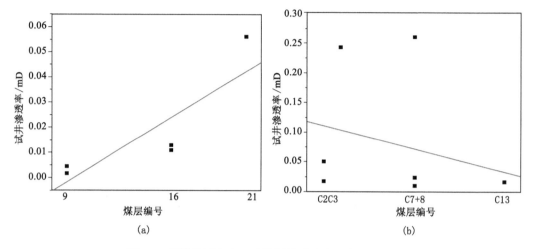

图 4-6 恩洪矿区和老厂矿区煤层试井渗透率层域分布

(a) 恩洪矿区;(b) 老厂矿区

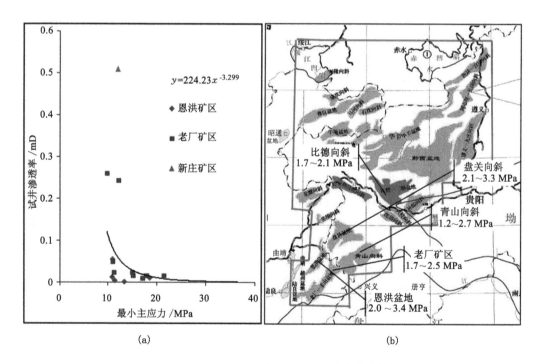

图 4-7 滇东地区煤层试井渗透率与最小地应力之间关系

从更大的区域上看,黔西-滇东地区最小主应力梯度由东向西增大,在织纳煤田比德向斜为 17～21 kPa/m,六盘水煤田青山向斜为 12～27 kPa/m、盘关向斜为 21～33 kPa/m,老厂矿区为 17～25 kPa/m,至恩洪向斜为 20～34 kPa/m[图 4-7(b),表 4-13]。也就是说,越靠近康滇古陆方向,最小主应力越高(秦勇 等,2012)。与此吻合的是:在地应力相对较低的织纳煤田和老厂矿区,煤层原生结构保存较好,试井渗透率相对较高;在地应力相对较高的六盘水煤田和恩洪向斜,煤层原生结构遭受强烈破坏,构造煤高度发育,试井渗透率极低。

（二）煤层埋深对煤层渗透率的影响

煤层埋藏深度在一定程度上影响到煤层试井渗透率的高低,从另外一个角度反映出地应力对渗透率的控制效应。

如图 4-8 所示,滇东地区煤层试井渗透率与煤层埋藏深度之间关系尽管较为离散,但负幂指数趋势十分明显。埋藏深度的变化,意味着上覆岩柱对煤层施加的重力出现差异。因此,埋深与试井渗透率之间关系在两个方面体现出地应力对渗透率的控制效应:其一,埋深增大的实质是煤层所受垂向应力增高,由此导致试井渗透率降低;其二,两者关系在一定埋深范围内出现"转折点",暗示现代构造应力场水平应力与垂向应力的关系发生转变,滇东地区这一转变深度在 600 m 左右,是造成深部煤层试井渗透率急剧降低的关键地质原因。

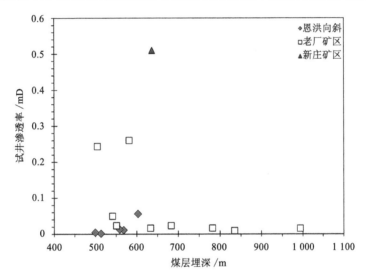

图 4-8 滇东地区煤层试井渗透率与煤层埋藏深度之间关系

但是,滇东地区镇雄以古-牛场勘查区煤层埋深增大,试井渗透率随之显著增高,不符合上述一般规律(图 4-9)。初步分析,这种"反常"现象可能与构造煤发育程度随深度的变化有关,即煤层构造变形程度随埋深增大而趋于减弱。

（三）煤储层压力对煤层渗透率的影响

煤层试井渗透率与储层压力有关,这是地应力、煤层流体压力、煤层有效应力等因素之间耦合作用的结果(图 4-10)。

与最小主应力和埋藏深度类似,试井渗透率与煤储层压力之间呈现出显著的负对数关系。两者之间剧变的转折点同样在试井渗透率为 0.05 mD 左右,对应的储层压力在 7~8 MPa 之间。低于这一煤储层压力时,煤层渗透率变化极大,似乎不受煤储层压力的影响;一旦高于这一煤储层压力,煤层渗透率即随储层压力的增高而急剧减小。滇东地区煤储层压力与埋深之间具有显著的正相关关系。为此,上述后一种情况指示,储层压力对深部煤层渗透率存在显著影响。

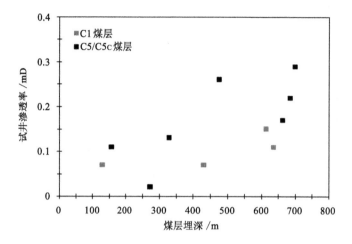

图 4-9　滇东北地区以古-牛场勘查区煤层试井渗透率与煤层埋藏深度之间关系

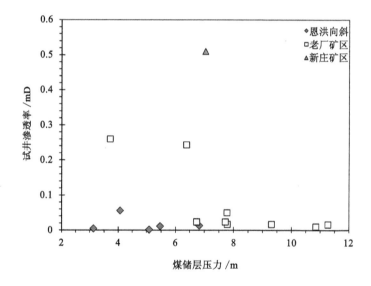

图 4-10　滇东地区煤层试井渗透率与煤储层压力之间关系

　　储层压力是作用于煤层孔隙-裂隙壁上的流体压力,煤层所受地应力与储层压力之差,即所谓的有效应力。在煤层埋深增大的情况下,垂向地应力导致储层压力增大,有效应力随之显著减小,煤体发生弹性膨胀而致使裂缝宽度减小,渗透性同时降低,这是深部煤层渗透率急剧降低的另一原因。如果煤层埋深变化不大,则煤层有效应力的大小往往取决于水平应力的差异,储层压力的影响较为微弱,这是滇东地区埋深浅于 $500\sim700$ m 煤层的试井渗透率由东向西明显减小的更深层次地质原因。

　　然而,滇东北地区镇雄以古-牛场勘查区煤层试井渗透率与煤储层压力之间的关系却表现为与滇东地区不完全相同的模式。煤储层压力增大,C5/C5c 煤层渗透率随之呈线性降低,变化趋势与滇东地区相同,但衰减模式却与滇东地区有所不同;C1 煤层渗透率随埋深的加大而明显增高,不但与滇东地区不同,而且与同一勘查区的上部煤层完全相反(图

4-11）。分析地质原因,可得到两点初步认识:其一,以古-牛场勘查区 C1 煤层赋存于长兴组,C5/C5c 煤层属于龙潭组,两个地层组分属不同的地层流体压力系统;其二,云南东部上二叠统煤层气地质条件极其复杂,变化形式多样,每个区块煤储层物性分布规律需做具体分析研究。

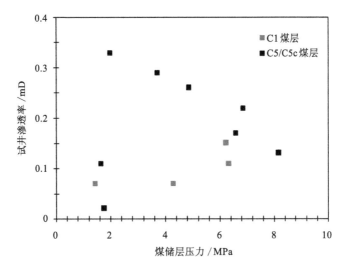

图 4-11　滇东北地区以古-牛场勘查区煤层试井渗透率与储层压力之间关系

（四）煤层厚度对煤体结构的影响

　　在天然裂隙极度发育的构造煤层中,构造煤发育程度与煤层厚度之间呈正相关趋势。我国大量矿井瓦斯地质研究资料充分揭示出这一事实,滇东地区测井曲线解释成果亦发现此关系(图 4-12)。无论是受煤物质流变影响而厚度变化较大的煤层,还是主要受沉积作用控制而厚度较为稳定的煤层,均有如此分布规律(焦作矿业学院瓦斯地质课题组,1982)。

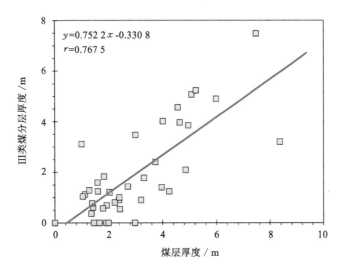

图 4-12　滇东地区 Ⅲ 类煤(构造煤)分层厚度与煤层厚度之间关系

　　当原生结构煤层受到适当程度的破坏,产生程度适当构造裂隙,形成过渡结构煤层或碎裂煤,可能增加煤层渗透性。对于受到更为严重构造破坏的煤层,煤层厚度越大,构造煤发育程度越高,煤体越破碎,细小的煤颗粒阻塞裂隙,煤层气达西流动所需裂隙网络的连通性就越差。也就是说,沉积作用与沉积期后构造变形综合控制了煤层厚度和煤体结构,进而对煤层渗透率产生影响,这可能是影响滇东地区煤层渗透率高低的一个重要地质原因。

第五章 煤层气能量系统及其地质控制

在地质系统中,煤层气的富集依赖于地层能量系统的逐步强化,煤层气保存的基本地质条件是系统内部能量达到动态平衡。换言之,煤层气富集过程是能量系统逐渐调整的地质过程,含气系统是一个能量动态平衡系统(秦勇,2006;秦勇 等,2006)。煤层气富集成藏过程的实现,依赖于含煤层气系统的有形载体,载体的核心是包括煤基块、地层水和煤层气在内的煤储层,煤层气成藏效应是煤层固、液、气三相物质在动能作用下耦合关系的具体体现(秦勇 等,2012)。本章基于这一基本原理,描述贵州省煤层气成藏能量有效传递的显现特征,讨论动力学因素之间的组合关系,阐释有效压力系统中能量的传递、汇聚和分配方式,厘定煤层气成藏效应类型及其分布规律。

第一节 煤层气能量系统的构成和显现

煤层气能量系统由煤基块、地层水和煤层气的弹性能构成,通过能量储集和释放过程中固体和流体的收缩膨胀以及流体的能势予以显现(吴财芳,2004)。其中,含煤层气系统的流体能势主要体现为煤储层压力,是地下水和煤层气的能势综合作用的结果。

一、煤储层的三相物质组成

煤储层由固态、气态、液态三相物质构成(傅雪海 等,2003)。其中,固态物质是煤基质,液态物质一般是煤层中的水(有时也含有液态烃类物质),气态物质即煤层气。正是在地层状态下含有煤层气,煤层才被称之为煤储层,否则其只是一般的煤层。

(一)煤储层的固态物质组成

煤储层固态物质包括两个部分,以固态有机质为主,含有数量不等的矿物质,它们共同构成煤的固体骨架。对于煤及煤储层的固态物质成分,可从宏观(煤岩类型)、显微(煤岩显微组成)、分子(化学结构与化学组成)三个层面予以描述。

对于煤固体骨架的几何性质,不同学科其描述方式有所不同。瓦斯工作者基于构造软煤的特点将煤体格架描述为球粒,煤层气工作者基于煤储层本身的特征将其描述为被裂隙分割的基质块体。由于显微裂隙的存在,煤体骨架十分复杂,不可能利用曲面方程描述其构成固体颗粒的几何形状。

目前常用的描述是一种平均性质描述,用煤岩学和煤化学方法来描述其物质构成,用孔隙率、比表面积、孔容等特征参数来反映孔隙-裂隙状态,用弹性模量、泊松比等来描述其力学性质等。由此可知,煤储层固态物质组成的特性,一方面影响煤储层储气空间的发育性质,另一方面与煤的吸附或解吸性密切相关,此外在很大程度上还会影响煤储层的渗透性和工程力学特征。

（二）煤储层的液态物质组成

煤储层中液相物质包括裂隙、大孔隙中的自由水（油）和煤基质中的束缚水。

从地下水渗流的角度，按水的结构形态、分子引力（P_m）与重力（P_r）的关系、水与围岩颗粒的连接形式，可将煤层中的水分划分为结合水和液态水（表 5-1）。其中：强结合水在静电引力和氢键的作用下牢固地吸附于煤颗粒表面，弱结合水受范德瓦耳斯力作用分布于强结合水的外层，它们影响煤对气体的吸附能力和煤层气的储集空间；重力水能在自身重力作用下运动，是赋存在煤层裂隙、裂隙、大孔和中孔中的游离水，在煤层气排采过程中可被采出，与煤层气井的气体产能有关。毛细水，则是指煤中固、液、气三相界面上发生毛细现象而存在的水。

表 5-1　　　　　　　　　　　　　煤层中水的分类（薛禹群，1989）

类　型	结构形态	P_m 与 P_r 的关系	水与围岩颗粒的连接形式
结合水	强结合水（吸着水）	$P_m > P_r$	物理化学连接
	弱结合水（薄膜水）		
液态水	重力水	$P_m < P_r$	物理力学连接

煤层气研究中常引入平衡水分含量或临界水分含量这一概念，其值略低于最高内在水分。平衡水分含量的确定方法为：将样品称重（不小于 35 g，精确到 0.2 mg），把蒸馏水预湿煤样放入湿度平衡的干燥器中，干燥器底部装有过饱和 K_2SO_4 溶液（该溶液可以使相对湿度保持在 96%～97% 之间）；每隔 24 h 称重一次，直到相邻两次称重量变化不超过试样质量的 2%，然后按公式计算出平衡水含量（国家质量监督检验检疫总局 等，2008）。平衡水分含量相当于工业分析中空气干燥基水分（M_{ad}）与煤样水平衡时吸附水分含量之和。

（三）煤储层的气态物质组成

煤储层中赋存的气态物质就是煤层气，其主要化学组分为 CH_4、CO_2、N_2、重烃气等。其中，CH_4 在煤储层中的赋存方式有游离态、吸附态、固溶态（吸收态）和水溶态（表5-2）。不同赋存态 CH_4 在 CH_4 总量中的比例，取决于煤层所受的压力、温度以及煤储层孔隙-裂隙系统、煤大分子结构缺陷、煤吸附能力等因素。

表 5-2　　　　　　　　　　　　　CH_4 在煤储层中赋存的形态和分布

赋存位置	赋存形态	比例/%
裂隙、大孔和块体空间内	游离（水溶态）	8～12（1～3）
裂隙、大孔和块体内表面	吸附	5～12
显微裂隙和微孔隙	吸附	75～80
芳香层缺陷内	替代式固溶体	1～5
芳香碳晶体内	填隙式固溶体	5～12

注：中煤阶煤，埋深 800～1200 m。

正常情况下，煤储层中游离 CH_4 约占 CH_4 总量的 8%～12%，但吸附 CH_4 均要通过解吸或置换才能被开采出来（贺天才 等，2007）。吸附 CH_4 是指裂隙-孔隙表面及芳香层缺陷内的 CH_4 的统称，其与游离态 CH_4 呈动态平衡状态，随环境条件的变化而不断在吸附/解吸作用之间运动和转换。

二、煤储层的弹性能

宏观动力学因素作用于煤储层,使煤储层中固、液、气三相物质的耦合关系不断发生变化,能量系统的这种动态平衡变化特征,体现为固、液、气三相物质弹性能综合而成的地层弹性能,并制衡着煤层气的成藏效应。因此,地层弹性能在本质上是联系煤层气成藏动力学条件与煤层气成藏效应之间的纽带,也是解译煤层气成藏动力学条件耦合特征的关键,然而以往却普遍受到人们的忽视(秦勇 等,2012)。

储存于热力学系统中的能量,称为系统的储存能,包括系统本身热力状态所确定的热力学能、宏观动能以及宏观位能。煤层弹性能由三个部分构成,包括煤基块弹性能、水体弹性能和气体弹性能,其总体关系式表达为(吴财芳,2004):

$$E_{总} = E_{煤} + E_{水} + E_{气} \tag{5-1}$$

① 煤基块弹性能为:

$$E_{煤} = \frac{C_V}{2}[\sigma_1^2 + \sigma_2^2 + \sigma_3^2 - 2\nu(\sigma_1\sigma_2 + \sigma_2\sigma_3 + \sigma_1\sigma_3)] \tag{5-2}$$

式中 C_V——煤基块体积压缩系数;

ν ——泊松比;

$\sigma_1, \sigma_2, \sigma_3$——三轴应力。

② 水体弹性能为:

$$E_{水} = RT_0\varphi\left[\frac{p_1}{p_0}(1+\alpha\Delta T)(1-\beta\Delta p)\right] \tag{5-3}$$

式中 p_1——变化后的流体压力;

p_0——原始水体压力;

T_0——原始水体温度;

α ——初始时刻水的热膨胀系数;

β ——初始时刻水的压缩系数;

ΔT——温度变化量;

Δp ——压力变化量;

R——摩尔气体常数,其值为 8.314 J/(mol·K);

φ ——1 m³ 煤基块中束缚水的饱和度。

③ 气体弹性能,包括游离态和吸附态气体两部分,即:

$$E_{气} = E_{游} + E_{吸} = E_{游}\left[1 + \frac{\alpha}{V}(\sqrt{p_0} - \sqrt{p})\right] \tag{5-4}$$

式中 α ——温度从 T_0 到 T 时甲烷的热膨胀系数。

其中,游离态甲烷弹性能为:

$$E_{游} = \frac{\beta RT_0\varphi(1+\alpha\Delta T)(1-\beta\Delta p)}{k-1}\frac{p}{p_0}\frac{\Delta T}{T} \tag{5-5}$$

式中 β ——压力从 p_0 到 p 时甲烷的压缩系数;

T——气体状态变化后的环境温度;

p_0——气体状态变化前的气体压力；

p ——气体状态变化后的气体压力；

$\Delta T = T - T_0$——温度变化量；

$\Delta p = p - p_0$——压力变化量；

$k = C_p/C_V$——多变指数，其中 C_p 为甲烷气体定压热容（CH_4 的 $k = 1.30$）；

φ ——1 m³ 煤基块中的游离气含量。

吸附态甲烷弹性能为：

$$E_{吸} = \int_P^{P_0} E_{游} \frac{\alpha}{2V\sqrt{p}} \mathrm{d}p = E_{游} \frac{\alpha}{V}(\sqrt{p_0} - \sqrt{p}) \tag{5-6}$$

式中 p ——煤储层流体压力；

α ——甲烷含量系数，其值为 3.16×10^{-3} m³/(t·Pa$^{0.5}$)；

V ——标准状态下甲烷的摩尔体积，其值为 22.4×10^{-3} m³/mol；

$E_{游}$——游离态甲烷弹性能。

三、煤储层压力和流体动力条件及其影响因素

（一）地应力和地应力强度

在地质历史过程中，每次构造运动都是地层能量由聚集到释放的过程，也是地应力由聚集到释放的过程。古地应力大小和方向，制约着煤层裂隙的发育程度和方向。煤层孔隙-裂隙系统是煤层流体的储存空间和运移通道，其发育程度决定煤层渗透率的好坏。当煤层遭受强度过大并超过煤层抗剪强度的地应力作用时，极易破坏煤层原生孔隙一裂隙系统，降低煤储层的孔渗性而不利于煤层气的产出。

现今地应力分布状况及其强度大小，对煤层当前的渗透性影响巨大。当现今构造应力场主压应力方向垂直于煤层主裂隙面时，主裂隙因受挤压有闭合的趋势；如果其中流体发育，煤储层流体压力就会升高；构造应力强度越大，流体压力就越高，地层能量就越大，有利于煤层气产出。另一方面，根据等温吸附理论，现今构造应力引起煤层流体压力升高时，若煤层含气量不变，则煤层含气饱和度就会降低，排采过程中达到煤层气解吸的生产压差就会增大，从而导致开采成本增加。当现今构造应力场主压应力方向平行于主裂隙面时，裂隙受到相对拉张，有利于煤储层渗流能力提高、渗透率相对增大。主应力差越大，对煤层渗透性的提高就越有利（秦勇 等，1999）。

（二）煤储层压力

煤储层压力，包括煤层和煤层围岩所具有的地层流体压力，是煤储层能量的具体表现形式之一。

对于年轻的含煤沉积盆地，盆地内流体流动的驱动力主要是由压实作用形成的地层流体的排驱力，流体运动方向是从下向上，从深部高孔隙压力向上流动到上覆地层中；只有在盆地浅部潜水层，水流动才由重力驱动。年轻含煤沉积盆地的地层压力一般为正常状态，在特定沉积构造条件下可形成超压地层（如同生断层活动、快速沉积），使水动力不连续，阻滞或延缓了层内流体在压实和埋藏过程中的排出，孔隙流体部分地支撑了上覆地层负荷、产生超压。此外，年轻盆地热动力作用在一定程度上控制着地层压力的分布，超压和高地温场存在着某种必然联系。高地温场促进大量烃类气体生成，在烃类气体生

成聚集速率大于其扩散速率时,没有扩散出去的烃类气体就转化为压力流体并与地下水一起形成地层超压现象。

老的沉积盆地(如晚古生代含煤盆地)经历了多次构造抬升,地下流体主要受重力驱动,在势能作用下从高地势的供水区向低地势的泄水区流动。受到补给条件、断裂构造和围岩封闭性等地质条件影响,煤储层在不同部位的地层能量往往不同,储层压力也相应地有所差异。当盆地补给区气候潮湿多雨时,煤储层具有正常的静水压力,在地下水强烈循环带对煤层气有氧化和冲蚀作用,会降低煤层气含量。一般条件下,径流带煤系含水层不利于煤层气富集。若含水层孔渗性变差或发生沉积相变或遇封闭性断层阻挡时,地下水处于滞流状态,在供水区不断地补给下该带含水层呈现出较高的地层压力或超压现象。

高地层压力区在一定程度上对煤储层孔隙-裂隙系统有保护作用,有利于煤层气保存,是煤层气评价选区的最有利地区。盆地排水区是地层能量释放区,也是地层压力释放区,不利于煤层气成藏。事实上,无论是径流区还是排泄区,在含煤地层遇到开启性断层切割或大面积岩溶陷落或大规模采矿活动时,均会引起地层压力明显下降,造成煤层气自然解吸和扩散,不利于煤层气保存。

（三）煤层富水程度及其水体弹性能量

煤层中的水多数充填在裂隙系统中,其富水强弱决定煤层气开发中实现能量释放的难易程度,对煤层气开发效果起着决定性作用(池卫国,1998)。

煤层富水程度通常用钻孔涌水量或单位涌水量表示。一般来说,涌水量越高,煤层的富水性越强,煤储层的渗透性越好,对煤层气排采越有利;但过高的富水性不利于煤层气井排采,而过低的富水性也使得煤层气井难以排水降压。煤层强富水性不一定代表高的含气量,这与特定的煤层气地质条件和煤层水体弹性能有关。例如,在开放性含煤盆地或水文地质单元中,地下水径流条件好,煤层水与围岩水交替活跃,无疑对煤层气起到溶解和冲刷作用,从而降低煤层含气量。煤层水体弹性能即煤层水在上覆地层静岩压力和围岩压力作用下所具有的弹性释放能量,水体受压缩程度越高所承受的压力就越大,水体弹性能就越高,钻孔揭露后(压力释放)水体弹性膨胀形成的驱动力就越强。

实际工作中,水体弹性能高低可用含水层揭露后的水柱高度简单代表。水体弹性能高的煤储层,其水头往往超出地表数米。含煤地层条件下,高孔隙压力区及补给充足的地下水滞流封闭区,水体弹性能往往较高,对煤层气赋存和煤层渗透性均有保护作用。因此,富水程度高且水体弹性能较高的煤层,是煤层气选区的重点关注区。

在煤储层地下水动力场中,边水和底水规模直接影响水体弹性能,对煤层气成藏和开采具有重要作用。当气藏中存在水体时,无论在那个成藏阶段,随着水体的增大,煤岩和地层水弹性压缩的贡献增大,煤层气弹性能对气藏储气能力的贡献减小。在成藏初期阶段,随着水体增大,煤岩的贡献甚至达到78%以上,水体贡献也有9%以上,但是没有超过10%;在成藏中～后期阶段,虽然气体弹性能贡献降低,但还保持在80%以上,仍然是储气能力的重要控制因素(秦勇 等,2008)。

四、煤层气能量系统的评价方法

能量聚散概念模式可以用下面的公式表示(秦勇 等,2008,2012):

$$S=(f,s,R)=(w,g,s,R) \tag{5-7}$$

式中　　S——能量聚散概念模式；

　　　　f——流体动力系统，代表成藏的有效压力系统；

　　　　s——煤储层，代表有效运移系统；

　　　　w——水动力系统；

　　　　g——气体化学系统；

　　　　R——各系统之间的关系，代表能量作用机制。

煤层气富集成藏的能量平衡系统主控因素体现在三个方面：一是由古构造应力场和热应力场制约的古地层能量场，控制着储层裂隙的发育程度 ξ_1；二是由现代构造应力场、煤化程度和埋深制约的裂隙开合程度 Δ；三是由地下水动力学条件制约的现今地层弹性能，控制着有效压力系统的发育程度 ξ_2（吴财芳，2004）。前两者通过与天然裂隙之间的耦合关系控制着煤储层有效运移系统中的渗透性，后者在构造应力场作用下通过对地下水径流状态的控制，对煤层气有效压力系统和煤层气富集起着关键性影响。但是，随着埋深增加，储层原始渗透率随现代构造应力场最大主应力差增大而增加的趋势将越来越弱，也就是说，上覆岩柱垂向应力的控制作用将逐渐增大。

从理论上来说，ξ_1、Δ 和 ξ_2 的有利匹配，可能形成有利的煤层气能量平衡系统。换言之，三个主控因素的有机结合可作为衡量煤层气成藏的判断标准（表 5-3）。首先，如果 $\xi_1 > 1$，说明地层弹性能可以突破煤岩束缚，是产生有效运移系统的前提之一，其值越大裂隙越发育。第二，如果 $\Delta > 0$，表明煤基块自调节作用以正效应占优势，裂隙处于张开状态，随着流体压力的降低，渗透率将逐渐增大，有效运移条件将得到改善，但煤层气保存条件也将随之恶化。第三，ξ_2 是有效压力系统优劣的表征，其值越大越好，反映出储层中能量充足，有利于煤层气富集成藏。

因此，模式（5-7）就可以变化为如下形式：

$$S = (f, s, R) = (\xi_1, \Delta, \xi_2, R) \qquad (5-8)$$

其中，ξ_1、Δ 是有效运移系统的判识标志，ξ_2 是有效压力系统的判识标志。

表 5-3　　　　　　　　　能量聚散模式量化数据的模糊化标准（秦勇 等，2008）

裂隙发育程度参数 ξ_1		裂隙开合程度参数 Δ		压力系统发育程度参数 ξ_2	
有利或较有利 $\xi_1 > 4$	不利 $\xi_1 < 4$	有利或较有利 $\Delta > -0.8$	不利 $\Delta < -0.8$	有利或较有利 $\xi_2 > 0.85$	不利 $\xi_2 < 0.85$
1	0	1	0	1	0

在讨论现今阶段的能量聚散模式和煤层气成藏类型时，应该用早期的裂隙发育程度 ξ_1 数据代替现今阶段的裂隙发育程度 ξ_1 数据。这是因为，地质历史时期的裂隙发育程度决定着现今阶段煤储层的裂隙发育程度。

对于有效运移系统的判识标志 ξ_1 和 Δ 来说，二者共同表示有效运移系统的优劣程度。ξ_1 和 Δ 之间存在下面的 4 种组合——$(1,1)$、$(1,0)$ 和 $(0,1)$、$(0,0)$。从煤层气开采的角度来说，只有存在较高的裂隙张开程度，即 $\Delta > 0$，才有利于煤层气开采。否则，即使煤层气很富集，而裂隙闭合程度很高也不利于开采（表 5-3）。所以，有利于煤层气成藏和开采的有效运移系统只有 $(1,1)$ 一种组合，可以将其定为 1，其他三种不利组合定为 0。于是表示有效运移系统的集合只有 1 和 0 两个元素,表示有效压力系统的集合也只有 1 和 0 两个元素。因此,能量聚散模式的模糊化结果可以简化为只包含 1 和 0 两个元素的集合,即(1,1)、(1,0)、(0,1)、(0,0),如表 5-3 所示。其中(1,1)集合,表示有效运移系统-有效压力系统类型;(1,0)集合,表示有效运移系统-差压力系统类型;(0,1)集合,表示差运移系统-有效压力系统类型;(0,0)集合,表示差运移系统-差压力系统类型。

当然,上面的结果只是一个简化结果,对于具体问题还应该结合煤层气成藏的主控因素进行详细分析。

第二节 含煤地层的地下水动力条件

煤储层重力水可以通过不同的方式与煤储层顶底板含水层沟通,如断裂、煤层直接顶底板砂岩等,从而与煤系围岩含水层发生水力联系,获得地下水补给或大气降水补给,形成补、径、排的地下水动力场特征。煤储层中重力水的运移,引起煤储层裂隙系统中水头场和压力场的变化,直接影响煤储层的压力平衡系统,进而导致煤层气产生解吸—扩散—渗流—逸散或再吸附的运移过程,两者共同组成一个完整的气-水两相流系统。

一、地下水动力场与煤储层压力的相互作用原理

煤储层压力,是指作用于煤层孔隙—裂隙空间上的流体压力,是水压和气压的综合,故又称为孔隙流体压力。煤储层压力一般通过试井分析测得,即利用外推方法求取原始地层条件下相对平衡状态的初始压力。煤储层压力与煤层含气性密切相关,它与吸附性(特别是临界解吸压力)之间的相对关系直接影响采气过程中排水降压的难易程度。因此,地下水动力场和煤储层压力的研究,对煤层含气性和开采地质条件评价十分重要,也可为完井工艺提供重要参数。

在实践中,为了对比不同地区或不同储层的压力特征,通常根据煤储层压力与静水柱压力之间相对关系确定储层压力状态,采用的参数是储层压力梯度或压力系数。储层压力梯度,系指单位垂深内的储层压力增量,常用储层压力除以从地表到测试井段中点深度而得出,用 kPa/m 或 MPa/hm 表示,在煤储层研究中应用广泛。储层压力梯度若等于静水压力梯度(9.78 kPa/m,淡水),则储层压力为正常状态;若大于静水压力梯度,为高压或超压异常状态;若小于静水压力梯度,则为低压异常状态。

压力系数被定义为实测地层压力与同深度静水压力之比值,石油天然气地质界常用该参数表示储层压力的性质和大小。当压力系数等于 1 时,储层压力与静水柱压力相等,储层压力正常;在压力系数大于 1 的情况下,储层压力高于静水压力称为异常高压,储层压力远远大于静水压力则称异常超压;若压力系数小于 1,为异常低压。在煤储层能量系统研究中,需要综合考虑上覆岩层的性质和厚度、储层与上覆岩层的水力联系、构造及其应力场分布等因素,对储层压力状态及其作用因素进行评价。

煤储层流体受三个方面力的作用,包括上覆岩层静压力、静水柱压力和构造应力。当煤储层渗透性较好并与地下水连通时,孔隙流体所承受的压力为连通孔道中的静水柱压力,即是说储层压力等于静水压力。若煤储层被不渗透地层所包围,储层流体被封闭而不能自由流动,孔隙流体压力与上覆岩层压力保持平衡,这时储层压力便等于上覆岩柱压力。在煤层

渗透性很差且与地下水连通性不好的条件下，岩性不均而形成局部半封闭状态，则上覆岩柱压力由孔隙流体和煤基块共同承担，即：

$$\sigma_V = p + \sigma \tag{5-9}$$

式中　σ_V——上覆岩层压力，MPa；

　　　p——煤储层压力，MPa；

　　　σ——煤储层骨架应力，MPa。

此时，煤储层压力将小于上覆岩层压力而大于静水压力。

在开放条件下，储层压力的大小通常根据压力水头（液柱高度）与静水压力梯度之积（又称之为视储层压力）来度量，地下水水头高度是表征储层压力的直接数据。一般来说，水头越高，储层压力就越大。含煤地层中各煤层与主要含水层间通常无明显的水力联系，构成不同的水动力系统，储层压力主要是由储层本身的直接充水含水层的水头高度度量。例如，华北地区太原组煤层的直接充水含水层是其顶板灰岩含水层，山西组煤层的直接充水含水层是其上、下部的砂岩含水层。这两个含水层之间没有或水力联系微弱，具有相互独立的补径排系统（秦勇 等，2008）。因此，同一口井的不同煤层可能具有完全不同的原始储层压力状态。

压力水头的埋藏深浅（水位）造成不同的水动力条件，也是影响储层压力和梯度变化的重要因素。一般情况下，压力水头埋藏越深，压力梯度就越小；埋藏越浅，则压力梯度越高。由于储层压力状态是通过与淡水静压力梯度（9.78 kPa/m）的对比来判定的，故地下水矿化度是影响储层压力状态的重要因素。矿化度越高，地下水相对密度越大，在相同压力水头高度下的水头压力就越大。因此，在封闭、滞流、地下水补排条件较差的高矿化度地下水分布区段，往往出现储层压力的异常高压状态，在利用压力水头来估算储层压力时应予注意。

二、基于水头高度换算的等效煤储层压力

煤层气以吸附方式存在于煤的微孔表面，煤储层压力控制着吸附量，而储层压力主要由孔隙、裂隙水提供。根据储层压力和水头高度之间互算原理，换算出煤储层的水头压力，简称为视煤储层压力（傅雪海 等，2007）：

$$p_e = H_w \cdot \mathrm{grad} p_w \tag{5-10}$$

式中　p_e——等效煤储层压力，MPa；

　　　H_w——水头高度，m；

　　　$\mathrm{grad} p_w$——静水压力梯度或单位高度的水柱压力，等于 9.8 kPa/m。

在煤炭资源勘查中，云南省煤田地质局对各构造单元含煤地层含煤段进行了大量的专门抽水实验工作。

（1）恩洪向斜（表5-4）。1井田龙潭组含煤段等效储层压力 1.09～2.84 MPa，平均 1.89 MPa；压力系数 0.6～1.02，平均 0.85。2井田等效储层压力 0.05～2.31 MPa，平均 1.10 MPa；压力系数 0.31～1.06，平均 0.86。6-2井田等效储层压力 0.16～1.73 MPa，平均 1.14 MPa；压力系数 0.47～0.88，平均 0.71。老书桌井田等效储层压力 1.58～2.39 MPa，平均 1.94 MPa；压力系数 0.75～0.90，平均 0.8。进一步统计，向斜内 42 个钻孔宣威

组含煤段平均等效储层压力系数 0.82,总体上处于欠压状态,但不乏正常压力和超压状态的钻孔。其中:等效储层压力处于超压状态的钻孔 3 个,占统计总数的 7.14%;正常压力状态钻孔 6 个,占 14.29%;欠压状态钻孔 30 个,占 71.43%;严重欠压钻孔 3 个,占 7.14%(图 5-1)。

表 5-4　　　　恩洪向斜上二叠统含煤段地层抽水试验成果和等效储层压力

井田	钻孔	试验深度/m	水头高度/m	视储层压力/MPa	压力系数	井田	钻孔	试验深度/m	水头高度/m	视储层压力MPa	压力系数
1	7/CK3	217.64	146.41	1.44	0.67	2	208/CK2	169.58	156.68	1.54	0.92
	11/CK2	151.70	136.99	1.34	0.90		210/CK2	104.08	82.45	0.81	0.79
	11/CK3	212.15	187.37	1.84	0.88		12/CK1	118.65	129.27	1.27	1.09
	11/CK4	281.06	271.03	2.66	0.96		14/CK7	215.87	235.24	2.31	1.09
	15/CK3	250.42	219.46	2.15	0.88		205/CK2	93.75	90.60	0.89	0.97
	7/CK3	295.18	175.75	1.72	0.60		18/CK1	157.15	103.77	1.02	0.66
	9/CK1	109.09	111.67	1.09	1.02		18/CK2	239.75	210.48	2.06	0.88
	11/CK1	176.15	137.79	1.35	0.78		210/CK2	161.33	128.22	1.26	0.79
	11/CK2	231.14	200.28	1.96	0.87	6-2	42/4	33.96	15.86	0.16	0.47
	11/CK3	270.40	243.17	2.38	0.90		43/5	167.61	95.16	0.93	0.57
	15/CK3	329.39	290.13	2.84	0.88		44/3	261.06	176.04	1.73	0.67
2	202/CK2	16.54	5.09	0.05	0.31		42/4	134.28	117.93	1.16	0.88
	212/CK2	102.29	101.22	0.99	0.99		44/5	146.00	123.08	1.21	0.84
	204/CK4	29.43	25.00	0.25	0.85		39/5	190.82	154.51	1.51	0.81
	205/CK3	49.85	42.08	0.41	0.84		42/4	189.39	154.91	1.52	0.82
	19/CK4	121.76	86.50	0.85	0.71		46/3	157.00	95.87	0.94	0.61
	202/CK2	107.61	88.39	0.87	0.82	7-2	2/6 浅井	120.59	96.18	0.94	0.80
	14/CK7	164.30	174.42	1.71	1.06	老书桌	5601	206.59	186.34	1.83	0.90
	205/CK2	19.03	15.23	0.15	0.80		49/CK3	215.82	160.84	1.58	0.75
	205/CK3	177.48	165.96	1.63	0.94		52/CK107	258.10	199.83	1.96	0.77
	18/CK2	170.78	175.97	1.73	1.03		53/CK3	309.53	243.69	2.39	0.79

(2) 老厂矿区(表 5-5)。四勘区含煤段等效储层压力 4.99~8.42 MPa,平均 6.90 MPa;压力系数 0.74~1.01,平均 0.92,处于正常压力状态。五勘区含煤段等效储层压力 0.20~2.42 MPa,平均 1.02 MPa;压力系数 0.19~0.93,平均 0.65,总体上处于欠压状态,但偏于严重欠压。总体来看,两个勘查区 21 个钻孔含煤段平均等效储层压力系数 0.78,总体上处于欠压状态,略低于恩洪向斜,存在正常压力状态钻孔,但缺乏超压状态钻孔。其中:等效储层压力处于正常压力状态钻孔 7 个,占统计总数的 33.33%;欠压状态钻孔 10 个,占 47.62%;严重欠压钻孔 4 个,占 19.05%(图 5-2)。

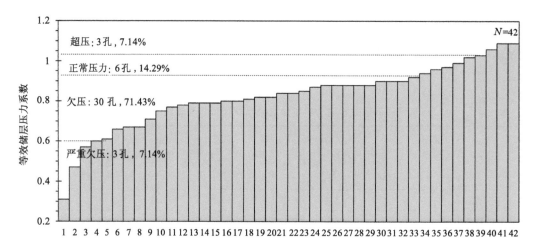

图 5-1　恩洪向斜含煤段等效储层压力分布直方图

表 5-5　　　　　　老厂矿区上二叠统含煤段地层抽水试验成果和等效储层压力

井田	钻孔	试验深度/m	水头高度/m	视储层压力/MPa	压力系数	井田	钻孔	试验深度/m	水头高度/m	视储层压力/MPa	压力系数
四勘区	4109-1	691.50	508.80	4.99	0.74	五勘区	568/6	103.50	96.50	0.95	0.93
	4109-2	699.72	649.12	6.36	0.93		578/6	87.77	77.87	0.76	0.89
	4117-2	617.72	625.75	6.13	1.01		598/4	138.00	99.98	0.98	0.72
	4213-1	855.79	808.09	7.92	0.94		593/2	304.00	247.38	2.42	0.81
	4213-2	805.05	780.71	7.65	0.97		618/3	203.00	160.94	1.58	0.79
	4221-1	739.31	696.91	6.83	0.94		598/3	134.00	110.48	1.08	0.82
	4225-1	746.93	712.33	6.98	0.95		568/3	160.00	142.97	1.40	0.89
	4225-1	938.28	858.78	8.42	0.92		568/2	75.62	20.55	0.20	0.27
	4229-2	810.55	721.62	7.07	0.89		588/1	160.81	53.63	0.53	0.33
	4307-1	748.95	682.65	6.69	0.91		618/1	162.11	31.15	0.31	0.19
							598/8	202.25	102.80	1.01	0.51

　　(3) 新庄矿区(表 5-6)。墨黑井田含煤段等效储层压力 1.95～5.74 MPa,平均 3.58 MPa;压力系数 0.81～1.00 之间,平均 0.91,接近正常压力状态。玉京山井田等效储层压力 1.55～6.76 MPa,平均 3.81 MPa;压力系数 0.28～0.95,平均 0.57,严重欠压。观音山井田等效储层压力 1.93～7.56 MPa,平均 4.45 MPa;压力系数 0.96～1.08,平均 0.99,正常压力状态。总体上,三个勘查区 15 个钻孔含煤段平均等效储层压力系数 0.89,总体上欠压,但接近于正常压力状态,显著高于恩洪向斜和老厂矿区。其中:等效储层压力处于超压状态钻孔 1 个,占统计总数的 6.67%;正常状态钻孔 9 个,占 60.00%;欠压状态钻孔 3 个,占 20.00%;严重欠压钻孔 2 个,占 13.33%(图 5-3)。

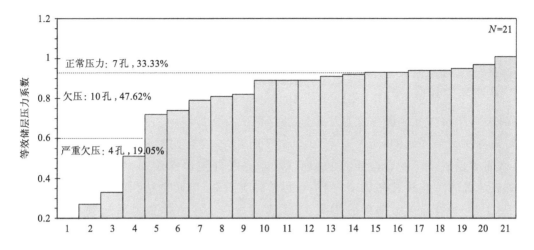

图 5-2　老厂矿区含煤段等效储层压力分布直方图

表 5-6　　　　　新庄矿区上二叠统含煤段地层抽水试验成果和等效储层压力

井田	钻孔	试验深度/m	水头高度/m	视储层压力/MPa	压力系数	井田	钻孔	试验深度/m	水头高度/m	视储层压力/MPa	压力系数
墨黑	102	486.62	436.96	4.28	0.90	观音山	802	375.00	383.77	3.76	1.02
	201	247.49	199.29	1.95	0.81		402	629.50	629.76	6.17	1.00
	402	397.18	338.42	3.32	0.85		5601	423.80	412.60	4.04	0.97
	501	272.12	271.25	2.66	1.00		801	198.00	196.40	1.93	0.99
	502	585.64	585.45	5.74	1.00		202	800.12	771.17	7.56	0.96
玉京山	101	660.42	316.72	3.10	0.48		602	456.06	454.88	4.46	1.00
	601	726.22	690.24	6.76	0.95		1002	303.29	326.29	3.20	1.08
	1101	562.00	158.30	1.55	0.28						

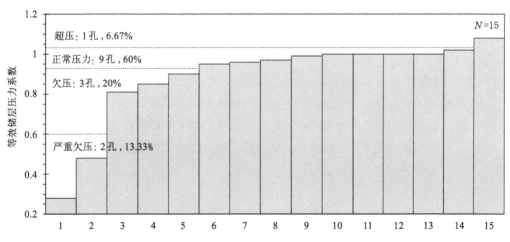

图 5-3　新庄矿区含煤段等效储层压力分布直方图

三、等效煤储层压力的埋深分布

分析两两交汇图,滇东地区三个主要煤层气区上二叠统含煤段等效储层压力状态与抽水段中点埋深之间关系具有如下主要特点(图5-4):

第一,等效储层压力与埋深之间呈线性正相关关系,不同矿区之间两者参数相关性存在差异,指示含煤地层各含水层之间水力联系的强弱和均质性高低有所不同。恩洪向斜两者相关系数0.94,老厂矿区0.99,显著相关,没有明显偏离回归线的数据点存在,表明储层压力严格受埋深控制,地下水动力条件随埋深的加大呈渐进式变化。新庄矿区两者相关系数只有0.75,相关性尽管较为显著,但两个钻孔(玉京山井田101井和1101井)数据点明显偏离回归线,指示含煤段在统一流体压力系统背景上,局部存在水力封隔现象。

第二,等效储层压力系数与埋深之间仅存在微弱的幂指数关系,不同矿区之间差异显著。在恩洪向斜和老厂矿区,埋深增大,等效储层压力系数趋于增高,两者之间仅有微弱正相关;在埋深200 m以浅,随埋深增大,压力系数从0.30左右升高至0.85左右,增高幅度明显;埋深大于200 m之后,压力系数随埋深增大只有缓慢增高趋势。新庄矿区两者之间趋势与上述两个矿区完全相反,埋深增大,等效储层压力系数反而趋于递减,尽管降幅不大,但趋势较为明显;如果不考虑两个"异常"点,这种负相关的幂指数趋势更为显著。三个地区等效储层压力系数与埋深之间关系不同,甚至趋势截然相反,表明深部含煤地层地下水补给条件存在极大差异,影响到较深部煤层的煤层气可采潜力。恩洪向斜和老厂矿区浅部地层严重欠压,深部地层的欠压状态有所缓解,地层能量有所增强。新庄矿区埋深越大,地层欠压状态越为明显,地层能量反而衰减,暗示深部煤层气开采潜力弱于浅部。

第三,等效储层压力梯度与埋深之间关系,与压力系数-埋深关系相似。恩洪向斜等效储层压力梯度变化介于0.56~1.07 MPa/hm之间,平均0.81 MPa/hm。其中,1井田平均梯度0.83 MPa/hm,2井田0.85 MPa/hm,6-2井田0.69 MPa/hm,老书桌井田0.79 MPa/hm。老厂矿区等效储层压力梯度为0.19~0.99 MPa/hm,平均0.76 MPa/hm。其中,四勘区平均梯度0.90 MPa/hm,五勘区0.64 MPa/hm。新庄矿区等效储层压力梯度变化范围为0.28~1.05 MPa/hm,平均0.87 MPa/hm。其中,墨黑井田平均梯度0.89 MPa/hm,玉京山井田0.60 MPa/hm,观音山井田0.98 MPa/hm。相比之下,观音山井田含煤段处于正常压力状态,四勘区临近正常压力状态,地层能量相对充足,有利于煤层气排采;玉京山井田和五勘区临界严重欠压状态,地层能量严重不足,存在不利于排采的地质条件;其他井田或勘探区处于欠压状态,在其他措施得当的前提下,有可能实现煤层气地面开采。

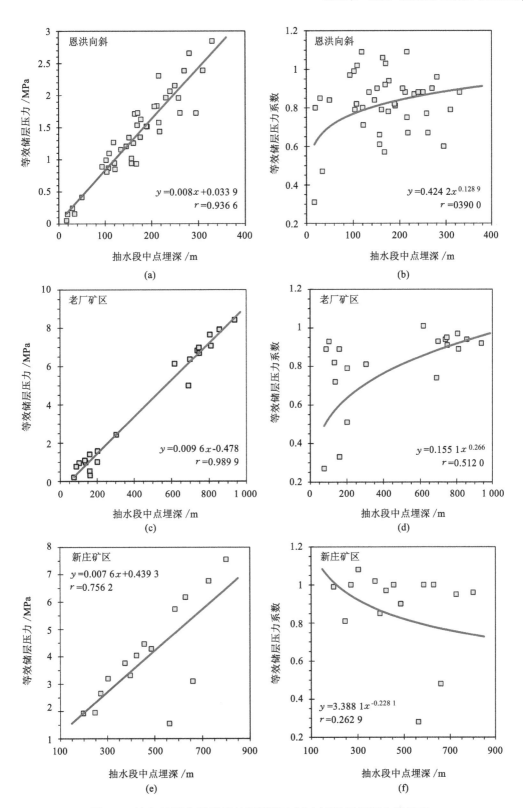

图 5-4 滇东地区含煤段等效储层压力状态与煤层埋深之间关系

第三节　煤储层试井压力及其分布

本书第四章第四节中,已依据试井资料分析了煤层渗透率的特征及其分布。其中,初步涉及煤储层渗透率与储层压力之间关系的讨论。本节将煤储层试井压力作为煤层气能量系统的一个重要衡量标志,分析储层压力特性及其分布特征,从能量系统角度讨论影响储层压力分布的地质因素。

一、煤层试井压力统计特征

截至 2010 年 6 月,云南省共施工 17 口煤层气井试井 20 余层次,其中少量井进行了排采试验,多数为参数井,主要分布在老厂、恩洪、昭通等矿区。综合试井成果:煤储层试井压力介于 3.13～11.27 MPa 之间,平均 6.84 MPa;煤储层压力梯度 0.63～1.44 MPa/hm,平均1.09 MPa/hm;煤储层压力系数 0.64～1.47,平均 1.10,储层能量总体上极高,处于超压状态(表 4-13)。

与等效储层压力系数对比,试井煤储层压力显著较高。分析原因,可能在于两个方面:其一,地层流体压力系统有开放、半开放和封闭三种基本情况,由压力水头高度换算得到的等效地层压力,只有在开放系统中才能真正与试井地层压力一致,而滇东各矿区含煤地层压力系统显然不是全开放系统,即一部分地层能量在等效压力中没有得到体现;其二,煤储层流体压力系统的开放程度与含煤地层压力系统并不完全一致,尤其是在煤层顶底板和断层封闭性强而导致含煤地层内部流体联系较弱的条件下,煤储层压力可能高于上覆、下伏围岩的地层压力,即等效储层压力往往偏低。鉴于此,试井数据所反映的煤储层压力条件更为客观。

二、煤层试井压力的区域分布

滇东三个煤层气区煤储层压力状态差异明显(表 4-13,图 5-5)。恩洪向斜试井煤储层压力 3.13～6.83 MPa,平均 4.91 MPa;煤储层压力梯度 0.63～1.22 MPa/hm,平均 0.89MPa/hm;煤储层压力系数 0.64～1.25,平均 0.91,临近正常压力状态。老厂矿区试井煤储层压力 3.71～11.27 MPa,平均 7.95 MPa;煤储层压力梯度 0.64～1.44 MPa/hm,平均 1.17MPa/hm;煤储层压力系数 0.65～1.47,平均 1.20,处于超压状态。新庄矿区试井煤储层压力 7.03 MPa,煤储层压力梯度 1.10 MPa/hm,煤储层压力系数 1.13,处于超压状态。此外,2013 年施工的煤层气井试井资料揭示,滇东北以古-牛场勘查区试井煤储层压力分布在0.99～8.16 MPa 之间,平均 3.25 MPa;煤储层压力系数 0.39～1.19,平均 0.98,总体上表现为正常压力状态。

相比之下,老厂矿区煤储层压力系数最高,煤层气系统能量最为充足,在国内尚不多见;新庄矿煤储层压力显著超过同等埋深条件下的静水压力,煤储层能量较足,但只有 1 层次的测试资料,尚待进一步验证;恩洪向斜煤储层压力略低于等埋深条件下的静水压力水平,但与华北沁水盆地等相比,仍具有较为充足的煤储层能量条件。总而言之,这三个地区的含煤层气系统能量均较为理想,存在有利于煤层气地面排采的驱动力条件。

煤储层能量除了来自于地层和流体重力能之外,与构造应力场能量也密切相关。如

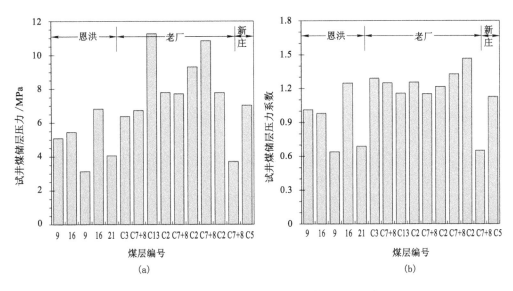

图 5-5　滇东地区煤储层试井压力状态区域分布

图 5-6所示,不同矿区煤储层试井压力状态与地应力状态之间的关系不同,折射出构造应力场能量对煤储层能量贡献的相对大小。无论是试井压力还是压力系数,在恩洪和老厂两个矿区均随闭合压力状态增强呈对数增长形式,表明最小地应力对煤储层压力有所贡献,但贡献程度有所差异。与恩洪向斜相比,老厂矿区最小地应力状态与煤储层试井压力状态之间拟合曲线的斜率显著较大,或相同闭合压力增幅条件下老厂矿区煤储层压力状态增强的幅度更大,意味着老厂矿区煤储层压力对地应力的变化更为敏感,对地应力的依赖性更大。新庄矿区的情况与老厂矿区相似。

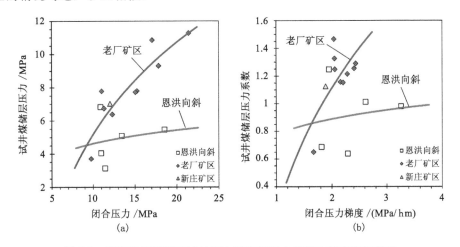

图 5-6　滇东地区煤储层试井压力状态与最小地应力状态之间关系

换言之,地应力对老厂矿区和新庄矿区煤储层压力的贡献相对较大,对恩洪向斜煤储层压力的贡献相对较小。这一条件,表明老厂矿区和新庄矿区煤层气属于杨陆武(2007)定义的应力主导型压力气,其较高的储层压力状态中相当一部分贡献来自于地应力,尽管煤体结构有利于煤储层改造,但地面原位开采条件受到地应力的限制;恩洪向斜煤层气偏重于杨陆武(2007)定义的压力主导型应力气,虽然煤体结构不利于煤储层改造且地应力相对较高,但存在有利于煤层气原位开采的煤储层压力条件。为此,如何有效释放地应力及增强对煤储层的改造能力,是滇东地区煤层气地面原位开发所应重视的首要技术问题。

三、煤层试井压力的层域分布

据表 4-13 统计结果,恩洪向斜以及老厂矿区煤储层试井压力状态与煤层层位的高低并无确定关系。例如,恩洪向斜 EH2 井测试的三层煤层中,居于中部的 16 号煤层试井压力和压力系数最高,处于超压状态;其上部的 9 号煤层和下部的 21 号煤层压力系数相当,且均处于严重欠压状态。再如,恩洪向斜 EH1 井以及老厂矿区 4117-2 井、K4221-3 井、K4223-4 井、K4103-3 井均分别测试了两层煤层,或上部煤层压力状态高于下部煤层,或下部煤层压力状态高于上部煤层,个别钻孔上、下部煤层压力状态基本相当,没有确定的规律可循。

上述情况表明,尽管等效储层压力状态显示滇东地区上二叠统含煤地层总体上处于统一的流体压力系统,但详细考究却并非完全如此。进一步来说,滇东地区上二叠统含煤地层中普遍存在煤层之间流体联系不畅的现象,可能发育类似于黔西地区存在的叠置煤层气系统(秦勇 等,2008),在煤层气开采方案中应考虑分段排采。

四、煤层试井压力的埋深分布

总体来看,滇东三个矿区煤储层压力随埋深增大呈对数形式增高,相关系数达到 0.82,相关性十分显著,表明深部煤储层能量明显高于浅部煤层(图 5-7)。然而,从煤储层压力状态来看,两个矿区虽然浅部煤层均处于超压状态,但试井压力梯度和压力系数均随埋深增大而呈减小的趋势,表明煤储层能量递增幅度随埋深增大而趋于降低,深部煤层向欠压方向演变,或相对"欠压"状态趋于明显(图 5-8)。

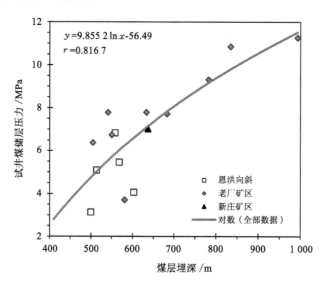

图 5-7 滇东地区煤储层试井压力与煤层埋深之间关系

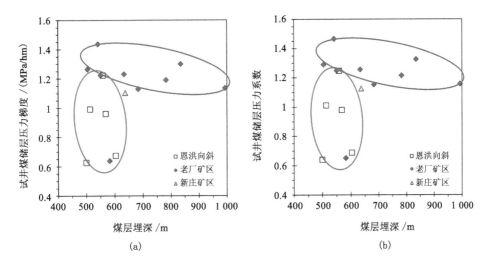

图 5-8　不同矿区煤储层试井压力状态与煤层埋深之间关系

　　进一步分析,不同矿区煤储层压力状态随埋深增大的衰减幅度差异明显。恩洪向斜煤层埋深增大,试井压力梯度和压力系数急剧降低,埋深 500 m 左右处于正常～超压状态,至 600 m 左右降至临近严重欠压状态,表明深部煤层富水性极度减弱,且与浅部煤层和含水层之间流体联系不畅。在老厂矿区,试井压力梯度和压力系数随煤层埋深增大的衰减幅度较小,埋深 500 m 左右煤储层表现出典型超压状态的特征(压力系数达 1.4 左右),至 1 000 m 左右压力系数尽管有所降低,但仍在 1.1 左右,处于超压状态,结合对图 5-6 的分析,老厂矿区地应力对维持深部煤层的压力状态起到了重要作用,但由于应力敏感显著,会给煤储层改造和排采生产带来较大困难。

第四节　煤层弹性能及其地质控制因素

　　煤层气成藏依赖于地层能量的聚集与动态平衡,煤层气产出依赖于排采降压,而降压的实质在于释放含煤层气系统的地层能量。为此,足够强大的煤层气能量系统是实现煤层气的富集与高产的关键前提条件。煤层气能量可用煤层中固体、液体和气体的弹性能量直接反映,这些直接参数的显现特征实质上是多种宏观、微观地质因素综合作用的结果。阐明煤层气能量系统的综合显现特征,筛分有利于能量集聚与释放的地质因素,是评价煤层气资源开采潜力的基础工作。

一、煤层弹性能统计特征

　　煤层气能量系统的贡献几乎全部来自气体弹性能和固体弹性能,水的压缩性极低,对总弹性能的贡献一般不超过 3%(秦勇 等,2008)。为此,根据式(5-1)～式(5-6),分别计算了老厂矿区主煤层(C9、C13 和 C19)的气体和煤基块弹性能(表 5-7)。

表 5-7 老厂矿区主煤层弹性能计算结果

煤层	坐标点		埋深 /m	CH₄ 压缩因子	弹性能/(kJ/m³)		CH₄ 能比 /%
	x	y			CH₄ 弹性能	基块弹性能	
C9	1 489.00	996.00	1 000	0.940 0	3 225.84	36.19	98.89
	1 360.00	728.00	600	0.848 3	646.87	90.54	87.72
	1 189.00	556.00	700	0.850 0	983.96	123.24	88.87
	1 279.00	912.00	400	0.860 4	228.84	40.40	85.00
	1 453.08	837.16	900	0.935 0	2 380.81	29.32	98.78
	1 546.07	822.44	900	0.935 0	2 380.81	29.32	98.78
	1 406.33	796.05	800	0.933 4	1 715.60	160.96	91.42
	1 434.80	1 020.04	900	0.935 0	2 380.81	29.32	98.78
	1 160.27	684.91	400	0.870 4	234.48	40.40	85.30
	1 520.18	1 021.00	1 100	0.943 0	4 241.86	43.79	98.98
C13	462.47	483.43	500	0.844 3	523.22	63.12	89.24
	331.67	416.08	400	0.838 3	287.27	40.40	87.67
	414.42	399.83	800	0.933 4	2 275.54	160.96	93.39
	439.90	414.37	900	0.936 4	3 167.65	203.72	93.96
	352.00	315.00	600	0.848 3	857.92	90.89	90.42
	442.00	447.00	800	0.933 4	2 275.54	160.96	93.39
	438.20	521.24	700	0.930 0	1 570.24	123.24	92.72
	395.14	462.93	400	0.838 3	287.27	40.40	87.67
	312.08	351.85	400	0.838 3	287.27	40.24	87.71
C19	399.19	460.09	900	0.936 4	3 167.65	203.72	93.96
	435.45	523.78	900	0.936 4	3 167.65	203.72	93.96
	399.19	460.09	800	0.933 4	2 275.54	160.96	93.39
	478.78	445.31	100	0.854 0	8.08	2.52	76.18
	409.78	362.50	300	0.862 0	145.13	22.72	86.46
	356.94	280.05	400	0.838 3	287.27	40.40	87.67
	355.64	442.94	600	0.848 3	857.92	90.89	90.42
	427.10	490.62	200	0.856 4	50.83	10.10	83.42
	342.59	379.88	300	0.862 0	145.13	22.72	86.46
	438.12	399.31	200	0.856 4	50.83	10.10	83.42

老厂矿区单煤层的基块弹性能约为 3～204 kJ/m³，平均 77 kJ/m³；气体弹性能约在 8 ～4 242 kJ/m³ 之间，平均 1 337 kJ/m³。其中，C9 煤层基块弹性能 29～161 kJ/m³，平均 62 kJ/m³；气体弹性能 229～4 242 kJ/m³，平均 1 842 kJ/m³。C13 煤层基块弹性能 40～ 204 kJ/m³，平均 103 kJ/m³；气体弹性能 287～3 168 kJ/m³，平均 1 281 kJ/m³。C19 煤层基 块弹性能 3～204 kJ/m³，平均 77 kJ/m³；气体弹性 8～3 168 kJ/m³，平均 1 016 kJ/m³。可

以看出,煤层层位降低,基块和气体弹性能均显著增大(表5-7)。

　　无论哪个地段哪层煤层,气体弹性能均远远大于基块弹性能(图5-9)。总体上,单煤层气体弹性能比基块弹性能大7～96倍,平均为22倍。也就是说,气体弹性能对煤层弹性能的贡献率在79%～99%之间,平均贡献率为91%。其中,C9煤层气体弹性能的贡献率为85%～99%,平均93%;C13煤层贡献率为88%～94%,平均91%;C19煤层贡献率为76%～94%,平均88%。煤阶增高,煤基块弹性应变减小,在同等地层温度、地层压力等条件下的基块弹性能随之降低(秦勇 等,2005;吴财芳 等,2007)。为此,老厂矿区气体弹性能在煤层弹性能中占优势贡献的特征,与该区为无烟煤有关。

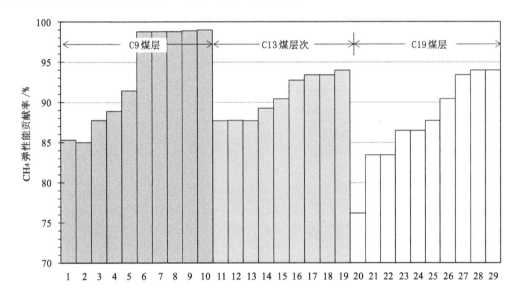

图5-9 老厂矿区主煤层CH_4弹性能对总体弹性能的贡献

二、煤层弹性能区域分布

　　据分析计算结果,发现老厂矿区主煤层弹性能具有如下区域分布特点(图5-10):

　　第一,不同煤层之间弹性能没有统一的分布格局。就CH_4弹性能来看,C9煤层高值区分布在东北端,C13煤层高值区位于东北部南侧,C19煤层高值区转移到东北部北侧。基块弹性能区域分布格局相对复杂,C9煤层存在两个高值中心,分别发育在中部和南部;C13煤层高值区位于东北部南侧,与CH_4弹性能一致;C19煤层高值区仍然位于东北部北侧,但中心区域向南西方向迁移。

　　第二,气体弹性能聚集中心与基块弹性能聚集中心不完全重叠,可能在综合作用下煤层气富集与高渗条件有所差异,导致煤层气富集高渗条件多样化。

三、煤层弹性能深度分布

　　煤层埋深加大,CH_4弹性能对能量系统的贡献率显著增高,但增高趋势并不是连续的,而是在一定埋深处发生"跳跃"。如图5-11所示,CH_4弹性能贡献率(占总弹性能的百分比)随煤层埋深的加大呈指数形式连续增高,在埋深1 000 m左右增至95%;埋深一旦超过

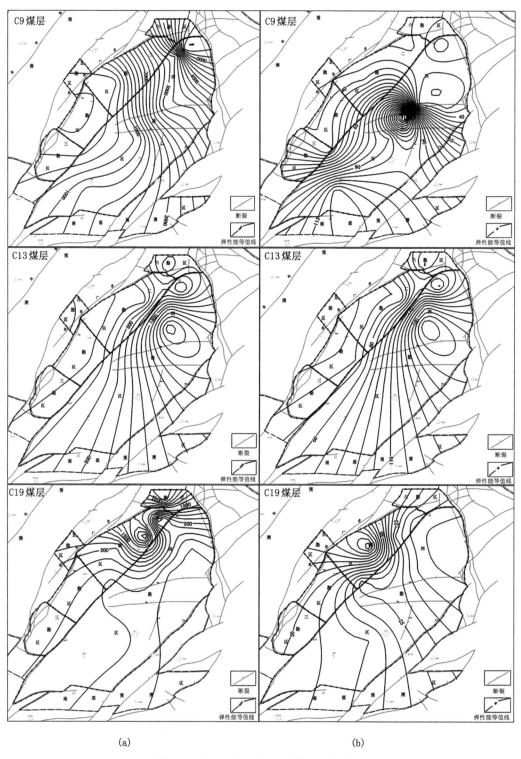

(a)   (b)

图 5-10　老厂矿区主煤层弹性能等值线图

(a)列——CH₄ 弹性能；(b)列——基块弹性能

1 000 m，气体弹性能贡献率突然跳至 99% 左右，不再服从埋深 1 000 m 以浅的指数形式连续增高的规律。三层主煤层的情况均是如此，原因何在？

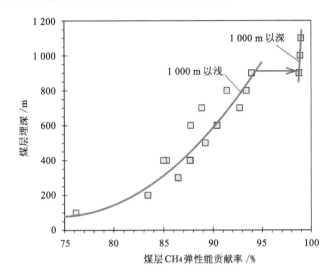

图 5-11 老厂矿区主煤层气体弹性能贡献率随埋深的变化

根据弹性力学基本原理，任何物质的弹性应变都有一定的极限，在全应力应变曲线上表现为"屈服点"。在屈服点之前，应变随应力的增大而增高，即所谓的峰前弹性应变；在屈服点之后，应变随应力增大而减小，物质被破坏而失去了弹性应变能力，表现为所谓的塑性应变。由此推测，老厂矿区 1 000 m 以深煤层的弹性应变可能已接近甚至超过了弹性屈服极限，这是其弹性能贡献率极度降低而气体弹性能跳跃式增大的可能原因之一。

四、煤层综合弹性能及其选区地质意义

如前所述，老厂矿区不同地段主煤层弹性能差异较大，且 CH_4 弹性对煤层能量系统的贡献远远大于基块弹性能（图 5-9、图 5-10）。结合图 5-11 所示情况可知，煤层埋深越大，压力主导型煤层气的特征就越为明显。

在理论上，气体弹性能与基块弹性能在平面区域上存在四类重叠情况（秦勇 等，2012）：其一，两类弹性能高值（聚集）中心重叠（正正重叠），较有利于富集和高渗条件的发育；其二，气体弹性能高值中心与基块弹性能低值中心重叠（正负重叠），存在最有利于富集和高渗区段发育的地质条件；其三，气体弹性能低值中心与基块弹性能高值中心重叠（负正重叠），即不利于煤层气富集，也存在妨碍高渗煤储层发育的弹性能条件；其四，气体弹性能低值中心与基块弹性能低值中心重叠（负负重叠），不利于煤层气富集，但存在有利于煤储层高渗区段发育的能量条件。

对比分析图 5-10，煤层 CH_4 弹性能与基块弹性能之间的上述四类重叠情况在老厂矿区均有发育，指示煤层气富集高渗发育的动力条件具有高度非均一性。正正重叠类型分别产出于 C13 煤层的东北部南侧和 C19 煤层的东北部北侧，正负重叠类型只发育在 C9 煤层东北部，负正重叠类型产出在 C9 煤层南部和中部，负负重叠类型分别发育在 C9 煤层西北侧、C13 煤层西北侧和 C19 煤层东北部西南侧。

老厂矿区煤层弹性能条件与煤层气富集高渗地段发育之间关系,可用华北沁水盆地情况进行比较分析。如图 5-12 所示,沁水盆地煤层现今弹性能等值线在平面上存在两个环状结构(秦勇 等,2008)。北部的环状区域分布在盆地中北部的榆次一带,煤层气体弹性能和基块弹性能表现为正正重叠类型,具有煤层气富集和高渗的动力条件,但地面商业性开发经多年尝试目前尚未取得理想效果。南部环状区域的煤层气体弹性能与基块弹性能关系呈现为正负重叠类型,分布区域广泛;中心部位位于盆地轴部的中村~丰宜一带,CH$_4$ 弹性能贡献率高,但由于埋深超过 1 500 m 而尚未尝试煤层气地面开发;环状结构的南部有大宁、潘庄、潘河、樊庄等区块,CH$_4$ 弹性能贡献率极高,煤层埋深一般小于 700 m,是我国目前煤层气地面开发最为成功的地区;环状结构西北部的沁源~安泽一带,煤层埋深在 800~1 200 m 之间,CH$_4$ 弹性能的贡献率较高,具有煤层气地面开发的良好动力条件,近年来的勘探开发试验初步验证了这一认识。

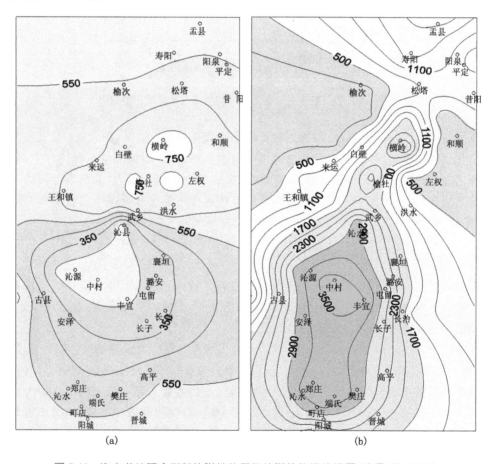

图 5-12 沁水盆地现今煤基块弹性能和气体弹性能等值线图(秦勇 等,2008)

与沁水盆地对比,可得到两方面的定性认识:

其一,气体弹性能贡献率过高的区域,煤层埋深往往过大而限制了煤储层渗透性的发育,在目前工艺技术水平下难以进行煤层气地面开发;气体弹性能大且煤层埋深适中的区域,煤层弹性能与煤层埋深之间达到有利匹配,气体弹性能贡献率大于 90%,既有较高的流体能量,又存在有利于煤储层渗透性发育的基块弹性能,是最有利于煤层气地面开发的动力条件。

其二,老厂矿区最有利于煤层高渗的地区是发育正负重叠类型的 C9 煤层东北部,且埋深较浅,CH_4 弹性能贡献极高,地层能量充足,是今后煤层气勘探与开发试验应考虑的首选区域;C13 煤层的东北部南侧和 C19 煤层的东北部北侧发育正正重叠类型,存在较有利于富集和高渗发育的动力条件,可与 C9 煤层东北部结合形成煤层气首采试验的扩展区域;C9 煤层和 C13 煤层的西北侧以及 C19 煤层的东北部西南侧,发育负负重叠类型,煤层气富集条件虽然可能相对较差,但煤储层渗透率发育的动力条件可能相对较好,值得今后重视;C9 煤层南部和中部发育负正重叠类型,煤层气富集和高渗发育的动力条件均较差,地面开采前景受到影响。

总体而言,老厂矿区除了上部煤层的局部区段(C9 煤层南部和中部)之外,绝大部分地段和煤层均具备煤层气富集和高渗发育的动力条件。

第六章　煤层气资源量及其可采潜力

煤层气资源量是根据一定的勘查方法和工程依据计算出来。在地层状态下赋存于具有明确计算边界煤层中的煤层气资源量,称之为煤层气地质储量。其中,在现行经济、技术允许条件下预期可最终采出的部分,即所谓的煤层气可采资源量。在对煤层气资源进行评估的基础上,进一步对煤层气开发的技术、经济、环境可行性进行评价,科学地选择有利于煤层气勘探开发的区块,是减少煤层气勘探开发风险的必要措施。需要特别指出的是,煤层气可采性或可采潜力受煤层含气性、渗透性、储层能量、可改造性四方面特性综合作用的影响,并非仅用煤层气可采资源量所能衡量。

第一节　煤层气资源量估算参数

煤层气资源量计算参数包括三类基本内容:一是与煤炭资源量有关的参数,如煤层产状、厚度、面积等几何参数和煤的密度等物性参数,在煤炭资源勘探阶段已被确定,可直接采用现有煤炭资源量/储量成果;二是与煤层含气性有关的参数;三是与煤层气可采性有关的参数,这些参数在本书前几个章节有所讨论,本章将进一步厘定。在此基础上,计算出煤层气资源量/储量,划分资源量/储量等级。2011 年国土资源部修订颁布了 2002 年颁布的行业标准《煤层气资源/储量规范》(DZ/T 0216—2002)(国土资源部,2011),国家标准《煤层气资源勘查技术规范》(GB/T 29119—2012)采用了其中的煤层气资源量/储量等级划分方案(中华人民共和国国家质量监督检验检疫总局 等,2013),本书参考其中的相关规定。

一、煤层含气性参数取值

煤层含气性参数包括煤层气组分、含气量、资源丰度、含气量梯度、风化带深度等,本书第三章初步讨论了其基本特征。以此为基础,本章结合更为详细的各类勘查资料,从块段、勘查区到煤田/盆地,逐级进行了煤层含气性参数取值。

二、煤层气采收率参数取值

煤层气采收率也称为可采率。在勘查初期阶段,煤层气采收率通过煤层含气饱和度、等温吸附常数、储层压力、临界解吸压力、废弃压力等予以换算;在缺乏等温吸附资料的情况下,采用钻孔煤芯解吸实验获得的煤层气解吸率近似表示煤层气采收率。在勘查后期及开发阶段,煤层气采收率通过煤储层数值模拟或生产历史拟合方法获得。云南省煤的等温吸附试验资料较少,目前尚无煤层气生产井,故采收率的获取主要依靠钻孔煤芯解吸资料。

（一）基于煤芯解吸资料的煤层气采收率

我国煤芯瓦斯解吸方法先后采用过两个标准:一是煤炭行业标准《煤层瓦斯含量和成分

测定方法》(MT 77—1984),该标准于 1994 年修订为《煤层气测定方法》(解吸法)(MT/T 77—1994),采用这一标准积累了大量煤芯解吸资料;二是国家标准《煤层气含量测定方法》(GB/T 19559—2004,2008 年修订版为 GB/T 19559—2008),该标准与国际通行标准类似,目前已替代了 MT 77 系列标准。根据前一标准,煤层含气量(V_t)由损失气量(V_1)、现场 2 h 解吸量(V_2)、真空加热脱气量(V_3)及粉碎脱气量(V_4)四部分组成,煤层气解吸率=(V_1+V_2)/V_t×100%。采用后一标准,煤层含气量(V_t)包括损失气量(V_1)、自然解吸量(V_2)和残余量(V_3)三部分,煤层气解吸率=(V_1+V_2)/V_t×100%。

恩洪向斜 119 件钻孔煤芯样品按 MT/T 77—1994 进行解吸试验,其解吸资料统计显示:主煤层 CH_4 平均解吸量(逸散量+自然解吸量)变化介于 1.34～4.72 m³/t 之间,平均 2.98 m³/t;不同煤层平均解吸率为 38.73%～64.54%,平均 50.83%(表 6-1)。这一平均解吸率,明显低于根据等温吸附试验求得的采收率(后述),表明煤芯解吸试验中相当一部分样品的逸散量推测结果偏低。28 件煤层气井煤芯含气量按 GB/T 19559—2004 测定,解吸率几乎都在 95%以上,换言之,只要有足够长的排采时间,恩洪向斜煤储层中气体基本都能产出(表 6-2)。

表 6-1 恩洪矿区钻孔煤芯解吸试验结果统计(MT/T 77—1994)

煤层	样品数/件	含气量/(m³/t)	逸散量		自然解吸量		加热脱气量		粉碎脱气量		解吸量/(m³/t)	解吸率/%
			m³/t	%	m³/t	%	m³/t	%	m³/t	%		
2	2	6.48	1.88	29.08	1.25	19.37	1.23	18.87	2.12	32.68	3.13	48.45
2+1	1	5.74	0.66	11.56	1.61	28.10	2.36	41.15	1.10	19.19	2.27	39.65
4+1	1	3.31	0.50	15.02	0.84	25.29	1.03	31.25	0.94	28.43	1.34	40.32
4+2	1	4.57	1.39	30.41	1.10	24.20	0.10	2.23	1.97	43.16	2.49	54.61
5	3	7.76	1.49	18.86	2.17	27.84	2.05	25.93	2.06	27.37	3.66	46.70
6	3	6.44	1.67	25.27	1.33	21.24	1.01	14.40	2.44	39.08	3.00	46.51
6+1	4	4.59	0.66	15.28	1.20	29.15	1.45	30.46	1.26	25.10	1.88	44.43
7—1	1	6.75	1.27	18.81	1.34	19.92	2.37	35.06	1.77	26.21	2.61	38.73
7	9	5.96	1.55	25.33	1.77	29.78	1.24	21.04	1.40	23.85	3.32	55.11
8	2	9.04	2.53	27.98	1.71	18.95	1.92	21.29	2.87	31.78	4.24	46.93
9	24	6.75	1.64	24.15	1.71	24.65	1.46	21.18	1.93	30.02	3.35	48.80
10	2	6.19	1.44	23.47	2.33	37.65	1.31	21.36	1.11	17.52	3.77	61.12
11	12	5.52	1.49	24.45	1.70	32.69	1.08	19.22	1.24	23.65	3.19	57.14
12	5	4.69	1.23	29.68	1.63	34.86	1.04	20.45	0.79	15.01	2.86	64.54
13	7	6.06	1.23	19.37	2.51	33.74	1.33	24.66	1.00	22.22	3.74	53.12
14	10	4.63	0.95	19.76	1.61	32.58	1.05	21.88	1.02	25.78	2.56	52.34
15	8	5.96	1.49	24.89	1.90	31.09	1.16	20.15	1.41	23.87	3.39	55.98
16	9	5.28	1.16	20.35	1.06	21.97	0.92	16.76	2.15	40.92	2.22	42.33
17	1	7.13	1.43	20.09	2.54	35.56	1.66	23.24	1.50	21.11	3.97	55.65
18	1	2.95	1.19	40.29	0.52	17.47	0.73	24.74	0.52	17.51	1.71	57.76

续表 6-1

煤层	样品数/件	含气量/(m³/t)	逸散量		自然解吸量		加热脱气量		粉碎脱气量		解吸量/(m³/t)	解吸率/%
			m³/t	%	m³/t	%	m³/t	%	m³/t	%		
19	4	4.81	1.05	20.49	1.28	30.43	1.11	23.46	1.37	25.62	2.33	50.92
20	2	3.54	0.74	19.49	1.07	28.99	1.16	33.85	0.55	17.67	1.81	48.48
21	2	7.33	1.46	20.28	2.28	28.95	2.32	31.09	1.28	19.67	3.74	49.23
23	3	8.74	1.76	20.21	2.96	33.80	1.76	20.12	2.26	25.87	4.72	54.01
23b	2	5.67	1.64	29.33	1.51	28.48	1.04	18.47	1.49	23.73	3.15	57.80
平均		5.84	1.34	22.96	1.64	27.87	1.36	23.29	1.50	25.88	2.98	50.83

表 6-2　　　　　　　恩洪矿区煤层气解吸结果统计（GB/T 19559—2004）

煤层	样品数/件	含气量/(m³/t)	逸散量		自然解吸量		残余气		解吸量/(m³/t)	解吸率/%
			m³/t	%	m³/t	%	m³/t	%		
9	8	6.40	0.71	11.40	5.43	84.29	0.27	4.31	6.14	95.69
14+15	1	5.91	0.87	14.76	4.77	80.65	0.27	4.58	5.64	95.42
16	6	5.76	0.81	14.08	4.75	82.49	0.20	3.44	5.56	96.56
21	5	5.68	0.50	12.54	4.86	82.84	0.32	4.62	5.36	95.38
23	8	7.57	0.81	10.90	6.34	83.41	0.43	5.69	7.15	94.31
平均		6.26	0.74	0.74	12.74	5.23	82.74	0.30	4.53	95.97

老厂矿区 67 件钻孔煤芯样品按 MT/T 77—1994 进行解吸试验，其解吸资料统计显示：主煤层 CH_4 平均解吸量（逸散量＋自然解吸量）变化于 0.59～6.36 m³/t 之间，平均 3.02 m³/t；不同煤层平均解吸率为 24%～63%，平均 46%，略低于恩洪矿区（表 6-3）。33 件煤层气井煤芯含气量按 GB/T 19559—2004 测定，解吸率变化范围在 93%～100% 之间，平均 96%，同样远远高于由煤炭行业标准得到的结果（表 6-4）。

表 6-3　　　　　　老厂矿区钻孔煤芯解吸试验结果统计（MT/T 77—1994）

煤层	样品数/件	含气量/(m³/t)	逸散量		自然解吸量		加热脱气量		粉碎脱气量		解吸量/(m³/t)	解吸率/%
			m³/t	%	m³/t	%	m³/t	%	m³/t	%		
C2	5	5.23	0.76	14	1.56	29	1.25	23	1.80	27	2.32	43
C3	7	5.76	0.77	14	1.93	36	1.24	23	1.43	35	2.70	50
C4	4	5.43	0.71	13	1.53	27	1.39	25	1.95	41	2.24	50
C7+8	9	3.75	0.46	9	1.26	25	1.24	25	2.05	28	1.72	34
C9		5.96	1.04	3	2.97	44	1.74	26	1.58	25	4.01	47
C13	8	6.25	1.28	20	2.39	38	1.02	16	1.56	20	3.67	59
C14	4	8.24	1.77	17	4.59	45	1.72	17	2.06	41	6.36	63
C15	2	3.17	0.57	17	1.34	30	0.76	17	1.82	25	1.91	43
C16	7	8.00	1.58	17	3.72	40	1.65	18	2.36	53	5.30	57

续表 6-3

煤层	样品数/件	含气量/(m³/t)	逸散量		自然解吸量		加热脱气量		粉碎脱气量		解吸量/(m³/t)	解吸率/%
			m³/t	%	m³/t	%	m³/t	%	m³/t	%		
C17	1	2.70	0.09	4	0.50	20	0.58	23	1.33	36	0.59	24
C18	5	3.52	0.88	17	1.06	21	1.35	26	1.84	32	1.94	38
C19	8	6.82	1.00	14	2.42	34	1.45	20	2.27	34	3.42	48
平均		5.40	0.91	13	2.11	32	1.28	22	1.84	36	2.88	46

表 6-4 　　　　　　　　　老厂矿区煤层气解吸结果统计（GB/T 19559—2004）

煤层	样品数/件	含气量/(m³/t)	逸散量		自然解吸量		残余气量		解吸量/(m³/t)	解吸率/%
			m³/t	%	m³/t	%	m³/t	%		
C7+8	12	14.73	1.23	8	12.85	87	0.65	5	14.08	96
C9	3	9.29	1.05	11	7.98	86	0.26	28	9.03	96
C13	6	16.27	1.28	8	14.21	87	0.78	48	15.49	96
C18	2	12.95	1.47	11	11.49	89	0.00	0	12.96	100
C19	10	18.32	0.91	5	16.02	87	1.38	8	16.93	93
平均		14.31	1.19	8.6	12.51	87.20	0.61	17.80	13.70	96

新庄矿区 44 件钻孔煤芯解吸资料统计显示：主煤层 CH_4 平均解吸量（逸散量＋自然解吸量）变化介于 1.64～5.35 m³/t 之间，平均 4.63 m³/t；不同煤层平均解吸率为 19.60%～54.00%，平均 48.02%（表 6-5）。这一平均解吸率，明显低于根据等温吸附试验求得的采收率（后述），表明解吸试验中有相当一部分样品的逸散量推测结果普遍偏低。解吸率分布具有高度的非均匀性：单个样品的解吸率小至 11.13%，高至 94.11%，其中 9.1% 的样品解吸率小于 20%；解吸率以 C5a 号煤层最高且变化范围极大，C4 号煤层最低。

表 6-5 　　　　　　　　　　　　新庄矿区煤层气解吸结果统计

煤层	样品数/件	含气量/(m³/t)	逸散量		自然解吸量		加热脱气量		粉碎脱气量		解吸量/(m³/t)	解吸率/%
			m³/t	%	m³/t	%	m³/t	%	m³/t	%		
C1	6	4.92	0.31	7.06	1.33	26.39	0.62	9.67	2.66	56.88	1.64	33.45
C4	2	12.19	0.09	0.92	2.09	18.69	5.13	39.64	4.87	40.75	2.18	19.60
C5a	31	9.98	1.40	14.86	3.95	38.11	1.54	13.89	3.08	33.14	5.35	54.00
C5b	2	6.61	0.18	2.19	2.63	36.42	0.97	15.48	2.83	45.92	2.81	38.61
C9	3	13.52	0.83	5.58	3.84	35.05	4.31	29.27	4.55	30.10	4.67	40.63
平均		9.59	1.13	12.29	3.50	35.73	1.76	15.49	3.19	36.48	4.63	48.02

镇雄以古-牛场勘查区拥有 31 件钻孔煤芯样品，按 GB/T 19559—2008 测得解吸数据。统计结果显示：该区煤层解吸率极高，变化在 97%～100% 之间，平均可达 99%。但是，C1

煤层有少数煤芯样品的解吸率极低,残余气量占86%~94%之间,解吸率只有7%~14%,可能是解吸试验误差所致,具体原因有待探讨。

(二)基于等温吸附特性的煤层气采收率

基于等温吸附常数,煤层气采收率由下式进行计算:

$$\eta = 1 - \frac{p_{ad}(p_L + p_{cd})}{p_{cd}(p_L + p_{ad})} \tag{6-1}$$

式中　η——煤层气采收率,%;

　　　p_{ad}——枯竭压力,MPa;

　　　p_L——朗缪尔压力,MPa;

　　　p_{cd}——临界解吸压力,MPa。

煤层气井枯竭压力也称为废弃压力,是现有经济技术条件下煤层气井排水降压所能达到的最低井底压力。根据美国20世纪90年代经验,煤层气地面井排采可将煤储层压力降至100磅/平方英寸(约0.7 MPa),即枯竭压力在0.7 MPa左右。近年来,煤层气开采技术长足发展,使得0.5 MPa以上煤储层压力范围内能够解吸的煤层气都可被抽采出来。因此,本书采用0.5 MPa作为计算煤层气采收率的枯竭压力。

煤层气临界解吸压力,是指煤储层压力降低过程中煤层吸附气开始从煤基质内表面解吸时所对应的压力,可根据朗缪尔常数由下式求得:

$$p_{cd} = \frac{V_{实} \, p_L}{V_L - V_{实}} \tag{6-2}$$

式中　$V_{实}$——煤层实际含气量,m³/t;

　　　V_L——朗缪尔体积,m³/t。

根据平衡水煤样等温吸附曲线、实测含气量,求得煤层气临界解吸压力和采收率。结果显示:老厂矿区各煤层的煤层气采收率差别不大,介于70.23%~79.73%之间(以0.5 MPa枯竭压力为准,下同);煤层含气饱和度低,只有13.73%~48.31%(表6-6)。恩洪向斜煤层气采收率与老厂矿区相差不大,在72.07%~77.98%之间,饱和度30.46%~49.28%,高于老厂矿区(表6-7)。新庄矿区采收率低于上述两个矿区,介于62.47%~69.73%之间,饱和度37.86%~46.83%(表6-8)。镇雄以古-牛场勘查区这两个参数略好于同样位于滇东北地区的新庄矿区:煤层含气饱和为11%~99%,多数大于70%,平均63%;煤层气采收率为50%~89%,平均75%。

表6-6　　　　　　　老厂矿区基于平衡水煤样等温吸附法的煤层气采收率

煤层	含气性			临界解吸压力 /MPa	枯竭压力(0.5 MPa)		枯竭压力(0.7 MPa)	
	实测量 /(m³/t)	饱和量 /(m³/t)	饱和度 /%		残气量 /(m³/t)	采收率 /%	残气量 /(m³/t)	采收率 /%
C2	4.61	29.90	15.42	3.07	1.37	70.23	1.80	60.85
C3	4.88	35.54	13.73	3.33	1.35	72.36	1.78	63.48
C7+8	14.46	29.93	48.31	4.46	3.91	72.96	5.11	64.67
C9	10.47	33.40	31.35	4.04	2.69	74.27	3.55	66.05
C13	16.61	34.41	48.26	4.40	4.54	72.68	5.93	64.32

续表 6-6

煤层	含气性			临界解吸压力/MPa	枯竭压力(0.5 MPa)		枯竭压力(0.7 MPa)	
	实测量/(m³/t)	饱和量/(m³/t)	饱和度/%		残气量/(m³/t)	采收率/%	残气量/(m³/t)	采收率/%
C15	12.96	35.41	36.60	5.57	2.63	79.73	3.50	72.96
C18	13.54	33.93	39.91	3.84	3.86	71.51	5.04	62.77
C19	15.98	36.60	43.67	4.68	3.98	75.07	5.24	67.19

表 6-7　　　　　　恩洪向斜基于平衡水煤样等温吸附法的煤层气采收率

煤层	含气性			临界解吸压力/MPa	枯竭压力(0.5 MPa)		枯竭压力(0.7 MPa)	
	实测量/(m³/t)	饱和量/(m³/t)	饱和度/%		残气量/(m³/t)	采收率/%	残气量/(m³/t)	采收率/%
9	7.05	19.54	36.09	4.11	1.85	73.79	2.43	65.52
10	6.37	19.99	31.88	4.24	1.58	75.20	2.09	67.22
14+15	5.91	19.42	30.46	4.82	1.30	77.98	1.73	70.70
16	7.14	19.96	35.77	3.83	1.98	72.24	2.60	63.60
19	9.28	20.13	46.11	4.94	2.26	75.65	2.98	67.94
21	8.25	16.75	49.28	4.33	2.30	72.07	3.00	63.60
23	7.76	18.78	41.35	4.15	2.10	72.95	2.75	64.55

表 6-8　　　　　　新庄矿区基于平衡水煤样等温吸附法的煤层气采收率

煤层	含气性			临界解吸压力/MPa	枯竭压力(0.5 MPa)		枯竭压力(0.7 MPa)	
	实测量/(m³/t)	饱和量/(m³/t)	饱和度/%		残气量/(m³/t)	采收率/%	残气量/(m³/t)	采收率/%
C1	7.30	19.28	37.86	2.67	2.74	62.47	3.51	51.91
C5	9.59	20.48	46.83	3.82	2.90	69.73	3.77	60.72

　　基于上述方法获得的临界解吸压力和解吸率,能够客观反映滇东特定地区、特定煤层的解吸规律。但是,云南省大部分区域上二叠统煤层缺乏试井成果、等温吸附试验、深部煤芯解吸等的详细资料。前述第三章根据钻孔煤芯解吸资料及含气量梯度,讨论了云南省内煤层含气量及其分布情况;第五章根据试井压力和视储层压力数据,分析了云南省内煤储层压力的分布状况和地质控制因素。下面将根据云南省内有限的煤等温吸附实测资料,讨论朗缪尔常数的分布特征和预测方法。

　　通过实测以及资料收集,获得 41 件平衡水煤样等温吸附数据,涵盖滇东主要矿区或向斜,煤阶从褐煤～无烟煤(表 6-9)。一般来说,干燥煤样的朗缪尔体积远远大于平衡水煤样(艾鲁尼,1992)。地层条件下的煤层均不同程度地含有游离水,国际上普遍采用平衡水条件下的等温吸附试验结果来衡量煤储层物性。为此,本书依据平衡水煤样试验资料预测等温吸附常数,干燥煤样吸附常数仅作为参考。

表 6-9 滇东地区煤样甲烷等温吸附实验结果

构造单元	煤层	V_{daf}/%	M_{ad}/%	A_d/%	V_L/(m³/t) 原煤	V_L/(m³/t) 可燃基	p_L/MPa	温度/℃	备注
老厂矿区	C2	13.87	0.46	1.28	23.14	37.80	3.38	24	
	C2	13.87	0.46	1.28	29.90	39.43	2.60	29	
	C3				35.54	45.57	2.87	24	
	C7+8	9.58	0.75	15.53	31.08	43.84	2.85	25	
	C7+8	9.58	0.75	15.53	41.83	50.80	3.33	25	平衡水煤样
	C7+8	9.58	0.75	15.53	30.40	36.45	2.34	30	（4117-2）
	C7+8	9.58	0.75	15.53	32.82	38.80	2.52	30	
	C9	8.55	0.67	11.5	35.41	50.14	3.53	27	
	C16				40.49	48.66	3.23	28	
	C19 下				41.71	48.42	2.99	28	
	C2	13.87	0.46	1.28	25.97		0.72		干燥煤样
	C7+8	9.58	0.75	15.53	24.59		0.72		（基准不明）
	C9	8.55	0.67	11.50	22.05		0.55		
	C7+8	6.37	2.16	7.71	33.7	37.31	2.06	30.5	
	C7+8	6.86	1.74	10.13	32.16	36.42	2	30.5	
	C7+8	6.23	2.24	9.75	33.95	38.48	2.26	30.5	
	C9	8.74	2.29	32.05	23.84	35.91	2.67	30.5	
	C13	6.59	2.06	6.04	34.32	37.3	2.26	30.5	平衡水煤样
	C13	6.21	2.27	10.56	33.8	38.66	2.28	30.5	（FCY-LC01）
	C19	5.95	2.55	10.38	35.08	40.16	2.37	30.5	
	C19	6.27	2.46	8.86	34.46	38.76	2.21	30.5	
	C19	5.85	2.95	6.6	36.92	40.73	2.43	30.5	
	C19	6.38	2.3	13.03	33.94	39.94	2.34	30.5	
	C7+8	9.36	2.05	30.4	22.52	32.74	2.12	23.4	
	C9	5.91	2.09	10.72	34.53	39.41	2.33	24	
	C13	6.58	1.74	9.81	35.12	39.56	2.29	24.2	平衡水煤样
	C18	6	2.75	12.46	33.93	39.71	2.31	25	（FCY-LC07）
	C19	7.43	2.52	23.8	33.61	44.9	2.88	25	
恩洪向斜	9	25.76	0.78	12.40	17.55	20.19	2.73	25	
	9	25.75	0.84	7.72	18.78	20.53	2.70	25	
	9	25.33	0.90	12.68	18.00	20.80	3.09	25	平衡水煤样
	14+15	24.11	0.86	17.98	19.42	23.88	3.35	25	（YEN-01）
	16	22.21	0.70	10.72	22.75	25.65	2.93	25	
	21	22.37	0.44	25.27	16.48	22.15	2.18	25	
	21	22.29	0.50	19.53	17.01	21.25	2.22	25	

构造单元	煤层	V_{daf} /%	M_{ad} /%	A_d /%	V_L/(m³/t) 原煤	V_L/(m³/t) 可燃基	p_L /MPa	温度 /℃	备注
恩洪向斜	23	22.51	0.56	21.28	16.84	21.51	2.41	25	平衡水煤样（YEN-01）
	23	21.10	0.52	12.04	20.14	23.01	2.30	25	
	23	21.13	0.52	14.35	19.36	22.72	2.59	25	
	9	22.98		8.54	22.23	24.50	2.46	25	平衡水煤样（YEN-02）
	9	22.25	0.74	8.17	21.14	23.20	2.16	25	
	16	21.86	0.70	19.18	17.89	22.29	2.57	25	
	16	21.92	0.69	11.42	19.03	21.63	2.08	25	
老书桌矿	9		0.92	7.06		32.25	3.46		是否平衡水煤样不明
乐乌煤矿	9		0.92	9.64		29.8	3.31		
色尔冲矿	9		1.14	6.51		28.22	3.9		
老书桌矿	8		1	8.62		32.7	3.53		
新庄矿区	C1	11.76	0.65	23.51	19.28	25.33	1.66	30	平衡水煤样（YEN-7801）
	C5	12.44	0.89	25.38	20.48	27.6	2.03	30	
羊场煤矿			0.89	17		30.94	4.22	30	是否平衡水煤样不明
田坝煤矿			0.92	12.44		35.04	3.77	30	
大冲沟矿			0.74	8.16		27.79	3.63	30	
昭通盆地						4.1	0.29	25	基准不明
						3.39	0.24	35	
						3.31	0.24	45	

　　煤的吸附能力与煤阶高低密切相关,云南省平衡水煤样的朗缪尔常数与挥发分产率之间具有高度拟合的负指数关系(图 6-1)。由此,得到如下拟合数值关系:

$$V_L = 58.0980e^{-0.0405V_{daf}} \qquad (r = 0.8820) \qquad (6-3)$$

$$p_L = 1.4693(V_{daf})^{0.1984} \qquad (r = 0.3012) \qquad (6-4)$$

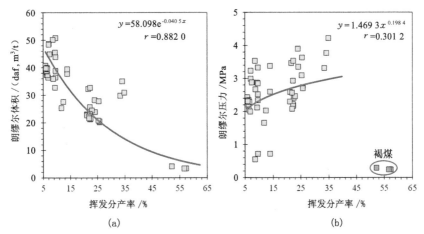

$$y = 58.098e^{-0.0405x}$$
$$r = 0.8820$$

$$y = 1.4693x^{0.1984}$$
$$r = 0.3012$$

(a)　　　　　　　　(b)

图 6-1　滇东地区煤样等温吸附常数与干燥无灰基挥发分产率之间拟合关系

由式(6-3)和式(6-4),参考国家标准《中国煤炭分类》(GB/T 5751—2009),获得以干燥无灰基挥发分产率为基准的朗缪尔常数预测值以及等温吸附曲线模板,以此作为估算区内煤层气临界解吸压力并进而计算煤层气采收率的关键依据(表6-10,图6-2)。

表 6-10　　　　　　　　　　　　滇东地区煤的等温吸附曲线拟合值

吸附压力/MPa	吸附量 V_{daf}/%								吸附压力/MPa	吸附量 V_{daf}/%							
	5	10	15	20	25	30	35	40		5	10	15	20	25	30	35	40
0	0.00	0.00	0.00	0.00	0.00	0.00	0.00	0.00	3.5	25.40	21.20	17.70	14.77	12.33	10.29	8.60	7.18
0.2	3.30	2.72	2.24	1.85	1.53	1.26	1.04	0.86	4.0	26.76	22.35	18.67	15.60	13.03	10.88	9.09	7.60
0.4	6.12	5.06	4.18	3.45	2.85	2.36	1.95	1.62	4.5	27.92	23.34	19.51	16.30	13.63	11.39	9.52	7.96
0.6	8.57	7.09	5.86	4.85	4.01	3.32	2.75	2.28	5.0	28.93	24.19	20.23	16.92	14.15	11.83	9.90	8.28
0.8	10.71	8.87	7.34	6.08	5.04	4.18	3.46	2.87	6.0	30.58	25.59	21.42	17.93	15.01	12.57	10.52	8.81
1.0	12.60	10.44	8.66	7.18	5.95	4.94	4.10	3.40	7.0	31.88	26.70	22.37	18.73	15.69	13.15	11.01	9.23
1.3	15.05	12.49	10.37	8.61	7.15	5.94	4.93	4.10	9.0	33.80	28.34	23.76	19.92	16.70	14.01	11.75	9.85
1.6	17.13	14.24	11.83	9.83	8.17	6.79	5.65	4.70	11.0	35.14	29.48	24.74	20.76	17.42	14.62	12.27	10.29
1.8	18.36	15.26	12.69	10.55	8.78	7.30	6.08	5.06	15.0	36.90	30.99	26.03	21.86	18.36	15.42	12.95	10.88
2.0	19.47	16.20	13.47	11.21	9.33	7.77	6.47	5.38	20.0	38.21	32.12	27.00	22.69	19.07	16.03	13.47	11.33
2.5	21.85	18.20	15.16	12.63	10.53	8.77	7.31	6.09	25.0	39.05	32.84	27.61	23.22	19.53	16.42	13.81	11.61
3.0	23.79	19.84	16.54	13.80	11.51	9.60	8.01	6.68	30.0	39.63	33.33	28.04	23.59	19.84	16.69	14.04	11.81

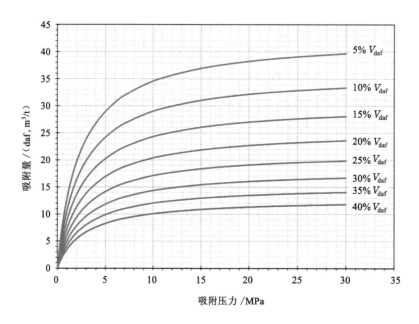

图 6-2　滇东地区煤吸附等温线－挥发分产率关系模板

根据上述基础参数,结合煤田勘探工作所取得的煤质、煤层含气量和煤储层压力资料,利用式(6-1)和式(6-2),取枯竭压力 0.5 MPa,求得不同煤田、不同向斜或不同勘探区主要煤层的煤层气采收率。

（三）基于煤储层数值模拟的煤层气采收率

根据《煤层气资源/储量规范》(DZ/T 0216—2010)，可信度最高的煤层气采收率求算方法是产量递减法和数值模拟法。前者通过拟合煤层气井排采生产历史求得，后者则可以依据试井参数求算(图 6-3)。云南省境内目前缺乏排采时间足够长的煤层气生产试验井，产量递减法无法应用。为此，可依据云南省内某些探井或参数井的试井资料，采用数值模拟法求算煤层气采收率，作为估算煤层气可采资源量的参考依据。

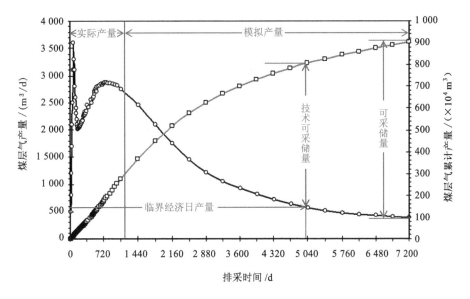

图 6-3　煤层气采收率产量递减法和数值模拟法示意图

采用国际最新版本的 COMET3 煤储层数值模拟器进行煤层气采收率数值模拟分析。敏感性分析显示，在诸多输入参数中，以煤储层渗透率、储层压力、含气饱和度、含气量、排采半径等对煤层气井产量的影响最为敏感。根据生产实践，华北地区石炭二叠系煤层的水力压裂半径一般为数十米至 150 m，煤层经过水力压裂之后，其渗透率可提高数十倍(金安信等，1995；张培河，2010)。为此，本书基于煤层试井获得的原位渗透率，考虑上述情况，组合形成交叉模拟方案；取试井渗透率上限，考虑地区、煤层埋深等的分布，选择云南省内 5 口煤层气井的单煤层进行数值模拟(表 6-11)。关于煤储层压力、含气饱和度、含气量等参数，参见第三章至第五章相关图表。

表 6-11　　　　　煤层气采收率数值模拟渗透率与排采半径参数交叉组合方案

井位层位	渗透率增倍	排采半径(m)/渗透率(mD)			
		100	150	200	250
新庄 7801 井 C5 煤	原位	0.51	0.51	0.51	0.51
	原×10	5.1	5.1	5.1	5.1
	原×30	15.3	15.3	15.3	15.3
	原×50	25.5	25.5	25.5	25.5

续表 6-11

井位层位	渗透率增倍	排采半径(m)/渗透率(mD)			
		100	150	200	250
恩洪 EH1 井 16 煤	原位	0.011	0.011	0.011	0.011
	原×10	0.11	0.11	0.11	0.11
	原×30	0.33	0.33	0.33	0.33
	原×50	0.55	0.55	0.55	0.55
恩洪 EH2 井 21 煤	原位	0.056	0.056	0.056	0.056
	原×10	0.56	0.56	0.56	0.56
	原×30	1.68	1.68	1.68	1.68
	原×50	2.8	2.8	2.8	2.8
老厂 4103-3 井 C7+8 煤	原位	0.26	0.26	0.26	0.26
	原×10	2.6	2.6	2.6	2.6
	原×30	7.8	7.8	7.8	7.8
	原×50	13	13	13	13
老厂 4117-2 井 C7+8 煤	原位	0.023 52	0.023 52	0.023 52	0.023 52
	原×10	0.235 2	0.235 2	0.235 2	0.235 2
	原×30	0.705 6	0.705 6	0.705 6	0.705 6
	原×50	1.176	1.176	1.176	1.176

在模拟天数 7 200 天(20 年)的情况下,采用 4 种不同排采半径,5 口井煤层气采收率各不相同。其中:最高的是老厂矿区 4103-3 井,采收率最高达到 57.56%;其次是新庄矿区 7801 井,采收率最高达 57.10%;最低的为恩洪向斜 EH1 和老厂矿区 4117-2 井,后者采收率最高仅有 2.93%。总体来看,老厂矿区模拟井煤层表现为强烈的非均质性,采收率很大或是很小。改变排采半径,显现出两种规律:其一,煤层气井排采半径增大,采收率减小,如 7801 井,即并非压裂半径越大产气情况越好;其二,个别模拟井特定模拟渗透率条件下,煤层气采收率呈现波动变化,但总体上在排采半径为 100 m 时采收率最高,如 EH1 井和 EH2 井(图 6-4,表 6-12)。

上述模拟结果显示,20 年模拟采收率显示出强烈变异性,基于个别煤层气井储层参数的产能预测可能有失偏颇,无法表征整个矿区产能平均水平。因此,为了对重点矿区整体可采潜力进行评价,采用蒙特卡罗方法进行预测。不同井位的煤层气产层厚度不一,模拟采用单位厚度储层(1 m)采收率。初始条件假定煤储层水饱和,废弃压力 0.50 MPa。抽采半径根据煤层气井开发经验,介于 100~300 m 之间。以试井渗透率为基数,假定其服从三角形分布,并适当考虑压裂后的增渗倍数;每个地区朗缪尔体积和朗缪尔压力,采用各煤层气井煤芯样品平衡水等温吸附试验结果的平均值,具体数据选择见表 6-13。上二叠统发育多个煤层,某些煤层间距较小而组合成煤组,可考虑煤层群形式的煤层气开发。为此,以单井单位煤层厚度日产气量 200 m³ 作为临界经济日产气量下限,模拟结果见图 6-5~图 6-7。

表6-12　滇东地区上二叠统煤层气采收率数值模拟结果

井位 层位	渗透率增值	排采半径(m)/煤层气资源(万 m³)				排采半径(m)/采收资源量(万 m³)				排采半径(m)/采收率(%)			
		100	150	200	250	100	150	200	250	100	150	200	250
新庄矿区 7801井 C5煤	原位	243.67	548.25	974.67	1522.92	12.07	6.05	8.05	5.32	4.95	1.10	0.83	0.35
	原×10	243.67	548.25	974.67	1522.92	130.38	171.83	176.55	84.35	53.51	31.34	18.11	5.54
	原×30	243.67	548.25	974.67	1522.92	139.08	292.09	458.30	497.74	57.08	53.28	47.02	32.68
	原×50	243.67	548.25	974.67	1522.92	139.13	309.11	524.66	689.40	57.10	56.38	53.83	45.27
恩洪 EH1井 16煤	原位	144.77	411.85	579.08	904.81	0.18	0.14	0.24	0.14	0.13	0.04	0.04	0.02
	原×10	144.77	411.85	579.08	904.81	1.26	0.99	0.76	0.19	0.87	0.24	0.13	0.02
	原×30	144.77	411.85	579.08	904.81	5.81	3.30	2.52	1.88	4.01	0.80	0.44	0.21
	原×50	144.77	411.85	579.08	904.81	11.25	5.08	6.03	3.90	7.77	1.23	1.04	0.43
恩洪 EH2井 21煤	原位	64.85	145.91	259.39	405.30	0.06	0.02	0.04	0.14	0.10	0.01	0.02	0.04
	原×10	64.85	145.91	259.39	405.30	1.42	0.70	0.64	0.88	2.20	0.48	0.25	0.22
	原×30	64.85	145.91	259.39	405.30	5.95	1.92	3.17	2.24	9.18	1.32	1.22	0.55
	原×50	64.85	145.91	259.39	405.30	12.02	3.30	6.11	3.57	18.53	2.26	2.35	0.88
老厂 4103-3井 C7+8煤	原位	211.51	475.89	846.03	1321.92	3.91	3.09	0.95	3.82	1.85	0.65	0.11	0.29
	原×10	211.51	475.89	846.03	1321.92	72.73	38.42	35.93	25.59	34.39	8.07	4.25	1.94
	原×30	211.51	475.89	846.03	1321.92	115.18	178.20	187.09	117.50	54.46	37.45	22.11	8.89
	原×50	211.51	475.89	846.03	1156.00	121.75	258.90	424.16	530.55	57.56	54.40	50.14	45.90
老厂 4117-2井 C7+8煤	原位	217.85	490.16	871.39	1361.54	0.22	0.00	0.07	0.06	0.10	0.00	0.01	0.00
	原×10	217.85	490.16	871.39	1361.54	2.04	2.55	0.46	0.32	0.93	0.52	0.05	0.02
	原×30	217.85	490.16	871.39	1361.54	4.34	5.04	1.36	1.27	1.99	1.03	0.16	0.09
	原×50	217.85	490.16	871.39	1361.54	6.37	7.33	2.10	2.01	2.93	1.50	0.24	0.15

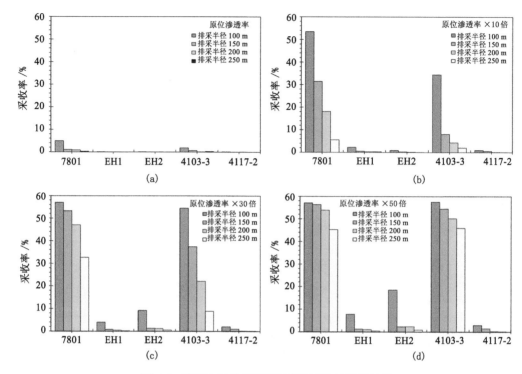

图 6-4 滇东上二叠统煤层气采收率数值模拟结果

表 6-13 蒙特卡罗数值模拟关键参数选取

井位	抽采面积 /km²	煤厚 /m	裂隙孔隙率 /%	渗透率 /mD	含气量 /(ad,m³/t)	储层压力 /MPa	V_L (ad,m³/t)	p_L /MPa
恩洪	0.04~0.36/0.16	1	2.0/1.0	0.0016~5.6/1.4	8—12	5	19.04	2.56
老厂	0.04~0.36/0.16	1	2.0/1.0	0.0097~26/4.21	12—18	6	33.37	2.58
新庄	0.04~0.36/0.16	1	2.0/1.0	0.51~51/12.75	10—14	6	19.88	1.85

注:抽采面积符合三角形分布,表示为"最小~最大/最可能";裂隙孔隙率符合正对数分布,表示为"平均/方差";渗透率符合三角形分布,表示为"最小~最大/最可能"。

恩洪向斜单位煤厚模拟最高产气量 43 m³/d,产气高峰来临时间为 200 个月;影响半径内平均原位煤层气资源量为 2.62×10^6 m³,20 年采收量为 0.22×10^6 m³,平均采收率很低,约为 8.4%(图 6-5)。本区煤储层试井渗透率极低,导致其单位煤厚日产气量和采收率均很低。恩洪向斜可采煤层平均厚度 18 m,若不考虑多煤层合采兼容性等问题,根据上述模拟结果,则单井最高稳定产气量在 800 m³/d 左右。恩洪向斜前期曾施工几口煤层气排采试验井,其中 EH2 井对 7+8 号、9 号、21 号三个主煤层水力加砂压裂,产气量 300~600 m³/d,平均 405 m³/d,最高 750 m³/d。

老厂矿区单位煤厚模拟最高产气量 208 m³/d,产气高峰来临时间为 60 个月;影响半径内平均原位煤层气资源量为 4.29×10^6 m³,20 年采收量 1.19×10^6 m³,平均采收率 27.7%(图 6-6)。本区煤层渗透率和含气量均较恩洪向斜模拟值高,日产气量、最高气产量来临时间和采收率明显增加。老厂矿区可采煤层平均厚度约 20 m,若不考虑多煤层合采兼容性等

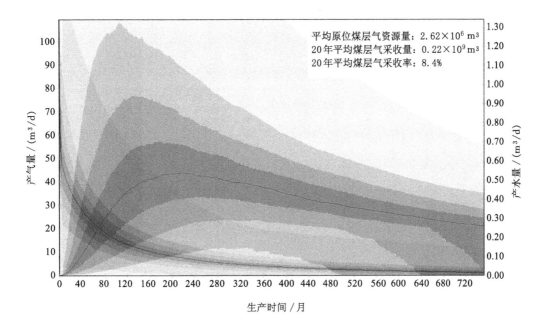

图 6-5　恩洪向斜煤层气产能蒙特卡罗模拟结果

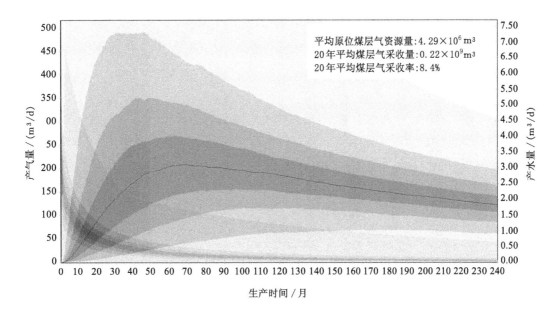

图 6-6　老厂矿区煤层气产能蒙特卡罗模拟结果

问题,根据上述模拟结果,则单井最高稳定产气量可达 4 160 m³/d。在后来压裂排采试验的 FCY-LC-CS1 丛式井组中,4 号井最高稳定产气量达到 1 854 m³/d。

新庄矿区单位煤厚模拟最高产气量约 400 m³/d,产气高峰来临时间为 20 个月;影响半径范围内平均原位煤层气资源量 3.3×10⁶ m³,20 年采收量 1.2×10⁶ m³,平均采收率约 36.3%(图 6-7)。与前两个矿区相比,新庄矿区煤层气井日产气量和采收率明显增加,产气高峰来临时间明显缩短,但是试井渗透率资料仅来源于1口煤层气井,对全区客观评价有待于进一步积累资料。该矿区可采煤层平均厚度5.63 m,若这些煤层气产层全部有效利用,则单井最高稳定产气量可达2 200 m³/d左右。

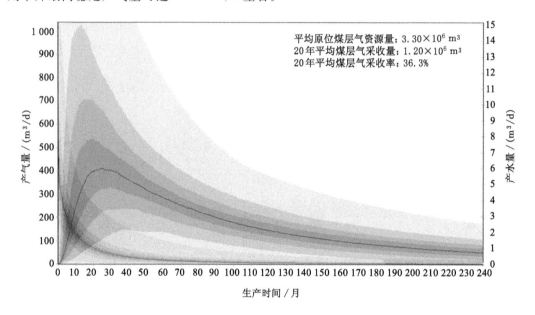

平均原位煤层气资源量:3.30×10^6 m³
20年平均煤层气采收量:1.20×10^6 m³
20年平均煤层气采收率:36.3%

图 6-7　新庄矿区煤层气产能蒙特卡罗模拟结果

三、煤层气资源量/储量分类分级

(一)地矿行业标准的有关规定

按照国土资源部2011年修订颁布的《煤层气资源/储量规范》(DZ/T 0216—2010),依据经济可行性和地质认识程度,煤层气资源量/储量分为三类四级(表6-14)。

根据经济可行性,煤层气资源量/储量分为经济的、次经济的和内蕴经济的三类。经济的煤层气资源量/储量是指在当前的经济条件下,生产和销售煤层气在技术上可行,经济上合理,地质上可靠,并且整个经营活动能够满足投资回报的要求。次经济的煤层气资源量/储量是指在当前的经济条件下,生产和销售煤层气活动暂时没有经济效益,但在经济技术条件改变或政府给予扶持政策的条件下可以转变为经济的。内蕴经济的煤层气资源量/储量是在当前的经济条件下,由于存在地质、经济、技术的不确定性,尚无法判断生产和销售煤层气的经济性。

基于地质认识程度,煤层气资源量/储量分为潜在的、推断的、控制的、探明的四级。根据区域地质资料分析或类比得到的煤层气资源量称为潜在的资源量,资源量可信系数小于0.1,是煤层气资源区域调查、资源评价和勘查设计的依据。根据少量探井工程得到的煤层气储量为推断的煤层气储量,由此可初步认识煤层气资源的分布状况,大部分储层参数来源于类比或区域地质资料分析,储量可信系数小于0.1~0.2。控制的煤层气储量是在推断的基础上,加密探井工程,同时部署参数井或增加探井参数测试项目而获得,取得了含气量、渗透率、储层压力等基本参数,基本查明了煤层地质特征和储层及其含气性展布规律,了解了

表6-14　　　　　　　煤层气资源量/储量分类与分级体系(DZ/T 0216—2010)

分类	分级 — 煤层气总资源量											
	开发				勘查							
	←————地质可靠性←————											
	已发现的											待发现的
	探明的								控制的		推断的	潜在的
经济可采性 · 经济的	已建设产能探明经济可采储量 → 已开发探明经济可采储量 / 未建设产能探明经济可采储量 / 剩余探明经济可采储量	探明经济可采储量	探明可采储量	探明地质储量	探明经济可采储量	探明可采储量	探明地质储量	探明可采储量 探明地质储量	控制经济可采储量	控制可采储量 控制地质储量	推断地质储量	
次经济的												
内蕴经济的												潜在资源量
特征工程	开发井网				排采井				参数井		探井	没有施工探井，依靠其他勘探成果综合分析

典型储层条件下单井产能情况和开采地质条件,储量可信系数在0.5左右。探明的煤层气储量是在控制的基础上,加密探井工程并实施煤层气井排采,查明了煤层的地质特征、储层及其含气性的展布规律和开采地质条件,包括储层物性、产能、压力系统和流体性质等,证实了勘查范围内煤层气储量及可采性,储量可信系数在0.7~0.9。

参数井的参数和排采井的产能,是估算煤层气储量的重要条件。煤层气储量估算以单井产量下限为起算标准。也就是说,只有在煤层气井产气量达到产量下限的勘查范围,并连续生产不少于3个月,才可以计算探明储量。根据国内现有技术、经济条件,DZ/T 0216—2010所确定的单井平均产量下限值见表 6-15,只有达到起算标准的区块才能计算煤层气探明储量。表 6-16 所示为 DZ/T 0216—2010 中所给出的各级煤层气储量勘查程度和认识程度要求,这是储量计算应达到的基本要求。

表 6-15　　　　　　煤层气探明储量起算单井产量下限标准 (DZ/T 0216—2010)

煤层埋深/m	直井单井平均产量/(m³/d)	其他井型单井平均产量/(m³/d)
<500	500	可根据工程及产能进行合理折算
500~1 000	1 000	
>1 000	2 000	

表 6-16　　　　　各级煤层气储量勘查程度和认识程度要求 (DZ/T 0216—2010)

储量分级	探明的	控制的	推断的
勘查程度	井距:探井井距达到附录 B 要求;在有物探工程控制的情况下,当煤层稳定构造简单,井距可以适当放宽;参数井和排采井的部署应从实际地质条件出发,满足本标准的要求,取全相关参数	井距:探井井距不超过附录 B 规定距离的 2 倍;在有物探工程控制的情况下,当煤层稳定构造简单,井距可以适当放宽;参数井的部署应从实际地质条件出发,满足本标准的要求,取全相关参数	有一定的探井和/或物探工程控制
	资料录取:勘查目的层全部取芯,煤芯和顶底板收获率达到相关规程要求;取全取准排采参数;获得了煤质、含气量、气水性质、储层物性、压力等资料	资料录取:勘查目的层全部取芯,煤芯和顶底板收获率达到相关规程要求;取全取准并获得了煤质、含气量、气水性质、储层物性、压力等资料	资料录取:关键部位有探井控制,煤层有取芯资料,获得了煤质、含气量、气水性质、储层物性等资料
	产能:垂直井单井产气量满足表 6-15 规定,连续生产部少于 3 个月;取得了气井压力、产气量、产水量及随时间变化规律等可靠资料;其他类型井可类比合理折算	产能:通过类比或储层数值模拟等方法获得	
认识程度	在控制的基础上,煤层构造形态清楚,煤层厚度、埋深、变质程度、含气量、渗透率、含气饱和度等分布变化情况清楚,提交相应比例尺储量估算图件;储量参数研究深入,选值可靠;经过排采取得了生产曲线,获得了气井产能认识;进行了开发概念设计和数值模拟,经济评价,开发是经济的	在推断的基础上,煤层构造形态、煤层厚度、埋深、变质程度、含气量、含气饱和度等情况基本清楚,提交相应比例尺储量估算图件;进行了储量参数研究,选值基本可靠	初步了解煤层构造形态、地层层序、厚度、煤岩煤质、变质程度、含气量等分布变化,提交相应比例尺储量估算图件;初步确定了储量参数,结合区域资料初步开展地质评价

(二)云南省煤层气资源量/储量分级分类情况

云南省境内缺乏符合规范要求的煤层气排采试验井,参数井和探井主要分布在滇东地区,主要为恩洪向斜、老厂矿区和新庄矿区,其余地区多数只有煤炭资源勘查中附带获得的煤层气信息,如煤芯解吸资料等。对比表 6-14～表 6-16 中相关规定,云南省煤层气资源量级别较低,绝大部分地区只能提交煤层气潜在资源量,只有在施工过煤层气探井和/或参数井的局部块段可能提交煤层气推断地质储量和推断可采储量,由于缺乏有效的排采井网而无法提交煤层气控制地质储量,参数齐全的探井过少而导致控制地质储量可以忽略不计。

参考上述规定,结合云南省境内绝大多数煤田、盆地、矿区在煤炭资源勘查中均获取了钻孔煤芯解吸资料且基本查明了煤层地质特征的实际控制情况,将云南省煤层气资源评价结果统一定位为煤层气推断资源量,简称煤层气资源量,包括地质资源量和可采资源量。恩洪、老厂、新庄、昭通等矿区,虽然有参数井或排采试验井资料,但专门地质工作程度不足,不单独提交更高级别的煤层气储量。

第二节 煤层气资源量估算结果

根据构造、煤层厚度等变化特征在每个勘查区内划分块段,估算块段内煤层气资源量,然后分矿区、盆地、煤田累计汇总,最后得到云南省煤层气资源量评价结果。

一、煤层气资源量统计特征

云南省计算面积 9 040.47 km²,获煤层气地质资源量 5 253.26 亿 m³,平均资源丰度 0.58 亿 m³/km²;煤层气可采资源量 2 940.27 亿 m³,占资源总量的 55.97%(表 6-17)。据中国煤田地质总局(1999)评价,全国煤层气平均资源丰度 1.12 亿 m³/km²(叶建平 等,1999);基于国土资源部组织的新一轮全国煤层气资源评价(新一轮全国油气资源评价项目办公室,2006),全国煤层气平均资源丰度 0.98 亿 m³/km²。与此相比,云南省煤层气平均资源丰度低于全国平均水平。

表 6-17　　　　　　　　云南省煤层气资源量汇总

煤田	计算面积/km²	煤炭资源量/万 t	煤层埋深/m	煤层气资源量/亿 m³		资源丰度/(亿 m³/km²)	
				地质资源量	可采资源量	地质丰度	可采丰度
老圭	1 818.52	2 333 058	<1 000	1 386.82	611.15	1.31	0.58
			1 000～1 500	839.82	514.57	2.26	1.38
			1 500～2 000	1 247.26	822.45	3.21	2.11
			小计	3 473.90	1 948.17	1.91	1.07
宣富	1 655.74	1 179 622	<1 000	573.11	316.65	0.42	0.23
			1 000～1 500	158.09	110.82	0.68	0.48
			1 500～2 000	52.95	37.90	1.20	0.86
			小计	784.15	465.37	0.47	0.28
镇威	3 379.53	1 010 631	<1 000	413.04	178.71	0.18	0.08
			1 000～1 500	187.32	124.11	0.56	0.35
			1 500～2 000	164.88	120.42	0.47	0.35
			小计	765.24	423.24	0.23	0.13

续表 6-17

煤田	计算面积 /km²	煤炭资源量 /万 t	煤层埋深 /m	煤层气资源量/亿 m³		资源丰度/(亿 m³/km²)	
				地质资源量	可采资源量	地质丰度	可采丰度
昭通	491.72	621 473	<1 000	141.80	57.09	0.34	0.14
			1 000~1 500	10.76	6.82	0.15	0.09
			小计	152.56	63.90	0.31	0.13
绥江	1 483.28	51 401	<1 000	19.05	8.24	0.02	0.007
			1 000~1 500	11.93	7.9	0.07	0.045
			1 500~2 000	7.02	5.13	0.09	0.067
			小计	38	21.27	0.026	0.014
蒙自	107.59	198 855	<1 000	38.89	18.02	0.36	0.17
华坪	104.59	5 156	<1 000	0.50	0.277	0.004 9	0.002 7
			1 000~2 000	0.02	0.011	0.001 5	0.000 8
			小计	0.52	0.29	0.004 5	0.002 5
合计	9 040.97	5 400 196	<1 000	2 573.21	1 190.137		
			1 000~2 000	2 680.05	1 750.131		
			合计	5 253.26	2 940.27	0.58	0.33

注:华坪煤田计算面积和煤层气地质资源量引自《云南省煤层气资源评价报告》(云南省煤田地质勘探研究院,2001);
绥江和镇威煤田煤层气采收率采用新庄矿区平均值36.3%;华坪煤田煤层气采收率采用滇东平均值55.3%。

煤层气地质资源量主要集中在老(厂)圭(山)、宣富(含恩洪盆地)、镇威三个煤田,三者之和为 5 023.29 亿 m³,占全省煤层气资源总量的 95.62%。老圭煤田最高,地质资源量 3 473.9 亿 m³,占全省地质资源总量的 66.13%;平均资源丰度 1.91 亿 m³/km²,高于全省乃至全国平均水平。宣富煤田次之,煤层气地质资源量 784.15 亿 m³,占全省煤层气资源总量的14.93%;平均资源丰度 0.47 亿 m³/km²,略低于全省平均水平。镇威煤田尽管煤层气资源量亦较大,达到 765.24 亿 m³,占全省地质资源总量的 14.57%,但平均资源丰度明显低于全省平均水平,仅 0.23 亿 m³/km²。昭通、绥江、蒙自和华坪四个煤田的煤层气地质资源量合计 229.97 亿 m³,仅占全省资源总量的 4.38%,资源丰度约 0.11 亿 m³/km²,远低于全省平均水平(图 6-8)。

二、煤层气地质资源量区域分布

以向斜为分析单元,结合上述煤田的煤层气资源状况,云南省煤层气资源具有"东部富集,中、西部少"的区域分布特征。总体而言,煤层气资源丰度以老厂、恩洪矿区为富集中心,向西、向北、向南逐渐降低,这与沉积环境控制之下的煤层发育特征以及构造-热场控制之下的煤化作用程度以及构造-沉积-水文条件耦合控制之下的煤层气保存条件密切相关(表 6-18~表 6-22)。

蒙自盆地位于云南省东南部,煤层气地质资源量 38.89 m³/km²,资源丰度 0.36 亿 m³/km²,均分布在浅部(表 6-18)。

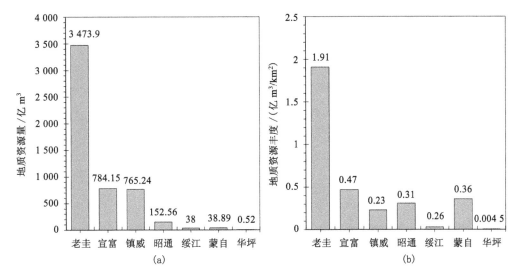

图 6-8　云南省煤层气地质资源量和资源丰度总体分布

表 6-18　　　　　　　　　　　　蒙自盆地煤层气地质资源量计算结果汇总

构造单元	含煤面积 /km²	煤炭资源量 /万 t	地质资源量 /(亿 m³)	地质资源丰度 /(亿 m³/km²)	浅于 1 000 m 埋深地质资源量	
					亿 m³	%
蒙自	107.59	198 855	38.89	0.36	38.89	100

　　由蒙自盆地向北,进入老圭煤田。该煤田煤层气地质资源量 3 473.90 亿 m³,平均地质资源丰度 1.91 m³/km²(表 6-19)。煤层气资源富集中心位于老厂矿区,地质资源量2 318.11亿 m³,占全省地质资源总量的 44.13%;地质资源丰度高达 3.88 亿 m³/km²,不仅在全省以矿区为统计单元的区块中是最高的,而且在国内晚古生代煤层气区块中也十分罕见。其他两个构造单元(阿岗矿区和圭山矿区),地质资源量分别为 807.53 亿 m³ 和 348.26 亿 m³,资源丰度分别为 0.90 m³/km² 和 0.83 m³/km²,仍然位居全省各矿区前列。整个煤田埋深1 000 m 以浅煤层气地质资源量约占资源总量的 40%。其中,老厂矿区 1 000 m 以浅煤层气地质资源量比例略低,但也在 30% 左右。见表 6-19。

表 6-19　　　　　　　　　　　　老圭煤田煤层气地质资源量计算结果汇总

构造单元	含煤面积 /km²	煤炭资源量 /万 t	地质资源量 /(亿 m³)	地质资源丰度 /(亿 m³/km²)	埋深 1 000 m 以浅地质资源量	
					亿 m³	%
老厂	597.79	1 430 790	2 318.11	3.88	711.66	30.70
阿岗	901.92	606 943	807.53	0.90	498.36	61.71
圭山	418.81	295 325	348.26	0.83	176.80	50.77
合计	1 818.52	2 333 058	3 473.90	2.23	1 386.82	39.92

　　从老圭煤田向北,进入宣(威)富(源)煤田。该煤田煤层气地质资源量 784.15 亿 m³,占全省地质资源总量的 14.93%,平均地质资源丰度降至 0.47 亿 m³/km²。其中:恩洪向斜煤

层气地质资源量 442.05 亿 m³,远大于矿区内其他向斜,资源丰度 0.81 亿 m³/km²;其次为羊场向斜,地质资源量 152.53 亿 m³;再次为宝山向斜,地质资源量为 63.34 亿 m³;后所庆云、罗木、谷兴、来宾、至都、可渡、明德、龙潭等向斜地质资源量规模较小,一般不超过 50 亿 m³。煤田内地质资源丰度最高的是羊场向斜,为 1.02 亿 m³/km;其余向斜除恩洪、后所庆云以外,不足 0.5 亿 m³/km²。煤田内浅部煤层气地质资源量高于深部,但不同构造单元之间差异极大。其中:来宾、后所庆云向斜、龙潭和明德的煤层气资源全部赋存在 1 000 m 以浅,恩洪、罗木向斜的浅部资源量显著多于深部资源量,其他向斜煤层气资源以深于 1 000 m 的赋存条件为主。见表 6-20。

表 6-20　　　　　　　　　　宣富煤田煤层气地质资源量计算结果汇总

构造单元	含煤面积/km²	煤炭资源量/万 t	地质资源量/(亿 m³)	地质资源丰度/(亿 m³/km²)	埋深 1 000 m 以浅地质资源量	
					亿 m³	%
恩洪	541.64	716 036	442.05	0.81	351.51	79.67
后所庆云	26.31	39 678	18.86	0.72	18.86	100
罗木	103.02	18 047	11.89	0.12	11.49	96.61
羊场	148.82	166 800	152.53	1.02	66.99	43.92
宝山	232.39	94 558	63.34	0.27	46.52	73.45
谷兴	56.43	21 933	16.32	0.29	8.08	49.49
来宾	69.84	33 293	20.92	0.30	20.92	100
至都	233.16	34 518	22.70	0.10	17.84	78.59
明德	59.66	13 470	8.35	0.14	8.35	100
龙潭	110.57	16 329	10.12	0.09	10.12	100
可渡	73.90	24 960	17.07	0.23	11.60	67.96
合计	1 655.74	1 179 622	784.15	0.47	572.28	72.98

从宣富煤田向北进入昭通煤田,包括新近纪昭通褐煤盆地和其他几个石炭～二叠纪贫煤～无烟煤向斜,包括鲍家地、阿多罗等,煤层气平均地质资源丰度 0.28 亿 m³/km²,丰度略有增高的主要原因在于昭通盆地发育巨厚煤层,弥补了低阶煤层含气量低的不足。整个煤田煤层气地质资源量 163.75 亿 m³,浅部煤层气资源所占比例在全省最高,平均达到 93.43%。其中:煤层气资源规模最大的是昭通盆地,地质资源量 96.84 亿 m³,资源丰度 1.78 亿 m³/km²,均分布在 1 000 m 以浅,是"小而肥且有利于开采"单元的典型实例;其他构造单元煤层气资源量规模极小,均不超过 20 亿 m³,但煤层气资源的 3/5 以上赋存在浅部。见表 6-21。

表 6-21　　　　　　　　　　昭通煤田煤层气地质资源量计算结果汇总

构造单元	含煤面积/km²	煤炭资源量/万 t	地质资源量/(亿 m³)	地质资源丰度/(亿 m³/km²)	埋深 1 000 m 以浅地质资源量	
					亿 m³	%
昭通	54.518	546 211	96.84	1.78	96.84	100
小法路	101.67	27 037	19.28	0.19	19.28	100.00

构造单元	含煤面积/km²	煤炭资源量/万 t	地质资源量/(亿 m³)	地质资源丰度/(亿 m³/km²)	埋深 1 000 m 以浅地质资源量	
					亿 m³	%
阿多罗	21.75	2 871	2.18	0.10	1.47	67.51
王家山	116.95	17 998	13.65	0.12	9.39	68.76
鲍家地	122.89	20 405	15.66	0.13	9.87	62.88
守望	102.37	10 258	7.31	0.07	7.31	100.00
靖安	70.45	12 378	8.83	0.13	8.83	100.00
合计	590.598	637 158	163.75	0.28	152.99	93.43

从昭通煤田往 NE 方向至镇威煤田,煤层气资源富集程度进一步降低,平均地质资源丰度只有 0.23 亿 m³/km²。煤田内地质资源量和地质资源丰度最大的是新庄向斜,资源量为 218.5 亿 m³,平均丰度 0.55 亿 m³/km²,但 1 000 m 以浅的资源量只占总资源量的 1/3。昭通煤田浅部煤层气资源量占煤田总资源量的近一半,总的来说浅部资源量占优势的向斜居多。比如,芭蕉、庙坝、炭场湾、两河、母享则底、镇雄、牛场以古等向斜占 80% 以上,石坎、洛旺和彝良向斜占 40% 以上;马河及该煤田两个煤层气资源量最为富集的新庄和石坎向斜的煤层气资源主要赋存在 1 000 m 以深。见表 6-22。

表 6-22　　　　　　　　　镇威煤田煤层气地质资源量计算结果汇总

构造单元	含煤面积/km²	煤炭资源量/万 t	地质资源量/(亿 m³)	地质资源丰度/(亿 m³/km²)	埋深 1 000 m 以浅地质资源量	
					亿 m³	%
兴隆	303.36	40 223	33.39	0.11	11.03	33.03
芭蕉	147.32	17 182	11.12	0.08	9.21	82.82
庙坝	155.09	29 471	9.58	0.06	9.58	100
新庄	399.49	205 217	218.50	0.55	75.86	34.72
石坎	366.68	136 230	122.39	0.33	49.12	40.13
炭场湾	48.00	1311	0.80	0.02	0.76	95.00
洛旺	249.91	82 772	69.11	0.28	28.01	40.53
两河	119.90	13 909	10.50	0.09	10.50	100.00
马河	259.29	98 172	49.01	0.19	16.12	31.90
母享则底	279.30	36 108	24.14	0.09	22.97	95.16
镇雄	324.15	105 997	71.76	0.22	71.76	100.00
牛场以古	460.03	169 543	83.63	0.18	80.42	96.16
彝良	267.01	74 496	61.45	0.23	28.27	46.00
合计	3 379.53	1 010 631	765.38	0.23	413.61	54.04

从镇威煤田往北至绥江煤田,煤层气资源富集程度进一步降低,平均地质资源丰度仅为 0.03 亿 m³/km²,煤层气地质资源量 38 亿 m³。其中:中村向斜 11.65 亿 m³,三渡向斜 26.35 亿 m³,地质资源丰度分别为 0.02 亿 m³/km² 和 0.03 亿 m³/km²,但 1 000 m 以浅的资源量

可占总资源量的 1/2 左右。见表 6-23。

表 6-23　　　　　　　　　　绥江煤田煤层气地质资源量计算结果汇总

构造单元	含煤面积 /km²	煤炭资源量 /万 t	地质资源量 /(亿 m³)	地质资源丰度 /(亿 m³/km²)	埋深 1 000 m 以浅地质资源量	
					亿 m³	%
中村	474.71	17 132	11.65	0.02	7.84	67.30
三渡	1 008.57	34 269	26.35	0.03	11.21	42.54
合计	1 483.28	51 401	38	0.03	19.05	50.13

滇中和滇西地区以褐煤为主,煤炭资源和煤层气资源均较少,故未对各煤田煤层气资源量做专门评价。据云南省煤田地质勘查院(2001)对华坪煤田的评价成果:7 个向斜煤层气地质资源量仅 0.52 亿 m³,平均资源丰度只有 0.005 亿 m³/km²;单个向斜煤层气资源量一般低于 0.10 亿 m³,几乎全部赋存在浅部(表 6-24)。

表 6-24　　　　　　　　　　华坪煤田煤层气地质资源量计算结果汇总

构造单元	含煤面积 /km²	煤炭资源量 /万 t	地质资源量 /(亿 m³)	地质资源丰度 /(亿 m³/km²)	埋深 1 000 m 以浅地质资源量	
					亿 m³	%
赤脚坪	4.85	336	0.03	0.006 2	0.03	100.00
河东	4.40	466	0.05	0.011 4	0.05	100.00
腊石沟	44.20	3 237	0.31	0.007 0	0.31	100.00
骄顶山	16.70	839	0.10	0.006 0	0.08	80.00
龙泉	23.00	127	0.01	0.000 4	0.01	100.00
烟地	10.30	110	0.01	0.001 0	0.01	100.00
温泉	1.50	41	0.004	0.002 0	0.004	100.00
合计	104.95	5 156	0.52	0.005 0	0.50	96.15

注:华坪计算面积和煤层气资源量引自《云南省煤层气资源评价报告》(云南省煤田地质勘探研究院,2001)。

若以向斜为基本含气构造单元,云南省煤层气地质资源规模和富集程度(资源丰度)大致呈线性关系(图 6-9)。资源丰度最高且资源规模最大的是老厂向斜,资源规模和丰度中等的有圭山、阿岗、恩洪、新庄、羊场、昭通向斜,其他向斜资源规模和丰度均较小。进一步归纳,具有较高煤层气开采潜力的构造单元几乎都集中在老圭、宣富、镇威、昭通煤田。其中:老厂矿区煤层气资源规模大,丰度高~中等;宣富、镇威煤田及昭通煤田昭通盆地煤层气资源规模中等~较小,资源丰度较小~中等。

三、煤层气资源量层域分布

云南省重点矿区主煤层的煤层气地质资源量 1 500.98 亿 m³,占全省煤层气地质资源总量的 30.71%(表 6-25~表 6-29)。

从恩洪矿区来看(表 6-25):

——3 个主煤层的煤层气地质资源量 267.73 亿 m³,占该矿区地质资源总量的 60.68%;

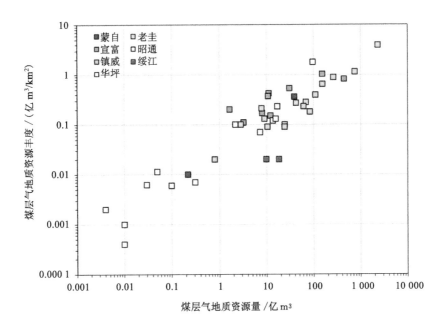

图 6-9　云南省向斜构造单元煤层气地质资源规模和富集程度

平均地质资源丰度 0.51 亿 m³/km²，占全部可采煤层平均地质资源丰度的 64.20%。

表 6-25　　　　　　　　　　恩洪矿区主煤层煤层气地质资源量统计

向斜	地质资源量/亿 m³				地质资源丰度/（亿 m³/km²）			
	9	16	23	小计	9	16	23	小计
恩洪 1-4 井田勘探	0.40	0.70	0.84	1.94	0.06	0.08	0.06	0.2
恩洪 5-6、11、12、14 井田勘探	5.72	4.72	2.24	12.68	0.26	0.21	0.10	0.57
恩洪已勘探区下伏	7.56	6.13	7.34	21.03	0.10	0.08	0.10	0.28
乾源煤矿详查	0.26	0.26	0.26	0.78	0.26	0.25	0.25	0.76
冲门煤矿首采区勘探	0.20	0.28	0.24	0.72	0.15	0.21	0.18	0.54
恩洪中段南部普查	1.16	1.52	1.12	3.8	0.09	0.11	0.08	0.28
老书桌煤矿详查	2.48	0.50	0.67	3.65	0.68	0.14	0.19	1.01
富源县河兴煤矿勘探报告	0.89	0.47	0.47	1.83	0.31	0.16	0.16	0.63
欣欣煤矿首采区勘探	1.76	0.83	0.84	3.43	0.44	0.21	0.21	0.86
斯派尔煤矿首采区勘探	1.41	1.65	0.83	3.89	0.32	0.38	0.19	0.89
正基煤矿勘探	0.48	0.39	0.53	1.4	0.19	0.15	0.20	0.54
宏安煤矿勘探	0.40	0.38	0.45	1.23	0.20	0.19	0.23	0.62
安鑫煤矿勘探	0.76	0.47	0.85	2.08	0.20	0.13	0.23	0.56
墨红	14.92	7.45	8.83	31.2	0.30	0.15	0.18	0.63
恒华煤矿首采区勘探	0.66	0.48	0.45	1.59	0.11	0.08	0.08	0.27
大隆煤矿详查	0.54	0.34	0.67	1.55	0.20	0.12	0.24	0.56

向斜	地质资源量/亿 m³				地质资源丰度/(亿 m³/km²)			
	9	16	23	小计	9	16	23	小计
纳佐煤矿首采区勘探	1.57	0.78	1.58	3.93	0.21	0.11	0.21	0.53
鑫丰煤矿详查	1.03	0.67	0.57	2.27	0.24	0.16	0.14	0.54
吉克煤矿二次补充勘探	1.43	0.58	1.10	3.11	0.21	0.09	0.16	0.46
恩洪 7-10 井田勘探	4.50	1.90	5.26	11.66	0.29	0.11	0.24	0.64
小凹子	1.55	1.11	1.23	3.89	0.13	0.10	0.11	0.34
中能煤矿普查	0.05	0.03	0.00	0.08	0.04	0.03	0	0.07
鑫国煤矿详查	0.08	0.12	0.16	0.36	0.04	0.06	0.08	0.18
大河补木矿区二矿段分割(普查)	4.67	2.13	1.44	8.24	0.36	0.16	0.11	0.63
大河补木矿区普查	4.77	2.44	3.68	10.89	0.17	0.09	0.13	0.39
东兴煤矿详查	0.20	0.10	0.13	0.43	0.12	0.06	0.08	0.26
大河补木矿区一矿段详查	0.27	0.15	0.29	0.71	0.10	0.06	0.11	0.27
四方田首采区详查	0.43	0.25	0.36	1.04	0.16	0.10	0.14	0.4
大河预测区 1	16.74	6.31	10.46	33.51	0.37	0.14	0.23	0.74
大河预测区 2	13.69	8.98	15.53	38.2	0.23	0.15	0.26	0.64
云山 1~4 井田勘探	0.23	0.25	0.53	1.01	0.06	0.04	0.10	0.2
顺源煤矿详查	0.11	0.08	0.05	0.24	0.09	0.08	0.09	0.26
宽塘、海扎普查	0.16	0.16	0.20	0.52	0.09	0.08	0.10	0.27
宏星煤矿普查	0.12	0.21	0.29	0.62	0.08	0.08	0.10	0.26
大坪勘区详终、普查	0.41	2.92	0.88	4.21	0.09	0.40	0.10	0.59
天佑煤矿详查	0.36	0.18	0.22	0.76	0.12	0.06	0.07	0.25
后地沟煤矿详查	0.74	0.44	0.55	1.73	0.25	0.15	0.19	0.59
桃树坪煤矿勘探	1.25	1.14	3.34	5.73	0.22	0.16	0.42	0.8
合发煤矿详查报告	0.14	0.12	0.19	0.45	0.14	0.12	0.19	0.45
杨家山煤矿普查	0.06	0.06	0.09	0.21	0.04	0.04	0.04	0.12
洪田煤矿普查	0.02	0.00	0.00	0.02	0.06	0	0	0.06
硐山西预测区 1	0.27	0.14	0.15	0.56	0.50	0.25	0.27	1.02
硐山西预测区 2	6.96	3.69	3.74	14.39	0.37	0.20	0.20	0.77
徐家庄 1~4 井田详查	0.25	0.31	0.00	0.56	0.03	0.04	0.00	0.07
博大煤矿详查	0.23	0.00	0.00	0.23	0.08	0.00	0.00	0.08
龙海沟预测区 1	2.24	1.48	3.38	7.1	0.13	0.09	0.20	0.42
龙海沟普查	0.10	0.07	0.10	0.27	0.08	0.06	0.08	0.22
龙海沟预测区 2	0.40	0.22	0.35	0.97	0.27	0.13	0.21	0.61
五里德煤矿详查	0.35	0.35	0.48	1.18	0.12	0.12	0.17	0.41
祥达煤矿详查	0.45	0.30	0.43	1.18	0.21	0.14	0.20	0.55
大河硐山一矿段详查	0.31	0.46	0.24	1.01	0.09	0.15	0.08	0.32

续表 6-25

向斜	地质资源量/亿 m³				地质资源丰度/(亿 m³/km²)			
	9	16	23	小计	9	16	23	小计
东升煤矿详查	0.17	0.12	0.11	0.4	0.18	0.13	0.11	0.42
福田煤矿普查	0.44	0.15	0.29	0.88	0.17	0.06	0.11	0.34
硐山东预测区	0.42	0.15	0.20	0.77	0.41	0.15	0.19	0.75
扒弓预测区 1	0.40	0.13	0.20	0.73	0.62	0.20	0.31	1.13
扒弓预测区 2	5.42	1.99	3.29	10.7	0.33	0.12	0.20	0.65
源益煤矿详查	0.06	0.03	0.12	0.21	0.06	0.04	0.07	0.17
合计	112.64	67.31	87.78	267.73	0.22	0.13	0.16	0.51

——在不同块段,单一主煤层对全部可采煤层煤层气地质资源量的贡献差异极大(图6-10)。主煤层的贡献以9号煤层为主,其中8个该煤层相应块段贡献率超过40%;16号煤层各块段贡献率最低,大都在20%以下。

——9号煤层地质资源量最大,达112.64亿 m³,占主煤层资源量的42.07%;平均资源丰度0.22亿 m³/km²,对主煤层资源丰度的贡献率为43.14%。16号煤层地质资源量占主煤层资源量的25.14%,对主煤层资源丰度的贡献率为25.49%。23号煤层地质资源量占主煤层资源量的32.79%,对主煤层资源丰度贡献率为31.37%。

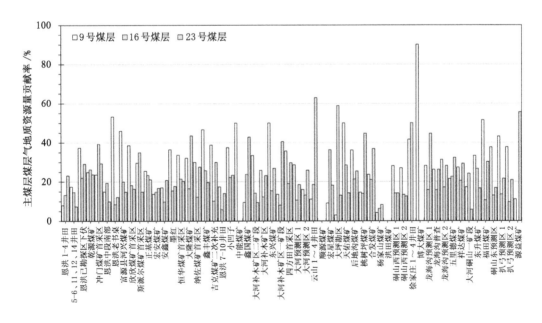

图 6-10 恩洪矿区不同块段主煤层煤层气地质资源量贡献率分布

从老厂矿区来看(表6-26):

——3个主煤层的煤层气地质资源量879.02亿 m³,占该矿区地质资源总量的37.92%;平均地质资源丰度1.47亿 m³/km²,占全部可采煤层平均地质资源丰度的37.89%。

表 6-26　　　　　　　　　　老厂矿区主煤层煤层气地质资源量统计

构造单元	地质资源量/亿 m³				地质资源丰度/(亿 m³/km²)			
	C9	C13	C19	小计	C9	C13	C19	小计
一勘区	0.93	2.11	0.92	3.95	0.11	0.25	0.11	0.48
二勘区	7.39	5.17	13.78	26.33	0.39	0.27	0.73	1.40
三勘区	0.78	0.69	0.81	2.28	0.07	0.06	0.07	0.19
四勘区	33.96	45.54	22.88	102.39	0.28	0.37	0.19	0.83
六勘区	4.05	4.36	5.78	14.18	0.59	0.64	0.85	2.08
德黑向斜	109.18	109.43	93.63	312.25	0.58	0.58	0.50	1.65
箐口向斜	101.27	104.83	89.28	295.37	0.63	0.65	0.55	1.84
南部预测区	43.99	44.47	33.80	122.26	0.55	0.56	0.43	1.54
小计	301.54	316.60	260.88	879.02	0.50	0.53	0.44	1.47

——在不同块段，单一主煤层对全部可采煤层煤层气地质资源量的贡献差别不大（图6-11）。

——C13 煤层地质资源量最大，达 316.6 亿 m³，占主煤层资源量的 36.02%；平均资源丰度 0.53 亿 m³/km²，对主煤层资源丰度的贡献率为 36.05%。C9 煤层地质资源量次之，为301.54 亿 m³，占主煤层资源量的 34.30%，对主煤层资源丰度的贡献率为 34.01%。C19 煤层地质资源量为 260.88 亿 m³，占主煤层资源量的 29.68%，对主煤层资源丰度贡献率为29.93%。

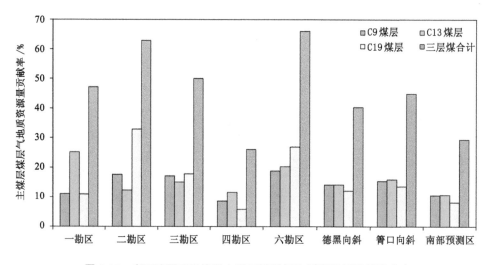

图 6-11　老厂矿区不同块段主煤层煤层气地质资源量贡献率分布

至于新庄矿区（表 6-27）：C5 煤层的煤层气地质资源量为 139.7 亿 m³，占该矿区地质资源总量的 63.94%；平均资源丰度 0.41 亿 m³/km²，占矿区平均资源丰度的 64.06%。其他煤层煤层气地质资源量 78.8 亿 m³，占矿区地质资源量的 36.06%；平均资源丰度为 0.23 亿m³/km²，对矿区平均资源丰度的贡献率为 35.94%。就不同构造单元来看，C5 煤层的煤层气资源占全部可采煤层的80％以上，主要包括观音山、玉京山、三桃乡向斜；其他向斜均介于60％～80％之间。

表 6-27　　　　　　　　　　　　新庄矿区主煤层煤层气地质资源量统计

块段	地质资源量/亿 m³			地质资源丰度/(亿 m³/km²)		
	C5 煤层	其他	小计	C5 煤层	其他	小计
观音山	8.94	2.25	11.19	0.33	0.08	0.41
大井沟	4.5	6.02	10.52	0.29	0.39	0.68
大井沟	0.74	1.07	1.81	0.36	0.52	0.88
墨黑	5.23	1.24	6.47	0.47	0.11	0.58
玉京山	5.4	0.16	5.56	0.28	0.01	0.29
玉京山	1.2	1.5	2.7	0.12	0.15	0.27
高田	1.74	2.29	4.03	0.1	0.14	0.24
三桃乡	1.18	0.13	1.31	0.22	0.02	0.24
三桃乡	5.31	0.6	5.91	0.42	0.05	0.47
墨黑	2.73	1.93	4.66	0.66	0.47	1.13
播箕	3.27	3.91	7.18	0.43	0.51	0.94
金山	1.28	1.13	2.41	0.4	0.35	0.75
鑫源	1.12	0.66	1.78	0.14	0.08	0.22
旧城	3.71	6.62	10.33	0.13	0.23	0.36
大井沟	1.8	2.61	4.41	0.53	0.77	1.3
玉京山	14.68	1	15.68	1.79	0.12	1.91
观音山	28.23	3.21	31.44	0.64	0.07	0.71
播箕	7.54	7.58	15.12	0.69	0.69	1.38
旧城	13.89	14.27	28.16	0.3	0.31	0.61
三桃乡	8.02	0.91	8.93	0.81	0.09	0.9
旧城	19.19	19.71	38.9	0.4	0.41	0.81
合计	139.7	78.8	218.5	0.41	0.23	0.64

在昭通矿区(表 6-28)：2 个主要可采煤层的煤层气地质资源量为 96.84 亿 m³，平均资源丰度 1.78 亿 m³/km²。2 号煤层地质资源量最大，达 68.45 亿 m³，占主煤层资源量的 70.68％；平均资源丰度 1.26 亿 m³/km²，对主煤层资源丰度的贡献率为 70.79％。3 号煤层地质资源量次之，达 28.39 亿 m³，占主煤层资源量的 29.32％；平均资源丰度 0.52 亿 m³/km²，对主煤层资源丰度的贡献率为 29.21％。煤层气资源主要分布在海子向斜，地质资源量 89.30 亿 m³，占主煤层资源量的 92.21％；诸葛营向斜地质资源量 7.54 亿 m³，占主煤层资源量的 7.79％。

表 6-28 昭通矿区主煤层煤层气地质资源量统计

向斜	地质资源量/亿 m³			地质资源丰度/(亿 m³/km²)		
	2	3	小计	2	3	小计
海子向斜	60.91	28.39	89.30	1.84	0.59	2.43
诸葛营向斜	7.54	0.00	7.54	1.26	0.00	1.26
小计	68.45	28.39	96.84	1.26	0.52	1.78

对于蒙自矿区(表 6-29):2 个主要可采煤层的煤层气地质资源量和资源丰度相当,资源量合计 38.89 亿 m³,平均资源丰度 0.36 亿 m³/km²。煤层气资源富集在 F11 断层以西,地质资源量 35.29 亿 m³,占盆地煤层气地质资源量的 90.74%。

表 6-29 蒙自矿区主煤层煤层气地质资源量统计

块段	地质资源量/亿 m³			地质资源丰度/(亿 m³/km²)		
	2	3	小计	2	3	小计
断层 F11 以东 F12 以北	1.67	1.43	3.1	0.11	0.11	0.20
F11 断层以西	17.33	17.96	35.29	0.19	0.21	0.39
断层 F11 以东 F12 以南	0.28	0.22	0.5	0.14	0.12	0.25
小计	19.28	19.61	38.89	0.18	0.19	0.36

四、煤层气地质资源量深度分布

云南省煤层气资源主要赋存在 1 500 m 以浅,地质资源量 3 781.83 亿 m³,占全省 2 000 m 以浅煤层气地质资源总量的 71.98%。其中:老圭煤田埋深 1 500 m 以浅的煤层气地质资源量 2 226.64 亿 m³,宣富煤田 731.2 亿 m³,镇威煤田 600.36 亿 m³,昭通煤田 152.56 亿 m³,绥江煤田 30.98 亿 m³,蒙自盆地 38.89 亿 m³,华坪煤田 0.50 亿 m³(表 6-17)。埋深 1 500 m 以浅煤层气地质资源的比例在昭通、宣威、绥江和华坪煤田达 90% 以上,老圭煤田和镇威煤田分别为 62.57% 和 73.92%(图 6-12)。

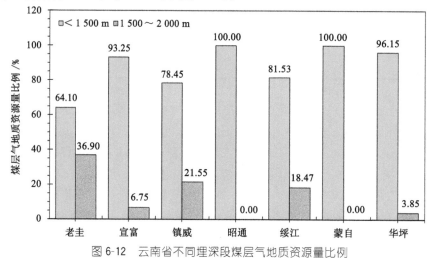

图 6-12 云南省不同埋深段煤层气地质资源量比例

　　进一步来看,老圭煤田埋深分别为 1 000 m、1 000～1 500 m 和 1 500～2 000 m 的煤层气地质资源量占资源总量的比例分别为 39.92％、24.18％和 35.90％,即以浅于 1 000 m 的煤层气资源为主(表 6-19)。其中,老厂矿区煤层气资源量按深度段具有如下分布特点(表 6-30):

　　——3 个埋深段煤层气地质资源量比例分别为 27.38％、20.14％和 44.15％。各块段1 000 m 以浅地质资源量比例变化大,介于 9.76％～100％之间,多集中于 80％～100％,一勘区至六勘区均在 80％以上;1 000～1 500 m 深度段地质资源量比例在 0～33.88％之间,1 500～2 000 m 深度段地质资源量比例约 50％左右。

　　——在浅于 1 000 m 深度段,地质资源丰度多为 2～3 亿 m³/km²;在 1 000～1 500 m 深度段,地质资源丰度多为 3 亿 m³/km²;在 1 500～2 000 m 深度段,地质资源丰度高于 4.5 亿 m³/km²(图 6-13)。

表 6-30　　　　　　　　　　老厂矿区不同埋深段煤层气地质资源量比例

块段	煤层气地质资源量/亿 m³	<1 000 m			1 000～1 500 m			1 500～2 000 m		
		资源量/亿 m³	资源丰度/(亿 m³/km²)	比例/％	资源量/亿 m³	资源丰度/(亿 m³/km²)	比例/％	资源量/亿 m³	资源丰度/(亿 m³/km²)	比例/％
一勘区	8.4	8.4	1.0	100.0	0.0	0.0	0.0	0.0	0.0	0.0
二勘区	41.9	41.9	2.2	100.0	0.0	0.0	0.0	0.0	0.0	0.0
三勘区	4.6	4.6	0.4	100.0	0.0	0.0	0.0	0.0	0.0	0.0
四勘区	393.3	316.3	2.6	80.4	76.9	0.6	19.6	0.0	0.0	0.0
六勘区	21.5	21.5	3.2	100.0	0.0	0.0	0.0	0.0	0.0	0.0
德黑向斜	774.0	130.9	2.6	16.9	130.9	2.3	16.9	396.2	4.9	51.2
箐口向斜	658.0	64.2	2.3	9.8	222.9	4.0	33.9	370.9	4.8	56.4
南部预测区	416.5	47.0	3.3	11.3	113.1	4.5	27.2	256.5	6.4	61.6
合计	2318.1	634.7	2.4	27.4	466.9	3.4	20.1	1 023.5	5.2	44.2

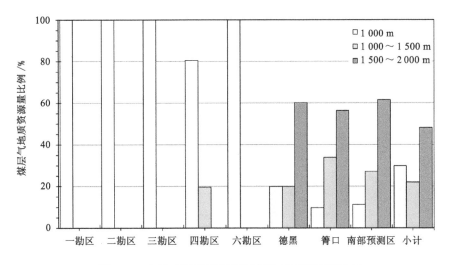

图 6-13　老厂矿区不同埋深段煤层气地质资源量比例

宣富煤田 3 个埋深段煤层气地质资源量占资源总量的比例分别为 73.09%、20.16% 和 6.75%,同样以浅于 1 000 m 的煤层气资源为主(表 6-17)。其中,恩洪矿区 3 个埋深段的地质资源量平均比例分别为 79.67%、20.33% 和 0,总体上随深度增大而显著递减。浅部煤层气地质资源量超过 10 亿 m³ 块段主要有 5 井田～12 井田、14 井田以及墨红、大河、硐山、扒弓等井田,资源丰度最高为硐山西预测区 2(1.49 亿 m³/km²);浅部煤层气资源丰度超过 1 亿 m³/km² 主要有老书桌、欣欣、斯派尔、宏安、安鑫、桃树坪等井田以及大河补木、大河预测区 2、大河硐山、硐山、扒弓等矿区;1 000～1 500 m 深度段煤层气资源量主要分布在大河预测区 1,该深度段资源丰度最高的为硐山西预测区 1(表 6-31)。

表 6-31　　　　　　　　　恩洪矿区不同埋深段煤层气地质资源量比例

块段	煤层气地质资源量/亿 m³	<1 000 m			1 000～1 500 m		
		资源量/亿 m³	资源丰度/(亿 m³/km²)	比例/%	资源量/亿 m³	资源丰度/(亿 m³/km²)	比例/%
恩洪 1-4 井田	4.43	4.43	0.23	100			
恩洪 5-6、11、12、14 井田	32.01	32.01	1.07	100			
恩洪已勘探区下伏	23.83				23.83	0.34	100
乾源煤矿	1.04	1.04	0.99	100			
冲门煤矿首采区	0.78	0.78	0.62	100			
恩洪中段南部	3.19	3.19	0.25	100			
老书桌煤矿	5.04	5.04	1.20	100			
富源县河兴煤矿	2.29	2.29	0.83	100			
欣欣煤矿首采区	4.68	4.68	1.27	100			
斯派尔煤矿首采区	4.91	4.91	1.16	100			
正基煤矿	1.96	1.96	0.78	100			
宏安煤矿	2.71	2.71	1.44	100			
安鑫煤矿	4.42	4.42	1.23	100			
墨红	45.16	45.16	0.95	100			
恒华煤矿首采区	2.13	2.13	0.37	100			
大隆煤矿	1.67	1.67	0.63	100			
纳佐煤矿首采区	5.66	5.66	0.91	100			
鑫丰煤矿	2.49	2.49	0.60	100			
吉克煤矿	3.97	3.97	0.62	100			
恩洪 7-10 井田	31.25	31.25	1.17	100			
小凹子	4.69				4.69	0.42	100
中能煤矿	0.20	0.20	0.13	100			
鑫国煤矿	0.49	0.49	0.27	100			
大河补木矿区二矿段	14.53	14.53	1.17	100			
大河补木矿区	17.85	17.85	0.73	100			

块段	煤层气地质资源量 /亿 m³	<1 000 m			1 000～1 500 m		
		资源量 /亿 m³	资源丰度 /(亿 m³/km²)	比例 /%	资源量 /亿 m³	资源丰度 /(亿 m³/km²)	比例 /%
东兴煤矿	0.47	0.47	0.29	100			
大河补木矿区一矿段	1.18	1.18	0.42	100			
四方田首采区	1.24	1.24	0.49	100			
大河预测区 1	58.00				58.00	1.32	100
大河预测区 2	69.50	69.50	1.19	100			
云山 1～4 井田	1.09	1.09	0.12	100			
顺源煤矿	1.05	1.05	0.52	100			
宽塘、海扎	3.78	3.78	0.80	100			
宏星煤矿	0.90	0.90	0.39	100			
大坪勘区	5.96	5.96	0.63	100			
天佑煤矿	0.85	0.85	0.30	100			
后地沟煤矿	2.07	2.07	0.73	100			
桃树坪煤矿	7.90	7.90	1.08	100			
合发煤矿	0.55	0.55	0.56	100			
杨家山煤矿	1.19	1.19	0.27	100			
洪田煤矿	0.17	0.17	0.17	100			
硐山西预测区 1	0.97				0.97	1.86	100
硐山西预测区 2	27.22	27.22	1.49	100			
徐家庄 1～4 井田	0.63	0.63	0.08	100			
博大煤矿	0.26	0.26	0.10	100			
龙海沟预测区 1	8.01	8.01	0.49	100			
龙海沟	0.40	0.40	0.34	100			
龙海沟预测区 2	1.27				1.27	0.84	100
五里德煤矿	1.52	1.52	0.60	100			
祥达煤矿	1.53	1.53	0.72	100			
大河硐山一矿段	2.16	2.16	1.12	100			
东升煤矿	0.53	0.53	0.58	100			
福田煤矿	0.97	0.97	0.38	100			
硐山东预测区	1.13	1.13	1.15	100			
扒弓预测区 1	0.95				0.95	1.55	100
扒弓预测区 2	15.95	15.95	1.02	100			
源益煤矿	0.44	0.44	0.30	100			
合计	441.22	351.51	0.85	79.67	89.71	0.70	20.33

镇威煤田3个埋深段煤层气地质资源量占资源总量的比例分别为53.98%、24.48%和21.55%,一半多的煤层气资源集中在1 000 m以浅,1 000～1 500 m与1 500～2 000 m深度段各约占1/4(表6-17)。其中,新庄矿区具有如下主要特点(表6-32):

——3个埋深段的煤层气地质资源量平均比例依次为34.69%、43.39%和21.89%。各井田/向斜1 000 m以浅地质资源量比例变化介于15%～100%之间,1 000～1 500 m深度段地质资源量比例为26%～74%,1 500～2 000 m深度段为21%～56%。变化较大的原因在于,个别井田或缺失某一深度段含煤地层,或含气面积较小。比如,高田井田和金山井田含煤地层埋深均浅于1 000 m;观音山井田1 000～1 500 m深度段资源约为1 000 m浅资源的1.6倍(图6-14)。

表6-32　　　　　　　　　新庄矿区不同埋深段煤层气地质资源量比例

块段	煤层气地质资源量 /亿 m³	<1 000 m			1 000～1 500 m			1 500～2 000 m		
		资源量 /亿 m³	资源丰度 /(亿 m³/km²)	比例 /%	资源量 /亿 m³	资源丰度 /(亿 m³/km²)	比例 /%	资源量 /亿 m³	资源丰度 /(亿 m³/km²)	比例 /%
观音山	42.64	11.20	0.41	26.27	31.44	0.71	73.73			
大井沟	16.71	12.30	0.94	73.61	4.41	1.30	26.39			
墨黑	11.1	11.10	0.62	100.00						
玉京山	23.98	8.30	0.22	34.61	15.68	1.91	65.39			
高田	4.0	4.00	0.21	100.00						
三桃乡	16.13	7.20	0.61	44.64				8.93	0.91	55.36
播箕	22.32	7.20	0.47	32.26	15.12	1.38	67.74			
金山	2.4	2.40	0.25	100.00						
旧城	79.16	12.10	0.61	15.29	28.16	0.61	35.57	38.90	0.81	49.14
合计	218.5	75.80	0.44	34.69	94.81	0.84	43.39	47.83	0.83	21.89

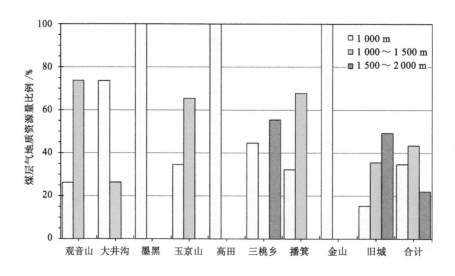

图6-14　新庄矿区不同埋深段煤层气地质资源量比例

——在浅于 1 000 m 深度段，煤层气地质资源丰度较小，平均仅为 0.44 m³/km²，仅有大井沟井田接近全国平均水平。在 1 000～1 500 m 深度段，平均地质资源丰度增大到 0.84 亿 m³/km²，玉京山井田接近 2 亿 m³/km²。在 1 500～2 000 m 深度段，地质资源丰度又有所降低，平均为 0.83 亿 m³/km²（表 6-32）。

第三节　煤层气资源可采潜力

煤层气资源可采潜力从地质、技术、经济、环境四个方面进行评价。在地质和技术两个方面，煤层气资源可采性包括煤层含气性、煤层渗透性、地层能量、煤储层可改造性四项内容。云南省煤层渗透性和地层能量的实际资料严重不足，煤储层可改造性缺乏实际工程依据。为此，本节主要依据煤层气资源量估算结果，结合煤储层数值模拟和少量其他资料，就云南省内煤层气资源潜力进行初步分析。

一、煤层气可采资源量及其分布

如表 6-17 所列，云南省煤层气可采资源量为 2 940.27 亿 m³，占地质资源总量的55.97%。其中：老圭煤田煤层气可采资源量 1 948.17 亿 m³，占全省可采资源总量的66.26%；宣富煤田 465.37 亿 m³，占 15.83%；镇威煤田 423.24 亿 m³，占 14.39%；昭通煤田63.9 亿 m³，占 2.17%；绥江煤田 21.27 亿 m³，只占 0.72%；蒙自煤田 18.02 亿 m³，仅占0.61%；华坪煤田 0.29 亿 m³，比例为 0.01%。

云南省煤层气可采资源平均丰度 0.33 亿 m³/km²，最高的老圭煤田为 1.07 亿 m³/km²；其次为宣富、镇威、昭通和蒙自煤田，可采资源平均丰度分别为 0.28 亿 m³/km²、0.13亿 m³/km²、0.13 亿 m³/km² 和 0.17 亿 m³/km²；华坪和绥江煤田的可采资源丰度均极低。与地质资源量相同，全省煤层气可采资源仍呈"东部富集，东南和东北部相对较少，西部贫乏"的区域分布格局。

老厂矿区是云南省煤层气可采资源的富集中心，可采资源量 1 142.04 亿 m³，占全省可采资源总量的 38.84%；可采资源平均丰度 1.91 亿 m³/km²，甚至高出全省地质资源平均丰度的近 3 倍（表 6-33）。德黑、箐口向斜和南部预测区可采资源量均超过 100 亿 m³，可采资源丰度依次为 2.35 亿 m³/km²、2.43 亿 m³/km² 和 3.14 亿 m³/km²。四勘区和六勘区可采资源量超过 10 亿 m³，可采资源丰度分别为 0.29 亿 m³/km² 和 1.93 亿 m³/km²。二勘区可采资源量接近 10 亿 m³，可采资源丰度 0.48 亿 m³/km²。然而，全矿区埋深 1 000 m 以浅煤层气可采资源量比例只有 25.39%，即可采资源主要分布在 1 000～2 000 m 深度段。尽管六勘区、四勘区、二勘区可采资源量规模相对较小，但主要分布在 1000 m 以浅。因此，这 3个勘查区应该是老厂矿区煤层气地面开发优先考虑的重点区段。

恩洪向斜煤层气可采资源量 283.24 亿 m³，占全省可采资源总量的 9.63%，比煤层气地质资源量占全省比例（8.41%）有所提高；可采资源平均丰度 0.52 亿 m³/km²（表 6-34）。煤层气可采资源量超过 10 亿 m³ 的次级评价单元主要有恩洪 5～12 井田、14 井田、墨红、已勘探区下伏及大河、硐山西、扒弓预测区；可采资源丰度大于 1.0 亿 m³/km² 的有宏安煤矿及大河、硐山西、扒弓预测区。各评价单元尽管煤层气可采资源规模不大，但浅部可采资源比例非常高，大都为 100%，平均为 76.9%。

表 6-33　　　　　　　　　　　老厂矿区煤层气可采资源量计算结果汇总

向斜	含煤面积 /km²	可采资源量 /亿 m³	可采资源丰度 /(亿 m³/km²)	浅于 1 000 m 埋深可采资源量		资源 类型
				亿 m³	%	
一勘区	8.3	0	0	0	0	
二勘区	18.87	9.15	0.48	9.15	100	Ⅰ 133
三勘区	11.68	0	0	0	0	
四勘区	122.78	35.45	0.29	28.52	80.45	Ⅰ 32
六勘区	6.82	13.2	1.93	13.2	100	Ⅰ 13
德黑向斜	189.05	444.34	2.35	51.72	11.64	Ⅲ 12
箐口向斜	160.97	390.58	2.43	27.67	7.08	Ⅲ 12
南部预测区	79.31	249.32	3.14	21.53	8.64	Ⅲ 13
合计	597.78	1 142.04	1.91	151.79	25.39	Ⅲ 11

表 6-34　　　　　　　　　　　恩洪矿区煤层气可采资源量计算结果汇总

块段	含煤面积 /km²	可采资源量 /亿 m³	可采资源丰度 /(亿 m³/km²)	埋深 1 000 m 以浅可采资源量		资源 类型
				亿 m³	%	
恩洪 1-4 井田	18.88	2.12	0.11	2.12	100	Ⅰ 33
恩洪 5-6、11、12、14 井田	29.81	21.81	0.73	21.81	100	Ⅰ 33
恩洪已勘探区下伏	70.50	15.45	0.22	0	0.00	Ⅲ 33
乾源煤矿	1.05	0.76	0.72	0.76	100	Ⅰ 33
冲门煤矿首采区	1.26	0.51	0.40	0.51	100	Ⅰ 33
恩洪中段南部	12.87	5.16	0.40	5.16	100	Ⅰ 33
恩洪老书桌	4.21	3.46	0.82	3.46	100	Ⅰ 33
富源县河兴煤矿	2.76	1.35	0.49	1.35	100	Ⅰ 33
欣欣煤矿首采区	3.68	3.18	0.86	3.18	100	Ⅰ 33
斯派尔煤矿首采区	4.23	3.77	0.89	3.77	100	Ⅰ 33
正基煤矿	2.50	1.37	0.55	1.37	100	Ⅰ 33
宏安煤矿	1.88	2.03	1.08	2.03	100	Ⅰ 23
安鑫煤矿	3.59	3.17	0.88	3.17	100	Ⅰ 33
墨红	47.62	31.96	0.67	31.96	100	Ⅰ 33
恒华煤矿首采区	5.72	1.63	0.29	1.63	100	Ⅰ 33
大隆煤矿	2.67	1.15	0.43	1.15	100	Ⅰ 33
纳佐煤矿首采区	6.23	3.70	0.59	3.7	100	Ⅰ 33
鑫丰煤矿	4.13	1.63	0.39	1.63	100	Ⅰ 33
吉克煤矿	6.41	2.27	0.35	2.27	100	Ⅰ 33
恩洪 7-10 井田	26.61	10.38	0.39	10.38	100	Ⅰ 33

块段	含煤面积/km²	可采资源量/亿 m³	可采资源丰度/(亿 m³/km²)	埋深 1 000 m 以浅可采资源量		资源类型
				亿 m³	%	
小凹子	11.22	1.76	0.16	0	0.00	Ⅲ33
中能煤矿	1.54	0.02	0.01	0.02	100	Ⅰ33
鑫国煤矿	1.84	0.21	0.11	0.21	100	Ⅰ33
大河补木矿区二矿段	12.43	9.79	0.79	9.79	100	Ⅰ33
大河补木矿区	24.30	8.66	0.36	8.66	100	Ⅰ33
东兴煤矿	1.61	0.26	0.16	0.26	100	Ⅰ33
大河补木矿区一矿段	2.80	0.37	0.13	0.37	100	Ⅰ33
四方田首采区	2.54	0.84	0.33	0.84	100	Ⅰ33
大河预测区 1	44.02	45.71	1.04	0	0.00	Ⅲ23
大河预测区 2	58.54	44.78	0.76	44.78	100	Ⅰ33
云山 1~4 井田	9.00	0.27	0.03	0.27	100	Ⅰ33
顺源煤矿	2.03	0.03	0.01	0.03	100	Ⅰ33
宽塘、海扎普查	4.74	0.00	0.00	0	100	Ⅰ33
宏星煤矿	2.32	0.11	0.05	0.11	100	Ⅰ33
大坪勘区	9.41	1.99	0.21	1.99	100	Ⅰ33
天佑煤矿	2.85	0.14	0.05	0.14	100	Ⅰ33
后地沟煤矿	2.85	1.41	0.49	1.41	100	Ⅰ33
桃树坪煤矿	7.31	4.94	0.68	4.94	100	Ⅰ33
合发煤矿	0.97	0.38	0.39	0.38	100	Ⅰ33
杨家山煤矿	4.47	0.48	0.11	0.48	100	Ⅰ33
洪田煤矿	0.99	0.07	0.07	0.07	100	Ⅰ33
硐山西预测区 1	0.52	0.78	1.50	0	0.00	Ⅲ23
硐山西预测区 2	18.26	20.63	1.13	20.63	100	Ⅰ23
徐家庄 1~4 井田	8.04	0.24	0.03	0.24	100	Ⅰ33
博大煤矿	2.74	0.20	0.07	0.2	100	Ⅰ33
龙海沟预测区 1	16.25	5.49	0.34	5.49	100	Ⅰ33
龙海沟	1.16	0.19	0.17	0.19	100	Ⅰ33
龙海沟预测区 2	1.52	0.99	0.65	0	0.00	Ⅲ33
五里德煤矿	2.51	1.02	0.40	1.02	100	Ⅰ33
祥达煤矿	2.13	1.02	0.48	1.02	100	Ⅰ33
大河硐山一矿段	1.94	0.87	0.45	0.87	100	Ⅰ33
东升煤矿	0.92	0.30	0.32	0.3	100	Ⅰ33

块段	含煤面积 /km²	可采资源量 /亿 m³	可采资源丰度 /(亿 m³/km²)	埋深 1 000 m 以浅可采资源量		资源 类型
				亿 m³	%	
福田煤矿	2.53	0.66	0.26	0.66	100	Ⅰ 33
硐山东预测区	0.98	0.77	0.79	0.77	100	Ⅰ 33
扒弓预测区 1	0.61	0.74	1.22	0	0.00	Ⅲ 23
扒弓预测区 2	15.64	10.17	0.65	10.17	100	Ⅰ 33
源益煤矿	1.47	0.09	0.06	0.09	100	Ⅰ 33
合计	541.61	283.24	0.52	217.81	76.90	Ⅰ 31

新庄矿区煤层气可采资源量 130.55 亿 m³,占全省可采资源总量的 4.44%;可采资源平均丰度 0.33 亿 m³/km²(表 6-35)。煤层气可采资源量超过 10 亿 m³ 的次级评价单元为大井沟、玉京山、三桃乡、播箕、旧城;可采资源丰度最大为播箕井田,达 0.70 亿 m³/km²,大井沟次之,为 0.61 亿 m³/km²,其他井田都在 0.50 亿 m³/km² 以下。浅部可采煤层资源量 32.79 亿 m³,约占可采资源总量的 1/4。也就是说,新庄矿区煤层气可采资源主要分布在 1 000 m 以深的地段。

表 6-35　　　　　　　　　新庄矿区煤层气可采资源量计算结果汇总

井田	含煤面积 /km²	可采资源量 /亿 m³	可采资源丰度 /(亿 m³/km²)	浅于 1000 m 埋深可采资源量		资源 类型
				亿 m³	%	
观音山	70.51	2.87	0.04	2.87	100.00	Ⅰ 33
大井沟	20.74	10.18	0.61	7.86	77.21	Ⅰ 33
墨黑	11.11	4.23	0.38	4.23	100.00	Ⅰ 33
玉京山	51.08	10.32	0.20	0.00	0.00	Ⅲ 33
高田	16.73	0.77	0.05	0.77	100.00	Ⅰ 33
三桃乡	72.26	31.36	0.43	3.69	11.78	Ⅲ 34
播箕	22.70	15.95	0.70	6.03	37.82	Ⅲ 23
金山	3.20	1.00	0.31	1.00	100.00	Ⅰ 33
旧城	131.16	53.87	0.41	6.34	11.77	Ⅲ 32
合计	399.49	130.55	0.33	32.79	25.12	Ⅲ 31

昭通盆地和蒙自盆地均为褐煤,煤层气可采资源量依次为 38.62 亿 m³ 和 18.32 亿 m³,可采资源平均丰度分别为 0.71 亿 m³/km² 和 0.17 亿 m³/km²(表 6-36,表 6-37)。可采资源量超过 10 亿 m³ 的块段为昭通盆地海子向斜及蒙自盆地 F11 断层以西地区。尽管这两个盆地煤层含气量低,然而发育巨厚褐煤层,资源丰度较为可观。尤其是昭通盆地,煤层气资源具有一定的开发潜力。

表 6-36　　　　　　　　　　　昭通盆地煤层气可采资源量计算结果汇总

向斜	含煤面积 /km²	可采资源量 /亿 m³	可采资源丰度 /(亿 m³/km²)	浅于 1000 m 埋深可采资源量		资源 类型
				亿 m³	%	
海子	48.53	35.84	0.74	35.84	100	Ⅰ33
诸葛营	5.99	2.78	0.46	2.78	100	Ⅰ33
合计	54.52	38.62	0.71	38.62	100	Ⅰ33

表 6-37　　　　　　　　　　　蒙自盆地煤层气可采资源量计算结果汇总

向斜	含煤面积 /km²	可采资源量 /亿 m³	可采资源丰度 /(亿 m³/km²)	浅于 1000 m 埋深可采资源量		资源 类型
				亿 m³	%	
断层 F11 以东 F12 以北	15.36	1.43	0.09	1.43	100	Ⅰ33
断层 F11 以西	90.20	16.66	0.18	16.66	100	Ⅰ33
断层 F11 以东 F12 以南	2.03	0.23	0.11	0.23	100	Ⅰ33
合计	107.59	18.32	0.17	18.32	100	Ⅰ32

二、煤层气可采资源基础类级

根据云南省煤层气资源量估算情况,采用表 1-7~表 1-8 划分方案,省内 5 个重点矿区 79 个块段煤层气可采资源类型见表 6-33~表 6-37,汇总结果见表 6-38。

整体来看,老厂矿区煤层气可采资源属于Ⅲ11 类型,埋深 1 000 m 以浅可采资源比例 较低,可采资源丰度高;恩洪向斜可采资源为Ⅰ31 类型,1 000 m 以浅可采资源比例高,可采 资源丰度低;新庄矿区可采资源为Ⅲ31 类型,1 000 m 以浅可采资源比例低,可采资源丰度 低;昭通盆地可采资源为Ⅰ33 类型,1 000 m 以浅可采资源比例高,可采资源丰度低;蒙自盆 地可采资源为Ⅰ32 类型,1 000 m 以浅可采资源比例高,可采资源丰度低。进一步来看,云 南省只存在Ⅰ类和Ⅲ类块段,缺乏Ⅱ类块段。

表 6-38　　　　　　　　　滇东地区主要构造单元煤层气可采资源类级汇总

矿区/ 煤田	级别	类 型								
		11	12	13	21	22	23	31	32	33
老厂	Ⅰ			六勘区					四勘区	二勘区
	Ⅱ									
	Ⅲ		德黑/箐口	南部						
恩洪	Ⅰ						宏安			其余 50 个区块
	Ⅱ									
	Ⅲ			大河 1/硐山西 1/扒弓 1						已勘区下伏/小凹子/ 龙海沟预测区 2

续表 6-38

矿区/煤田	级别	类型								
		11	12	13	21	22	23	31	32	33
新庄	I									观音山/大井沟/墨黑/高田/金山
	II									
	III						播箕		旧城	玉京山/三桃乡
蒙自	I									蒙自
	II									
	III									
昭通	I									海子/诸葛营
	II									
	III									

浅部煤层气可采资源比例高的 I 类块段 64 个。其中,可采资源丰度高的 I 13 块段只有老厂矿区六勘区 1 个,但含气面积偏小;可采资源丰度中等但面积小的为恩洪向斜宏安块段(I 23);可采资源丰度低但面积中等的只有老厂矿区四勘区(I 32);其余 I 类块段全为 I 33 型,可采资源丰度低,面积普遍偏小,是恩洪向斜、新庄矿区的主要块段类型,蒙自和昭通盆地全部属于该类型块段(表 6-38,图 6-15)。

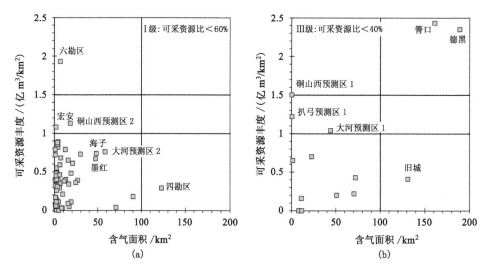

图 6-15　云南重点矿区各块段煤层气可采资源类型分布

煤层气可采资源比较低的 III 级块段 15 个。其中,老厂矿区德黑向斜和箐口向斜可采资源丰度分别达到 2.35 亿 m³/km² 和 2.43 亿 m³/km²,面积中等,属于 III 12 型,但浅部可采资源比例只有 10% 左右;恩洪向斜硐山西预测区 1 属于 III 23 型,可采资源丰度中等,含气面积偏小;恩洪向斜扒弓预测区 1 和大河预测区 1 为 III 23,可采资源丰度中等,但可采资源全部赋存在 1 000 m 以深;新庄矿区旧城勘探区面积中等,但可采资源丰度低,属于 III 32 型,可采资源的 90% 左右赋存在 1 000 m 以下的深部。

三、煤层气井产能数值模拟分析

利用 COMET 3.0 煤储层数值模拟商业软件,依据试井参数和配套测试数据(表 6-39),对表 6-11 中所列 5 口煤层气井 5 个煤层进行产能模拟。由此,进一步从产气量模拟结果中提取相关参数,形成滇东地区煤层气可采潜力数值分析的基础(表 6-40)。其中,2 口井的模拟产气曲线见图 6-16 和图 6-17。

表 6-39　　　　　　　　　　　　煤层气井产能数值模拟输入参数表

模拟井位	模拟煤层	煤厚/m	埋深/m	含气量/m	裂隙孔隙率/%	渗透率/mD	储层压力/MPa	储层温度/℃	$V_{L,daf}$/(m³/t)	$P_{L,daf}$/MPa	吸附时间/d	表皮因子
7801	C5	4.2	637	9.8	0.02	0.51	7.03	22.47	20.48	2.03	1.5	−5.18
EH1	16	3.26	566	7.93	0.02	0.011	5.46	31.19	20.04	2.39	1.01	−3.8
EH2	21	1.93	604	6.0	0.02	0.056	4.06	27.93	20.04	2.39	0.79	−1.55
4103-3	C7+8	2.72	582	12.62	0.02	0.26	3.71	30	34.03	2.76	4.2	−2.5
4117-2	C7+8	4.96	551	7.13	0.02	0.023 5	6.74	30	36.45	3.07	4.2	−2.52

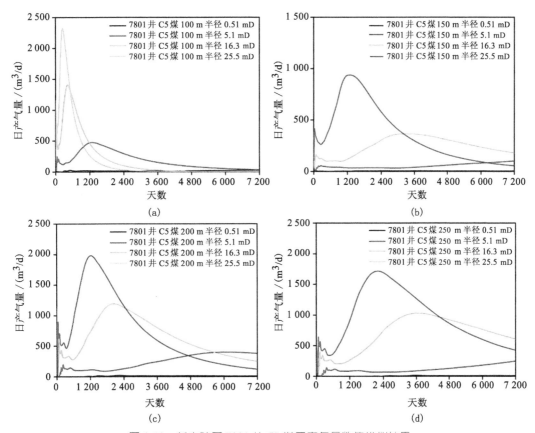

图 6-16　新庄矿区 7801 井 C5 煤层产气量数值模拟结果

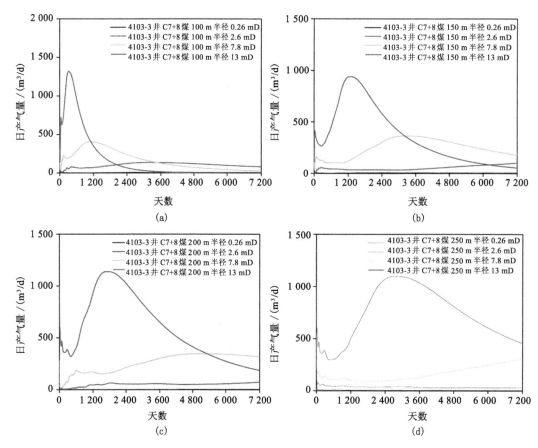

图 6-17　老厂矿区 4103-3 井 C7＋8 煤层产气量数值模拟结果

通过数值模拟,揭示了滇东地区上二叠统如下煤层气可采性特征:

(1)煤层气井产气量。滇东上二叠统以多煤层成组发育为特征,除新庄矿区外,每一煤组含 10～31 个煤层,累计可采厚度一般在 10 m 以上。为此,本书将单位厚度(1 m)煤层日产气量 200 m³ 作为衡量工业性气流产出的下限标准。

——在煤层原位渗透率情况下,除新庄矿区 7801 井 C5 煤层外,其他 4 个煤层均几乎没有煤层气产出。如果排采时间无限延长,各煤层单位厚度煤层最高日产气量不超过 200 m³,煤层气采收率一般不超过 4%,个别情况下(新庄 7801 井 C5 煤层)可达 10%,但仍无产气高峰可言(表 6-40)。

——就单个钻孔来看,随着煤层模拟渗透率增大或模拟压裂效果增强,产气量逐渐加大;在煤储层原位渗透率强化 10 倍的条件下,普遍没有工业性气流(单位厚度煤层日产气量大于 200 m³)产出,但产气高峰已经明显可见(表 6-40)。

——将原位渗透率放大 30～50 倍,7801 井和 4103-2 井煤层开始产出工业性气流,其他 3 口井仍然达不到工业气流。结合表 6-39 分析,要实现煤层气井工业性气流,煤储层改造后的渗透率至少应增加到 7.8 mD(0.26 mD×30 倍)以上。

——产气峰期起始时刻、产气高峰时刻、产气高峰时限之间关系。以新庄矿区 7801 井为例,随着模拟渗透率增加,同一排采影响半径的产气峰期起始时间、产气高峰时刻来临越

表6-40　滇东地区上二叠统煤层气产能数值模拟结果统计表

钻孔	煤层	渗透率/mD	产气峰期起始时刻/d				产气高峰时刻/d				高峰时刻产气量/(m³/d)				产气高峰时限/d				峰期日均产气量/(m³/d)			
			100 m	150 m	200 m	250 m	100 m	150 m	200 m	250 m	100 m	150 m	200 m	250 m	100 m	150 m	200 m	250 m	100 m	150 m	200 m	250 m
7801	C5	0.51	—	—	—	—	—	—	—	—	—	—	—	—	—	—	—	—	—	—	—	—
		5.1	583	2 165	3 088	6 377	1 271	3 825	6 020	10 928	474	354	399	345	2 490	5 609	10 159	15 409	345	287	309	283
		15.3	10	34	46	87	423	1 280	2 020	3 672	1 406	1 054	1 192	1 031	1 780	4 755	7 893	13 414	681	550	601	355
		25.5	5	17	22	50	250	767	1 215	2 197	2 325	1 749	1 980	1 715	1 331	3 599	5 912	10 175	960	781	853	767
EH1	16	0.011	—	—	—	—	—	—	—	—	—	—	—	—	—	—	—	—	—	—	—	—
		0.11	—	—	—	—	—	—	—	—	—	—	—	—	—	—	—	—	—	—	—	—
		0.33	—	—	—	—	—	—	—	—	—	—	—	—	—	—	—	—	—	—	—	—
		0.55	—	—	—	—	—	—	—	—	—	—	—	—	—	—	—	—	—	—	—	—
EH2	21	0.056	—	—	—	—	—	—	—	—	—	—	—	—	—	—	—	—	—	—	—	—
		0.56	—	—	—	—	—	—	—	—	—	—	—	—	—	—	—	—	—	—	—	—
		1.68	—	—	—	—	—	—	—	—	—	—	—	—	—	—	—	—	—	—	—	—
		2.8	—	—	—	—	—	—	—	—	—	—	—	—	—	—	—	—	—	—	—	—
4103	C7+8	0.26	—	—	—	—	—	—	—	—	—	—	—	—	—	—	—	—	—	—	—	—
		2.6	—	—	—	—	—	—	—	—	—	—	—	—	—	—	—	—	—	—	—	—
		7.8	124	1 716	2 277	5 034	1 063	3 337	4 888	9 384	400	364	336	330	2 563	4 999	8 983	9 966	302	296	287	297
		13	11	17	58	183	311	1 304	1 656	2 827	1 319	937	1 838	1 111	1 545	4 356	6 897	11 042	670	522	602	585
4117	C7+8	0.023 5	—	—	—	—	—	—	—	—	—	—	—	—	—	—	—	—	—	—	—	—
		0.235 2	—	—	—	—	—	—	—	—	—	—	—	—	—	—	—	—	—	—	—	—
		0.705 6	—	—	—	—	—	—	—	—	—	—	—	—	—	—	—	—	—	—	—	—
		1.176	—	—	—	—	—	—	—	—	—	—	—	—	—	—	—	—	—	—	—	—

注："产气高峰时限"指日产气200 m³的起止时段(d)；"—"表示煤层气产气量(模拟时间20 000 d内)低于200 m³/d。

早,产气高峰时限越短;排采影响半径越大,同一模拟渗透率的产气峰期起始时间、产气高峰时刻来临越晚,产气高峰时限增大(图 6-18)。

——高峰时刻产气量、峰期日均产气量。同样以 7801 井为例,随着模拟渗透率增加,同一排采影响半径的高峰时刻产气量越大;排采影响半径越大,同一模拟渗透率高峰时刻产气量减小;峰期日均产量与排采影响半径关系不明显(图 6-18)。从表 6-40 看出,老厂矿区 4103-3 井亦具有相同规律。

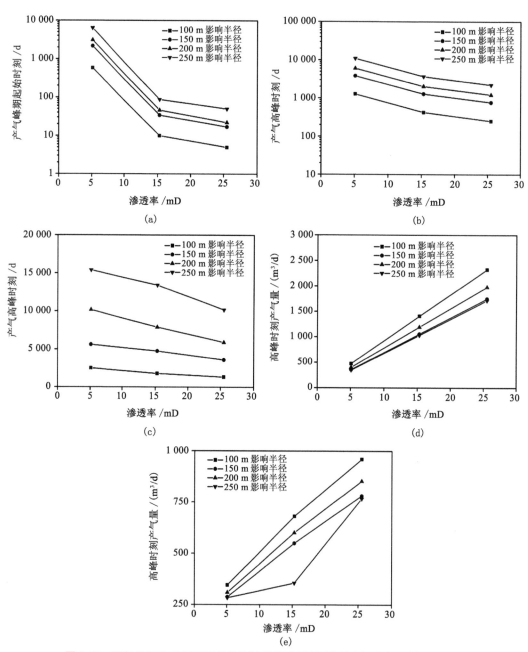

图 6-18　滇东地区 5 口煤层气井模拟排采影响半径、渗透率与产气特性之间关系

(a) 7801 井;(b) EH1 井;(c) EH2 井;(d) 4103-3 井;(e) 4117-2 井

（2）煤层气采收率（图 6-19）。如上所述煤组发育的原因，本书以 7 200 d 作为开采年限标准，估算煤层气采收率，结果见表 6-12。

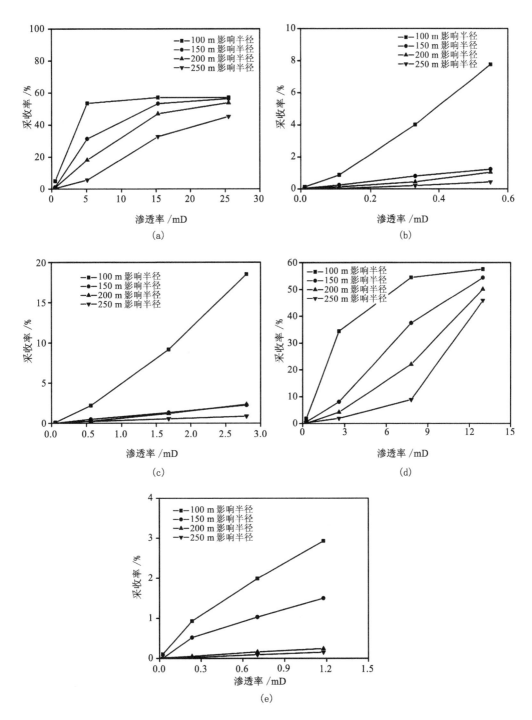

图 6-19 滇东地区 5 口煤层气井模拟采收率与渗透率、排采影响半径关系

（a）7801 井；（b）EH1 井；（c）EH2 井；（d）4103-3 井；（e）4117-2 井

——总体来看,煤层气采收率变化极大,与模拟排采半径、模拟渗透率以及煤层厚度、煤储层压力、地应力等原位地质条件有关。本次模拟的 5 口井,仅新庄矿区 7801 井与老厂矿区 4103-3 井有较为理想的煤层气采收率。7801 井在煤层原位渗透率强化 30～50 倍条件下,不同排采影响半径采收率多为 40%～60%,4103-3 井最高达到 60%,其余 3 口井采收率全低于 10%(表 6-12)。

——在模拟渗透率恒定条件下,模拟排采半径增大,煤层气采收率单调递减趋势显著。排采半径从 100 m 扩大到 250 m,7801 井 C5 煤层在渗透率为 5.1 mD 时的采收率由 53.51% 降至 5.54%,4103-3 井 C7+8 煤层在渗透率为 7.8 mD 时的采收率由 54.46% 降至 8.89%(表 6-12,图 6-19)。

(3)单位煤厚峰期日均产气量。这一术语是指单位厚度煤层产气量高于 200 m³/d 阶段的单井日均产气量。

——从表 6-12 和表 6-41 可见,各模拟煤层日均产气量差异极大。原因之一在于,煤层的厚度存在极大差异,仅根据产气高峰期日均产气量无法客观描述不同地点煤层气的可采潜力。滇东地区上二叠统发育多层煤层,在将来的实际生产中必然考虑多煤层合采。为了消除单煤层厚度对可采潜力评价的影响,本书设计了"单位煤厚峰期日均产气量"参数,通过归一化方法来客观评价煤层气可采潜力。

表 6-41　　　　滇东地区两口煤层气井单位煤厚峰期日均产气量数值模拟结果

钻孔	煤层	模拟渗透率 /mD	峰期日均产气量/(m³/d)				单位煤厚峰期日均产气量/(m³/d)			
			100 m	150 m	200 m	250 m	100 m	150 m	200 m	250 m
7801	C5	原始×10	345	287	309	283	82	68	74	67
		原始×30	681	550	601	355	162	131	143	85
		原始×50	960	781	853	767	229	186	203	183
4103-3	C7+8	原始×30	302	296	287	297	111	109	106	109
		原始×50	670	522	602	585	246	192	221	215

——经归一化后,各煤层可采潜力差异得以凸现。无论煤储层模拟渗透率和地应力如何,老厂矿区 4103-3 井 C7+8 煤层单位煤厚峰期日均产气量显著较高,在原位渗透率强化 50 倍、模拟排采半径 100 m 条件下达到 246 m³/d。若以该煤层所在煤组有效煤厚 10 m 测算,日均产气量可达 2 460 m³/d,超过了国内煤层气井经济平衡日产气量(约在 1 500 m³/d 左右)。新庄矿区 7801 井 C5 煤层在原位渗透率强化 50 倍、模拟排采半径 100 m 条件下的单位煤厚峰期日均产气量亦达到 229 m³/d,但该矿区可采煤层层数少,经济性可能较老厂矿区要差(图 6-20)。

——分析图 6-20 可知,闭合压力增大,单位煤厚峰期日均产气量总体上趋于降低,这是地应力增大导致煤层渗透率降低的必然结果。

综合上述:采用地面井方式,新庄矿区煤层气可采潜力较大,如果煤储层强化措施得力,即渗透率强化到 50 倍以上,250 m 排采半径采收率亦可达 45% 以上;老厂矿区煤储层非均质性极强,4103-3 井模拟获得了较好产能,单位煤厚峰期日均产气量高于渗透率更为有利的新庄矿区 7801 井,4117-2 井由于渗透率过低而未达到峰值产量;恩洪向斜 2

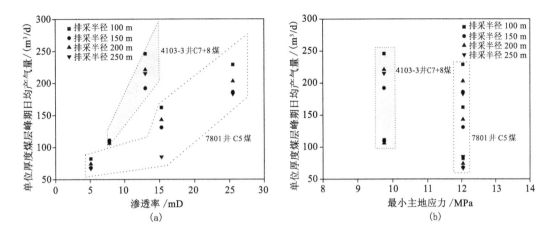

图 6-20 滇东地区煤层气井单位煤厚峰期日均产气量与渗透率和闭合压力关系

口井的试井渗透率不甚理想,模拟产量、采收率均很低。为此,仅依据目前 5 口井试井成果得到的模拟结果不甚理想,要客观认识滇东地区煤层气可采潜力还需分析更多的典型实例。

四、煤层气井排采试验结果分析

2003 年 4 月,中联煤层气有限责任公司、云南省煤田地质局和远东能源公司联合在恩洪矿区中段南部的九河向斜东翼、栗子树沟背斜西翼施工 2 口煤层气井,并对 EH2 井进行了为期 5 个月的排采试验,产量曲线见图 6-21。

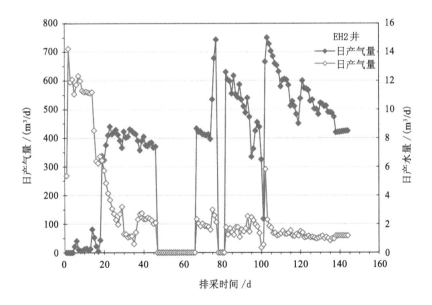

图 6-21 恩洪向斜 EH2 井排采试验产量曲线

EH2 井合排 C7+8、C9、C21 号三层煤层。排采第四天见气,日产气量 0~750.31 m³/d,累计产气 5.95 万 m³,日均产气量 413.72 m³/d;日产水量 0.35～14.23 m³/d,累计产水 361 m³,日均产水量 3.09 m³/d。据中联煤层气公司内部资料,沁水盆地南部首个煤层气开发示范区 110 口井中多数井在排采半年以内日均产气量达到 1 000～1 500 m³/d,日均产水量在 9 m³/d 左右(叶建平 等,2010)。相比之下,若只利用目前的常规增产技术,恩洪向斜煤层气井产气能力较低。但是,若更多煤层合排,且进一步采取有针对性的增产措施,则有可能实现煤层气地面经济开发。

第七章　煤储层可改造性及其技术选择

在分析煤层气地质背景、储层条件和估算煤层气资源量的基础上,本章将进一步讨论煤储层可改造性和煤层气开发技术适应性,评价云南省内煤层气开发技术、经济、环境的可行性,提出关于煤层气抽采模式和开发战略的相关建议,优选煤层气勘探开发有利区块,降低煤层气勘探开发的风险。

第一节　煤储层可改造性及其地质控制

煤储层与常规天然气储层特性存在明显差异,本质在于煤储层属于有机储层,对地层条件的变化更为敏感。为此,针对煤储层特性分析其可改造性特征,讨论煤储层可改造性的地质影响因素,预测评价煤储层可改造潜力,是实现煤层气高效经济开发的重要基础,也是煤层气地质评价的一项重要任务。

一、煤储层可改造性及其增产意义

煤层属于低渗透性天然气储层,需要采取强化改造措施以降低煤储层伤害、增加煤储层渗透性和煤层气可解吸性,为煤层气产出提供有效渗流通道和更多解吸气源。地层条件下,煤层通过改造而可能提升的产气条件统称为煤储层可改造性,可改造性强弱一方面取决于储层条件,另一方面决定于适宜的改造技术。由此,煤层气可采潜力虽然是煤层含气性、渗透性、储层能量、可改造性四个方面地质条件综合作用的结果,但并非仅用含气量、渗透率、储层压力和可采资源量等地质参数就能衡量的,需要从地质角度结合工程措施高度重视煤储层的可改造性(秦勇,2013)。

煤层是以有机质为连续基质的有机储层,与由无机质构成的常规天然气储层不同,气体主要以吸附态赋存,需要采用物理、化学方法加以改造,以促进吸附态煤层气有效解吸,为煤层气解吸、扩散、渗流、产出创造基本条件(秦勇 等,2012)。正是由于"有机"这一特点,煤储层的力学性质和孔隙结构具有自己的特殊性,如性脆易碎、机械强度低、杨氏模量低而泊松比高、非均质性强烈、具有双重或三重孔隙结构等,导致对地层条件和人工干预条件下的应力、流体等的变化更为敏感。

强化改造煤储层以提高渗透性、促进解吸从而提高煤层气井产量的方法和措施多种多样,但归纳起来不外乎三大基本类别:一是物理改造,二是化学改造,三为工程稳定性(秦勇 等,2012)。煤储层可改造性的特征,涉及采用煤储层强化改造具体工程措施的选用,如防止煤储层伤害、增加煤储层渗透性、提高煤层气解吸性、保证井眼工程稳定性等需要的技术方法。广义来看,无论采用何类可改造性措施或何种改造工程技术方法,均受到所有主要地质因素的直接控制或间接影响,但影响和控制的程度有所不同(图7-1)。

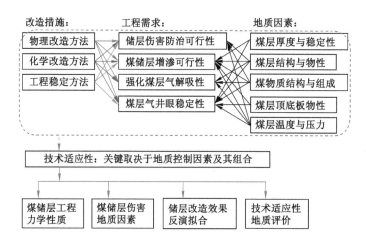

图 7-1　煤储层可改造性与工程措施及地质影响因素之间关系(秦勇,2013)

二、煤储层伤害的地质影响因素

煤储层伤害在钻井、固井、完井乃至排采过程中都会发生,可能造成煤储层渗透率以及煤层气解吸、扩散能力的损失。煤储层伤害敏感性关系到煤储层的物理和化学可改造性,也与井眼工程稳定性有关,主要受控于煤层结构与物性、煤物质结构与组成、煤层温度与流体特性(压力和化学性质)等地质因素(秦勇,2009)。

钻井过程对煤储层的伤害,起源于钻井液滤失和钻井压力变化(孟尚志 等,2007)。钻井液滤失造成煤层对钻井液的吸附或吸收,钻井液中固相或聚合物颗粒可能充填堵塞煤层裂隙通道(汪伟英 等,2011)。煤层吸收或吸附钻井液一方面导致煤基质膨胀,另一方面与煤中矿物发生水敏或酸敏、碱敏反应,结果是伤害煤储层,造成渗透率和可改造性降低。伤害的程度与煤基质化学结构、煤中黏土矿物含量与组成、煤中碱性矿物或离子含量、煤储层孔隙流体压力、煤储层温度等因素有关,其机理在于外来流体特性与煤层特性和地层条件不相配伍。钻井压力对煤储层的伤害可能造成孔隙率降低、裂隙闭合、煤层气解吸能力和煤储层渗透性降低,由钻井液压力变化、钻柱压力变化、起下钻压力激动等直接因素造成(欧阳云丽,2013)。原因在于煤层具有应力敏感性、塑性变形和弹性应变不可完全恢复的特性,伤害程度不仅与钻井工艺和煤岩力学强度有关,而且极大地取决于钻井液密度与煤层孔隙流体压力、地应力之间的相对关系。

固井过程对煤储层的伤害,主要在于固井水泥浆高压差注入和大比例固相成分滤失(齐奉中 等,2001;腰世哲 等,2011)。煤层属于强压力敏感、低压低渗储层,固井水泥浆液柱压力往往远远大于煤层流体压力,导致煤层产生不可逆的塑性变形和渗透率降低。水泥浆在水化过程中会游离和溶解出大量的无机物离子,在压差作用下含有大量离子(如钙离子、铁离子、镁离子、氢氧根离子、碳酸根离子、硫酸根离子等)的浆液进入煤层,进而在一定的酸碱度条件下发生矿物沉淀而堵塞孔隙和裂隙,造成煤层渗透率降低。因此,固井过程对煤储层伤害的结果,是造成煤层孔隙率降低、裂隙闭合和渗透性降低;伤害的原因,在于水泥颗粒堵塞对煤层孔隙-裂隙系统的堵塞、水泥浆液吸附或吸收造成的煤层膨胀;伤害的程度,往往取决于水泥浆柱压力与煤层孔隙流体压力之间压差的大小以及煤层中矿物(尤其是黏土矿物)

的种类、含量和赋存特征。

完井过程对煤层的伤害,原因在于压裂液滤失、压裂液与煤储层配伍性和井眼应力状态失衡。在裸眼洞穴完井的造穴过程中,迅速的压降可以破坏煤层的原始应力状态分布,引起煤向井眼内崩落(克拉威特,1995)。在套管射孔完井过程中,煤层由于吸附或吸收压裂液而产生膨胀,切割和磨蚀产生的煤粉往往堵塞套管射孔、割缝或煤层孔隙-裂隙系统,均会造成煤层渗透率降低(王玺,1995)。混合完井对煤层的伤害,既包括裸眼完井的伤害,也涉及套管完井的伤害。水平排孔衬管完井有利于提高煤层气解吸量和采收率,但同样易发生孔隙-裂隙系统堵塞、闭合等现象,伤害煤层渗透率(黄勇 等,2009)。因此,煤层对压裂液的吸附或吸收,可造成煤基质和矿物膨胀、化学沉淀与结垢、压裂液中固相或聚合物颗粒充填裂隙和孔隙等现象,结果是裂隙系统闭合或阻塞,伤害程度与煤层应力敏感性和化学敏感性有关,是固井工艺技术条件与煤的物质组成、物质结构、煤岩学性质、煤层孔隙-裂隙系统、煤层孔隙流体化学性质、煤储层温度和压力等因素综合作用的结果。研究显示:相同煤层对不同压裂液具有不同的配伍性,不同煤层与相同压裂液的配伍性也有所不同;同种压裂液对煤层渗透率的伤害受储层温度的影响,储层温度越高,压裂液的吸附对储层造成的伤害越小(陈进 等,2008;白建平 等,2016)。

三、煤储层增渗可行性与地质影响因素

煤储层渗透率是煤层气井产能诸多地质影响因素中最为敏感的因素,煤储层多为低渗、特低渗储层。为此,人工采用物理方法增高煤储层渗透率,是国内外煤层气地面开发中采用的最主要增产方式。其基本原理,不外乎是煤层人工造缝、人工延伸裂缝、人工支撑裂缝和人工造穴四个方面。工程技术措施可按裸眼完井、套管完井或直井、定向井分类,裸眼完井包括普通裸眼完井和裸眼洞穴完井,套管完井通常需要进行压裂,如液体压裂、气体压裂等。不同的完井方式,所适应的地质条件有所不同(表7-1)。

表 7-1　　　　　　　　常用的煤储层增渗完井方式及其适用的地质条件

完井方式	适用的地质条件
裸眼完井	高渗透性、高储层压力、高含气饱和度煤层,煤体结构完整
裸眼洞穴完井	高渗透性、高储层压力煤层,煤体结构完整,煤岩力学强度相对较低而易于破碎,煤层结构简单,煤层顶底板封闭性强而不至于漏液并有利于憋压
水力压裂完井	煤储层力学强度较大,煤体结构完整,天然裂隙较为发育,地应力状态要适宜于裂缝延伸,煤层顶底板抗张强度是煤层抗张强度的5倍以上
凝胶压裂完井	煤基质吸附膨胀性相对较弱,蒙脱石等矿物含量较低,煤体结构完整,煤储层温度相对较高有利于破胶,煤储层压力、地应力较高有利于压裂液返排
泡沫压裂完井	煤层原始温度高于40℃以保证二氧化碳泡沫化,煤基质孔隙结构适宜以降低二氧化碳吸附膨胀性,煤层能量较高而有利于压裂液返排,地层水矿化度较低以避免大量形成盐类沉淀
复合压裂完井	先射孔再高能气体压裂,适宜于水力压裂和裸眼洞穴完井所需地质条件
定向水平井	煤体结构完整的低渗透储层,煤田构造简单,煤层侧向稳定性强

裸眼完井是最简单、最经济的煤层气井完井方式,但是由于井眼稳定性问题,对煤储层

条件要求较高(苏现波 等,1998)。例如,美国圣胡安盆地裸眼完井适用的地质条件为:镜质体油浸最大反射率大于 0.75%,煤层厚度大于 5 m,煤层含气量高于 10 m^3/t,煤储层渗透率大于 5 mD,煤储层压力大于 1.2 MPa/hm(与井眼压差大),天然裂隙系统开放,煤层顶底板强度高且封闭性强(马弗,1996)。在我国,适宜于裸眼完井的可能地质条件为:煤层埋藏深度在 500 m 以浅,煤层厚度 5~10 m,渗透率高于 1 mD,含气量高;煤层顶底板岩性稳定且致密,不易垮塌,富水性弱(王玺,1995)。显然,我国煤层气地质条件多难以满足这些要求,前期所进行的裸眼完井尝试也没有取得理想效果(米百超 等,2014)。

裸眼洞穴完井是采用井内人工增压随后瞬间卸压的方式在煤层段形成洞穴,以增大煤层气解吸面积和提高煤层渗透性,也称为动力洞穴完井。例如,美国圣胡安盆地可造穴煤储层应满足四个条件:镜质体反射率大于 0.75%,煤层含气量高,煤层渗透率足够大,原生裂隙开放(克拉威特,1995)。除此之外,裸眼洞穴完井对煤层地质条件还有其他要求:埋藏深度 500~1 000 m,厚度超过 5 m,渗透率大于 5 mD,储层压力梯度大于 1 MPa/hm,含气量高于 15 m^3/t;力学强度低且煤体结构相对完整,渗透率较高且超压,张性裂隙发育;顶板岩性坚硬致密,能在煤层掏空并井眼压力剧烈变化的条件下不垮塌、不出水。我国做过这方面尝试,如淮南矿区、沁水盆地南部、准噶尔盆地南缘等,但效果均不甚明显,其地质条件适宜性还需要更多的探讨与实践。

压裂完井是最为常用的完井方式,压裂介质多为液体,如活性水、凝胶、泡沫等。近年来发展了重复、多层、薄层、通道、水力喷射逐层、体积压裂等新技术(孙明闯 等,2013),探讨了高能气体压裂(孙晋军 等,2008)、可控冲击波压裂(秦勇 等,2014)的原理、方法和现场试验效果。流体压裂完井煤层要有较大的力学强度和完整的煤体结构,否则压裂裂缝无法保持稳定的开启状态;天然裂隙较为发育,且裂缝方向与构造应力场最大主应力方向交角尽可能的小,以利于压裂裂缝最大限度地得到延伸;煤层顶底板抗张强度要远远大于煤层抗张强度,既保证压裂裂缝在煤层中最大限度发育,又不致于压穿上覆下伏岩层。具体的压裂方式对地质条件有些特殊需求。例如,凝胶压裂完井要求煤基质吸附膨胀性相对较弱,蒙脱石等矿物含量较低,煤储层温度相对较高有利于破胶,煤储层压力、地应力较高有利于压裂液返排(陈进 等,2008)。再如,二氧化碳泡沫压裂完井要求煤层原始温度高于 40℃,以保证液态二氧化碳充分泡沫化;地层水矿化度较低,以避免碳酸盐类大量沉淀(结垢)而阻塞煤层孔隙和裂隙(秦勇,2009)。

某些企业针对我国煤层超低渗透性、低压、低含水饱和度以及煤层气吸附性较强的开发难点,开展了高能气体压裂与水力压裂结合的煤储层复合完井试验(吴晋军 等,2009)。采用常规油气开发中的高能气体压裂装置,在煤层气井中煤层部位产生足够的高温高压气体,结合水力压裂促使煤层多裂缝体系发育、延伸和沟通。高能气体产生过程中伴随的多脉冲震荡作用,有可能进一步提高和改善煤基质孔隙间的连通性和渗透性,促进煤层气发生解吸、扩散和渗流。云南恩洪 EH3 煤层气井试验结果表明,此项技术总体上可行,改善和提高了煤层渗透导流能力,扩大了有效抽采半径,降低了对煤储层的伤害,且起裂压力高而产生的起始裂缝不受地应力约束,产生的剪切裂缝易于维持开启状态。尽管如此,同样要求煤体结构相对完整。

定向井有单支水平井、多分支水平井、丛式井、U 型井等具体工程布置方式,共同的特点是井眼在煤层中呈倾斜~水平状态。这一特点,一方面极大地增加了煤层气井与煤层的接触面积,有利于煤层气的高效解吸和产出;另一方面,由于钻井、固井、完井的技术难度加大,尤其是井眼稳定性的问题,对煤层甚至煤田地质条件提出了更高的要求。例如,煤层厚度较大,煤层侧向稳定性较强,煤田构造相对简单,以提高井眼水平段的见煤率,减小工程控制难度;煤体结构十分完整,以避免当前开发工艺技术水平仍无法克服的井壁失稳难题;煤储层渗透率一般在 0.1～5 mD 之间,煤储层渗透率过低情况下仅靠水平井眼应力释放能力无法克服煤层固有的渗流缺陷,较高渗透率条件下采用常规直井技术就可激励形成良性的动态双循环。

进一步而言,选择煤储层增渗完井方法时需要考虑某些特定的地质因素:煤层几何特性和物性,如煤层厚度、渗透率、孔隙结构、煤层压力等,它们指示了煤层渗流能力和地层能量的大小,是决定完井方式的重要参数;煤岩力学性质,如煤体结构、抗拉强度、抗压强度、抗剪强度、泊松比、弹性模量、内聚强度、内摩擦角、脆性、硬度以及应力分布等,决定了井眼稳定性、洞穴形成机理、压裂裂缝发育扩展能力等,是开展煤层压裂设计的基础;煤层富水性及地层流体性质,因为任何外来液体均会在不同程度上损害煤层的渗透率(熊友明 等,1996)。

四、强化煤层气可解吸性及其地质影响因素

广义上,煤层气井排水降压就是促使煤层气解吸产出的一种基本方式。然而,仅仅依靠排水降压方式往往无法使煤层气产生有效或高效解吸,需要辅以一定的方法措施来提高煤层气解吸率和解吸速度,常用方法就是注气开采,如注二氧化碳增产法(CO_2-ECBM)、注氮气增产法(N_2-ECBM)等,其原理是注入/置换机制。此外,二氧化碳或氮气泡沫压裂也能在一定程度上达到注气增产的目的,对水敏性强的煤储层尤为适用(丛连铸 等,2007;孙晗森等,2006);国内近年来也在探讨热力开采等促进煤层气解吸的新方法(杨新乐 等,2011)。

注二氧化碳增产法原理在于两个方面:其一,CO_2 与 CH_4 相比具有被煤基质优先吸附的优势,与 CH_4 形成竞争性吸附,从而将 CH_4 置换出来,提高了煤层 CH_4 的解吸能力和解吸速率(吴建光 等,2004;唐书恒 等,2006);其二,气体注入实质上增加了煤层能量,提高了煤储层压力传导系数和 CH_4 扩散渗流速率,有助于提高煤层气井产量。其优点在于可降低煤储层伤害,降低压裂液阻力,调整分压/相渗,进而实现竞争性吸附。但是,其不足之处也需要考虑,如某些煤层由于渗透率过低或储层压力过高而导致气体难以注入、煤基质吸附 CO_2 可能降低煤储层渗透率、CO_2 水溶产生的碳酸根与地层流体中 Ca^{2+} 等阳离子生成沉淀而阻塞孔隙和裂隙、N_2 优先沿主渗透率方向运移而可能降低区域驱替效率等。进一步来说,注气增产法的选用需要考虑气体可注入/置换性的地质影响因素。

具体来看,影响煤层气可注入/置换性的地质因素包括四个方面(秦勇,2009)。一是煤吸附外来气体后的膨胀能力,主要取决于煤阶、煤物质组成和外来气体成分,吸附膨胀性随煤阶增高而降低,随镜质组含量增高而增大,吸附 CO_2 的膨胀性大于吸附 N_2 的膨胀性。二为煤储层温度,CO_2 的临界温度为 31.04 ℃,N_2 的临界温度为 -147.05 ℃,温度过低不利于 CO_2 在煤储层中气化进而影响到其充分扩散和置换,形成注入障碍。三是煤储层压力、孔隙性、渗透性和含气性,过高的煤储层压力和过低的孔隙率和渗透率均会降低气体的可注入性,高 CH_4 分压的煤储层有利于 CO_2 或 N_2 氮气的置换驱替。四为煤层水离子组成和矿化度,高矿化度和高阳离子含量的煤层流体会与被注入 CO_2 之间产生碳酸盐沉淀或结垢,严

重损伤煤层渗透性。

　　从更为宏观的地质尺度来看,适宜于注气开采的煤储层具有如下特点:煤田构造简单,煤层非均质性相对较弱,煤层原位温度不宜过低,煤层渗透性中等,在横向上连续且垂向上围岩封闭性强,这样一方面能增强气体的可注入性,另一方面有利于被注入气体尽可能多地储存于煤层以发挥其注入效益;煤层 CH_4 浓度或分压较高,以尽可能提高置换驱替的效率;煤阶以及地层水矿化度和阳离子不宜过高,以降低吸附膨胀或碳酸盐沉淀对煤层渗透性的损伤。

　　我国近年来开展了煤层气的注气开采试验,取得了较为理想的技术效果。完成了华北沁水盆地南部地面井的 CO_2-ECBM 和 N_2-ECBM 微型先导性试验,在晋城、潞安、淮北等地开展了地面井的二氧化碳和氮气泡沫压裂技术试验(叶建平 等,2007;范志强 等,2008;倪小明 等,2012;申建 等,2016),近期在阳泉、平顶山等矿区进行了矿井下煤层的注气抽采试验(王兆丰等,2016)。然而,该项技术目前成本较高、工艺技术较为复杂,限制了其在我国煤层气产业中的推广应用。

五、煤层工程稳定性的地质影响因素

　　煤层工程稳定性地质影响因素与煤层气开发方式以及地面井类型和钻井方式之间的关系如图 7-2 所示。矿井开采具有大面积卸压的条件,不论煤层条件如何,都可以采用现有的矿井抽采方法进行煤层气开采。在地面井开发中,遭受构造严重破坏的构造煤层难以保持井眼稳定;直井和定向井分别适用于不同的煤层条件,但需辅以不同的钻井方式,既要避免煤储层伤害和污染,又要保持井眼煤壁的稳定性。

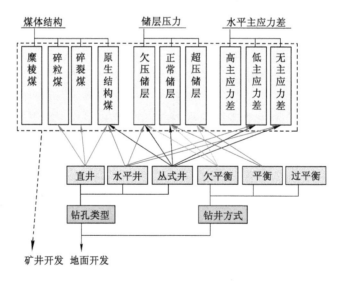

图 7-2　井眼煤壁稳定性地质影响因素及其适宜的煤层气开发方式

　　无论是钻进还是排采过程,煤层自身的工程稳定性都是影响煤层气抽采工程成败的决定性因素。在煤层气抽采工程中,煤层的工程稳定性主要是井眼中煤层段的稳定或失稳,失稳具体表现为坍塌、扩径、缩径、破裂等几种形式,前者最为常见。从本质上讲,煤层所有的工程稳定性问题最终都可归结于力学问题,地质影响因素包括煤层本身的结构、煤岩(层)力学性质(强度、泊松比、弹性模量、内聚强度、内摩擦角、脆性、硬度等)以及局部应力分布三个方面。如果三方面的动态平衡被破坏或失恒,则发生煤层失稳,井眼出现工程稳定性问题;反之,不同的工程措施相对适应于不同的地质条件耦合关系,采用适宜的工程措施可极大程度地控制工程失稳风险。

煤体结构是影响煤层工程稳定性的重要因素之一。原生结构保存完整的煤层可认为是相对连续介质岩体,井壁稳定性主要受井壁应力和岩石强度的控制,钻井和完井过程使煤层产生的裂隙、井壁周围应力改变、钻井液和压裂液渗入煤层等均会减弱煤层强度,造成井眼失稳隐患(克拉威特,1995;黄勇等,2009)。构造煤发育的煤层是一种典型的非连续介质岩体,碎裂结构面强度对井壁稳定性的影响显著大于岩块强度,甚至在自重力作用下就会失稳。井眼应力状态的改变以及钻井液或压裂液的渗入,导致碎裂结构面解离,煤壁剥落坍塌,井眼失稳。在围压作用下,破裂结构面往往具有一定的抗压能力,但不具有抗张能力,故稳定的井眼压力有助于煤壁稳定,激荡的井眼压力会导致煤壁碎裂结构面滑动,造成煤壁剥落、掉块、坍塌甚至崩溃。

煤层应力乃至构造应力场同样对煤层工程稳定性具有显著影响。钻开煤层,井眼中煤壁须承受已被钻掉的那部分煤层原来承受的载荷,在井眼周围产生应力集中,煤壁会发生剪切破坏、塑性流动破坏和拉伸破裂。若地应力较小且煤层强度较大或煤体结构完整,煤壁可能保持相对稳定。如果应力较大且钻井液柱压力不足以抗衡这一应力,则煤壁就会破裂失稳(欧阳云丽,2013)。

地应力的大小、方向和各向异性,对煤壁稳定性的影响不可忽视。尤其是三个主应力的比值,对煤壁坍塌压力和破裂压力有显著影响。比值越大,地应力场各向异性程度就越大,坍塌压力和破裂压力之间差值就越小,意味着钻井液密度窗口就越小,钻井和完井作业就越困难,甚至出现既涌又塌的失稳现象。拉张构造应力场或先挤后拉应力场条件下,煤层裂缝多处于开启状态,钻井液可能严重漏失或渗入煤层,造成煤壁失稳。在剪切应力场条件下,近井壁煤层所受到的剪切应力一旦超过煤层自身抗剪切强度,煤壁就会发生剪切坍塌。同时,生产压差过大,也会对裸眼洞井眼的稳定性造成危害(熊友明等,1996)。因此,煤层应力状态是选择钻井、完井方式及钻井液类型的重要参数之一。

第二节 煤层气地面井开采技术适应性分析

如本章第一节所述,地质条件对煤层气抽采技术效果的有效发挥存在种种约束。换言之,煤层气有效开采方式的选用必须考虑其对特定地质条件的适应性。为此,本节结合云南省具体地质条件,进一步分析不同抽采方式和抽采技术对相关煤田、相关向斜乃至相关井田(勘探区)地质条件的适应性。

一、地面井原位开采技术的地质约束与适应性

煤层气资源能否采用现有工艺技术进行地面井原位工业性开采,取决于利用地面井原位工程技术能否有效改造煤储层。著名煤层气地质与工程专家杨陆武等(2002,2007,2009)总结我国前期煤层气开发经验和教训,提出了煤层气资源类型四分法,分析了每类资源抽采技术的地质约束条件以及适用性(表7-2)。

表 7-2 　　　　　　　煤层气资源类型四分法及其抽采工程技术适用性(杨陆武,2007)

资源分类	储层条件				工程控制条件	工程技术有效手段	典型实例
	含气性	煤体结构	渗透性	压力、应力			
应力气	高	区域性的构造 C-P	极差 <0.001 mD	高压力且高应力	严重的吸附应变,典型的应力封装,原始条件下没有压降传导的可能性	严重依赖大规模应力释放: (1)煤矿开采保护层; (2)顶板沉降裂隙带; (3)离开煤矿采煤活动的帮助不能开发	松藻、中梁山、南桐、鹤壁、阳泉等
应力主导型压力气	较高~高	局部构造煤 C-P	差 <0.1~1 mD	低~高压力、较高应力	应力封装为主,局部地区可实现较好的压降传递	以释放应力和压力为主,辅助压降传递工程,采区采前直井部署,常规技术在部分地区可能有效	两淮、平顶山、六盘水、太行山东麓
压力主导型应力气	较高~高	原生结构为主,较少破坏 C-P,J	较差~较好 <1~5 mD	低~高压力、低~高应力	大部分地区压力可以自由传递,应力控制只在非常有限的局部地区有所体现	以压降传递为主,地面垂直井加储层改造技术和水平井技术可以有非常好的效果	沁南、河东、辽中
压力气	低~较高	原生结构 J-K	好 >5~10 mD	高压力、低应力	区域性的自由压力传递	简单的工程工艺技术,低成本开采	新疆、内蒙、东北

上述煤层气资源分类指出,抽采煤层气从技术上只有两个突破方向:一是降低压力,二是释放应力。这一见识得到了迄今为止国内外煤层气开发或抽采实践的验证。进一步考察地质条件,煤层气抽采技术地质条件约束同样在于两个方面:一是地应力约束,二为地层压力约束。这两方面地质约束条件在云南省均有较为典型的表现,进而为认识滇东和滇东北煤层气地面井原位开采的可行性提供了进一步的依据。

第一,不存在煤层含气性条件的地质约束。第三章、第六章分析结果显示,滇东重点矿区上二叠统煤层含气量和全国其他地区相比基本相当,且先前煤炭资源勘探多集中在浅部,大量煤芯解吸样品来自于风化带内,导致平均含气量略微偏低。尽管如此,该区发育多个煤层,如恩洪、老厂矿区含煤 18~73 层,可采厚度 20 m 左右,老厂矿区煤层气资源丰度达 3.88 亿 m^3/km^2,可与国内目前煤层气商业性开发成功的任何地区媲美(图 7-3)。这一条件,提供了滇东地区煤层气资源开发的深厚基础。然而,问题在于采用什么样的方式能够将丰富的煤层气资源"拿"出来。

第二,在一定程度上存在煤体结构地质约束。据测井资料解释,恩洪、老厂、新庄矿区上二叠统粉状构造煤区域性发育,糜棱煤厚度占所解释三层煤总厚度的 0~60%。构造煤对煤层气地面井开采的地质约束主要体现在三个方面:一是钻孔井眼难以稳定,二是极大地限制了压裂半径和排采半径的扩展,三是压裂裂缝无法得到有效支撑。从这一角度考察,这些重点矿区不利于煤层气地面井开发。

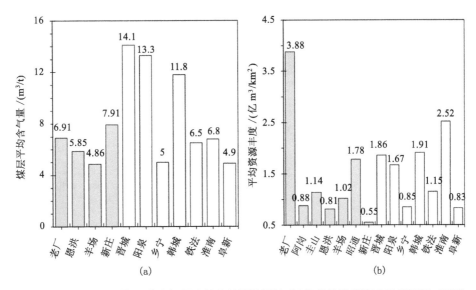

图 7-3　滇东煤层气资源丰度与国内其他地区的对比(其他省份数据引自叶建平等,1999)

第三,煤层渗透率在相当大的程度上约束着煤层气资源的地面井开发。如表 4-13 所示,恩洪向斜 2 口探井 5 层次的试井渗透率变化在 0.001 6~0.013 mD 之间,平均 0.017 22 mD,属于特低渗透率煤层;老厂矿区 6 口井 11 层次试井渗透率为 0.023 52~0.243 3 mD,平均 0.084 16 mD,亦属于特低渗煤层;新庄矿区 1 口参数井 1 层次试井渗透率为 0.51 mD,属于中渗煤层。据前期研究成果,淮南煤田煤层气井试井渗透率介于 0.002~2.1 mD 之间(秦勇 等,2000),沁水盆地中~南部煤层试井渗透率平均值约为 0.5 mD(傅雪海 等,2001)。与此相比,恩洪、老厂矿区煤层试井渗透率要低一个数量级,新庄矿区与之基本相当。

第四,存在约束煤层气地面井开发的高地应力条件。据试井资料,恩洪向斜埋深小于 600 m 的煤储层平均压力系数为 0.91,平均最小主应力 13.04 MPa,平均最小主应力梯度 2.39 MPa/hm;老厂矿区 1 000 m 以浅的煤储层平均压力系数除 1 层次为 0.65 外,其他层次均在 1.15 以上,平均 1.21,平均最小主应力 14.07 MPa,平均最小主应力梯度 2.16 MPa/hm。相同埋深或储层压力条件下,恩洪向斜最小水平主应力大于老厂矿区(表 4-13,图 7-4)。在相同埋深范围内,沁水盆地和鄂尔多斯东南部最小地应力平均值约 8 MPa,淮南矿区和太行山东在 10 MPa 左右(叶建平 等,1999)。此外,美国黑勇士盆地最小主应力为 1~6 MPa,澳大利亚悉尼盆地和鲍恩盆地通常为 1~10 MPa(Enever et al,1997)。因此,恩洪、老厂、新庄三个矿区煤储层处于较高应力状态,煤层气资源具有应力主导型的特征,排水降压难度较大。

综合分析表明,滇东地区受煤体结构破碎、煤层渗透率极低及高地应力地质条件的严重约束,煤层气资源在现有地面井技术水平下总体上难以得到有效的原位抽采,但不排除部分地带利用地面井技术通过降压方式进行原位抽采的可能性。

二、地面井排水降压技术的地质约束与适应性

煤层气抽采初期产出的天然气分为两种基本类型。初期多为游离气,这部分煤层气与地下水径流系统无关,且资源量往往低于总资源量的 5%。接着,开始了煤层吸附气的解吸

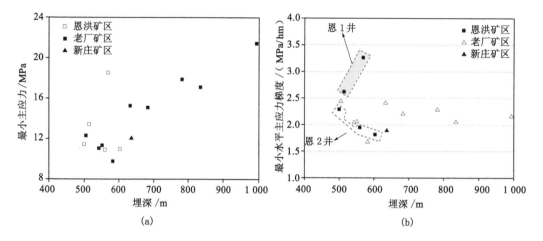

图 7-4　滇东地区最小水平主应力与煤层埋深和应力梯度之间关系

过程,解吸速率和解吸量依赖于煤储层压力的降低程度。基于这一认识,美国在 20 世纪 80 年代形成了以朗缪尔原理、菲克原理和达西原理为基础的"解吸-扩散-渗流"煤层气产出基本原理及以"排水降压"为核心的抽采技术方法,目前成为世界各国煤层气地面井抽采的主流技术(秦勇,2006)。也就是说,煤层气抽采前期需要进行"脱水"处理,即所谓的"排水降压"过程,目的是诱导煤层气的解吸、扩散、渗流作用由高能势往低能势方向连续进行。

然而,世界上许多地区含煤地层富水性十分微弱,导致"排水降压"技术无法有效实施,如加拿大阿尔伯塔省白垩系马蹄谷组、我国鄂尔多斯盆地东南缘韩城区块二叠系山西组。为此,含煤地层富水性及其与上覆下伏含水层之间的水力联系特征,往往决定了煤层气地面井排水降压开采的难度,甚至成功的概率。也就是说,煤层吸附气的解吸依赖于"排水降压",富水性极弱而无水可排则势必直接影响降压效果,地面井排水降压抽采技术的适应性需从地下水流动系统的角度进行考察。

根据煤层富水性及其与上覆下伏含水层之间水力联系的强弱,煤层地下水动力系统分为三种基本情况:A 型,煤层与上覆下伏含水层没有直接的水力联系;B 型,煤层与上覆下伏含水层水力联系密切,且含水层富水性强,补给充足;C 型,介于 A 型与 B 型之间,煤层与上覆下伏含水层存在水力联系,但含水层富水性不强,补给弱或无补给(图 7-5)。总体而言,C 型对煤层气井排采最为有利,如沁水盆地南部的山西组煤层;A 型较为有利,在适用增产技术和合理排采制度下能获得较高的单井产量,如韩城地区的山西组煤层;B 型需要长期排水,难以获得高产,不利于煤层气井排采,如沁水盆地南部的太原组煤层。

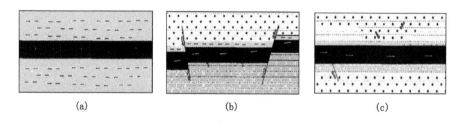

图 7-5　煤层地下水动力系统基本类型示意图(康永尚 等,2008)

如第一章所述,滇东地区上二叠统含煤地层地下水依靠大气降水补给,但境内地形切割严重,坡度和相对高差大,有利于雨水在地表排泄和径流,但不利于对含煤地层的补给;上二叠统主要含水层为碎屑岩孔隙-裂隙含水层,富水性弱;含煤地层上覆的下三叠统飞仙关组下段以及下伏的峨眉山玄武岩具有良好隔水作用,含煤地层与上覆下伏含水层之间一般没有直接水力联系。

老厂矿区含煤地层钻孔单位涌水量为 0.002 16～0.03 43 L/(m·s),均为区域隔水层～弱含水层。矿区东西向构造带,如 F306 断层、大哈木格断层、小腊角断层等,断层破碎带中片理化、硅化强烈,由断层泥、角砾岩、糜棱岩、石英致密充填;多数大泉,如 4157 号泉、4066 号泉、396 号泉、4144 号泉等,均出露于断层之一侧,显示这些断层虽然富水但导水性较差。以老厂背斜、F1 断层、F201 断层为代表的 NE 向构造带两端均有大泉出露,断层富水性和导水性较好。总的来说,矿区内部水文地质条件简单,龙潭组以碎屑岩为主,地形高差大、切割深、有利于地下水排泄;地下水补给主要来源于大气降水,钻孔单位涌水量小于 0.11 L/(m·s);地质构造简单,以压性、压扭性断层为主,富水性和导水性均较差(表 7-3)。

表 7-3　　　　　老厂矿区含煤岩系及其上覆下伏地层段水文地质特征

地层代号	水质特征及水温	静止水位/m	富水性
T_2g	HCO_3^--Ca^{2+}型。pH＝7.6,总硬度 214.46 mg/L,固形物 247.5 mg/L,可溶矽酸 8 mg/L,消耗氧 4.3 mg/L,游离 CO_2 10.45 mg/L,阳离子每升含量 93.87 mg,其中 K^+＋Na^+ 13.87 mg,Ca^{2+} 70.36 mg,Mg^{2+} 9.41 mg,NH_4^+ 0.14 mg;阴离子每升含量 285.29 mg,其中 Cl^- 13.25 mg,SO_4^{2-} 14.41 mg,HCO_3^- 257.01 mg,NO_3^- 0.56 mg,NO_2^- 0.06 mg;水温 20 ℃。		岩溶含水层
T_1y	HCO_3^--Ca^{2+}型。pH＝7.6,总硬度 121.27 mg/L,固形物 153.5 mg/L,可溶矽酸 7 mg/L,消耗氧 5.16 mg/L,游离 CO_2 10.45 mg/L,阳离子每升含量 51.02 mg,其中 K^+＋Na^+ 3.98 mg,Ca^{2+} 44.35 mg,Mg^{2+} 2.55 mg,NH_4^+ 0.14 mg;阴离子每升含量 151 mg,其中 Cl^- 8.42 mg,SO_4^{2-} 6.59 mg,HCO_3^- 136.07 mg,NO_3^- 无,NO_2^- 0.02 mg;水温 18 ℃。		第一段:强熔岩含水层,第二段:相对隔水层
T_1f	HCO_3^--Ca^{2+}型。pH＝7.2,总硬度 33.63 mg/L,固形物 14.5 mg/L,可溶矽酸 13 mg/L,消耗氧 2.94 mg/L,游离 CO_2 4.4 mg/L,阳离子每升含量 17.49 mg,其中 K^+＋Na^+ 4.67 mg,Ca^{2+} 11.68 mg,Mg^{2+} 1.08 mg,NH_4^+ 0.06 mg;阴离子每升含量 68.24 mg,其中 Cl^- 4.25 mg,SO_4^{2-} 0.21 mg,HCO_3^- 45.28 mg,NO_3^- 1 mg,NO_2^- 0.01 mg;水温 17 ℃。		第一段:相对隔水层,第二、三段:弱裂隙含水层
T_1k	OH^--K^+＋Na^+型。pH＝9.7,总硬度 134.48 mg/L,固形物 333 mg/L,可溶矽酸 12 mg/L,消耗氧 3.64 mg/L,游离 CO_2 无,阳离子每升含量 179.5 mg,其中 K^+＋Na^+ 125.82 mg,Ca^{2+} 51.4 mg,Mg^{2+} 1.48 mg,NH_4^+ 0.8 mg;阴离子每升含量 174.51 mg,其中 Cl^- 15.62 mg,SO_4^{2-} 22.23 mg,HCO_3^- 107.96 mg,NO_3^- 0 mg,NO_2^- 0.5 mg;水温 18 ℃。	静止水位标高: 1 567.88～1 983.63	弱裂隙含水层

地层代号	水质特征及水温	静止水位/m	富水性
P_2c+ P_2l	SO_4^{2-}-Ca^{2+}型。HCO_3^--Ka^+＋Na^+型。pH＝7.4～8.2,总硬度237.59～271.97 mg/L,固形物363.75～673 mg/L,可溶矽酸7～13 mg/L,消耗氧2.46～4.37 mg/L,游离$CO_2$3.52～11.55 mg/L,阳离子每升含量115.62～286.23 mg,其中K^+＋Na^+14.9～272.38 mg,Ca^{2+}11.08～80.46 mg,Mg^{2+}2.41～17.26 mg,NH_4^+0 mg;阴离子每升含量307～766.96 mg,其中Cl^-3～11.75 mg,SO_4^{2-}1.65～205.8 mg,HCO_3^-88.05～760.41 mg,NO_3^-1.2 mg,NO_2^-0.2～0.7 mg;水温14～21.5 ℃。	静止水位标高:1701.18～2018.8	相对隔水层,弱裂隙含水层

恩洪向斜地表沟谷发育,切割侵蚀强烈,最低侵蚀基准面1 775 m。以清水沟井田的营盘山将向斜分为南北两段,北段地表水汇入块泽河,南段地表水汇入篆长河,地下水的流向与地表水基本一致。含煤地层从上到下分为三段,由上而下富水性和导水性减弱,上段钻孔单位涌水量0.003～0.096 3 L/(m·s),中段0.000 3～0.019 2 L/(m·s),下段一般＜0.001 L/(m·s)。向斜内部断层十分发育,但主干断裂均属于压性或压扭性,低序次张性断层破碎带不宽,其围岩富水性弱,断层的富水性和导水性差,钻孔单位涌水量0.000 1～0.024 L/(m·s)。下伏峨眉山玄武岩组及上覆飞仙关组的隔水作用强,导致含煤地层富水性和透水性也十分微弱(表7-4)。

表7-4　　　　　　　　恩洪矿区含煤岩系及其上覆下伏地层段水文地质特征

地层代号	水质特征及水温	富水性
Q	HCO_3-Ca^{2+}·(K^+＋Na^+)型。pH＝7～7.4,固溶物86～416 mg/L,总硬度3.2～17.4德国度,可溶$SiO_2$7～9 mg/L,游离$CO_2$4.296～63.6 mg/L,水温14～16 ℃。	
T_1y	HCO_3^--Na^+型。pH＝7.4～7.6,固溶物113～162 mg/L,总硬度6.1～9.1德国度,可溶$SiO_2$5.0 mg/L,游离$CO_2$8.6～18.6 mg/L,水温13～14 ℃。	含水层
T_1f	HCO_3^--Na^+·Mg^{2+}·Ca^{2+},Cl^-·HCO_3^--Na^+·Mg^{2+}·Ca^{2+}型。pH＝6.75～8.4,固溶物49.6～144.00 mg/L,总硬度1.751～6.228德国度,总酸度0.085 mg/L,可溶$SiO_2$3～13.6 mg/L,游离$CO_2$1.298～18.60 mg/L,水温10.5～16.5 ℃。	隔水层
T_1k	Cl^-·SO_4^{2-}·HCO_3^--Na^+·Mg^{2+}·Ca^{2+},Cl^-·HCO_3^--Na^+·Mg^{2+}·Ca^{2+}型。pH＝5.9～11.2,固溶物38.8～270 mg/L,总硬度0.443～5.40德国度,总酸度0.065～0.154 mg/L,可溶$SiO_2$2.0～14.00 mg/L,游离$CO_2$0～17.6 mg/L,水温9～17 ℃。	弱含水层
P_2l	HCO_3^--K^+＋Na^+型。pH＝6.1～8.5,固溶物13.75～359.00 mg/L,总硬度0.2～15.7德国度,可溶$SiO_2$2.0～13.4 mg/L,游离$CO_2$0～79.19 mg/L,水温10～17 ℃。	微弱含水层
$P_2\beta$	HCO_3^--Na^+·Ca^{2+}或HCO_3^--Ca^{2+}·Mg^{2+}型。pH＝6.6～9.1,固溶物29.5～355 mg/L,总硬度1.08～15.76德国度,总酸度0.267 mg/L,可溶$SiO_2$2.0～19.00 mg/L,游离$CO_2$0～5.872 mg/L,水温15 ℃。	相对隔水层

新庄矿区亦为受构造侵蚀溶蚀相间的地貌，地下水补给以大气降水为主。含煤地层钻孔单位涌水量 0.000 205～0.004 61 L/(m·s)。上覆卡以头组，钻孔单位涌水量 0.000 68～0.017 6 L/(m·s)，渗透率系数 0.000 066～0.003 813 m/d；下伏地层为玄武岩隔水层，单位涌水量 0.000 056 69 L/(m·s)。本区断层富水性和导水性在不同勘查区差异大，如墨黑井田 F1 和 F2 断层，钻孔揭露水位及消耗量无变化，富水性和导水性均弱，而玉京山-高田井田 F1、F3 均为压扭性断层，断层带窄，富水性强。但是，整套含煤地层富水性和透水性总体上十分微弱（表 7-5）。

表 7-5　　　　　　　　　　　新庄矿区上二叠统及其上覆下伏地层水文地质特征

地层代号	水质特征及水温	富水性
Q		弱至中等
T_1y	HCO_3^--Ca^{2+}·Mg^{2+} 型。pH＝7.7～8，固溶物 362.51 mg/L，总硬度 20.42～21.2 德国度，可溶 SiO_2 8～12 mg/L，游离 CO_2 17.05～550 mg/L。	浅部较强，深部较差
T_1f	HCO_3^-·Cl^--K^+＋Na^+，CO_3^{2-}·HCO_3^--K^+＋Na^+ 型。pH＝9.4～10.5，固溶物 100～289 mg/L，总硬度 0.75～1.39 德国度，可溶 SiO_2 8～25 mg/L，水温 10～18 ℃。	较弱
T_1k	HCO_3^-·Cl^--K^+＋Na^+，OH^--Ca^{2+}＋Na^+，SO_4^{2-}·CO_3^{2-}-K^+＋Na^+，CO_3^{2-}·SO_4^{2-}·HCO_3^--K^+＋Na^+ 型。pH＝9.3～13.1，固溶物 166.5～391.25 mg/L，总硬度 1.82～35.52 德度，可溶 SiO_2 4～25 mg/L，水温 17～24 ℃。	弱
P_3l＋P_3c	SO_4^{2-}·HCO_3^--Ca^{2+}·Mg^{2+}，HCO_3^-·SO_4^{2-}-Ca^{2+}，SO_4^{2-}·HCO_3^--Ca^{2+}，HCO_3^--(K^+＋Na^+)·Ca^{2+}，HCO_3^--Na^+，HCO_3^-·SO_4^{2-}-Na^+，HCO_3^--K^+＋Na^+，HCO_3^-·SO_4^{2-}-Ca^{2+}·Mg^{2+} 型。pH＝7.1～9.8，固溶物 108.75～687.25 mg/L，总硬度 1.36～52.57 德度，可溶 SiO_2 8～30 mg/L，游离 CO_2 0～52.8 mg/L，水温 19 ℃。	弱至中等
$P_2\beta$	HCO_3^-·SO_4^{2-}-Ca^{2+}，SO_4^{2-}·HCO_3^--Ca^{2+}＋Na^+ 型。pH＝7.7～9.4，固溶物 127～137.5 mg/L，总硬度 80.93～95.25 德国度，可溶 SiO_2 2～12 mg/L，游离 CO_2 3.3 mg/L。	隔水层
P_1q＋P_1m	HCO_3^-·SO_4^{2-}-Ca^{2+} 型。pH＝7.4，固溶物 215 mg/L，总硬度 15.58 德国度，可溶 SiO_2 6 mg/L，游离 CO_2 8.25 mg/L。	强

在我国煤层气地面井抽采最早成功的华北沁水盆地南部潘庄区块，石炭系和二叠系含水层的富水性极其微弱，渗透系数多小于 0.001 mD，钻孔单位涌水量一般小于 0.06 m^3/hm，大部分钻孔小于 0.01 m^3/hm，属于弱含水层；抽水影响半径一般不超过 80 m，但变化极大，最小的仅有几米，总体上影响到煤层气井的排水降压；据揭露断层的钻孔资料，在破碎带中钻进时，水位也无较大变化，消耗量最大仅 0.68 m^3/h，断层角砾岩裂隙充填的方解石同样未见溶蚀现象，角砾间被泥质充填，测井曲线对破碎带反映也不明显（秦勇 等，2000）。

据抽水试验资料统计，老厂矿区含煤地层渗透系数 0.003 45～0.224 mD，平均 0.041 mD；影响半径 15.25～431.6 m，平均 119.3 m；钻孔单位涌水量 0.003 2～0.066 L/(m·s)，平均 0.017 L/(m·s)，为弱含水层（图 7-6）。

恩洪向斜含煤地层渗透系数 0.000 024 7～0.263 9 mD，平均 0.019 mD；影响半径 3.41～109.36 m，平均 32.84 m；钻孔单位涌水量 0.000 018 5～0.132 L/(m·s)，平均 0.011 L/(m·s)，为隔水层～弱含水层（图 7-7）。影响半径超过 50 m 的地段主要分布在 6-2、10、11 井田。

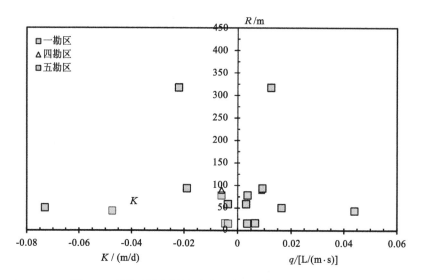

图 7-6　老厂矿区含煤地层地下水动力条件 K-R-q 图解

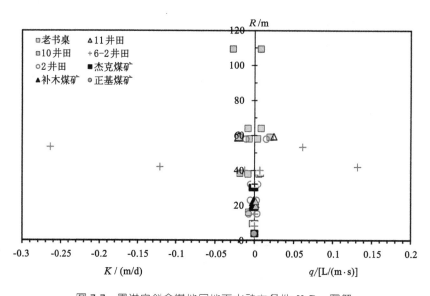

图 7-7　恩洪向斜含煤地层地下水动力条件 K-R-q 图解

　　新庄矿区含煤地层的钻孔单位涌水量较低，据水文地质规范，其富水性均位于隔水层～弱含水层区间，渗透系数和影响半径亦非常小（图 7-8）。

　　总体来看，老厂矿区煤层气资源通过地面井原位排水降压有可能得到有效降压抽采；恩洪向斜相对较差，但部分井田亦能实现有效降压；新庄矿区资料有限，且影响半径小于 30 m，可能影响到煤层排水降压。

三、地面井煤储层增渗地质约束与技术适应性

　　根据前面章节的分析，滇东地区上二叠统煤层渗透率总体上远低于沁水盆地南部，甚至低于华北南缘的淮南矿区。煤层低渗透性增加了煤层气渗流与产出的难度，提高了对煤储

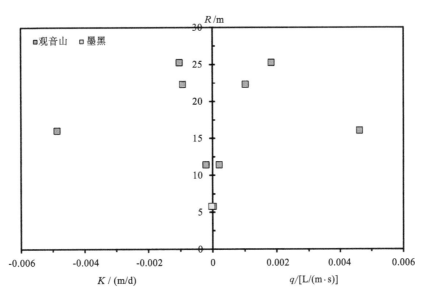

图 7-8 新庄矿区含煤地层地下水动力条件 K-R-q 图解

层改造的依赖性。若要有效改造煤储层,需选择适宜的改造技术方法。而技术方法是否适用,则需要明了不同方法运用的地质约束条件。

（一）煤储层增渗技术适应性总体分析

基于煤储层可改造性的地质约束以及云南省煤储层具体地质条件,结合国内前期煤层气地面井开发经验以及恩洪向斜、老厂矿区煤层气井完井和试采实践,分析了国内外煤储层现行增渗技术对滇东地区上二叠统煤储层的适应性,并形成了某些基本认识（表 7-6）。

表 7-6 增渗技术对滇东地区上二叠统煤储层的适用性

矿区 \ 完井方式 \ 井型	直 井						定向井		
	裸眼完井	裸眼洞穴完井	水力加砂压裂	泡沫加砂压裂	复合压裂完井	连续油管压裂	丛式井	多分枝水平井	U 型井
恩洪矿区	✕	✕	√	?	?	?	?	✕	✕
老厂矿区	✕	✕	√	√	?	√	√	✕	✕
新庄矿区	✕	✕	√	?	?	✕	√	✕	✕
昭通褐煤	?	√	√	√	√	✕	√	✕	√
蒙自褐煤	?	√	√	√	√	✕	√	√	√

注:√表示适用;? 表示待确定;✕表示不适用。

滇东地区上二叠统煤层试井渗透率极少超过 0.5 mD。钻孔岩芯显示:恩洪向斜构造煤普遍发育,煤层力学强度极低（表 4-2）;老厂矿区煤层原生结构相对较完整,但几乎各个层位构造煤发育数据占近一半比例（表 4-1）;新庄矿区墨黑、玉京山-高田井田的 C5 煤层下部亦普遍发育构造煤(表4-3)。2002年,晋煤蓝焰煤层气公司在潘庄井田布置了由30口井组成的井网排采试验,其中2口井分别进行了裸眼完井和裸眼洞穴完井试验,裸眼井几乎没有煤层气流产出,裸眼洞穴完井由于无烟煤硬度较大而无法造穴。

由此可见,滇东地区上二叠统煤储层煤体过于松软且渗透率较低,采用裸眼完井和裸眼洞穴完井技术不能达到增渗的目的;恩洪向斜、老厂矿区、新庄矿区多数井田构造煤发育,井眼煤壁稳定性差,与定向井有关的增渗技术总体上也不适用,包括丛式井、U型井、水平分支井等。但是,根据现有资料煤体结构分析,恩洪向斜深部(如纳佐、杰克煤矿)、老厂矿区白龙山井田西南部、新庄矿区玉京山详查区西南部等,主要发育Ⅰ和Ⅱ类煤,煤层以原生结构~碎裂结构为主,且地貌复杂,地形切割严重,高差较大,具有丛式井成井的有利地质条件和地形需求。

根据落下法试验结果,昭通盆地褐煤粒度大于25 mm的块煤占试样总重量83%,属于原生结构煤,其单轴煤岩抗压强度3.17~23.85 MPa,平均13.18 MPa;昭通褐煤平均孔隙率21%,蒙自褐煤平均孔隙率17.4%,说明煤层渗透率较好;昭通盆地煤层最大可采厚度193.77 m,一般40~100 m,蒙自盆地煤层可采厚度1~53.54 m,平均20 m。总的来说,昭通、蒙自等褐煤盆地的煤体强度较高,渗透性好,巨厚煤层弥补了含气量低的劣势,可考虑裸眼洞穴完井技术。

此外,恩洪向斜和昭通盆地煤层倾角比较平缓,圭山、新庄、老厂矿区部分地段煤层倾角较陡(表7-7),且圭山等地区煤层埋深很浅,含气量相对较高,可以选定煤体结构较为完整的煤层尝试顺层井技术的适用性。沿煤层钻井技术适用于煤层倾角稳定的高陡煤层,施工简单,与直井相比单井煤层气产量提高5倍以上。澳大利亚鲍恩盆地Moura区块单层煤厚4 m,含气量6.5~7.5 m³/t,煤层稳定,倾角大于20°,煤层埋深50~100 m;50口井水力压裂单井平均日产气2 800 m³,4口井沿煤层倾向钻井单井日产气1.4万 m³(单井煤层进尺800~1 000 m)。

表 7-7 滇东及滇东北地区上二叠统煤层倾角统计

矿区	勘探区	煤层倾角/(°)			矿区	勘探区	煤层倾角/(°)		
		最大	最小	平均			最大	最小	平均
老厂	一勘区	20.00	8.00	17.00	老厂	箐口向斜			17.00
	二勘区			10.00		南部预测区			17.00
	三勘区			20.00	新庄	观音山	10.00	45.00	25.78
	四勘区	43.00	6.00	15.00		墨黑	13.00	41.00	25.20
	六勘区			20.00		玉京山	25.00	65.00	34.53
	德黑向斜	50.00	19.00	17.00	圭山				46

(二)煤储层常规加砂压裂技术适应性

加砂压裂技术是最为常规的地面井煤储层增渗措施,包括活性水、凝胶等水力压裂技术和氮气、二氧化碳等泡沫压裂技术。

1.恩洪矿区地面井煤储层压裂增渗可行性

据云南省2010年以来仅有的采用加砂压裂增产措施且有排采资料的EH1井试采结果

（第六章第四节），证实恩洪向斜部分地区水力加砂压裂技术具有一定应用前景。然而，水力加砂压裂技术在恩洪向斜其他井田是否适用？下面对此问题进一步进行讨论。

第一，根据地球物理测井解释（第四章第三节），Ⅰ＋Ⅱ类煤体结构分层厚度比例从恩洪6-1井田、向斜深部中段南部向纳佐和杰克煤矿逐渐增加，从9号、16号向23号煤层结构渐趋完整，加砂压裂在部分地段存在可能性；老书桌井田、一井田等Ⅲ类煤分层过于发育，煤层裂缝加砂支撑效果可能较差。

第二，煤层气偏重于压力主导型应力气，地应力对煤层渗透率的地质约束显著，但对储层能量的影响不是十分明显，煤层气产出的驱动力较为充足。试井资料显示，恩洪向斜煤储层平均压力系数0.91，临近正常压力状态；地应力梯度尽管较高，但对煤储层压力的贡献相对较小，具有偏重于压力主导型应力气的特征；最小有效应力差（闭合压力梯度与储层压力梯度之差）约为1.5 MPa/hm，高于老厂、新庄矿区及我国已实现商业开发的沁水盆地（第五章第三节、第四章第四节）。虽然煤体结构不利于煤储层改造且地应力相对较高，但地应力梯度对煤储层压力的影响相对较小，存在有利于煤层气原位开采的煤储层能量及其释放条件。

第三，煤储层数值模拟显示，EH1井16号煤层和EH2井21号煤层在50倍增渗、100 m影响半径条件下，煤层气采收率仅18.53％；同时，采用蒙特卡罗风险评价，单位厚度煤层产气量仅为43 m^3/d，采收率不到10％（第六章第四节）。为此，即使考虑多煤层合排这一良好条件，煤层气地面开采潜力也不容乐观。

第四，恩洪向斜煤层顶底板岩石力学强度较高，有利于水力加砂压裂。测试结果显示，顶底板岩石在自然状态下的单轴平均抗压强度普遍高于煤层，泥岩为30.24 MPa，泥质粉砂岩为31.67 MPa，粉砂岩为94.7 MPa，细砂岩为100.32 MPa（表7-8）。本区缺乏煤岩力学性质测试资料。据华北部分矿区测试成果，无烟煤自然煤样单轴抗压强度在30 MPa左右，贫煤约20 MPa，焦煤～肥煤约10 MPa，气煤～长焰煤在15～20 MPa之间（秦勇 等，2010）。恩洪向斜主要为焦煤和贫煤，原生结构煤层的单轴抗压强度应该在15～20 MPa之间。对比之下，恩洪向斜煤层顶底板泥岩和泥质粉砂岩的抗张强度总体上约为煤层抗张强度的1.5倍，粉砂岩约为5倍，细砂岩约为6倍。区内主要煤层顶板以泥岩为主，有较大范围的粉砂岩分布，细砂岩仅局部存在（图7-9）。总体来看，尽管达不到煤层顶底板抗张强度是煤层抗张强度5倍以上的水力压裂理想要求，但围岩抗张强度毕竟大于煤层，具有实施水力压裂的煤岩层组合力学条件。

表 7-8　　　　　恩洪向斜煤层顶底板自然样品单轴压缩力学试验结果统计

岩石类型	抗压强度			弹性模量			
	样数	最小 /MPa	最大 /MPa	平均 /MPa	样数	最小 /(10^4 MPa)	最大 /(10^4 MPa)	平均 /(10^4 MPa)
泥岩	10	6	46.67	30.24	2	2.44	3.01	2.73
菱铁质泥岩	6	19.1	838	271.67				
泥质粉砂岩	5	20.4	34.27	31.67	1			2.44
粉砂岩	8	38.2	189.5	94.7				
细砂岩	13	19.4	635	100.32	5	1.76	9.28	4.34

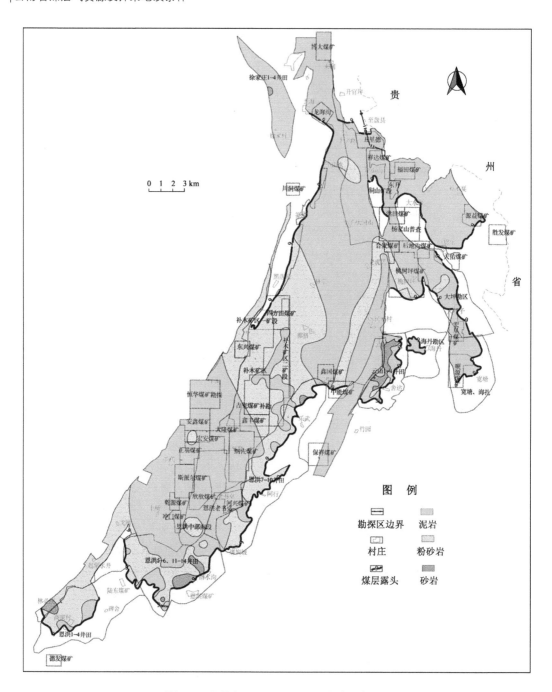

图 7-9　恩洪向斜 9 号煤层顶板岩性分布图

此外,煤岩及围岩力学性质决定了压裂裂缝的宽度和长度。据兰姆方程理论,岩石中水力裂缝的宽度与其弹性模量成反比(蔡美峰 等,2002)。一方面,弹性模量越小,压开的裂缝宽度越大,这是煤层压裂裂缝较宽的主要原因。另一方面,由于裂缝宽度的增加,在相同的施工规模条件下,裂缝长度增加将受到限制。裂缝延伸主要受遮挡层与产层岩石力学性质和最小主应力差控制(朱宝存 等,2009)。也就是说,遮挡层与产层弹性模量差值越大,层间最小主应力差越大,裂缝就越容易控制在煤层内部。本区缺乏煤岩弹性模量测试数据。山西省南部上古生界气煤～无烟煤气水饱和煤样的弹性模量介于 1 892～4 536 MPa 之间(傅雪海 等,2003),山东省兖州煤田鲍店矿和新河矿煤岩弹性模量 2370.2～5303.7 MPa(杨永杰,2006)。恩洪向斜以焦煤和贫煤为主,即顶底板弹性模量约为煤层的 10 倍左右,有利于压裂裂缝限定在煤层内部扩展。

恩洪向斜断层发育,构造错综复杂,含煤地层变形剧烈(第二章)。煤层作为软弱层,必然受到强烈改造。试井资料显示,煤层渗透率在 0.001 6～0.013 mD 之间,过于偏低,显示其煤体结构可能十分破碎。EH1 井煤层压裂试采,取得 750.31 m^3/d 的最高日产气量,显示在复杂构造地区局部存在相对稳定区段。因此,对水力压裂技术在恩洪向斜的适用性,有进一步探索的价值。

2. 老厂矿区地面井煤储层压裂增渗可行性

在 2010 年著者评价工作结束之时,老厂矿区尚无煤层气地面井试采资料可供参考。为此,只能参考试井资料,结合煤田勘探、矿井观测和其他测试资料,就加砂压裂技术对老厂矿区煤储层压裂增渗的适应性进行讨论。

第一,据地球物理测井曲线解释,四勘区东北部 F9 断层附近的煤层以Ⅲ类煤体结构为主,渗透率可能较低;中部地段Ⅰ＋Ⅱ类煤分层比例在 60％以上,预示着煤层渗透性可能相对较好。根据试井资料,四勘区煤层渗透率在 0.097～0.26 mD 之间,存在渗透性相对较高的煤层和区段。因此,加砂压裂技术对于四勘区基本是适用的。但是,在构造煤相对发育的地段,需要进一步论证具体压裂方案的可行性。

第二,试井资料显示,老厂矿区煤储层压力为 3.71～11.27 MPa,平均 7.95 MPa;压力系数 0.64～1.44,平均 1.17,总体上处于超压状态;闭合压力 9.75～21.44 MPa,平均 14.57 MPa(表5-7)。沁水盆地南部埋深浅于 900 m 的煤储层压力 1.34～9.64 MPa,平均 3.96 MPa;压力系数 0.28～1.04,平均 0.71;闭合压力 7.6～15.5 MPa,平均 9.6 MPa(秦勇等,2000)。其中:山西组 3 号煤层闭合压力 3.3～15.5 MPa,一般为 7～11 MPa,平均 8.9 MPa;太原组 15 号煤层闭合压力 8.0～13.3 MPa,一般 9～12 MPa,平均 10.6 MPa。与此相比,老厂矿区煤储层压力和压力系数相对较高,最小主应力高于沁水盆地南部(表7-9)。最小主应力梯度与储层压力系数差值为 0.98～1.01 MP/hm。也就是说,与我国煤层气地面井开发最为成功的沁水盆地南部相比,老厂四勘区的地层流体能量相对较高,但地应力也较高。这一特征在一定程度上有利于煤层气井的初期排采,但由于储层压敏效应更为显著的原因,可能给长期的排采降压带来较大困难。

表 7-9　　　　老厂矿区与沁水盆地南部煤储层压力和闭合应力试井数据对比

地区	测试层次	储层压力/MPa			储层压力系数			平均深度/m	闭合应力/MPa			最小主应力梯度/(MPa/hm)
		最小	最大	平均	最小	最大	平均		最小	最大	平均	
老厂四勘区	9	3.71	11.27	7.95	0.64	1.44	1.17	679	9.75	21.44	14.57	2.15
沁水盆地南部	37	1.34	9.64	3.96	0.28	1.04	0.71	557	7.60	15.50	9.60	1.72

第三,煤储层数值模拟显示,地面井抽采具有产出工业气流的可观潜力(第六章第四节)。采用蒙特卡罗风险模拟方法,老厂矿区单位厚度煤层模拟最高产气量 208 m^3/d,平均

采收率 27.7%(图 6-6)。基于这一模拟结果,以煤组合排采总厚度 5 m 煤层的最高产气量至少超过 1 000 m³/d,能够实现工业性生产。老厂矿区上二叠统发育多个煤层,具有煤层气合层排采的地质条件,且借助目前的工艺技术可能予以实现。如果考虑这一因素,则老厂矿区煤层气地面井开采的潜力会更为可观。

第四,煤岩及围岩力学性质决定了压裂裂缝的体积规模及有利块段。四勘区 C9、C13、C19 煤层顶板以泥岩为主,局部为粉砂岩和砂岩(图 7-10)。煤层顶板泥岩的抗压强度变化介于 8.75~39.6 MPa 之间,岩石力学强度相对较低,可能对煤储层压裂效果造成一定影响;弹性模量在 $1.85×10^4~6.2×10^4$ MPa 之间,平均 $3.88×10^4$ MPa,高于恩洪矿区,表明煤岩弹性模量和顶板岩石弹性模量相差较大,有利于压裂缝在煤层中扩展延伸(表 7-10)。

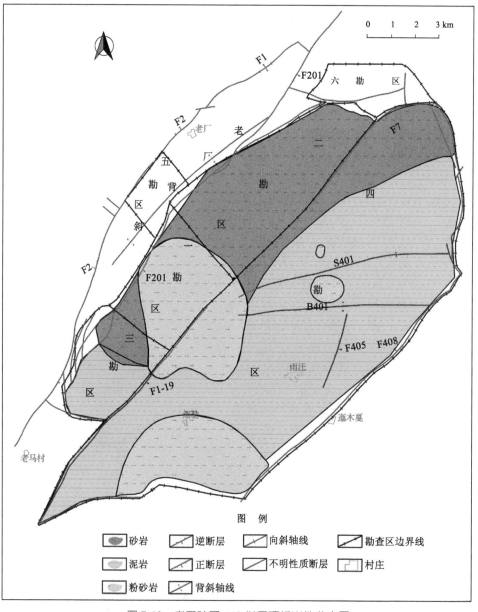

图 7-10 老厂矿区 C13 煤层顶板岩性分布图

表 7-10　老厂矿区底板样品单轴自然岩样力学试验结果统计

煤层底板	泥岩/MPa 抗压强度	泥岩/MPa 弹性模量(×10⁴)	粉砂岩、泥岩/MPa 抗压强度	粉砂岩、泥岩/MPa 弹性模量(×10⁴)	泥质粉砂岩/MPa 抗压强度	泥质粉砂岩/MPa 弹性模量(×10⁴)	粉砂岩/MPa 抗压强度	粉砂岩/MPa 弹性模量(×10⁴)	细砂岩/MPa 抗压强度	细砂岩/MPa 弹性模量(×10⁴)
C3			34.5~81.1/61.18	5.24	25.4~16.4/34.23	2.5	54.9~72.4/63.55	4.83	16.1~58.9/42.34	4.17
C4	3.7~13.8/8.75		20.6~42.1/32.25				54.8~68.4/61.6	4.53		
C7/C7+8			18.6~36.2/28.01		11.1~24.2/17.65	4.5	28.3~72.4/56.4	4.28	101.4~102.6/102	4.14
C9									62.4	
C13			9.5~58/21.65	4.86	13.3~15.9/14.6		28.2~70.1/61.24	4.31	62.4~83.23/74.01	4.86
C14			14.3~25.6/19.95	1.85	30.1~110.3/57.5		28.2~33.4/30.8	2.63	70.3~87.6/78.95	
C15			13.5~56.4/34.27	2.35~4.68/3.5						
C16	31.8~47.4/39.6		21.18~85.3/42.66	2.26~6.2/3.77	30.1~110.3/70.2		36.7~46.2/41.15	3.45	68.3~75.3/71.8	4.62
C17									48.1~57.1/52.6	4.8
C19	8.6~16.8/12.16					2.39	33.9~78.5/52.29	3.92~4.94/4.43	34.9~110.9/69.45	4.85

3. 新庄矿区地面井煤储层压裂增渗可行性

截至 2010 年年底,新庄矿区仅在西南部观音山井田施工过 1 口煤层气参数井,获得 1 层次试井数据,但缺乏试采资料可供参考(表 4-13)。

依据地球物理测井资料,解释了玉京山、墨黑井田部分钻孔的煤体结构。结果显示:墨黑井田Ⅲ类煤分层十分发育,由此沿 NE 向到玉京山中南部Ⅰ+Ⅱ类煤分层较为发育,煤体结构渐趋完整(第四章第三节)。南部观音山井田没有测井资料,但区内煤层试井渗透率达到 0.51 mD,煤储层具有较好的渗流能力。基于底板等高线构造分析,观音山、玉京山、高田井田处于向斜南翼,褶皱挤压作用相对较弱,煤层稳定;墨黑井田、大井沟煤矿位于 NE 向的新庄向斜南翼,同时也处于近 SN 向的另一次级向斜部位,即位于构造叠合部,构造改造强度大,导致Ⅲ类煤分层发育。

新庄矿区唯一的煤层气试井煤储层压力 7.03 MPa,压力梯度 1.10 MPa/hm;闭合压力 12.04 MPa,压力系数 1.13,处于超压状态(表 4-13)。对比之下,新庄矿区煤储层流体能量高,最小主应力高于沁水盆地南部,低于老厂矿区。最小主应力梯度与压力梯度差值为 0.81 MP/hm,明显低于沁水盆地和恩洪矿区。与沁水盆地南部相比,新庄矿区地层能量更好,有效应力较低,地应力对煤储层压裂增渗的地质约束较弱。

煤储层数值模拟显示,该区地面井抽采具有产出工业气流的可观潜力(表 6-41)。7801 井在煤层渗透率强化 30~50 倍、排采影响半径 100~250 m 条件下,单位煤厚峰期日均产气量在 100 m³/d 以上。其中,100 m 影响半径条件下,单位煤厚日均产量高达 229 m³/d,采收率最高达到 57.10%。若以煤组合排采 5 m 煤层厚度估算,单井日产气量会超过 1 100 m³/d,达到工业性气流下限标准。

观音山井田煤层顶板以砂岩、灰岩为主,抗压强度和弹性模量高于煤层,对水力压裂较为有利。墨黑、玉京山、高田井田煤层顶板以泥岩为主,力学强度较低,可能对煤储层压裂效果造成一定影响,如压裂缝不能保持在煤储层内部,则顶底板容易压穿而导致压裂半径无法有效扩展(表 7-11,图 7-11)。

表 7-11　　　　　　　　　新庄矿区上二叠统可采煤层顶底板岩性特征

井田	煤层	煤层厚度 /m	顶板岩性	底板岩性	夹矸层数	复杂程度	稳定程度
观音山	C1	0.73~1.77/1.07	泥质灰岩,局部泥质粉砂岩	泥岩、粉砂岩	0~2	简单	较稳定
	C5a	1.04~9.93/3.43	泥岩,局部泥质灰岩	泥岩	0~4	较简单	稳定偏较稳定
大井沟	C5	0.79~2.09/1.44	粉砂质泥岩或泥质灰岩	泥岩	1~3	简单~中等	稳定
墨黑	C5	0.74~4.64/2.42	灰岩	泥岩	0~2	简单	较稳定

井田	煤层	煤层厚度/m	顶板岩性	底板岩性	夹矸层数	复杂程度	稳定程度
玉京山	C5a	1.35～10.46/3.48	泥质灰岩、粉砂质泥岩	泥岩	0～3	简单～中等	F1断层以南较稳定～稳定,以北不稳定
	C5b	1.47～3.07/2.44	泥质灰岩、粉砂质泥岩	泥岩	0～2	简单	F1断层以北较稳定
	C9	0.71～2.88/1.23	泥岩和粉砂质泥岩	泥岩、泥质粉砂岩	0～3	简单	F1断层以南较稳定
玉京山-高田	C5	0.83～10.46/4.78	泥质灰岩、粉砂质泥岩	泥岩	0～3	简单～中等	18线以西较稳定～稳定,以东不稳定
	C6	1.25～1.34/1.3	泥岩、粉砂质泥岩	泥岩、粉砂岩		简单	18线以东较稳定
	C9	0.71～2.88/1.24	泥岩、粉砂质泥岩	泥岩		简单	13线以西较稳定
	C10	0.63～1.37/0.85	泥岩、粉砂质泥岩	泥岩		简单～中等	18线以东不稳定～较稳定

（三）连续油管压裂技术的地质约束与适应性

如第一章第二节及本章前述,滇东地区上二叠统富水性极弱,含煤地层与上覆下伏含水层之间一般没有直接的水力联系,可能在一定程度上约束了以排水降压为基本原理的煤层气地面井的抽采效果。然而,滇东地区上二叠统具有自身的优势条件,即煤层层数多,煤层厚度大,柱状剖面上构成了若干煤层相对集中的煤组（群）。

例如,恩洪向斜含煤 24～64 层,煤层总厚度 15.43～40.29 m;柱状剖面上,1 号～7 号、7 号～15 号、15 号～19 号、15 号～24 煤层构成了间距相对较小的四个煤组（图 7-12）。老厂矿区含煤 20～53 层,煤层总厚 40.75 m;柱状剖面上,C1～C6、C7～C11、C11～C21 以及 C24 煤层以下构成间距较小的四个煤组（图 7-13）。同时,恩洪向斜 1 号～5 号、6 号～13 号、14 号～18 号、19 号～24 号以及老厂矿区 C2～C4、C7+8～C17、C18～C23 煤层含气量梯度具有各自的独立性,分别构成多个被限定在对应二级层序地层格架内的叠置含气系统（图 3-25,图 3-26）。这些煤层气地质特征,为进一步选择适应多煤层弱富水性特点的煤层气地面井开采技术提供了得天独厚的先决条件。

加拿大西部阿尔伯塔含煤区上白垩统含煤地层条件与滇东地区有类似之处,煤层层数多,富水性极弱,煤层气井日平均产水量只有 5 桶（约合 0.8 m³/d）左右,地层流体能量不足以维持长期的排水产气;先期采用美国排水降压技术经过 20 余年的探索,煤层气地面井开发始终没有实质性进展。针对自身的煤层气地质条件,加拿大引入了石油天然气领域的连续油管压裂、二氧化碳注入、水平羽状多分支井等先进技术,促成了本国煤层气产业在 21 世纪初的跨越式高速发展（秦勇,2006）。

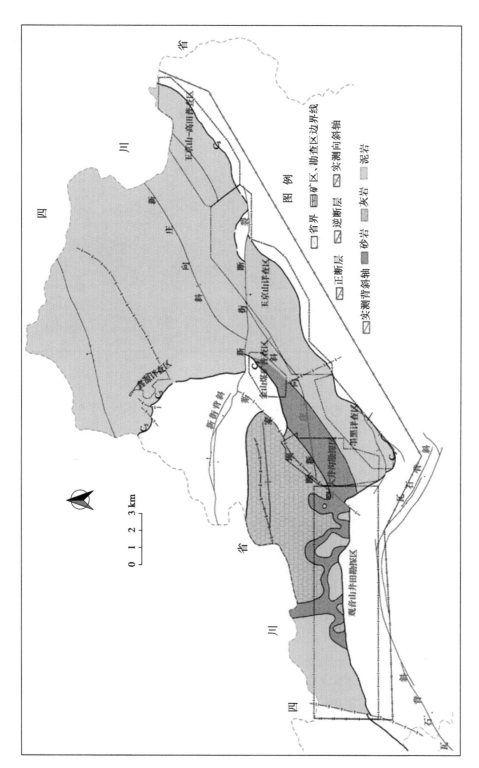

图 7-11　新庄矿区上二叠统 C5 煤层顶板岩性分布图

左图（图7-12）地层柱状表：

地层系统					厚度/m (两极值/一般值)			柱状	煤层编号	标志层编号	稳定程度	煤层间距/m (两极值/一般值)
系	统	组	段	代号	组	段	分层					

（该柱状图地层自上而下包括：三叠系下统卡以头组 T_{1k}；二叠系上统宣威组 P_2x 上段、中段、下段，分层厚度两极值/一般值如 2~14.5/5、0~1.85/0.29、3.2~16/7 等，煤层编号 1、2、3、4、4+1、5、6、6+1、7-1、7、8、9、10、11、12、13、14、14+1、15a、15b、16、17、17+1、18、19a、19b、20、21a、21b、22a、22b、23a、23b、24a、24b；标志层编号 B1~B11；稳定程度列注明"不稳定""较稳定""稳定"等；峨眉山玄武岩组 $P_2\beta$。）

图 7-12　恩洪矿区煤系柱状剖面发育特征

右图（图7-13）：

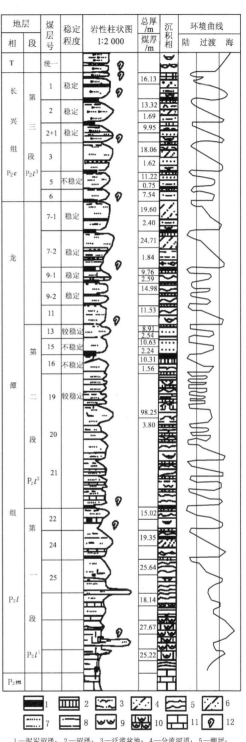

地层			煤层号	稳定程度	岩性柱状图 1:2 000	总厚/m 煤厚/m	沉积相	环境曲线 陆　过渡　海
相	段							
T	统一					16.13		
长兴组 P_2c	第三段 P_2l^3		1	稳定		16.13		
			2	稳定		13.32 1.69		
			2+1	稳定		9.95		
			3			18.06 1.62		
			5	不稳定		11.22 0.75		
			6			7.54		
龙潭组 P_2l	第二段 P_2l^2		7-1	稳定		19.60 2.40		
			7-2	稳定		24.71 1.84		
			9-1	稳定		9.76 2.59		
			9-2	稳定		14.98		
			11			11.53		
			13	较稳定		8.91 2.54		
			15	不稳定		10.63 2.24		
			16	不稳定		10.31 1.56		
			19	较稳定				
			20			98.25 3.80		
			21					
	第一段 P_2l^1		22			15.02		
			24			19.35		
			25			25.64		
						18.14		
						27.67		
P_2m						25.22		

图例：

1—泥炭沼泽；　2—沼泽；　3—泛滥盆地；　4—分流河道；　5—潮坪；
6—潮沟；　7—砂丘砂坝；　8—三角洲前缘砂；　9—潟湖；
10—局限碳酸盐盆地；　11—海相；　12—动物化石

图 7-13　老厂矿区煤系柱状剖面发育特征

连续油管压裂是一种新型多产层完井技术。连续油管(Coiled Tubing, CT)又称为挠性油管、蛇形管或盘管，可缠绕在大直径卷筒上，是由若干段钢带相互斜接，经轧制成型焊接而成的无接头连续油管，长度达几百米至几千米。连续油管加上水力压裂就构成连续油管压裂技术，其技术关键是井下工具组合，可在单个井眼中对多个煤层射孔并有效密封(林英松等，2008)。井下工具安放在连续油管上，采用膨胀式封隔器实现已作业的煤层与其他煤层的隔离，射孔设备为选择性射孔枪。作业时在套管和连续油管之间注入压裂液，为目的层水力压裂提供能量。一次连续油管下井可以作业的煤层层数取决于装在井下工具组合上的射孔枪。在所有的层位都进行作业之后，利用井下工具对作业流体进行返排后即可生产，不需要任何专门的作业流体返排设备。

与常规压裂技术相比，连续油管压裂作业时间不及常规作业时间的一半，尤其是在多层压裂和漏掉产层的压裂中，这方面的表现最为明显。这种作业方式节约大量的作业时间，减少事故发生的概率，大幅度降低了成本。在多层(3~8层)压裂中，连续油管压裂的成本仅为常规压裂的 60%~70%(McDaniel，2005)。我国煤层气直井作业目前极少采用这一技术，2014 年北京奥瑞安能源公司在新疆阜康西区块首先进行尝试，2015 年科瑞石油公司应用该项技术在阜康东区块压裂施工 5 个井次，均取得理想的改造效果。同时，国内开始了该项技术在煤层气井中应用的相关问题研究(赵亚东 等，2016)。然而，我国常规油气井对此进行过较多尝试。例如，鄂尔多斯盆地北部大牛地气田主力产气层为 7 段砂岩储层，低压、低渗、低孔，埋深 2 500~2 900 m，7 套气层纵向跨度 300 m，地层组内气层平均跨距 40 m 左右，气层组内气层跨距 10~25 m；2007 年 11 月，中石油华北分公司与美国 BJ 公司合作，采用连续油管进行环空加砂压裂并伴注液氮技术，成功地施工了两口天然气井(李宝林，2008)。

目前，连续油管压裂技术还在试验推广之中，配套连续油管井下工具、压裂液体系、压裂施工设计以及选井选层是确保工艺成功的关键；连续油管装备及可靠性依然是降低井下作业风险、减少作业失败的焦点；连续油管压裂技术潜力巨大，应当得到进一步应用与加强，以逐渐取代常规压裂技术(王海涛 等，2009)。同样，该项技术在滇东、滇东北地区煤层气地面井开发中具有可观的应用前景。

四、煤储层注气增产地质约束与技术适应性

(一)地层温度与注气增产技术适应性

地层温度与 CO_2 的泡沫化程度有关，进而影响到地面井 CO_2 泡沫压裂或注气开采效果。

滇东地区主要构造单元内部地温场变化较大，具体情况如下：

(1)老厂矿区。据 57 口测温井资料统计，地温梯度变化在 0.7~4 ℃/hm 之间，平均 2.04 ℃/hm。四勘探区中部、西南部存在地温异常，梯度在 3~4 ℃/hm 之间，埋深 1 000 m 左右的地层温度可达 40 ℃，有利于泡沫压裂和注气开采。

(2)恩洪向斜。地温梯度在 0.4~3.2 ℃/hm 之间，平均 1.7 ℃/hm。无论是单井还是平均水平，埋深 1 000 m 处的地层温度都不会超过 40 ℃。基于试井资料，煤层埋深一旦超过 1 000 m，渗透率全部低于 0.01 mD，将会形成极强的注气屏障(表 4-13)。要使 CO_2 充分泡沫化，地

层温度至少要高于 CO_2 的临界温度,一般需要 40℃ 以上。因此,恩洪向斜地温场条件约束了 CO_2 泡沫压裂或注气开采的可能性。但是,N_2 的临界温度为 126.3 K 或 -146 ℃,其充分泡沫化不受地温影响。

（3）新庄矿区。目前仅有观音山井田观测资料,地温梯度约 1.25 ℃/hm,属于典型的低温异常,约束了 CO_2 泡沫压裂或注气开采的可能性。同样,N_2 的充分泡沫化不受该矿区地温影响。

（4）昭通矿区。地温梯度 0.4~8.8 ℃/hm,变化极大,平均 2.8 ℃/hm。地温场正异常主要呈 EW 向条带状分布在诸葛营向斜东部,地温梯度 2.5~8.8 ℃/hm,平均 5.0 ℃/hm,如 2216 钻孔在 165 m 深度达 31.5 ℃,2702 钻孔在 297 m 深度达 40 ℃,存在 CO_2 充分泡沫化的地层温度条件。

（5）蒙自矿区。平均地温梯度 2.25 ℃/hm,局部地段达到 4.1 ℃/hm,如 1401、1001 孔,同样存在 CO_2 充分泡沫化的地层温度条件。

（二）地下水化学条件与注气增产技术适应性

CO_2 溶于水时,与水反应生成弱碳酸（H_2CO_3）。进入地层的 CO_2 在与地下水相互作用中,对煤储层物性影响最大的是相平衡状态改变而导致的重碳酸根与钙镁离子之间的沉淀反应。CO_2 在水中主要以三种形式存在,即游离的 CO_2、HCO_3^- 和 CO_3^{2-} 离子。它们在 CO_2 系统中存在五类平衡过程:① 气态 CO_2 溶解过程;② 溶解 CO_2 的水合作用,生成 H_2CO_3;③ H_2CO_3 的电离平衡;④ 中和与水解平衡;⑤ 与碳酸盐沉淀之间的固液平衡（$CO_3^{2-}+Ca^{2+}=CaCO_3$）。任何条件的变化将使平衡向某一方向移动而引起以下变化:气态 CO_2 的溶解或逃逸,Ca^{2+}、Mg^{2+} 等金属离子与 CO_3^{2-} 形成碳酸盐的沉淀或溶解,pH 值的变化,CO_2、HCO_3^-、CO_3^{2-} 相互转化而影响水的硬度,有效碳的变化等。在开放体系中,CO_2 在气相和液相之间处于动态平衡状态,各种碳酸盐的平衡浓度是 CO_2 分压和 pH 值的函数。

CO_2 分压越大,越有利于碳酸盐矿物溶解;碳酸盐矿物在碱性环境下趋于沉淀,在酸性环境中趋于溶解。pH 值在 4.0~8.3 之间时,CO_2 与 HCO_3^- 共存,大部分自然界水源的 pH 值在 6.0~8.3 之间;pH≤4.0 时,水中碳酸类化合物只以 CO_2 形式存在;pH=8.3 时,只存在 HCO_3^-;pH 值在 8.3~9.6 之间时,HCO_3^- 和 CO_3^{2-} 共存并相互平衡;pH≥9.6 时,不存在 CO_2 和 HCO_3^-,HCO_3^- 全部转变为碳酸盐或 CO_2 从水中逸出。也就是说,偏酸性地下水中尽管钙、镁离子浓度相对较高,但 CO_2 原始分压相对较高,新注入的 CO_2 不易改变碳酸盐类矿物沉淀与溶解的相平衡条件,可能对煤储层物性影响不大;偏碱性地下水中 CO_2 原始分压较低,新注入的 CO_2 易于改变相平衡条件,降低地下水的 pH 值,致使煤中碳酸盐矿物溶解,产生的钙、镁离子可能随溶液沿渗流通道迁移,然后在适合条件下重新沉淀而堵塞渗流通道,造成煤储层渗透率损伤。

老厂矿区含煤地层地下水总矿化度（固溶物含量）为 81.75~926 mg/L,平均 345.86 mg/L;总硬度 1.49~271.97 mg/L,平均 32.43 mg/L;pH 值 6.5~8.4,平均 7.75,地下水基本处于中性状态;但是,该区部分块段 pH＞8.3,注入 CO_2 可能导致碳酸盐矿物沉淀（图 7-14）。

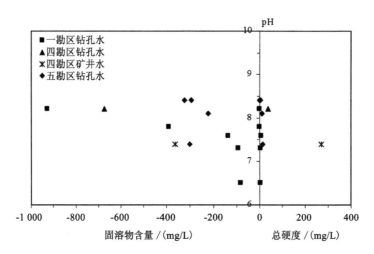

图 7-14　老厂矿区含煤地层地下水矿化度-硬度-pH 值关系图解

恩洪矿区含煤地层地下水总矿化度 18.3～666 mg/L,平均 163.05 mg/L;总硬度 0.2～132.43 mg/L,平均 7.47 mg/L;pH 值 4.1～9.1,平均 7.06,基本处于中性状态;在纳佐煤矿和阿族克等井田部分块段,地下水呈碱性(图 7-15)。

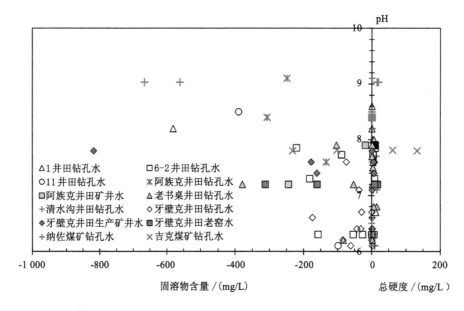

图 7-15　恩洪矿区含煤地层地下水矿化度-硬度-pH 值关系图解

新庄矿区含煤地层总矿化度 108.75～1 737 mg/L,平均 520.29 mg/L,几乎都小于 1 000 mg/L;总硬度 13.61～873.52 mg/L,多小于 500 m mg/L,平均 274.43 mg/L;pH 值 3.5～9.8,既有中性水,也有酸性水和碱性水;观音山井田钻孔水 pH 值在 8～10 之间,注入 CO_2 可能会产生碳酸盐矿物沉淀而堵塞孔裂隙(图 7-16)。

昭通矿区荷花井田含煤地层地下水总矿化度 125.5～1 192 mg/L,平均 412.43 mg/L;总硬度 0.9～53 mg/L,平均 13.01 mg/L;pH 值 6.7～9.0,平均 7.68(图 7-17)。

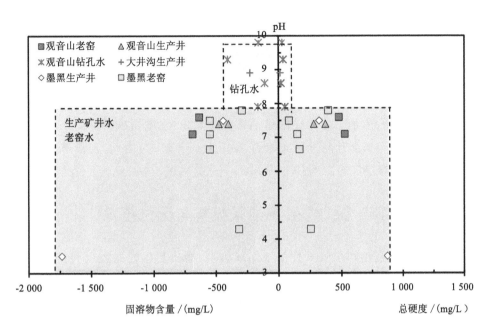

图 7-16 新庄矿区含煤地层地下水矿化度-硬度-pH 值关系图解

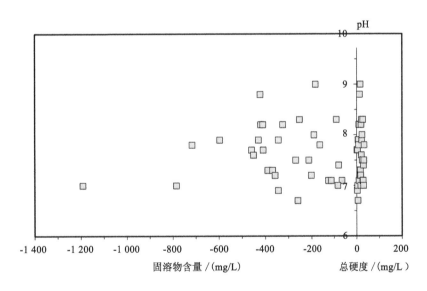

图 7-17 昭通矿区荷花井田含煤地层地下水矿化度－硬度－pH 值关系图解

总体来看,滇东主要矿区含煤地层钻孔水 pH 值一般介于 7～10 之间,呈中性～碱性,矿化度变化大;矿井水和老窑水 pH 值一般大于 8,变化范围大,硬度小。

基于上述原理和地下水化学性质,得到以下几点总体认识:

(1)除昭通矿区外,其他重点矿区含煤地层地下水总矿化度与酸碱度之间关系符合一般规律,即 pH 值增高,总矿化度和总硬度随之升高。

(2)原位地下水均为碱性～强碱性的低矿化度水,不存在高矿化度的碱性水,指示含煤地层富水性尽管相对较弱,但地下水径流速度相对较大,碱性～强碱性水质存在注 CO_2 后碳酸盐矿物溶解沉淀而伤害煤层渗透性的可能性,径流速率较大则可在一定程度上抵消这种隐患。

(3) 老厂矿区五勘区、恩洪纳佐煤矿和阿族克井田、新庄观音山井田、昭通荷花井田部分地段含煤地层地下水 pH 值超过 8.3,注入 CO_2 后碳酸盐矿物溶解沉淀而伤害煤层渗透性的可能性相对较大。

此外,地层温度增高,地下水中碳酸解离常数增大,由水电离出的氢离子(H^+)和氢氧根离子(OH^-)浓度(C)都会升高,pH 值会降低($pH = -lgC$)。为此,与浅部煤层相比,深部煤层可能更有利于煤层气的注入 CO_2 开采。

第三节　煤层气抽采模式与优先技术

杨陆武等(2007)提出煤层气开发的双循环模型,指出直接控制煤层气产能的主要地层条件在于地层温度、地层压力和地应力三个方面,认为这三个条件是影响煤层气产能的主变量,其他如渗透率、含气量等条件都是这三个核心环境状态的因变量。煤层气一体化开采是中国煤层气规模化、产业化开发的最佳技术选择,它包括在采动影响区进行地面井开采和较为成熟的井下抽放两个方面(饶孟余 等,2005)。这些理论认识是客观的,本章前面所阐述的滇东煤层气地质特点为此提供了进一步的佐证。为此,考虑现有技术的经济可行性因素,释放煤层气产能的基本原理目前只有两个,即压降传递和应力释放,所对应的基本模式分别是地面井开发和矿井卸压抽采。结合具体的煤层气地质条件,因地制宜地考虑抽采模式,这是制订合理的开发战略进而多快好省地开发云南省煤层气资源的关键基础。

一、应力约束型煤层气资源卸压抽采技术

应力约束气和应力主导型压力气在我国不乏实例,如华北的淮南、淮北、豫西、太行山东麓以及华南的松藻、中梁山等矿区或煤田,黔西六盘水煤田也是其典型实例之一。前期诸多实践昭示,这些地区的煤层气抽采单纯采用压降传递的地面井手段难以在整体上取得突破,但采用矿井卸压手段通过应力释放却取得了前所未有的理想效果。其中,典型的矿井卸压方法目前被称为"淮南模式"(秦勇 等,2012)。

矿井煤层气抽采目前已发展出多种具体的技术方法,包括本煤层抽采、解放层抽采和采空区抽采三大类别(表7-12)。其中,解放层抽采属于典型的大面积卸压抽采,本煤层抽采中的部分方法是基于卸压原理,如边掘边抽、边采边抽、水力割缝、松动爆破乃至矿井下水力压裂等,但多属于"点式"或"线式"卸压,效果显然不及解放层抽采。解放层卸压抽采也被称为保护层卸压抽采或邻近层卸压抽采。按照解放层与被解放层的相对位置,解放层分为上解放层和下解放层;基于解放层与被解放层之间的垂直距离(H),可分为近距离($H \leqslant 10$ m)、中距离(10 m $< H < 60$ m)和远距离($H \geqslant 60$ m)解放层;根据解放层数的多少,分为单解放层和多重解放层。

表 7-12　　　　　　　　煤层气矿井抽采技术方法及其适应性（秦勇 等，2012）

抽采分类			抽采方法	适用条件	抽采率/%
本煤层抽采	未卸压抽采	岩巷揭煤 煤巷掘进预抽	由岩巷向煤层打穿层钻孔或煤巷工作面打沿层超前钻孔	突出危险煤层、高瓦斯煤层	30～60 20～60
		采区大面积预抽	由开采层机巷、风巷或煤门等打上向、下向顺层钻孔	有预抽时间高瓦斯煤层、突出危险煤层	20～60
			由石门、岩巷、邻近层煤巷等向开采层打穿层钻孔	"可以抽采"和"较难抽采"瓦斯煤层	20，个别超过50
			地面钻孔	高瓦斯"容易抽采"煤层，埋深较浅	20～30
			密封开采巷道	高瓦斯"容易抽采"煤层	20～30
	卸压抽采	边掘边抽	由煤巷两侧或岩巷向煤层周围打防护钻孔	高瓦斯煤层	20～30
		边采边抽	由开采层机巷、风巷等向工作面前方卸压区打钻	高瓦斯煤层	20～30
			由岩巷、煤门等向开采分层的上部或下部未采分层打穿层或顺层钻孔	高瓦斯煤层	20～30
		水力割缝、松动爆破、水力压裂（预抽）	由开采层机巷、风巷等打顺层钻孔，由岩巷或地面打钻孔	高瓦斯"难抽采"煤层	20～30
解放层抽采	卸压抽采	开采层工作面推过后抽采上、下邻近煤层	由开采层机巷、风巷、中巷或岩巷等向邻近层打钻孔	邻近层瓦斯涌出量大，影响开采层安全时	40～80
			由开采层机巷、风巷、中巷等向采空区方向打斜交钻孔		40～80
			由煤门打沿邻近层钻孔		40～80
			在邻近层掘汇集瓦斯巷道	邻近层瓦斯涌出量大，钻孔穿过能力满足不了抽采要求时	40～80
			从地面打钻孔	地面打钻优于井下打钻	30～70
采空区围岩抽采	采空区抽采		密封老采区插管抽采	无自燃危险或采取防火措施时	50-60
			采空区设密闭墙插管或向采空区打钻抽采、埋管抽采		20～60
	围岩抽采		由岩巷两侧或正前向溶洞或裂隙带打钻、密闭岩巷进行抽采、封堵岩巷喷瓦斯区并插管抽采	围岩有瓦斯喷出危险，瓦斯涌出量大或有溶洞、裂缝带储存高压瓦斯时	

解放层煤炭开采引起采区附近应力场重新分布,形成正常应力、应力集中、卸压保护和应力恢复四个带。在卸压保护带内,煤层围岩向采空区移动,岩体冒落和下方岩体膨胀,形成有利于煤层气渗流的裂隙系统,降低了应力并促使煤层气解吸。其作用过程可表述为:开采解放层→岩层移动→被解放层卸压(地应力降低,煤体膨胀变形,渗透性提高,煤层气解吸)→煤(岩)层导流能力增高(钻孔煤层气流量增大,气体压力降低,含气量减少)→煤岩机械强度提高→应力进一步降低(肖代兵 等,1999)。可以看出,这一过程是应力能转换的过程,也是由应力约束转化为应力激励的过程,一部分应力能转换为煤(岩)体的破裂能而激励煤(岩)体产生裂隙,另一部分应力能转换为压力能并激励煤层气大量解吸。同时,煤层气解吸释放也降低了煤层内能,提高了煤(岩)体强度,同样有利于煤层裂缝稳定和煤层气抽采。

国内多数具有煤层群条件的大型应力约束型高瓦斯矿区,出于消突减灾目的,推广了解放层开采,如华东的淮南、淮北,华北的阳泉、邢台矿区,东北的北票、沈阳、鸡西矿区,华南的南桐、中梁山、天府、白沙、涟邵、乐平、六枝、水城等矿区(肖代兵 等,1999;程远平 等,2007;赵占义,2007)。在淮南矿区潘一矿,采用解放层远程卸压方法,首先开采含气量低、无突出危险的 B11 煤层,利用其采动影响使处在其上部 70 m 的 C13 煤层卸压,煤层透气性系数增加近 3 000 倍,煤层气大量解吸并形成沿顺层张裂隙流动的条件;通过在 C13 煤层底板瓦斯抽采巷向该煤层施工上向穿层钻孔,卸压解吸煤层气在煤层残余瓦斯压力和抽采负压作用下沿顺层张裂隙向抽采钻孔汇集,瓦斯抽采率达 60% 以上,相对瓦斯涌出量由原来 25 m³/t 下降到 5 m³/t,工作面煤炭日产量由原来的 1 700 t 提高到 5 100 t(程远平 等,2004)。

由此可见,解放层抽采的一个重要前提,就是需要具备多煤层或煤层群条件,滇东上二叠统在此方面得天独厚。如前所述,恩洪向斜赋存可采煤层 4～12 层,单层可采厚度 0.74～2.68 m,层间距 1.5～21 m,顶底板多为泥岩、粉砂岩(表 7-13)。根据该向斜煤层含气量和层间距情况,可考虑选用含气量相对较低、瓦斯突出风险相对较小的煤层作为解放层,以多重解放层方式进行煤层气矿井递进抽采(图 7-18)。第一解放层为 7 号煤层(中厚煤层),利用上向钻孔抽采近距离解放 7-1 号煤层,下向抽采中距离解放 8 号～11 号煤层。第二解放层为 17 号煤层(平均厚度接近中厚煤层),上向钻孔抽采中距解放 13 号～16 号煤层,下向钻孔抽采近距解放 18 号和 19 号煤层、中距解放 21 号～24 号煤层。但是,多重解放层抽采的可行性以及具体抽放方案,还需要从煤层的层间岩性组合、力学性质、采煤方式、抽采措施、安全隐患、生产效益等方面进行综合论证。

近年来,针对应力约束下松软低渗透煤层瓦斯抽采的难题,2010 年河南省煤层气公司开发成功矿井钻孔定向水力压裂增渗成套技术和装备,实现了单一、松软、低渗的高瓦斯煤层的区域性整体卸压抽采。2008 年,该项技术在平煤集团十矿 24110 工作面开展了工业性试验,共对机巷、回风巷、底板抽放巷 12 个钻孔进行了水力压裂。试验结果显示,压裂后煤层透气性系数增大了 800 倍,实际抽采量增加了 125 倍,单孔最大流量提高 6 倍,抽采煤层气的 CH_4 浓度增大 3.5 倍,抽采半径也得到大幅度提高(姜光杰 等,2009)。目前,该项技术正在河南省相关矿区全面推广,河南省煤层气公司也在贵州省成立了分公司。恩洪矿区上二叠统煤层条件与豫西地区具有相似性，可尝试采用该项技术进行煤层气矿井抽采。

表 7-13　　　　　　　　恩洪矿区可采煤层间距及平均含气量

煤层编号	煤层厚度/m	6Ⅰ～6Ⅱ井田及老书桌井田		煤层间距/m	煤层含气量/(m³/t)
		顶板岩性	底板岩性		
3	0.85	细砂岩	细砂岩		3.80
5	1.17	粉砂岩	粉砂岩	21	2.03
6	1.16			9.5	2.49
6＋1	0.74			5.0	2.49
7-1	0.87	泥质细砂岩	粉砂岩	6.0	4.46
7	1.29	泥质细砂岩	粉砂岩	10.0	4.46
8	1.09	细砂岩	细砂岩	9.5	6.27
9	2.68	细砂岩、泥质粉砂岩	粉砂岩	12.2	5.64
10	1.03			5.0	7.07
11	1.33	粉砂岩、菱铁岩	泥质细砂岩	10.0	5.09
13	1.53	粉砂质黏土岩	粉砂质黏土岩	6.0	4.39
14	1.10	粉砂质黏土岩	细砂岩	6.5	5.56
14＋1	0.78	粉砂质黏土岩	细砂岩	3.0	5.56
15a	1.01	菱铁岩、粉砂质泥岩	泥质粉砂岩	4.0	7.74
15b	1.25	菱铁岩、粉砂质泥岩	泥质粉砂岩	1.5	7.74
16	1.43	粉砂岩、粉砂质泥岩	粉砂岩、粉砂质泥岩	6.0	5.89
17	1.02	粉砂岩	粉砂岩	11.0	4.06
18	0.91	粉砂岩	粉砂岩	4.0	2.5
19a	0.78	粉砂岩	粉砂岩	4.0	8.91
19b	1.18	粉砂岩	细砂岩	1.5	8.91
21a	0.82	粉砂岩	泥质粉砂岩	8.0	7.96
21b	1.10			3.0	8.76
22b	1.15			9.7	8.3
23b	1.62			7.3	6.75
24a	0.88			3.0	7.22
24b	0.92			2.5	7.22

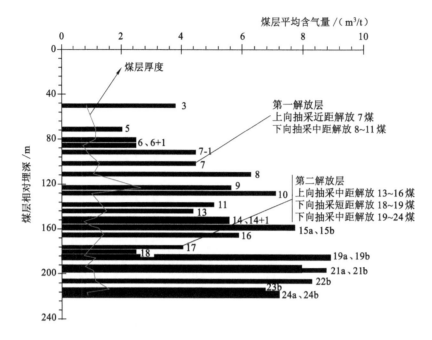

图 7-18　恩洪向斜煤层气多重解放层抽采示意图

二、应力-压力协同释放煤层气抽采技术

前已述及,解放层的作用过程是应力能转换的过程,其中一部分应力能转换为煤层气解吸能,进而形成煤层气压力能。同理,煤炭开采工程本身就是一个释放地应力的工程,所有的矿井煤层气抽采活动都可以被看作释放应力的措施。在此活动过程中,一部分煤层气进入井巷回风流,然后被排入大气,或在一定程度上得到利用;一部分被抽采出来,或得以利用,或被放空;一部分在新的储层压力平衡下主要以吸附态残留于未采煤层、煤柱或残煤,仍然可能具有开采价值;还有一部分解吸释放到煤炭开采采空区、岩体离层和裂隙,形成游离气的次生聚集。采用一定的技术手段,将应力释放过程中应力型和应力主导型煤层气的抽采与应力释放后压力型煤层气的抽采结合起来,或将煤炭开采期抽采与煤炭开采后抽采结合起来的方法,本书称之为"应力-压力协同释放煤层气抽采",与采矿界所说的"采煤扰动区煤层气抽采"有某些相似之处。

矿井下的本煤层抽采、解放层抽采和采空区/围岩抽采,均属于应力-压力协同释放煤层气抽采范畴。表 7-12 所列的矿井下钻孔定向水力压裂、边掘边抽、边采边抽、水力割缝、松动爆破、采空区/围岩抽采等,属于矿井下钻孔抽采。然而,应力-压力协同释放煤层气抽采技术体系并不仅仅局限于矿井下抽采,目前已发展到井下钻孔与地面井并举的阶段。早在 20 世纪 70 年代,就研发了采空区/围岩煤层气的地面井抽采技术,目前已发展出封闭/半封闭/开放采空区、生产/废弃盘区采空区等技术系列(图 7-19)。近 20 多年来,随着解放层煤炭开采技术的兴起和完善,应力-压力协同释放煤层气抽采技术逐渐成熟(图 7-20)。在煤炭开采期间,利用水力割缝、松动爆破、水力压裂等技术释放本煤层应力,然后对本煤层转化成压力气的煤层气进行抽采;利用解放层技术释放上、下被解放煤层的应力,进而采用井下定向穿层孔、顶板/底板走向孔、顶板走向巷道、地面井等预抽已转化为压力气的煤层气。目前,采动影响区地面井抽采正在成为该方面技术的主流。

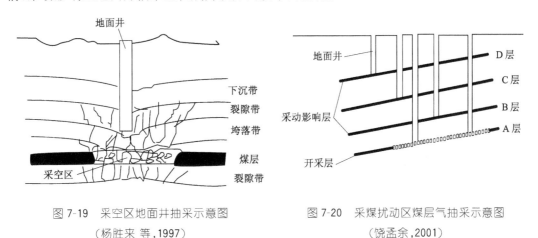

图 7-19　采空区地面井抽采示意图　　　　图 7-20　采煤扰动区煤层气抽采示意图
（杨胜来 等,1997）　　　　　　　　　　　（饶孟余,2001）

　　据美国黑勇士盆地阿拉巴马州地区 20 世纪 90 年代 152 口采空区地面井统计,单井日均产气量为 33 980 m³,峰值期单井日均产气量达到 174 720 万 m³（帕森,1997）。铁法矿区在采空区布置地面井 21 口,单井日均产气量为 10 500～28 000 m³,一般在 15 000 m³ 左右（李国君 等,2005）。淮南矿区在采空区上方"O"型圈内施工了 12 口地面井,单井日均产气量为 5 760～36 000 m³,一般在 14 400～28 800 m³ 之间（梁运培,2007）。宁夏煤业集团乌兰煤矿为了解决瓦斯治理难题,将原来的煤炭正常开采顺序调整为先分别开采下部的 7 号和 8 号煤层,对 2 号和 3 号煤层进行二次保护,被保护层的卸压煤层气全部由地面井抽采。实施结果显示,单井最大日抽采量达到 24 826 m³,抽采半径达到 200 m,首次实现了被保护层卸压煤层气全部由地面井抽采;被保护层透气性系数增大 1 872～2 046 倍,含气量降低 2.92～3.13 倍,抽采率提高 7 倍左右（李玉民 等,2009）。

　　上述技术完全适合于滇东地区上二叠统煤储层条件,可尝试推广应用。在实施之前,需要制定保护层开采及煤层气抽采规划,完成保护层开采及煤层气抽采、被保护层卸压煤层气强化抽采的设计方案;在实施过程中,需要考察被保护层的保护效果及保护范围,认证被保护层区域性消除突出危险性,进行被保护层开采及煤层气抽采（程远平 等,2007）。要求具备条件的矿井提前 3～5 年制定保护层开采及煤层气抽采规划,调整矿井开采部署,制订矿井开拓、掘进和回采接替计划以及配套的煤层气抽采和治理技术方案,保护层工作面应正常衔接,做到"抽、掘、采"平衡。被保护层经区域性消除突出危险性认证后,才能在其中进行采掘作业,一般仍需要配合相应的煤层气抽采方法。

三、煤层气分类开采模式与技术选择

　　煤层气资源开采方式主要取决于地层卸压和储层降压的地质控制因素,直接体现为现有技术条件下煤储层的可改造性和资源潜力,并与资源规模、煤炭安全开采需求密切相关。

为此,本书在考察云南省煤储层可改造性与抽采技术适应性的基础上,进一步建立省内煤层气分类开采模式,并就抽采技术提出初步建议。

(一)煤层气资源控气类型与抽采模式

实现煤层气高效抽采,必须依赖于两条穿越"瓶颈"的技术途径:一是降低压力,二是释放应力。在常用的工程技术方法中,钻井工程是为降低煤储层压力提供一条沟通管道,压裂改造是为了改善煤层的导流能力,导流能力的改善服务于压降快速传递;煤矿保护层开采,则是典型的地层应力释放措施(杨陆武,2007)。

根据前述分析:在原位条件下,老厂矿区煤层气资源总体上属于应力气和应力主导型压力气;恩洪向斜主要为压力主导型应力气,有应力气和应力主导型压力气赋存;昭通和蒙自褐煤盆地煤层埋藏浅,储层压力处于正常~超压(水头高度换算)状态,为压力气。无论何种控气类型,在矿井工程卸压条件下的特定区域,如采空区、井巷卸压区、采煤扰动区等,部分煤层气会由于解吸而次生富集于地下空间,从而转化为典型的压力气。即使赋存在残留煤柱、残余煤层中的吸附气,也由于应力释放而具有压力气的性质,但在次生应力集中区还受到局部应力场的影响。

鉴于上述因素,本书将滇东地区煤层气资源划分为四类16种控气类型,不同类型具有特有的抽采方式,不同抽采方式之间存在交叉、衔接和递进关系(图7-21)。考虑具体情况,滇东重点矿区实际上只存在其中的12种控气类型,即不存在矿井卸压条件下的应力气(Ⅵ1型、Ⅵ2型和Ⅵ3型)和应力主导型压力气(Ⅲ1型)。

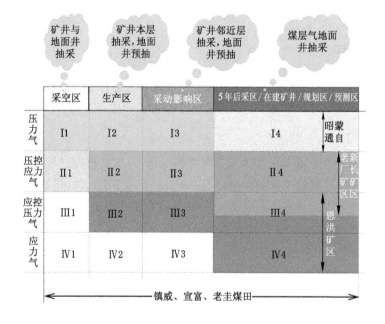

图7-21 滇东重点矿区煤层气资源控气类型与抽采基本模式

秦勇等(2006,2007)提出了确定矿区煤层气抽采模式的基本原则。鉴于上述原理和煤层气资源控气类型的实际条件,本书基于这些原则并做适当完善,提出了云南省煤层气资源递进抽采模式(图7-22)。

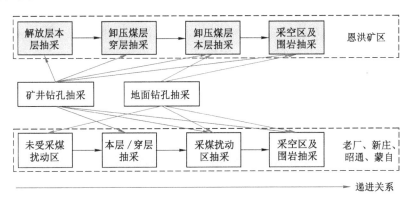

图7-22　滇东地区上二叠统煤层气递进抽采模式

其一,煤层原生结构的差异性。煤层原生结构相对完整、渗透性相对较高的矿,适宜于地面井原位抽采为主的"地面井原位＋矿井卸压"协同开采模式,如老厂、新庄矿区的多数地段。原生结构受到构造破坏且渗透性差的煤层,往往只允许矿井卸压抽采为主的"矿井卸压＋地面井原位"协同开采模式,如恩洪向斜的多数地区。

其二,以压力-应力协同释放为主的矿井卸压抽采模式。构造煤发育的煤层群且地层压力偏高的地区,适宜于采用以卸压为主的"远距离解放层井下抽采＋卸压区邻近层/本层井下抽采＋被解放层/离层/采空区地面抽采"的煤层气抽采技术,恩洪向斜、圭山矿区多数地区属于这种情况(图7-22,表7-14)。对于这些地区单煤层,往往只能采用"顺层密集钻孔边采边抽"方法,同时应探讨煤层井下水力压裂增渗的可行性。

其三,以排水降压为主的地面井降压抽采模式。原生结构保存完好的单煤层和煤层群,适宜于选用各种地面抽采技术,如直井、多分支水平井、丛式井等,对于煤层群还可以考虑叠置含气系统分段抽采技术,老厂、新庄、昭通及蒙自矿区适合于这一模式(图7-22,表7-14)。对于这些地区煤矿原生结构较为完整的煤层,可采用先进的顺层长钻孔预抽措施,并结合地面直井压裂预抽和井下水力压裂增渗方法。

表 7-14　　　　　　　　　滇东重点矿区煤层气抽采适用的钻孔类型

地区	矿井钻孔			地面钻孔		
	本煤层	顶板及围岩	邻近层	直井	丛式井	水平井
老厂矿区	√	√	√	√	√	?
新庄矿区	√	√	√	√	√	
昭通矿区	√	√	√	√	√	
蒙自矿区	√	√	√	√		√
恩洪矿区	√	√	√	√		
圭山矿区	√	√	√			

其四,地形条件的复杂性。云南省地形条件复杂多变,影响到煤层气地面抽采钻孔的施工条件。在地形高差较小且坡度相对较缓的地区,如果煤层结构和物性条件允许,则任何适宜于地面井开采的技术均可选用。在地形高差大且坡度相对较陡的地区,如果煤层原生结构完整或地层的采煤扰动变形可以预计,则建议优先选用丛式井等定向钻进技术,也可探讨水平定向井的可行性(表7-14)。

总体而言:

第一,恩洪、圭山等矿区煤层气开发以释放应力为主要手段,老厂、新庄矿区采用应力-压力协同释放方法,昭通、蒙自等矿区以释放压力为主。然而,在上述抽采模式中,涉及各类技术方法的协同关系,包括地面井排水降压抽采模式与矿井卸压抽采模式之间的协同与交叉、矿井抽采技术与地面井抽采技术之间的配合与交叉、从矿井卸压到卸压区地面抽采以及从原位条件预抽到矿井采动区抽采的递进等。

第二,恩洪、圭山矿区适用的煤层气抽采递进模式为解放层本层抽采→卸压煤层穿层抽采→卸压煤层本层抽采→采空区及围岩抽采,解放层本层和卸压煤层穿层抽采主要采用矿井钻孔抽采技术,卸压煤层本层、采空区及围岩抽采可同时采用矿井/地面井抽采技术(图7-22)。

第三,老厂、新庄、昭通、蒙自矿区抽采递进模式为未受采矿扰动(原位)区抽采→本煤层抽采和邻近层穿层抽采→采煤卸压扰动区抽采→采空区及围岩抽采,原位区采用地面钻孔抽采技术,本煤层抽采和邻近层穿层抽采只能依赖于矿井钻孔技术,采煤卸压扰动区抽采、采空区及围岩抽采可同时采用矿井/地面井抽采技术(图7-22)。

(二)恩洪矿区应力释放型煤层气抽采优先技术

应力释放型煤层气抽采技术以矿井卸压手段为主,矿井-地面井协同抽采采用如下组合方式:① 解放层(保护层)煤炭开采与煤矿井下煤层气抽采相结合,地面井对保护层采空区游离瓦斯进行抽采;② 地面井对被保护层的卸压瓦斯进行抽采,或对采空区、被保护层上方"离层"空间的游离瓦斯进行抽采;③ 被保护层煤炭开发,井下和地面井同时对本层煤层气进行抽采;④ 少部分煤储层物性条件较好的地段,地面布井与井巷布置相衔接,通过地面井对本层煤层气进行原位预抽采。

基于本章前面对开采技术和抽采模式适应性的讨论,结合著者前期对国内30余个矿区的研究成果,将应力释放型煤层气抽采模式和抽采技术组合成三类八型,目的是为恩洪矿区选择抽采提供基本技术框架(表7-15)。根据本节第一部分对应力约束型煤层气资源卸压抽采技术适应性的分析,恩洪矿区上二叠统煤层气开采的优先技术应为表7-15中的I2型和III2型技术组合,关键技术是多重解放层煤层气抽采,本煤层矿井水力压裂技术也应重点关注。

表 7-15　　　　　　　　应力释放型煤层气抽采模式与技术方法框架性分类

抽采模式				技术方法	
类	模式组合		型	技术方法组合	
I	矿井抽采		I 1	本煤层	
	矿井抽采		I 2	本煤层,邻近层及被保护层,采空区及离层	
II	地面井抽采＋矿井抽采		II 1	本煤层,采空区及离层,水平井	
	地面井抽采＋矿井抽采		II 2	本煤层,直井,水平井	
	地面井抽采＋矿井抽采		II 3	本煤层,采空区及离层,直井,水平井	

抽采模式			技术方法
类	模式组合	型	技术方法组合
Ⅲ	协同抽采	Ⅲ1	本煤层,采空区及离层,采煤卸压后地面井
	协同抽采	Ⅲ2	本煤层,邻近层及被保护层,采煤卸压后地面井
	协同抽采	Ⅲ3	邻近层,采空区及离层,采煤卸压后地面井

图 7-18 中表述了滇东地区煤层气多重解放层抽采的设想,下面以恩洪向斜为例,进一步描述递进抽采顺序(图 7-23)。

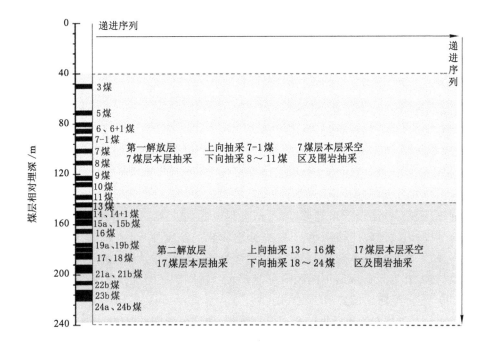

图 7-23　恩洪向斜上二叠统地层压力递进释放顺序示意图

——抽采技术特点。考虑到可采煤层的层数多、顶部和底部煤层垂向跨距大、含煤地层以细碎屑岩(泥岩、粉砂质泥岩、粉砂岩)为主、富水性弱的地质特点,解放层开采似应从上部煤组开始,以免过多影响到往下煤层的煤炭开采。由于含煤地层以细碎屑岩为主,每个煤组不仅可采用上向钻孔抽采被保护层,也可利用底板地层容易膨胀释放压力的特点而考虑下向钻孔对下部被解放层煤层气进行抽采。解放层和被解放层煤炭采掘形成采空区和离层之后,采用地面井和矿井钻孔抽采卸压游离气。

——垂向递进序列。第一解放层为 7 号煤层,上向钻孔抽采近距离解放 7-1 号煤层,下向中距离穿层抽采解放 8 号～11 号煤层。第二解放层为 17 号煤层,上向钻孔中距离穿层解放 13 号～16 号煤层,下向钻孔抽采近距离解放 18 号和 19 号煤层、中距解放 21 号～24 号煤层。随煤炭开采的推进,第一解放层煤层气抽采进行到一定程度后,向下按顺序递进到中部煤组第二解放层卸压煤层气抽采;同时,实施对上一煤组采空区和离层的地面井抽采。

——同一煤组不同抽采方式递进序列。首先是本层煤层气抽采,具体可选择表7-15中本层抽采的适用技术。接着,当本层煤炭开采推进到一定程度并使被解放层地层压力得到释放后,开始实施被解放层的矿井上向、下向定向钻孔以及地面井抽采。然后,随着煤炭开采的推进,采用矿井和地面井方式进行解放层和被解放层采空区和离层卸压游离煤层气的抽采。

(三)老厂、新庄等矿区应力-压力释放型煤层气抽采优先技术

根据老厂、新庄矿区含煤地层、煤层气条件和地形地貌特点,煤层气抽采可采用应力-压力同时释放和地面井-矿井钻孔并举的协同方式。结合第六章第三节关于单一煤层地面抽采可能不具有经济价值的数值模拟认识,老厂矿区地面井优先钻孔类型为直井和丛式井,其中丛式井值得大力推广应用;优先完井方式为水力加砂压裂;优先抽采模式为分段多层或合层合排,也可尝试连续油管多层压裂技术的可行性。对于生产矿井,建议推广井下钻孔本层定向水力压裂增渗技术。

就钻井和常规完井技术来看:

——裸眼完井尽管是最为经济便捷的完井方式,老厂和新庄矿区部分块段煤岩力学性质也能够满足井眼稳定性的需求,但试井结果表明煤储层渗透率没有达到要求,单煤层厚度也较小。借鉴沁水盆地直井裸眼完井试验产气量极低甚至没有气流产出的实例,可基本上否定裸眼完井技术对老厂和新庄矿区的适用性。

——裸眼洞穴完井也较为经济便捷,老厂和新庄矿区也具有顶底板密封性强和含气量高的有利条件,虽然均为贫煤,但矿区内原生结构煤少,力学强度不大,动力造穴可能容易坍塌、堵塞,技术适应性需要进一步论证。

——泡沫压裂完井增产效果显著,储层伤害程度低,老厂矿区部分勘查区地下水水质和$800\sim900$ m以深地层温度能够满足CO_2充分泡沫化的温度要求(本章第二节)。然而,本区试井资料显示,煤层渗透率较低,存在不利于注气开采的地质条件。加之泡沫压裂完井成本较高,该项技术在老厂矿区运用的风险可能较大。新庄矿区地温梯度极低,深部煤层温度不能满足CO_2充分泡沫化的要求。

——定向钻井工程对地质条件的要求极为苛刻,关键地质问题是井眼的工程稳定性和水平井眼段煤层钻遇率,与煤体结构、煤岩力学性质、煤田构造复杂程度、含煤地层沉积环境等密切相关。已有资料显示,老厂矿区煤层原生结构总体上保存一般,常间夹构造煤分层,给水平井工程稳定性造成极大隐患;同时,水平井造价高,风险大。为此,尽管不否认老厂矿区煤层气地面开发中成功应用水平井技术的可能性,但前提是要详细查明煤层结构、煤层稳定性、煤田构造等地质条件。丛式井井眼工程稳定性对地质条件的要求相对较低,可利用同一个井场、在地形低洼地带同时施工几口煤层气井以控制较大抽采半径和山体之下的煤层,有利于降低工程量和施工成本,可以考虑作为老厂矿区煤层气地面井开发的主流井型。新庄矿区地形复杂,地层倾角大,一般在$25°\sim35°$,且在矿区中部夹有构造煤分层,水平井风险大。

老厂矿区煤层气资源占云南省煤层气资源总量的近1/2,资源优势显著,下面讨论非常规完井技术对煤储层改造的技术适应性:

——上二叠统煤层层数多,煤层成组赋存,含煤地层富水性弱,单一煤层较薄,地面井产气量不高(第六章第三节),采用地面井开发单一煤层难以获得理想的产气能力。然而,正是这些特点,成就了可能成功运用多层压裂排采、合层压裂排采甚至连续油管压裂排采技术的地质基础。

——上二叠统含煤 20～53 层,一般为 27～43 层,单煤层厚度 0.48～3.8 m,一般在 1.5～2.5 m 之间,煤层总厚度 40.75 m;可采煤层 15 层,柱状剖面上集聚为 4 个煤层组。根据含气量及含气梯度层域分布特点,垂向上至少发育 4 套相对独立的含煤层气系统(第三章第四节)。根据这些地质条件特点,可采取四段递进多层压裂方式完井技术,然后分段合排;由于含煤地层富水性弱,为保证下部煤组能有足够的水源排采降压,似应采取从上至下的递进开发方式。

——煤层渗透率相对较高,地应力相对较低,地层能量充足(第四章第四节,第五章第四节)。鉴于此,结合上述分析结论,建议在采取四段式由上至下递进多层压裂分段合排抽采模式的基础上,优先采用地面直井和丛式井技术,水力加砂压裂半径按 100 m,井眼入煤层点间距按 200 m 设计,井网布置可结合构造条件、煤层主裂隙展布方向、构造应力场特征等因素具体考虑,如矩阵状、梅花状、不规则状等井网形式。

第四节 老厂矿区煤层气地面开发试验先导区选择与描述

在滇东地区各重点矿区中,老厂矿区的煤层气资源量大,煤储层能量较为充足,渗透率相对较高,地应力相对较低,具有煤层气地面井原位抽采的地质条件基础;前期施工过一批煤层气参数井和排采试验井,具有较好的煤层气勘查基础;煤层弹性能分析揭示,不同煤层不同地段的煤层气富集高渗条件尽管差异较大,但除了上部煤层的局部区段(9 号煤层南部和中部)之外,绝大部分地段和煤层均具备煤层气富集高渗发育的动力条件(第五章第四节)。为此,建议将老厂矿区作为云南省煤层气勘探开发试验先导区,进一步开展煤层气地面开发试验。

一、老厂矿区煤层气地质背景

老厂矿区由第一～第六勘查区和南、北预测区组成,北西边界为老厂断层(F2),南东边界为 F408 断层,北东边界为 F10 断层,南西边界为 F306～F1-19～海子断层一线,总体呈 NE～SW 向展布。6 个勘查区长 23 km,宽 4～11 km,面积 186 km²;外围预测区面积 344 km²,包括北部预测区 288 km² 和南部预测区 56 km²,总面积 530 km²(图 7-24)。

(一)含煤地层

老厂矿区含煤地层为上二叠统龙潭组和长兴组,上覆下三叠统卡以头组,下伏下二叠统茅口组,缺失下二叠统底部的峨眉山玄武岩组。

龙潭组下部以灰岩为主,上部以砂岩和泥岩为主,主要可采煤层集中于上部,厚约 350 m。分为三段,由下至上分别为:

——下段从茅口组顶面至 C23 煤层顶,为次要含煤段,厚 102～175 m,平均 147 m,形成于浅海～陆相沉积环境,可进一步分为两个亚段。下亚段以灰岩、细粒砂岩夹粉砂岩为主,底部为铁铝质黏土岩和底砾岩,厚 46～109 m,平均 70 m。上亚段由粉砂岩夹细砂岩及多层灰岩组成,厚 40～79 m,平均 78 m;含 C23～C25 煤层,煤厚 4.66 m。

——中段自 C23 煤层顶至 C17 煤层顶,以粉砂岩为主,夹细砂岩、黏土岩及煤层,厚 130～152 m,平均 141 m。含煤 3～15 层,煤层总厚 0.23～25.03 m,平均 6.69 m。其中,C19 煤层为主要煤层,C17 和 C18 煤层局部可采,即 C17～C19 煤层为区内第一套主要煤层组合。

——上段自 C17 煤层顶至 C9 煤层顶,由粉砂岩、细砂岩、菱铁岩和煤层组成,厚 37～79

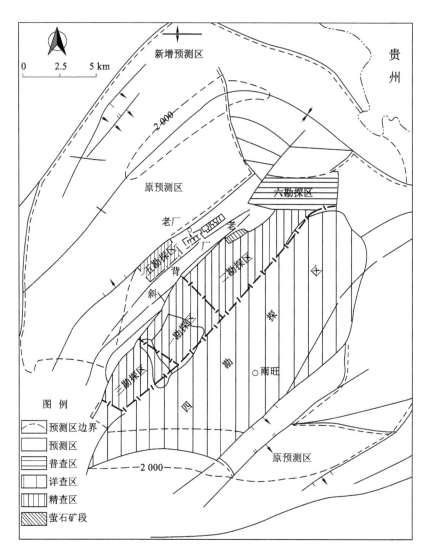

图 7-24 老厂矿区勘查区和预测区分布图

m,平均 62 m。含煤 5～8 层,煤层总厚 0.35～49.46 m,平均 10.42 m。其中,C9、C13、C16 煤层可采或大部可采。

长兴组自 C9 煤层顶至卡以头组底,由粉砂岩、细砂岩夹菱铁岩及煤层组成,上部夹少量灰岩,厚约 110 m。分为三段,由下至上分别为:

——下段从 C9 煤层顶至 C4 煤层顶,厚 35～87 m,平均 62 m。下部岩性以细粒砂岩为主,上部以粉砂岩为主。含煤 4～8 层,煤层总厚 0.43～16.48 m,平均 5.66 m。含不稳定可采、局部可采煤层 4 层,即 C4、C7、C8 和 C8＋1 煤层。

——中段从 C4 煤层顶至 C2 煤层顶,厚 13～52 m,平均 26 m,主要由细砂岩、粉砂岩夹薄层菱铁岩组成。含煤 2～5 层,煤层总厚 0.22～10.60 m,平均 3.31 m。含稳定可采煤层 2 层,即 C2 和 C3 煤层。

——上段为粉砂岩夹细砂岩、薄层状菱铁岩及少量灰岩,含 C1 和 C1＋1 煤层,均不可采,其底部发育水云母黏土岩,厚 21 m。

（二）矿区构造与含煤地层埋深

老厂矿区主体构造为老厂复背斜,并可进一步划分为老厂背斜区、东部斜坡区、北部和西部凹陷区、东部和南部环状断裂区、北部和西部环状断裂区 5 个构造单元(图 1-9,图 1-10,图 7-24)。

受上述构造背景控制,含煤地层埋藏深度等值线也围绕背斜露头区大致呈环状展布,在复背斜核部附近埋藏相对较浅,向两翼逐渐增大(图 7-25)。其中,南部预测区龙潭组底界最大埋深一般在 1 000～1 500 m 之间,仅在非常局限地段达到 2 000 m;北部预测区南侧属于老厂背斜的 NW 翼,北侧逐渐抬起,整体上构成一个与老厂背斜相邻的向斜构造,向斜轴部龙潭组底界最大埋深超过 2 000 m。

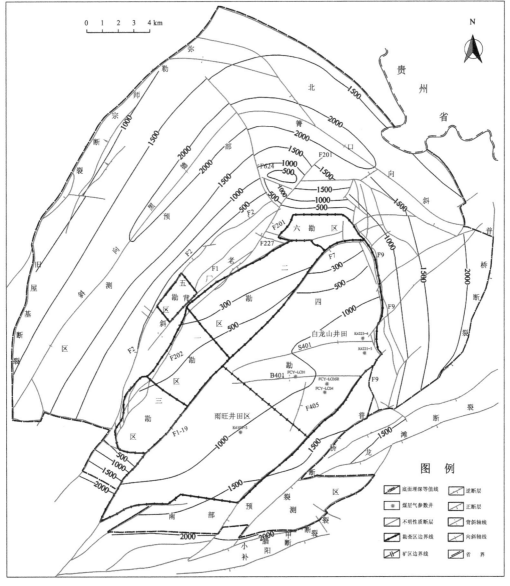

图 7-25　老厂矿区含煤地层底界埋藏深度等值线图

（三）水文地质条件

老厂矿区为中山区地貌，海拔 1 320～2 410 m，相对高差 1 090 m，地形切割剧烈；大沟河、扎外河、岔河、格布厂河、丕德河等溪流构成龟背式放射状水系，是矿区内地表水和地下水排泄的主要途径，先后汇入黄泥河和南盘江，属于珠江水系。

矿区内发育四类含水层组：

——松散岩类含水层组和滑坡松散岩类含水层组。松散岩类含水层组由第四系松散冲洪、坡积物、湖积物组成，富水性较强；滑坡松散岩类含水层组为矿区内众多的滑坡堆积体，富水性中等。两者与含煤地层之间均无直接的水力联系。

——碎屑岩类含隔水层组。包括下三叠统飞仙关组和卡以头组以及上二叠统长兴组和龙潭组，由薄～中厚层状砂岩与泥岩组成，地下水赋存于岩层裂隙中，富水性弱或为相对隔水层，与煤层有直接或间接的水力联系。其中，含煤地层钻孔单位涌水量 0.003 2～0.034 8 L/(m·s)，属于弱含水层。

——碳酸盐岩类含水层组。主要有中三叠统个旧组第一、三、四段，下三叠统永宁镇组第一段，上二叠统龙潭组第一段及下二叠统茅口组，以碳酸盐岩为主，富水性中等至强，对煤层充水一般无影响，即与煤层的水力联系微弱。其中，龙潭组第一段钻孔单位涌水量 0.113～0.459 L/(m·s)，富水性中等。

主含煤段钻孔单位涌水量 0.002 157～0.012 5 L/(m·s)，平均为 0.006 1 L/(m·s)；多数钻孔的单位涌水量低于 0.01 L/(m·s)，属于相对隔水层；其余钻孔的单位涌水量在 0.01～0.10 L/(m·s)之间，为弱含水层（图 7-26）。

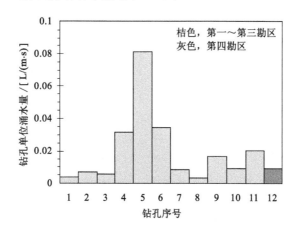

图 7-26　老厂矿区主含煤段钻孔单位涌水量分布直方图

主含煤段地下水动力场严格受构造特征控制。钻孔抽水试验结果表明，绝大多数断层导水性弱，断层带富水性和导水性与断层性质、规模大小关系不太明显。在老厂背斜核部附近，含煤地层埋藏浅，近露头附近发育滑坡堆积体；在复向斜 SE 翼，随埋深变大，主含煤段很快进入承压水区域，水位等值线展布形态与煤层底板等高线形态基本一致，显示地下水由 NW 向 SE 方向和南部流动；水头高度从近背斜核部的 2 100 m 左右降至向斜轴部的 1 700 m 左右，水力坡度在浅部相对较大，向深部显著变小，指示深部主含煤段地下水动力条件明显减弱（图 7-27）。

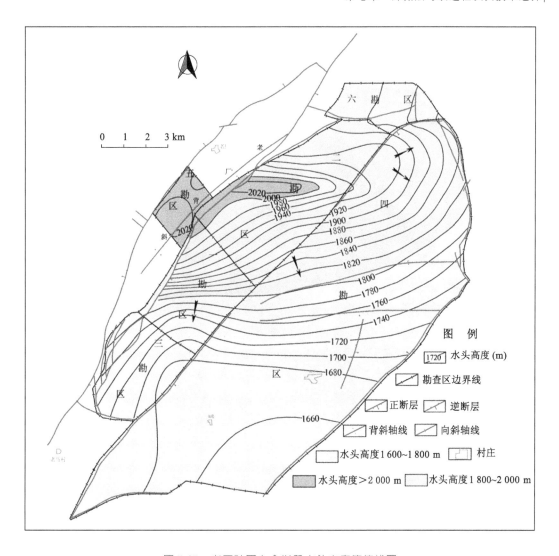

图 7-27 老厂矿区主含煤段水头高度等值线图

（四）现代地温场特征

前已述及,老厂矿区 57 口钻孔测温结果指示的地温梯度变化在 0.7～4 ℃/hm 之间,平均 2.04 ℃/hm。但是,在四勘区中部和西南部存在地温异常,地温梯度在 3～4 ℃/hm 之间,埋深 1 000 m 左右的地层温度可达 40 ℃(图 7-28)。进一步来说,存在地温异常地段,煤层含气量可能相对较低,但煤层气解吸和产出可能有利。

分析煤田勘查资料,发现老厂四勘区煤层含气量与埋深关系在 550～750 m 埋深段出现递减的"异常"现象(图 7-29)。采用地质因素排除法,分析了这一"异常"现象的地质原因(赵丽娟 等,2010)。研究发现,四勘区内主要次级背斜轴部与局部地温异常区段在空间上叠合,煤层含气量与埋深之间关系尽管受到次级褶曲的影响,但单纯的次级构造因素不可能控制这一"异常"的发育;地温异常区段煤层埋深正处于 550～750 m 之间,局部地温异常使得煤饱和吸附量的"临界深度"相对变浅,该因素进一步与区内煤层实际埋深条件之间的耦合,才是控制煤层含气量与埋深关系"异常"的关键地质原因。

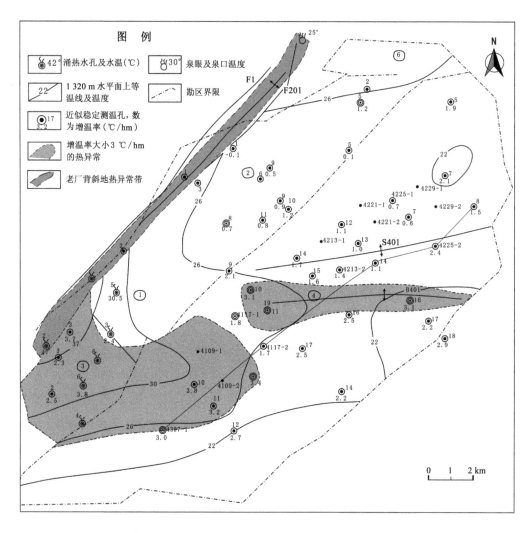

图 7-28 老厂矿区 1 320 m 水平面地层温度等值线图

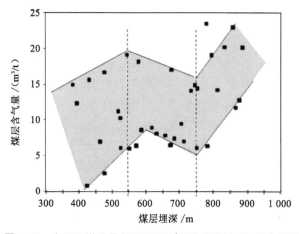

图 7-29 老厂四勘区局部埋深段煤层含气量递减"异常"现象

二、老厂矿区煤储层描述

（一）煤层与煤质描述

1. 可采煤层发育特征

老厂矿区含煤 20～53 层，一般 27～42 层，较稳定的煤层约 26 层，煤层总厚 40.75 m；可采煤层 15 层，可采总厚 6.47～33.34 m，一般 20 m 左右（表 7-16）。

表 7-16　　　老厂矿区主要煤层发育特征统计（云南省 143 煤田地质队，2001）

煤层	煤层厚度			煤层结构		
	平均厚度/m	变异系数	可采面积比/%	夹矸层数	夹矸平均厚度/m	含矸率/%
C2	1.69	0.48	91.80	1～6/2	0.08	5.11
C3	1.62	0.29	98.13	0～2/0	0.01	0.68
C4	0.75	0.72	44.16	1～2/1	0.03	3.58
C7	2.40	0.34	96.75	1～4/2	0.06	4.48
C8	1.84	0.38	84.54	1～9/1-2	0.13	3.89
C9	2.59	0.54	94.46	2～12/2-4	0.20	7.75
C13	2.54	0.67	70.57	1～13/1-3	0.17	6.73
C14	1.49	0.68	50.59	0～5/2	0.07	4.73
C15	2.24	0.88	39.42	0～13/1-2	0.10	4.47
C16	1.56	0.57	89.83	1～6/1-2	0.09	5.89
C17	1.33	0.89	51.59	1～7/1-3	0.22	16.25
C18	1.56	0.75	58.26	1～13/1-4	0.21	13.74
C19	3.80	0.68	85.56	1～11/1-4	0.63	16.49

注：夹矸层数中"/"前数据表示变化范围，"/"后数据表示一般情况。

从单一煤层厚度来看：平均厚度超过 2.0 m 的有 C7、C9、C13、C15 和 C19 煤层，其中 C19 煤层达到 3.80 m；C2、C3、C8、C14、C16、C17 和 C18 煤层平均厚度在 1.0～2.0 m 之间，多数超过 1.50 m；C4 煤层平均厚度 0.75 m，接近可采煤层厚度下限。就煤层厚度区域分布稳定性而言：C3、C7、C8 煤层变异系数小于 0.40，侧向稳定性强；C2、C9、C16 煤层变异系数在 0.40～0.60 之间，稳定性中等；其余 7 个煤层的变异系数都大于0.60，稳定性相对较差，多位于含煤地层的中部和下部。煤层可采面积比（可采面积与含煤总面积之百分比）的分布情况与变异系数类似，但数值大小关系相反。综合来看，煤层平均厚度分别与变异系数和可采面积比之间不存在确定的数理统计关系，但变异系数与可采面积比之间非线性相关性显著（图 7-30）。

单一煤层夹矸层数 0～13 层，结构总体上简单～较为复杂（表 7-16）。夹矸平均厚度 0.01～0.63 m，一般小于 0.20 m；含矸率 0.68%～16.49%，多数在 8% 以下。从顶部煤层向底部煤层方向，夹矸层数趋于增多，夹矸平均厚度和含矸率趋于增大，表明煤层结构趋于相对复杂。从统计关系来看：单一煤层平均厚度增大，夹矸均厚和含矸率都有增大的趋势；夹矸平均厚度增大，含矸率呈对数形式显著变高（图 7-30）。这些特征也表明，龙潭组沉积早期泥炭沼泽环境活动性相对较大,中～晚期稳定性相对增强;同一煤层泥炭沼泽稳定时间越长,内部环境发生显著变化的次数就越多。

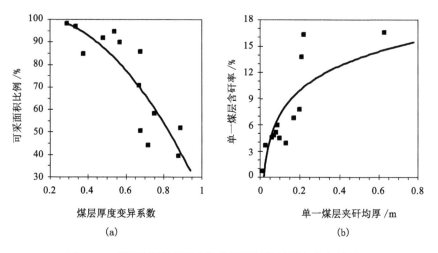

(a)   (b)

图 7-30 老厂矿区煤层稳定性及煤层结构统计参数之间关系

在平面上,C2 煤层大部分可采,厚度变化不大;C7 煤层在四勘区和六勘区与 C8 煤层合并,厚度大于 3.5 m 的富煤带发育在四勘区中南部及北西部一带;C9 煤层厚度较大,富煤带分布于矿区北部,煤层结构较简单～复杂;C13 煤层结构简单,不可采区主要分布于矿区南部,富煤带发育在四勘区中部;C16 煤层厚度变化大,中厚煤层,结构较为复杂;C19 煤层几乎全区可采,中～厚煤层,厚度较稳定,结构较为复杂,富煤带发育在二、六、四勘区的东北及西南端。总体来看,矿区内自 NE 向 SW 方向,聚煤作用在古海岸线附近变弱;下部(C15～C19 煤层)含煤性较差(C16 煤层在矿区西南部较好),中部含煤性最好,上部含煤性较好;自下而上,聚煤中心具有先北部、再中部、后南部、然后全区富煤的迁移规律。

2. 煤岩煤质特征

据 4 个钻孔 58 件样品鉴定结果,各煤层之间显微组分含量差异不甚明显(图 7-31)。以镜质组为主,去矿物基含量(下同)70.3%～90.8%,平均 83.5%,无结构镜质体是其主要显微亚组分,结构镜质体和碎屑镜质体常见;变壳质组含量 5.8%～23.0%,平均 10.1%,以变碎屑壳质体、变树脂体、变树皮体、变角质体为主;惰质组含量 3.0%～10.7%,平均 6.4%,以半丝质体、碎屑惰质体较多,其次为丝质体,粗粒体常见。

显微镜下可见的矿物含量为 10.0%～43.0%,平均 18.4%(图 7-31)。其中,黏土类矿物含量 6.8%～26.8%,平均 12.0%,主要为高岭石,呈细分散状、团块状、透镜状、细条带状产出,常与显微组分混杂;硫化铁类矿物以黄铁矿为主,含量 2.0%～14.4%,平均 5.0%,多呈微粒状、星点状、粒状、团块状产出,部分充填植物细胞腔;碳酸盐类矿物含量 0.3%～4.7%,平均 1.4%,以菱铁矿和方解石为主,菱铁矿呈团块状和结核状产出,方解石常以晶粒出现,部分与黏土混杂,共同充填植物细胞腔。C8、C18、C19 煤层矿物含量相对较高,约在 30%左右;其他煤层矿物含量一般低于 15%。

老厂矿区上二叠统煤阶为无烟煤三号或低级无烟煤。主煤层无水无灰基挥发分平均产率变化介于 6.03%～7.31%之间,平均 6.59%;镜质体最大反射率 2.56%～2.80%,平均

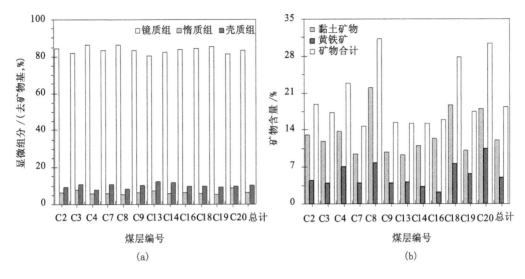

图 7-31 老厂矿区主要煤层显微煤岩组成鉴定结果

2.64%。煤层层位降低,挥发分产率趋于降低,镜质体反射率略有增大,符合"希尔特"的一般规律(图 7-32)。

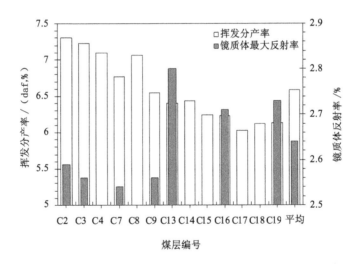

图 7-32 老厂矿区主要煤层煤化作用指标的层位分布

如第二章第三节所述,老厂矿区以中灰煤为主,主煤层灰分平均产率为 17.55%~25.68%,平均 20.25%;全硫平均含量为 0.90%~3.43%,变化极大,顶部煤层为高硫煤,中段以低硫煤为主,底部煤层为高硫煤~特高硫煤(表 2-7)。灰分产率与全硫含量的层位分布具有较好的同步性,一方面揭示了海侵作用的旋回特征,另一方面指示海侵作用导致煤中硫分增高和矿物增多,煤质变差(图 7-33)。

(二)煤层含气性及其分布

老厂矿区煤层含气性与埋深之间不存在合理的单调函数关系,浅部勘查区含气量随埋深增加而有所增大,但在深部勘查区却表现为负增长关系(表 7-17)。为此,第三章采用幂

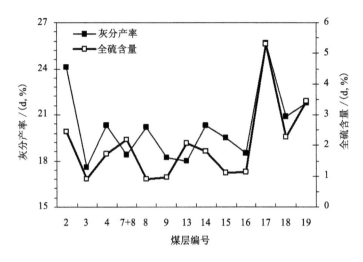

图 7-33 老厂矿区主要煤层煤化作用指标的层位分布

指数回归方法,确定煤层气风化带深度在 200 m 左右(图 3-9)。

表 7-17　老厂矿区煤层含气量与埋深线性回归关系(云南省 143 煤田地质队,2001)

勘查区	煤层	样数	含气量/(m³/t)			线性回归	
			最小	最大	平均	埋深=a×含气量+b	r
勘区	C2	10	1.75	12.09	6.27	$Y=0.016\,0X+2.83$	0.56
	C7	19	2.52	19.63	9.04	$Y=0.018\,1X+3.94$	0.51
	C13	12	3.64	15.35	7.07	$Y=0.016\,1X+2.82$	0.29
	C18	8	2.31	18.53	10.01	$Y=0.035\,3X-3.58$	0.80
	C19	15	4.58	29.92	10.01	$Y=0.040\,8X-4.74$	0.61
	C23	4	5.83	20.17	13.28	$Y=0.006\,985X+9.86$	0.38
三勘区	C3,C7,C9	5	0.57	9.31	4.55	$Y=0.014\,55X-2.58$	0.47
四勘区	C2	10	4.30	14.93	9.81	$Y=-0.004\,17X-12.5$	-0.14
	C3	7	2.40	14.08	8.53	$Y=-0.011\,77X+16.40$	-0.45
	C4	5	2.21	14.87	7.32	$Y=-0.023\,3X+25.32$	-0.41
	C7+8	11	3.44	23.50	10.46	$Y=-0.004\,25X+14.35$	-0.08
	C9	8	5.06	19.15	8.66	$Y=-0.020\,0X+22.82$	-0.53
	C13	10	4.76	20.20	9.65	$Y=-0.005\,28X+9.65$	-0.13
	C14,C15,C16,C17	13	4.19	16.16	9.44	$Y=-0.002\,25X+11.19$	-0.07
	C18,C19	8	5.56	17.04	9.70	$Y=-0.008\,59X+16.92$	-0.34
六勘区	C8,C13,C9	11	7.79	31.71	20.13	$Y=0.238\,5X-101.23$	0.99

　　老厂矿区煤层含气量受控于多种地质因素,最显著的是向斜控气特点,煤层含气量展现出"背斜核部低,周缘斜坡高;中部和西部低,北部、东部和南部高"的总体分布格局(表3-10,图 3-18)。北部和南部预测区煤层埋深大,煤层含气量最高。一勘区和五勘区处于背斜 SE

翼最靠近背斜核部的地带,煤层含气量偏低,甚至几乎不含气。二勘区次级构造不发育,煤层含气量较高。三勘区存在地温场正异常,导致煤层含气量偏低。四勘区煤层埋深较大,几乎全部位于煤层气风化带之下,且次级褶曲控气特征明显,煤层含气量较高。

控制老厂矿区煤层含气量的另一重要地质因素是含煤地层沉积组合,导致含气量及其梯度在垂向上呈"旋回式"分布(图 3-22,图 3-24)。由此,区分出 C1~C4 煤层、C7~C17 煤层、C18~C23 煤层、C24~C30 煤层 4 套叠置煤层气系统。各含气系统之间的界限与地层段界限高度吻合或接近,指示含煤地层层序结构导致含气系统之间缺乏有效的流体动力联系,控制了煤层含气性的垂向分布规律,在煤层气开发方案制订和实施过程中应该引起高度关注。

(三) 煤层渗透性及其影响因素

1. 煤体结构与煤层裂隙系统

老厂矿区主煤层以原生结构为主,测井曲线解释的不同钻孔原生结构(Ⅰ类)和过渡结构(Ⅱ类)煤分层的比例变化介于 27.68%~90.99% 之间,平均 61%,总体上具备煤储层改造的良好地质条件(表 4-1,表 4-5,表 4-7,表 4-9)。然而,同一煤层煤体结构在不同钻孔之间的非均质性极强,Ⅰ+Ⅱ类煤分层比例在某些钻孔中可达 90%(如 11705 孔),在某些钻孔只有 20% 左右(如 K4227-1 孔),在煤层气井布置中应考虑这一因素,详细分析煤体结构。此外,煤层厚度与Ⅰ+Ⅱ类煤分层比例之间具有线性负相关的统计规律,指示厚度较大的煤层有可能不利于渗透率发育,不应盲目选择较厚煤层作为采气目的层(图 7-34,图 4-9)。

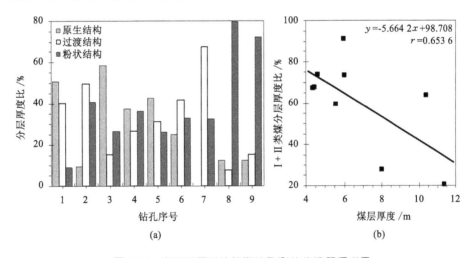

图 7-34　老厂矿区煤体结构钻孔测井曲线解释成果

在区域上,沿 NW 方向在断层附近粉状(Ⅲ类)煤分层发育,如老厂背斜 F202 断裂旁 20101 井、F408 断裂附近 4209-2 井;距离向斜轴部越近,Ⅲ类煤占比例增加,如从 4215-1 井到 4215-2 井;从 NE 向 SW 方向,近似标高下,Ⅲ类煤发育程度逐渐增强。为此,老厂矿区远离断层和向斜部分,煤层受构造运动改造作用较弱,煤层渗透率和可改造性强。在层域上,C1 煤层Ⅰ+Ⅱ类煤分层比例最低,C9 煤层最高,显示三层煤中 C9 煤层的可改造性和渗透性最优(表 4-11,图 4-3)。

据钻孔煤芯观测,煤层裂隙的长度、高度、缝宽和密度均变化较大,且相当一部分裂缝被矿物脉体或薄膜充填,裂隙连通性相对较差,可能影响到煤层渗透率的发育(表4-6)。同时,面裂隙密度(X)与端裂隙密度(Y)之间统计关系为"$Y = 1.363\ 2X - 6.993\ 5(r = 0.984\ 5)$",两者之间高度线性正相关,表明某方向裂隙发育则各方向裂隙也会发育,在进一步补充观测资料的基础上可用于裂隙发育频度预测。

2. 煤层试井渗透率

云南省境内煤层气参数井最多的是老厂矿区。5口井9层次煤层试井渗透率在0.009 7~0.243 3 mD之间,平均0.073 2 mD。其中:2个层次试井渗透率大于0.10 mD,占总层次的22%;6个层次为0.01~0.10 mD,占67%;1个层次低于0.01 mD,占11%。从层位来看,C7+8煤层测试4个层次,试井渗透率为0.009 7~0.26 mD,平均0.08 mD;C2煤层测试3个层次,渗透率为0.016 5~0.05 mD,平均0.03 mD;C3煤层测试1个层次,渗透率为0.243 3 mD;C13煤层测试1个层次,渗透率0.016 mD(表4-13,图7-35)。

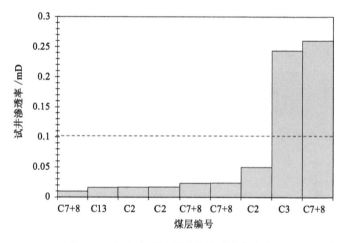

图7-35 老厂矿区煤层试井渗透率分布特征

老厂矿区煤层渗透率的地质影响因素是多方面的。除了上述煤体结构之外,试井渗透率还分别与煤层埋深和地应力呈单对数幂指数正相关(图7-36)。考察煤层埋深与地应力因素,两者在相关系数0.930 6水平下具有"$Y=0.021\ 2X+0.257$"线性关系。也就是说,试井渗透率随煤层埋深增大而降低的地质原因,实际在于地应力随之增大,这与传统认识高度一致。分析表4-13数据,老厂矿区煤层厚度增大,试井渗透率有降低的趋势,这在一定程度上印证了上述"厚度较大的煤层有可能不利于渗透率发育,不应盲目选择较厚煤层作为采气目的层"的认识。

(四)煤层流体动力系统

根据钻孔抽水试验成果,老厂背斜SE翼深部的四勘区含煤段等效储层压力系数在0.74~1.01之间,平均0.92,接近正常压力状态;位于背斜核部附近的五勘区含煤段等效储层压力系数0.19~0.93,平均0.65,总体上严重欠压(表5-5,图5-2)。含煤段埋深增大,等效储层压力系数随之增高(图5-4)。两个勘区21个煤田钻孔中,7个钻孔等效储层压力为正常压力状态,占33.33%;10个钻孔表现为欠压状态,占47.62%;4个钻孔为严重欠压状态,占19.05%(第五章第二节)。

试井结果显示的煤储层压力显著高于等效储层压力状态。老厂矿区5口井9层次煤层试

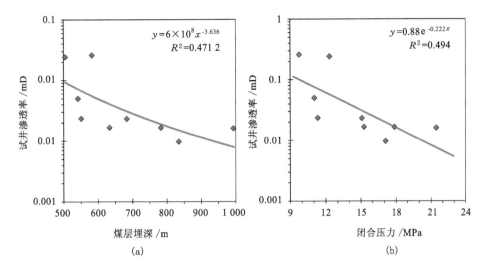

图 7-36　老厂矿区煤层试井渗透率分布特征

井压力梯度 0.64～1.44 MPa/hm,平均 1.17 MPa/hm;压力系数 0.65～1.47,平均 1.20,表现为典型的超压状态(表 4-13,图 5-5,图 5-6)。煤层埋深增大,储层试井压力增高,但试井压力梯度和压力系数却随之降低,指示深部煤层流体能量尽管高于浅部煤层,然而能量递增幅度却趋于降低(图 5-8)。

　　分析认为,地应力对老厂矿区煤层流体能量的贡献相对较大(第五章第三节)。也就是说,地应力通过压缩地层流体,将部分构造应力转换成了煤层流体动力。试井成果也显示,煤层试井压力随闭合压力的增大而显著增高,与此认识一致(图 7-37)。进一步分析,煤层试井压力与试井渗透率之间呈显著负相关的幂指数关系,指示煤层流体系统的开放程度极大地决定着流体能量状态的高低(图 7-37)。显然,试井渗透率越高,井筒周围裂隙系统的渗流能力就越好,与系统之外的连通性能就越强,系统开发程度就越高,结果是煤层试井压力或流体能量状态降低。

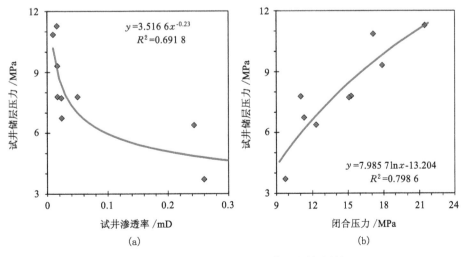

图 7-37　老厂矿区煤层试井渗透率分布特征

从流体动力系统来看,煤层埋深变大,主含煤段很快进入承压水区域,水位等值线展布形态与煤层底板等高线形态基本一致,地下水由 NW 往 SE 方向和南部流动;水力坡度在浅部相对较大,向深部显著变小,深部主含煤段地下水动力条件明显减弱(图 7-27)。因此,上述试井压力梯度和压力系数随煤层埋深降低的现象,与深部地下水势能增幅的减小有关。

鉴于上述煤层渗透率与能量系统开放程度之间以及试井压力与埋深之间的关系,寻找煤层渗透率、储层压力、埋藏深度三者之间的有利匹配,可能是实现老厂矿区煤层气地面工业性开采的关键技术问题之一。

三、老厂矿区煤层气资源潜力

(一)煤的吸附性与煤层气临界解吸压力

根据试验及收集到的 26 套老厂矿区平衡水煤样 CH$_4$ 等温吸附试验数据(表 6-9),进一步解析煤层气临界解吸压力、含气饱和度、采收率等地质参数。煤样无水无灰基朗缪尔体积介于 32.74～50.80 m^3/t 之间,平均 40.80 m^3/t,吸附性极强;朗缪尔压力变化范围为 2.00～3.38 MPa,平均 2.58 MPa。

在老厂矿区煤阶范围内,朗缪尔体积随挥发分产率降低而呈先增后降趋势,最高值出现在挥发分产率 10% 左右,即烟煤与无烟煤界限附近;朗缪尔体积与灰分产率呈负相关趋势,灰分产率与挥发分产率之间趋于负相关,挥发分产率与平衡水含量之间具有负相关关系(图 7-38)。为此,朗缪尔体积在进入无烟煤阶段以后随挥发分产率降低而增高的趋势,并不仅仅起因于煤化作用程度,在很大程度上是下部煤层灰分产率和煤化程度相对高于中～上部煤层(图 7-32,图 7-33)以及进入无烟煤阶段后水分含量增高的结果。

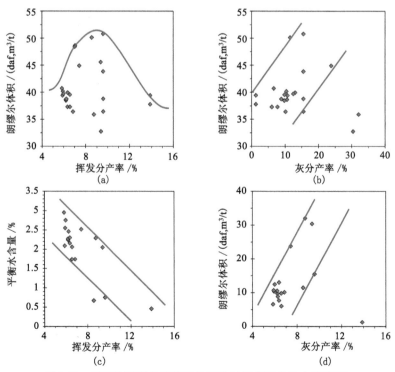

图 7-38　老厂矿区煤的朗缪尔体积及其与煤质参数之间关系

老厂矿区 67 件钻孔煤芯样品按 MT/T 77-1994 进行解吸试验,不同煤层的煤层气平均解吸率为 24%～63%,平均 46%(表 6-3);33 件钻孔煤芯样品按 GB/T 19559—2004 测定,得到解吸率 93%～100%,平均 96%(表 6-4)。采用等温吸附法,以枯竭压力 0.7 MPa 为基准,各煤层采收率介于 60.85%～72.96% 之间,平均 65.29%;理论含气饱和度的变化范围为 13.73%～48.26%,平均 34.66%(表 6-6)。先前煤田勘探估算老厂矿区煤层含气饱和度平均为 34.16%(表 7-18),这与本书采用多种方法估算的结果一致。

表 7-18 老厂矿区煤层气饱和度和临界解吸压力估算结果(云南 143 煤田地质队,2001)

| 煤层编号 | 煤层埋深/m | 等温吸附常数 | | | 平衡水含量/% | 储层压力/MPa | 煤层含气量/(m³/t) | 临界解吸压力/MPa | 含气饱和度/% |
		V_L/(m³/t,d)	V_L/(m³/t,daf)	p_L/MPa					
C2	491.57	23.14	37.80	3.38	0.98	4.85	4.61	0.47	21
C3	501.79	35.54	45.57	2.87	0.86	6.34	4.88	0.34	16
C7+8	546.04	31.08	43.84	2.85	0.75	6.68	10.33	0.78	31
C9	566.52	35.41	50.14	3.53	1.16	5.58	14.22	1.40	46
C15+1	594.66	40.49	48.66	3.23	0.81	5.86	14.02	1.31	45
C19下	634.34	41.17	48.42	2.99	0.77	6.25	15.12	1.36	46

根据本书等温吸附法估算,老厂矿区各煤层的煤层气临界解吸压力分布在 3.07～5.57 MPa 之间,表明煤储层排水降压产气的难度不大(表 6-6)。然而,据云南省煤田地质局 (2001)等温吸附法估算结果,区内不同煤层的煤层气临界解吸压力只有 0.47～1.40 MPa,临储压力比 0.05～0.25,平均 0.16,指示几乎不可能实现降压产气(表 7-18)。两者结果之间差异巨大,原因有待进一步分析。

(二)煤层气采收率数值模拟

根据试井参数,采用 COMET3 商业软件,对 4103-3 井和 4117-2 井的 C7+8 煤层的煤层气采收率进行了模拟(表 6-11,图 6-4)。2 口井模拟结果差别极大,在采用 4 种不同排采半径和原位渗透率不同倍率条件下,4103-3 井最高采收率达到 57.56 %,而 4117-2 井最高采收率仅有 2.93%,即后者几乎没有产气能力。这一结果表明,老厂矿区煤储层非均质性极强,井位选择是排采生产是否能够成功的关键。

下面根据 4103-3 井 C7+8 煤层的数值模拟结果进一步分析煤层气采收率:

——煤层强化效果显著影响到煤层气产出和采收情况。在原位渗透率情况下,无论排采半径如何,即使排采时间延长到 10 年,C7+8 煤层的煤层气采收率也不超过 2%,几乎没有煤层气产出(表 6-40,图 7-39)。如果煤层渗透率得到一定强化,产气效果将会得到显现。原位渗透率若强化提高 10 倍,尽管没有工业性气流产出,但短排采半径条件下采收率可达到 35%;如果渗透率强化提高 30 倍,不仅较短排采半径下采收率可提高到 38%～45%,而且在较短排采时间内可以见气,并有可能产出工业气流;若渗透率强化提高 50 倍,则 200 m 排采半径内采收率可达 50% 以上,并可能获得可观的高产煤层气流(表 6-40,图 7-39)。

——煤层气采收率极大地依赖于排采半径。在恒定模拟渗透率条件下,排采半径增大,煤层气采收率全部呈单调递减趋势(图 7-39)。究其原因,可能在于煤层扩散、渗流能力不

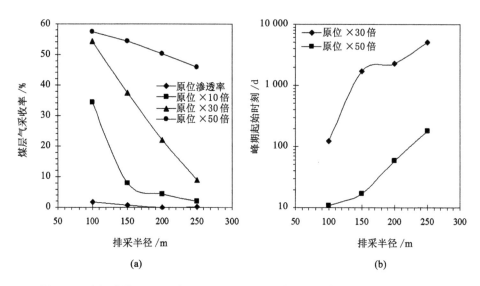

图 7-39　老厂矿区 4103-3 井 C7＋8 煤层煤层气采收率和峰期起始时刻等渗线图

足于支撑生产压差传递的需求。在原位渗透率及其强化 10～30 倍条件下,采收率随排采半径增大而急剧降低,但原位渗透率强化 30 倍时的采收率在排采半径 150 m 条件下仍有 40％左右。如果原位渗透率能够强化提高 50 倍,则采收率随排采半径增大而降低的幅度较小,在排采半径 200～250 m 条件下仍有 50％左右,但产气峰期时刻将会延迟到排采 6 年以后,难以实现经济效益。

综合分析表明,老厂矿区煤储层非均质性极强,客观选择井位是排采生产能否成功的关键;煤层强化效果显著影响到煤层气采收率情况,4103-3 井 C7＋8 煤层渗透率若能强化提高 30 倍以上,则在较短排采半径下采收率可提高到 40％以上;在传统手段和现有技术水平下,煤储层可改造性不容乐观,影响到压降的有效传递,有效排采半径即使在渗透率强化 30 倍条件下也不超过 150 m。然而,目前依据的试井成果尚少,更为客观的认识有赖于更多的试井实例予以支持。

（三）煤层气资源及其可采类型

老厂矿区有效含煤面积 597.79 km²,煤层气地质资源量 2 318.11 亿 m³,地质资源丰度高达 3.88 亿 m³/km²,在国内晚古生代煤层气区块中罕见(表 6-19,表 6-30)。然而,矿区内 30.70％的煤层气资源赋存在 1 000 m 以深,煤层气可采性总体规模受到较大影响。

煤层气地质资源量的 80％集中赋存在南、北两个预测区和四勘区(图 7-40)。其中:北部预测区(德黑向斜和箐口向斜)地质资源量 1 432 亿 m³,占全矿区资源量的 61.78％;南部预测区地质资源量 416.5 亿 m³,占 17.97％;四勘区地质资源量 393.3 亿 m³,占 16.97％。在其余 5 个勘探区中,五勘区紧邻老厂背斜核部而几乎不含气,另 4 个勘探区煤层气地质资源量 76.4 亿 m³,仅占全矿区资源量的 3.30％。但是,一、二、三、六勘区煤层气资源全部赋存在 1 000 m 以浅,四勘区 1 000 m 以浅的煤层气资源占区块总资源量的 80％,这几个区块可纳入煤层气勘探选区范围(表 6-30)。

老厂矿区煤层气可采资源量 1 142.04 亿 m³,占云南省可采资源总量的 46.01％,占本矿区地质资源量的 49.27％;可采资源平均丰度 1.91 亿 m³/km²,高出全省地质资源平均丰度

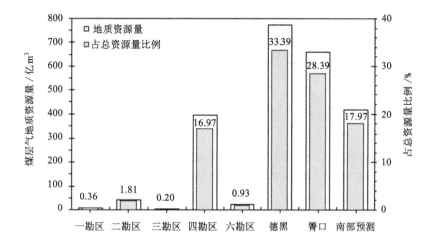

图 7-40　老厂矿区各评价单元煤层气地质资源量及其比例

的近 3 倍(表 6-33)。一勘区和三勘区无煤层气可采资源。北部和南部预测区虽然埋深较大,但 1 000 m 以浅的可采资源量大。六勘区、四勘区、二勘区可采资源量规模虽然相对较小,但集中分布在 1 000 m 以浅。由此来看,这 6 个评价单元埋深 1 000 m 以浅的地段均可作为本矿区煤层气地面开发的优先考虑区段。

从煤层气可采资源类型来看,北部和南部预测区 3 个评价单元属于Ⅲ型,二、四、六勘区的评价单位属于Ⅰ型(表 6-33)。其中:六勘区为Ⅰ13 型,有效含气面积虽小,但可采资源丰度极高;二勘区和四勘区分别为Ⅰ33 和Ⅰ32 型,可采资源丰度极低。显然,浅部可采资源比例大、可采资源丰度高的六勘区可以作为煤层气地面开发试验的首选区段。六勘区尽管煤层气资源量规模不大,但资源可采性条件可能相对较好。该区段煤层气勘探开发试验的首先突破,有利于鼓舞对老厂矿区煤层气开发的投资信心,并为区内其他区块的煤层气开发积累宝贵经验。

四、老厂矿区煤层气地面开发技术建议

基于前面各章节评价成果,建议以本章第三节所述方法为基础,以六勘区作为首选区块,进行煤层气地面勘探开发试验首批工程设计。

第一,采用地面直井和丛式井技术,水力加砂压裂;若采用小井网或丛式井设计,有效半径优先考虑 100 m,井眼入煤层点(靶点)间距按 200 m 考虑(图 7-39)。

第二,根据 4 套叠置含煤层气系统中煤层组合情况(图 3-22,图 3-24),采取四段式递进多层压裂分段合排抽采,层段划分为 C1～C4 煤层、C7～C17 煤层、C18～C23 煤层、C24～C30 煤层。其中:上部第一段煤层含气量低,不利于煤层气地面开发;中～下部的三段煤层含气量相对较高,可选其中一段作为首压合排段。考虑本矿区煤层渗透率随埋深增大而呈幂指数形式降低的情况,首排段埋深不宜过大。为此,C18～C23 煤层组(第三段)应是首排段优先考虑的对象。

第三,进一步分析六勘区煤层气地质条件及其时空展布特征,选择合适区段布置由 15～20 口井组成的井网。井网型式可结合地形、构造、煤层主裂隙展布方向、构造应力场等条件具体考虑,如矩阵状、梅花状、不规则状等。

第八章　结论与建议

通过研究,评价预测了云南省煤层气资源潜力,进一步查明了全省煤层气资源家底,探讨了煤层气成藏的主要特点与关键控制因素,提出了重点矿区煤层气开发及技术适应性的建议,形成了如下主要认识。

一、以可采资源量和富集程度为基础的煤层气资源类别评价标准

煤层气资源潜力首先取决于资源量和富集程度,仅用单层煤厚和含气量无法客观表述。云南省煤层渗透率和储层压力试井数据不足,仅靠类比往往与实际地质条件出入较大。鉴于此,考虑云南省煤层气地质条件实际控制程度,提出了煤层气资源基本类型三参数划分方案,据此对煤层气资源的基础类别和等级进行评价。

(1)煤层气可采资源埋藏深度比例(简称可采资源埋深比),系指埋深 1 000 m 以浅煤层气可采资源量占煤层气可采资源总量的比例。滇东地区地应力总体较高,煤层埋藏深度一旦超过 1 000 m,现行地面井技术方法难以取得理想产气效果,只有将资源条件落实到与地应力密切相关的埋深上,方案才具有代表性和可操作性。为此,采用可采资源埋深比参数,将煤层气可采资源划分为三个基础等级,即:Ⅰ级——可采资源埋深比≥60%;Ⅱ级——40%≤可采资源埋深比<60%;Ⅲ级——可采资源埋深比<40%。

(2)煤层气资源量计算面积(简称含气面积)与煤层气可采资源丰度(简称可采资源丰度)。单纯的资源规模本身,并不能完全反映资源的富集程度。潜力评价的首要任务,是优选面积足够大且资源富集程度高的区块。为此,基于对云南省相关煤层气地质信息的统计结果,采用可采资源丰度划分出三类,采用含气面积分为三型,由此进一步将煤层气可采资源划分为三类九型。其中,可采资源丰度划分界限为<1.0 亿 m³/km²、≥1.0 亿 m³/km² 且<1.5 亿 m³/km² 和≥1.5 亿 m³/km²,含气面积界限为<100 km²、≥100 km² 且<300 km² 和≥300 km²,相互交叉形成 9 个煤层气可采资源类型。采用三位数代码对煤层气可采资源类型予以表征。

(3)上述分类方案中,可采资源埋深比参数在一定程度上考虑到煤层渗透率因素,可采资源量本身隐含着煤储层压力、含气量、含气饱和度等含气性和地层能量特征。尽管如此,关于煤层渗透性和煤储层能量条件的估计多是间接性的,某些关键性的因素由于缺乏详细资料而无法估计,如地应力控制之下煤层渗透率的变化、构造控制之下的煤储层物性的非均质性分布等。为此,在选定具体的煤层气勘探与开发试验区块时,还应结合区块的特点开展进一步的测试与分析。

二、上二叠统煤层含气性分布特点及其控制因素

基于 1161 件钻孔煤芯解吸数据,以滇东地区晚二叠世煤田为主,进一步揭示出云南省

煤层含气性特点：

（1）云南省内煤层气化学组成具有分片相似的统计特点，不同构造单元之间煤层 CH_4 平均浓度变化极大。各构造单元煤层 CH_4 浓度低者为 10.24%，高者可达 87.11%，全省平均 47.86%。滇东北和滇东中地区煤层 CH_4 平均浓度大都在 60% 以上，滇东南低煤阶区最高 32.75%，滇中 15.15%～87.11%，滇西普洱区下降到 22.34%。煤层 CH_4 浓度的高低与成煤时代密切相关，煤化作用程度是其直接原因之一。上二叠统和上三叠统煤层 CH_4 平均浓度一般超过 55%；新近系煤层 CH_4 平均浓度多在 25% 以下。滇东北石坎和滇西普洱区出现 CO_2 浓度异常，均在 40% 以上。

（2）滇东地区煤层气化学组成的一个显著特征，是煤层重烃浓度异常。煤层重烃浓度在恩洪向斜上二叠统最高达 36.98%，平均 10.73%；羊场矿区上二叠统最高为 26.76%，平均 4.75%；普洱矿区新近系高者达 16%，平均 7.05%。恩洪向斜煤层重烃浓度随层位而异，从顶部至底部煤层发育三个重烃浓度变化段，每段重烃浓度随层位降低逐渐增高，但至下一煤层突然降低，表现为"半旋回"形式。重烃浓度异常集中分布在焦煤阶段，跨部分肥煤和瘦煤，镜质组和壳质组可能不是煤层重烃的主要来源。这一异常现象蕴含着丰富的煤层气成因信息，值得深入研究。

（3）煤层气化学组分与埋藏深度之间关系十分离散，多数构造单元煤层含气量与 CH_4 浓度的风化带下限值之间无法按常规方式相互匹配。鉴于此，根据云南省内实际地质条件综合调整这两个参数值之间的关系，确定风化带深度，尽量不漏计煤层气资源。煤层气风化带下限深度在老厂矿区、新庄矿区以及蒙自盆地和昭通盆地约 200 m 左右，圭山煤田取 260 m，宣富煤田取 330 m。恩洪向斜按煤阶确定煤层气风化带下限深度，气煤～肥煤煤层为 400 m，焦煤煤层为 160 m，瘦煤煤层为 50 m。不同煤阶煤层气风化带深度所对应的 CH_4 浓度和含气量有所差异。

（4）煤层含气量的地域和层域分布差异明显。含气量高低与成煤时代有关：上二叠统煤层最高，但不同矿区变化极大；上三叠统极低，不具有工业价值；新近系褐煤层含气量最低，一般不超过 2 m^3/t。上二叠统主要分布在滇东地区：滇东北煤田煤层含气量以新庄矿区相对较高，最高达 40.62 m^3/t，平均 9.10 m^3/t；宣威煤田以羊场矿区相对较高，最高为 23.95 m^3/t，平均 4.86 m^3/t；恩洪向斜最高达 30.32 m^3/t，平均 5.85 m^3/t；圭山煤田以老厂矿区最好，最高 38.74 m^3/t，平均 6.91 m^3/t。恩洪向斜表现为向斜控气的特征，煤层含气量表现为"向斜核部高，周缘斜坡低；西高东低，北高南低"的区域展布格局。老厂矿区具有背斜控气的特点，煤层含气量呈"背斜核部低，周缘斜坡高；中部和西部低，北部、东部和南部高"的总体分布格局。新庄矿区、蒙自盆地、昭通盆地均具有向斜控气的特点，埋深增大，煤层含气量增高。

（5）滇东 3 个上二叠统矿区煤层含气量与层位之间关系，显示出叠置煤层气系统的基本特征。煤层平均含气量随层位升降而具有"旋回式"或"波动式"的非单调函数变化特点，不同煤层段单一煤层平均含气量随层位呈低-高-低的分布规律。恩洪向斜与老厂矿区分别以 4 号、12 号、18 号、24 号煤层为界，发育 4～5 个一级旋回或独立含气系统。这一旋回式关系及其在不同矿区之间的同步特征，一方面指示煤层段之间地层流体动力联系微弱，具有叠置煤层气系统的基本特点；另一方面暗示沉积作用控制之下的层序地层格架对煤层含气性及其分布存在重要影响。

（6）滇东地区某些地质因素与煤层含气性之间的关系与传统认识不符。例如，恩洪向斜和老厂矿区顶板岩性与煤层含气量之间关系不同于常规认识，表明含煤地层后期改造相对强烈，在很大程度上调整了沉积作用奠定的煤层气保存条件格局；新庄矿区含煤地层后期改造相对较弱，沉积作用对煤层气保存条件仍起着较大的控制作用。再如，恩洪、老厂、新庄三个矿区煤中镜惰比增高，煤层含气量呈对数下降趋势，意味着惰质组对煤层气的吸附能力相对增强。经过分析认为，这一规律与煤阶对煤层含气量的控制作用有关，进一步指示后期改造作用在一定程度上消减了沉积作用的影响。

（7）叠置煤层气系统是沉积层序控气的典型显现特征。滇东地区上二叠统煤层重烃浓度和含气量随层位变化的分段性和旋回性，与地层组和地层段界限高度吻合或接近，指示含煤地层沉积层序控制了煤层气能量系统的分布，使得各含气性旋回之间缺乏有效的流体动力联系，进而在同一套含煤地层中发育4~5套垂向叠置的独立含气系统。层序地层格架为叠置含气系统形成提供了不同的岩（煤）层物性基础；含煤地层内部不同二级层序之间水力联系较弱，构成了叠置含气系统的水文基础。这一特征，在客观上影响到煤层含气性的垂向分布，在多煤层地区煤层气开发方案制订（尤其是选层）和实施过程（特别是排采）中应该引起高度关注。

（8）滇东地区上二叠统矿区构造控气特征十分复杂。恩洪向斜构造控气呈现为四种基本类型：双侧正断次级向斜主要发育在复向斜中段南部、清水沟井田西部等地段，轴部煤层含气量高于两翼；逆断层封闭向斜发育在复向斜南部2井田等地段，含气量在正断层附近降低，在向斜轴部较高，在逆断层附近最高；逆断层封闭断阶可见于老虎箐等地段，逆断层翼含气量高于正断层翼；双侧逆断层断块发育在1井田、戈崩等地段，深部一侧逆断层附近含气量相对较高。老厂矿区控气构造形式多样：EW向断层对区内煤层含气性影响不大，EW向次级背斜轴部含气量一般相对较高；NE向构造带为区内相对较早形成的构造带，尤其是在老厂背斜核部两侧煤层含气量很低，次级背斜轴部煤层气局部有所富集；弧形构造带是区内最主要的构造形态，控气特征多变。

三、上二叠统煤层渗透性发育状况及其地质控制特点

以2010年年底之前17口煤层气井试井结果为基准，采用地球物理测井曲线响应、煤层及煤芯裂隙观测等多种方法，分析和预测了煤层渗透率发育特点。

（1）通过密度换算得到的孔隙率，在一定程度上反映煤层气可渗流通道体积，可部分反映煤层气渗流情况。云南省内煤层渗透率的高低受煤阶控制：各褐煤盆地最高，宣威、镇雄、圭山煤田次之，以焦煤~瘦煤为主的恩洪向斜相对较低。在层位上存在三种不同分布趋势：一是下降型，下部煤层孔隙率小于上部煤层，特别是褐煤盆地，显示压实作用对煤层孔隙率的强烈影响；二是上升型，下部煤层孔隙率高于上部煤层，主要存在于烟煤早期阶段煤田，表明煤的原始物质组成和结构具有重要影响；三是复杂型，孔隙率与层位之间不存在单调增减关系，主要发育在无烟煤煤田，表明压实作用已经完成，主要影响因素可能是煤的物质组成和结构的差异。云南省主要矿区煤的中值孔径与煤阶关系不显著，但具有褐煤孔径最大的特征。

（2）不同煤田煤体结构差异显著，煤层裂隙发育程度非均质性强，这是煤层渗透率差异极大的重要原因。据55口煤田勘探钻孔测井资料解释：恩洪向斜原生结构煤（Ⅰ类）+过渡

结构煤(Ⅱ类)厚度占煤层总厚度比例介于 13.24％～100％之间,平均 70.36％;老厂矿区为 20.21％～90.98％,平均 60.46％;新庄矿区 0～100％,平均 41.64％。总体而言,各矿区Ⅰ＋Ⅱ类煤厚度大于Ⅲ类煤厚度,较有利于煤层渗透率的发育;恩洪向斜相对较好,老厂矿区次之。在区域和层域上,恩洪向斜Ⅲ类煤比例由边缘向中心方向趋于减小,但随煤层厚度增大而增高;老厂矿区Ⅲ类煤在断层附近发育,远离断层发育程度减弱,C9 煤层Ⅰ＋Ⅱ类煤比例最高,可改造性和渗透性相对较好;新庄矿区以墨黑勘查区Ⅲ类煤最为发育,玉京山勘查区Ⅰ＋Ⅱ类煤在 50％左右。统计发现,滇东地区构造煤发育程度与煤层厚度之间呈正相关趋势,指示沉积作用与沉积期后构造变形综合控制之下的煤层厚度,可能是影响煤层渗透率的重要原因。

(3) 煤层试井渗透率非均质性强烈。恩洪向斜试井渗透率 0.001 6～0.013 mD,平均 0.016 2 mD;老厂矿区 0.023 5～0.243 3 mD,平均 0.092 6 mD;新庄矿区 0.51 mD。总体来看,滇东地区煤层试井渗透率极低,一般达不到 0.1 mD。相对而言,新庄矿区煤层渗透率较高,可与沁水盆地南部山西组煤层平均渗透率相比,具有煤层气地面商业性开发的储层条件;老厂矿区煤层渗透率明显高于恩洪向斜,但总体上低于 0.1 mD。从层域分布来看:恩洪向斜煤层试井渗透率随层位降低而趋于增高,原因在于下部煤层的煤体结构较上部完整;老厂矿区与之相反,原因可能在于上部 C2、C3 煤层多为块状,中部和下部 C7＋8、C13 煤层多为粉状。显然,煤体结构对煤层渗透率的控制可能比埋藏压实作用更为显著。

(4) 地应力梯度高低是造成滇东地区煤层试井渗透率区域分异的重要地质原因。据试井资料,滇东地区地应力场中最小主应力梯度降低,煤层渗透率随之增高,两者之间呈相关性良好的负幂指数关系。当最小主应力小于 13 MPa 时,试井渗透率绝大多数大于 0.05 mD;当最小主应力大于 13 MPa 时,试井渗透率均低于 0.05 mD,且随主应力增加变化很小。与地应力梯度区域分布规律相吻合,地应力相对较低的老厂矿区煤层原生结构保存相对较好,试井渗透率相对较高;地应力相对较高的恩洪向斜煤层原生结构遭受强烈破坏,构造煤高度发育,试井渗透率极低。

(5) 煤层埋藏深度在一定程度上影响到煤层试井渗透率的高低,从另一个角度反映出地应力对渗透率的控制效应。滇东地区煤层试井渗透率与埋藏深度之间关系尽管较为离散,但负幂指数趋势十分明显。煤层埋深与试井渗透率之间关系在两个方面体现出地应力对渗透率的控制效应:其一,埋深增大的实质是煤层所受垂向应力增高,由此导致试井渗透率降低;其二,两者关系在一定埋深范围内出现"转折点",暗示现代构造应力场水平应力与垂向应力的关系发生了转变,滇东地区这一转变深度约在 600 m 左右,是造成深部煤层试井渗透率急剧降低的关键地质原因。

(6) 试井渗透率与煤储层压力之间呈显著的负对数关系,是地应力、煤层流体压力、煤层有效应力等因素之间耦合作用的结果。两者之间剧变的转折点同样在试井渗透率 0.05 mD 左右,对应的储层压力在 7～8 MPa 之间。低于这一储层压力时,渗透率变化极大,似乎不受储层压力的影响;一旦高于这一储层压力,渗透率即随储层压力的增高而急剧减小,指示储层压力对深部煤层渗透率存在显著影响。煤层埋深增大,垂向地应力导致有效应力随之降低,煤体发生弹性膨胀而致使裂缝宽度减小,渗透性同时降低,这是深部煤层渗透率急剧降低的重要原因。若煤层埋深变化不大,则煤层有效应力的大小往往取决于水平应力的差异,储层压力的影响较为微弱,这是区域内 500～700 m 以浅煤层试井渗透率区域分异的深层次地质原因。

四、煤层能量系统的基本特征和煤层气成藏效应

基于煤层气能量动态平衡基本原理和相关测试资料,描述了滇东地区煤层能量有效传递的显现特征,讨论了动力学因素之间组合关系,阐释了有效压力系统中能量的传递、汇聚和分配方式,分析了老厂矿区煤层气成藏效应类型及其分布规律。

(1)根据含煤段承压水头高度换算,等效煤储层压力以欠压状态为主,正常压力状态煤层普遍分布,不乏超压状态煤层。含煤段等效储层压力系数在恩洪向斜为 0.6~1.02,平均 0.85,以欠压状态为主;在老厂矿区四勘区为 0.74~1.01,平均 0.92,总体处于正常压力状态,但仍以欠压状态居多;在新庄矿区为 0.28~1.08,平均 0.89,总体上略微欠压,但以正常状态为主。

(2)等效储层压力系数与埋深之间仅存在微弱的幂指数正相关关系,不同矿区之间差异显著。在恩洪向斜和老厂矿区,在 200 m 以浅,平均压力系数随埋深增大从 0.30 左右升高至 0.85 左右,增幅明显;埋深大于 200 m 之后,压力系数随埋深增大只有缓慢增高趋势。新庄矿区与之完全相反,埋深增大,等效储层压力系数反而呈明显递减趋势。这一特征,表明深部含煤地层地下水补给条件存在极大差异,影响到较深部煤层气的可采潜力。恩洪向斜和老厂矿区浅部地层严重欠压,深部地层欠压状态有所减缓,地层能量有所增强。新庄矿区埋深越大,地层能量衰减状态越为明显。

(3)等效储层压力梯度与埋深之间关系,与压力系数-埋深关系相似。相比之下,新庄矿区观音山井田含煤段压力状态正常,老厂矿区四勘区临近正常压力状态,地层能量相对充足,有利于煤层气排采;新庄矿区玉京山井田和老厂矿区五勘区接近严重欠压状态,地层能量严重不足,存在不利于排采的地质条件;其他井田或勘探区处于欠压状态,在其他措施得当的前提下,不排除实现煤层气地面开采的可能性。

(4)与等效储层压力系数相比,试井煤储层压力显著较高。综合老厂、恩洪、昭通等矿区试井成果,煤储层压力梯度 0.63~1.44 MPa/hm,平均 1.09 MPa/hm;压力系数 0.64~1.47,平均 1.10,煤层流体能量总体上处于超压状态。分析原因,可能在于两个方面:其一,地层流体压力系统有开放、半开放和封闭三种基本情况,由压力水头高度换算得到的等效地层压力,只有在开放系统中才能真正与试井地层压力一致,而滇东各矿区含煤地层压力系统显然不是全开放系统,一部分地层能量在等效压力中没有得到体现;其二,煤层流体压力系统的开放程度与含煤段压力系统并不完全一致,尤其是在煤层顶底板和断层封闭性强而导致含煤地层内部流体联系较弱的条件下,煤储层压力可能高于围岩的地层压力,即等效储层压力往往偏低。鉴于此,试井数据所反映的煤储层压力条件更为客观。

(5)不同矿区煤储层压力状态差异明显,并与地应力状态密切相关;如何有效释放地应力及增强对煤储层的改造能力,是滇东地区煤层气地面井开发所面临的首要技术问题。恩洪向斜煤储层平均压力系数 0.91,临近正常压力状态;老厂矿区平均 1.20,超压状态显著,国内尚不多见;新庄矿区试井压力系数 1.13,处于超压状态。三个矿区的煤层流体能量充足,存在有利于煤层气地面排采的驱动力条件。恩洪向斜和老厂矿区煤层试井压力系数与闭合压力之间呈对数增长关系,表明最小地应力对煤储层压力贡献明显,但对老厂矿区和新庄矿区的贡献相对更大。由此表明,老厂和新庄矿区煤层气属于应力主导型压力气,较高的储层

压力状态中相当一部分贡献来自于地应力,尽管煤体结构有利于煤储层改造,但地面原位开采条件受到地应力的约束;恩洪向斜煤层气偏重于压力主导型应力气,虽然煤体结构不利于储层改造且地应力相对较高,但存在有利于煤层气原位开采的煤储层压力条件。

(6)叠置煤层气系统对煤储层试井压力状态差异的控制十分显著。例如,恩洪向斜 EH2 井测试的三层煤层中,中部的 16 号煤层处于超压状态,其上部的 9 号煤层和下部的 21 号煤层均处于严重欠压状态。再如,恩洪向斜 EH1 井以及老厂矿区 4117-2 井、K4221-3 井、K4223-4 井、K4103-3 井分别测试了两层煤层,上、下部煤层压力状态分布没有确定的规律可循。进一步来说,滇东地区上二叠统含煤地层存在煤层之间流体联系不畅的客观现象,是叠置煤层气系统发育的直接地质控制条件,在煤层气开采方案制订中似应考虑分段排采。

(7)煤储层压力状态随埋深的衰减幅度差异显著,煤层流体能量状态随埋深出现明显变化。恩洪向斜和老厂矿区虽然浅部煤层均处于超压状态,但试井压力梯度和压力系数均随埋深增大而趋于减小,指示深部煤储层能量递增幅度随埋深增大而趋于降低。进一步分析,恩洪向斜煤层埋深增大,试井压力梯度和压力系数急剧降低,埋深 500 m 左右处于正常～超压状态,至 600 m 左右降至严重欠压状态,表明深部煤层富水性极度减弱,且与浅部煤层和含水层之间流体联系不畅。在老厂矿区,试井压力梯度和压力系数随煤层埋深增大的衰减幅度较小,埋深 500 m 左右煤储层压力系数达 1.4 左右,至 1 000 m 煤储层压力系数仅降至 1.1 左右,仍处于超压状态。分析认为,老厂矿区地应力对维持深部煤层压力状态起着重要作用,但由于煤储层应力敏感性问题,可能给煤储层改造和煤层气井排采带来较大困难。

(8)老厂矿区煤层的气体弹性能均远大于基块弹性能,气体弹性能比基块弹性能大 7～96 倍,平均为 22 倍。也就是说,气体弹性能对煤层弹性能的贡献率在 79%～99% 之间,平均贡献率为 91%,气体弹性能为优势贡献的特征与该区煤阶为无烟煤有关。其中:C9 煤层气体弹性能的贡献率为 85%～99%,平均 93%;C13 煤层 88%～94%,平均 91%;C19 煤层 76%～94%,平均 88%。煤阶增高,煤层基块弹性应变减小,在同等地层温度和压力等条件下的基块弹性能随之降低。同时,不同煤层之间弹性能没有统一的分布格局,气体弹性能聚集中心与基块弹性能聚集中心不完全重叠,综合作用下煤层气富集条件与高渗条件可能发生分异,即在空间上并不匹配。

(9)煤层气体弹性能对能量系统的贡献率随埋深不同而有所变化,增高趋势在埋深 1 000 m 附近发生"跳跃"。气体弹性能贡献率在煤层埋深 1 000 m 左右增至 95%,但埋深一旦超过 1 000 m 突然增至 99%,不再服从埋深 1 000 m 以浅的指数形式连续增高的规律。分析认为,老厂矿区 1 000 m 以深煤层的弹性应变已接近甚至超过了弹性屈服极限,这是基块弹性能贡献率极度降低而气体弹性能跳跃式增大的原因之一,但其对深部煤层气成藏效应和开采潜力的影响值得进一步探讨。

(10)煤层气体弹性能与基块弹性能之间的空间重叠具有多种形式,煤层气富集和高渗发育的动力条件具有高度非均一性。老厂矿区最有利于煤层高渗条件发育的"正负重叠类型"出现在 C9 煤层东北部,是煤层气勘探开发试验的首选区域。C13 煤层的东北部南侧和 C19 煤层的东北部北侧发育"正正重叠类型",较有利于富集和高渗条件发育,并可与 C9 煤层的东北部结合形成首采试验的扩展区域。C9 煤层和 C13 煤层的西北侧及 C19 煤层东北部西南侧发育"负负重叠类型",煤层气富集条件相对较差,但渗透率发育的动力条件可能相对较好。C9 煤层的南部和中部发育"负正重叠类型",煤层气富集和高渗的动力条件均较差。总体上,老厂矿区除南部和中部的 C9 煤层之外,绝大部分地段和煤层均具备煤层气富集和高渗发育的动力条件。

五、煤层气资源分布与可采潜力

提取煤田地质勘探资料中的煤层气地质信息,结合煤样等温吸附测试和煤层气井试井成果,进一步厘定了煤层含气性和煤层气可采性参数,评价了云南省煤层气资源量及其分布特征,预测了煤层气可采潜力。

（1）基于三种常规方法,初步估算了煤层气解吸率/采收率。按煤炭行业标准 MT/T 77—1994,恩洪向斜 119 件煤芯解吸率 38.73%～64.54%,平均 50.83%;老厂矿区 67 件煤芯解吸率 24%～63%,平均 46%;新庄矿区 44 件煤芯解吸率 19.60%～54.00%,平均 48.02%。采用国家标准 GB/T 19559—2004,恩洪向斜 95 件样品解吸率都在 95% 以上;老厂矿区 33 件样品解吸率 93%～100%,平均 96%。基于平衡水煤样等温吸附法,老厂矿区煤层气采收率 70.23%～79.73%（枯竭压力 0.5 MPa）,理论含气饱和度 13.73%～48.26%;恩洪向斜煤层气采收率 72.07%～77.98%,含气饱和度 30.46%～49.28%;新庄矿区采收率 62.47%～69.73%,含气饱和度 37.86%～46.83%。分析认为,若根据煤芯解吸资料来估算煤层气解吸率,则原有的煤炭行业标准似乎更为合理。

（2）建立了地层条件下深部和无资料地区煤层含气量预测的基于等温吸附特性方法。结果显示,云南省内 41 件平衡水煤样的朗缪尔常数与精煤挥发分产率之间呈显著的负幂指数关系。由此,建立了煤层含气量预测模型,以及以干燥无灰基挥发分产率为对比标尺的上二叠统煤朗缪尔常数预测和吸附等温线模板,并以此作为估算区内煤层气临界解吸压力进而计算煤层气采收率的关键依据。根据上述基础参数,结合煤田勘探工作所取得的煤质、煤层含气量和煤储层压力资料,利用预测模型,取枯竭压力 0.5 MPa,求得不同煤田、向斜或勘探区可采煤层煤层气采收率。

（3）采用煤储层数值模拟方法,进一步就煤层气采收率进行了求算。依据试井资料,利用 COMET3 煤储层数值模拟软件,基于排采半径和渗透率组成交叉模拟方案,以单井单位煤层厚度日产气量 200 m³ 作为临界经济产气下限,模拟求算了 5 口井的煤层气采收率。结果显示:采收率最高的是老厂矿区 4103-3 井和新庄矿区 7801 井,分别达 57.56% 和 57.10%;最低的为恩洪向斜 EH1 井和老厂矿区 4117-2 井,后者最高采收率仅有 2.93%。老厂矿区 2 口模拟井煤层非均质性强烈,采收率很大或是很小。改变排采半径,采收率显现出两种规律:其一,煤层气井排采半径增大,采收率减小,如 7801 井;其二,个别矿区特定模拟渗透率条件下,煤层气采收率呈现波动变化,但总体上在排采半径为 100 m 时采收率最高,如 EH1 井和 EH2 井。

（4）采用蒙特卡罗方法,模拟计算了煤层气的概率采收率。为了消除采用少数煤层气井储层参数的偶然性以表征整个矿区煤层气采收率,采用蒙特卡罗方法进行预测。结果表明:恩洪向斜煤层气平均采收率仅有 8.4%,原因在于已获得的煤储层试井渗透率极低;老厂矿区平均采收率约 27.7%,新庄矿区平均采收率约 36.3%。但是,目前的试井渗透率井数和层数极其有限,客观评价有待进一步积累资料。

（5）厘定了云南省内煤层气资源的可靠性和经济性级别。省内缺乏符合规范要求的煤层气排采试验井,参数井和探井主要分布在恩洪向斜、老厂矿区和新庄矿区,其余地区多只有煤田勘探资料(含煤层气解吸资料)。按照国土资源部《煤层气资源/储量规范》(DZ/T 0216—2010),结合煤田勘探中对煤层气地质条件的实际控制程度,将云南省煤层气资源评价的可靠性程度统一定位为煤层气推断资源量,简称煤层气资源量或地质资源量,其中包括可采资源量。

(6) 提交云南省可采煤层的煤层气地质资源量 5 253.26 亿 m^3,可采资源量 2 940.27 亿 m^3。煤层气平均地质资源丰度 0.58 亿 m^3/km^2,显著低于全国平均水平;可采资源占资源总量的 55.97%。地质资源量主要集中在三个煤田,三者之和达到 5 023.29 亿 m^3,占全省煤层气地质资源总量的 95.62%。其中:老圭煤田煤层气地质资源量 3 473.9 亿 m^3,占全省地质资源总量的 66.13%;宣富煤田次之,煤层气地质资源量 784.15 亿 m^3,占全省地质资源总量的 14.93%;镇威煤田煤层气地质资源量 765.24 亿 m^3,占全省的 14.57%。

(7) 煤层气资源具有"东部富集,中、西部较贫"的区域分布特征。总体上,煤层气资源丰度以老厂矿区～恩洪向斜为富集中心,向西、向北、向南逐渐降低。老圭煤田地质资源丰度 1.91 m^3/km^2,远远高于云南省乃至全国平均水平,1 000 m 以浅的资源量略高于资源总量的 1/3;资源富集中心位于老厂矿区,地质资源量 2 318.11 亿 m^3,资源丰度高达 3.88 亿 m^3/km^2。宣富煤田平均地质资源丰度降至 0.47 亿 m^3/km^2,与全省平均水平基本相当,其中恩洪向斜地质资源量 442.05 亿 m^3,资源丰度 0.81 亿 m^3/km^2。昭通煤田平均地质资源丰度为 0.28 亿 m^3/km^2,其中昭通盆地资源量和资源丰度最大。镇威煤田平均地质资源丰度仅 0.23 亿 m^3/km^2,其中资源量和资源丰度最大的是新庄向斜。煤层气地质资源规模和富集程度呈线性关系,资源丰度最高且资源规模最大的是老厂向斜,资源规模和资源丰度中等的有圭山、阿岗、恩洪、新庄、羊场、昭通向斜。具有较高工业开采潜力的向斜构造单元几乎都集中在老圭、宣富、镇威、昭通煤田。其中:老厂矿区煤层气资源规模大,资源丰度高～中等;宣富、镇威煤田及昭通煤田昭通盆地资源规模中等～较小,资源丰度较小～中等。

(8) 煤层气资源赋存条件变化较大。云南省煤层气资源主要赋存在 1 500 m 以浅,地质资源量 3 781.83 亿 m^3,占全省 2 000 m 以浅地质资源总量的 71.98%。其中:老圭煤田 1 500 m 以浅的地质资源量 2 226.64 亿 m^3,宣富煤田 731.2 亿 m^3,镇威煤田 600.36 亿 m^3,昭通煤田 152.56 亿 m^3,绥江煤田 30.98 亿 m^3,蒙自盆地 38.89 亿 m^3,华坪煤田 0.50 亿 m^3。埋深 1 500 m 以浅煤层气地质资源的比例,在昭通、宣富、绥江、蒙自和华坪煤田达 80% 以上,老圭煤田和镇威煤田分别为 64.10% 和 78.45%。

(9) 煤层气可采资源同样具有"东部富集,东南和东北部相对较少,西部贫乏"的区域分布格局。云南省煤层气可采资源量为 2 940.27 亿 m^3,占地质资源总量的 55.97%。其中:老圭煤田可采资源量 1 948.17 亿 m^3,占全省可采资源总量的 66.26%;宣富煤田 465.37 亿 m^3,占 15.83%;镇威煤田 423.24 亿 m^3,占 14.39%;昭通煤田 63.9 亿 m^3,占 2.17%;绥江煤田 13.37 亿 m^3,只占 0.72%;蒙自煤田 18.02 亿 m^3,仅占 0.61%;华坪煤田 0.29 亿 m^3,比例为 0.01%。全省煤层气可采资源平均丰度 0.33 亿 m^3/km^2,最高的为老圭煤田,为 1.07 亿 m^3/km^2;其次为宣富、镇威、昭通和蒙自煤田,分别为 0.28 亿 m^3/km^2、0.13 亿 m^3/km^2、0.13 亿 m^3/km^2 和 0.17 亿 m^3/km^2;华坪和绥江煤田均极低。

(10) 主要评价单元煤层气可采资源具有自己的赋存特点。老厂矿区可采资源量 1 142.04 亿 m^3,占云南省可采资源总量的 38.84%,但 1 000 m 以浅可采资源量比例只有

25.39%;可采资源平均丰度 1.91 亿 m^3/km^2,高出全省地质资源平均丰度的近 3 倍。恩洪向斜可采资源量 283.24 亿 m^3,占全省的 9.63%,浅部可采资源占 76.90%,平均丰度 0.52 亿 m^3/km^2。新庄矿区可采资源量 130.55 亿 m^3,占全省的 4.44%,主要分布在 $1\,000\ m$ 以深地段,平均丰度 0.33 亿 m^3/km^2。昭通盆地和蒙自盆地可采资源量依次为 38.62 亿 m^3 和 18.32 亿 m^3,平均丰度为 0.71 亿 m^3/km^2 和 0.17 亿 m^3/km^2,可采资源量超过 10 亿 m^3 的块段为昭通盆地海子向斜及蒙自盆地 F11 断层以西地区。

(11) 厘定了煤层气可采资源基础类型。整体来看,老厂矿区属于Ⅲ11 类型,恩洪向斜为Ⅰ31 类型,新庄矿区为Ⅲ31 类型,昭通盆地为Ⅰ33 类型,蒙自盆地为Ⅰ32 类型,缺乏Ⅱ类块段。浅部煤层气可采资源比高的Ⅰ类块段 64 个,其中:可采资源丰度高的Ⅰ13 块段只有老厂矿区六勘区 1 个,但含气面积偏小;可采资源丰度中等但面积小的为恩洪向斜宏安块段(Ⅰ23),可采资源丰度低但面积中等的只有老厂矿区四勘区(Ⅰ32);其余Ⅰ类块段全为Ⅰ33型,可采资源丰度低,面积普遍偏小,是恩洪向斜、新庄矿区的主要块段类型。煤层气可采资源比较低的Ⅲ级块段 15 个,其中:老厂矿区北部预测区可采资源丰度 2.40 亿 m^3/km^2 左右,属于Ⅲ12 型,但浅部可采资源比例极低;恩洪向斜硐山西预测区 1 为Ⅲ23 型,含气面积偏小;恩洪向斜扒弓预测区 1 和大河预测区 1 为Ⅲ23,但可采资源全部赋存在 $1\,000\ m$ 以深;新庄矿区旧城勘探区为Ⅲ32 型,绝大部分可采资源赋存在 $1\,000\ m$ 以深。

(12) 通过数值模拟,揭示了滇东地区上二叠统煤层气的可产出性。从煤层气井产气量来看,在原位渗透率及其强化 10 倍条件下,除新庄矿区 7801 井 5 号煤层外,其他 4 口井 4 个煤层均几乎没有煤层气产出,或普遍没有工业性气流产出;将原位渗透率强化 $30\sim50$ 倍,7801 井和老厂矿区 4103-2 井煤层产出工业气流,其他 3 口井仍然达不到工业气流标准;要实现煤层气井工业性产气,煤储层改造后的渗透率至少应增加到 $7.8\ mD$ 以上;闭合压力增大,单位煤厚峰期平均产量总体上趋于降低,这是地应力增大导致煤层渗透率降低的结果。从煤层气采收率来看,仅 7801 井与 4103-3 井较为理想,其余 3 口井采收率全低于 10%;模拟渗透率恒定,模拟排采半径增大,煤层气采收率单调递减趋势显著,指示煤层气井间距不宜大于 $200\ m$。综合分析认为,采用地面井方式,新庄矿区煤层气可采潜力较大;老厂矿区煤储层非均质性极强,2 口井产能模拟结果差别极大;恩洪向斜 2 口井产能模拟结果不甚理想,采收率均很低。为此,要客观认识滇东地区煤层气可采潜力,还需更多工程实例予以支持。

六、煤储层可改造性及煤层气开采适用技术建议

基于对煤储层可改造性的分析,论述了现行开采技术对云南省内煤层气地质条件的适应性,提出了关于煤层气抽采模式和优先技术的相关建议,对所建议的煤层气勘探开发试验先导区进行了地质描述。

(1) 地面井原位开采技术的地质约束与适应性。云南省内主要矿区不存在煤层含气性条件的地质约束;上二叠统构造煤区域性发育,煤体结构和煤层渗透率约束条件显著,但新庄矿区煤层渗透性相对较高。地应力约束严重,恩洪矿区资源类型属于压力主导型气但煤体结构构造破坏相对较差,新庄和老厂矿区属于应力主导型气但煤体结构相对较好,前者煤层气资源在现有地面井技术水平下总体上难以原位商业性抽采,后两个矿区某些地段煤层原生结构相对完整,不排除煤层气资源地面井原位降压抽采的可能性。

（2）地面井排水降压技术的地质约束与适应性。滇东地区上二叠统含煤地层钻孔单位涌水量极低,富水性普遍较弱,老厂矿区含煤段渗透系数、影响半径相对优越于恩洪向斜和新庄矿区。总体来看,老厂矿区煤层气资源通过地面井排水降压有可能得到有效降压抽采;恩洪向斜较差,但部分井田亦能实现有效降压;新庄矿区资料有限,且抽水影响半径小于30 m,可能影响到煤层排水降压的有效性。随着埋藏深度的加大,上述矿区含煤地层渗透性及富水性逐渐恶化,煤层气井排水降压可能受到影响,需要考虑针对性的增产措施。

（3）地面井煤储层增渗的地质约束与技术适应性。采用裸眼和裸眼洞穴完井技术,对滇东地区上二叠统煤层难以达到增渗目的;恩洪、老厂、新庄多数井田构造煤发育,与水平井有关的增渗技术总体上也不适用。但是,恩洪向斜深部、老厂矿区白龙山井田西南部、新庄矿区玉京山详查区西南部主要发育Ⅰ类和Ⅱ类煤,且地貌复杂,具有丛式井成井的地质条件和地形需求。同时,恩洪向斜具有实施水力压裂的煤岩层力学条件,且有利于压裂缝限定在煤层内部扩展。老厂矿区煤层条件适用于加砂压裂技术,但需要进一步论证具体压裂方案的可行性;地层流体能量和地应力条件有利于煤层气井初期排采,但可能给长期排采降压带来较大困难。新庄矿区观音山井田顶板力学性质对水力压裂较为有利,但墨黑、玉京山、高田勘查区顶板力学强度较低,可能对煤储层压裂效果造成一定影响。昭通和蒙自等褐煤盆地煤层原生结构完整,渗透性高,巨厚煤层弥补了含气量低的劣势,可考虑裸眼动力、水平分支等完井技术。此外,圭山、新庄、老厂矿区部分地段煤层倾角陡,煤层埋深浅,含气量相对较高,可以尝试顺层钻井技术的适用性。

（4）煤储层注气增产的地质约束与技术适应性。从地温场分析,老厂矿区埋深1 000 m左右的地层温度可达40 ℃,有利于泡沫压裂和注气开采;在恩洪向斜、新庄矿区,地温场条件约束了CO_2泡沫压裂或注气开采的可行性;昭通矿区和蒙自矿区局部地带存在CO_2充分泡沫化的地层温度条件。就地下水化学条件而言,各矿区总体上不存在注气增产的约束条件,但老厂矿区五勘区、恩洪纳佐煤矿和阿族克井田、新庄观音山井田、昭通荷花井田部分地段含煤地层地下水pH值超过8.3,注气后碳酸盐矿物溶解沉淀而伤害煤层渗透性的可能性相对较大。此外,与浅部煤层相比,深部煤层可能更有利于煤层气的注气开采。

（5）上二叠统多煤层条件下煤层气资源卸压抽采技术的可行性。滇东地区相当一部分区块存在煤层气开采应力约束,单纯采用压降传递的地面井抽采手段可能难以奏效,但通过解放层区域卸压释放应力可能取得理想效果。解放层抽采的一个重要前提,是需要具备多煤层或煤层群条件,滇东地区上二叠统矿区在此方面得天独厚。鉴于此,以恩洪向斜为例,提出了以多重解放层方式进行煤层气矿井递进抽采的框架性建议。同时,建议尝试利用矿井钻孔定向水力压裂增渗成套技术,对滇东地区松软、低渗煤层进行区域性整体卸压抽采;应力-压力协同释放煤层气抽采技术或煤炭开采期抽采与采后抽采相结合的方法,也同样适合滇东地区上二叠统矿区。

（6）煤层气资源控气类型划分方案及开采模式和优先技术建议。考虑原地流体压力、原地应力和矿井卸压因素,将煤层气资源划分为四类16种控气类型,滇东地区实际上只存在其中的12种类型,不同类型需要采用针对性抽采方式,不同抽采方式之间存在交叉、衔接和递进关系。由此,提出了云南省煤层气资源开采模式。总体上,恩洪、圭山等矿区煤层气开发以释放应力为主要手段,老厂、新庄矿区采用应力-压力协同释放方法,昭通、蒙自等矿区以释放压力为主;恩洪、圭山矿区采用递进抽采模式,即解放层本层抽采→卸压煤层穿层抽采→卸压煤层本层抽采→采空区及围岩抽采;老厂、新庄、昭通、蒙自矿区递进抽采模式为未受采矿扰动(原位)区抽采→本煤层抽采和邻近层穿层抽采→采煤卸压扰动区抽采→采空区及围岩抽采。

(7)煤层气地面勘探开发试验先导区建议。在滇东地区各重点矿区中,老厂矿区煤层气资源量大,煤储层能量较为充足,渗透率相对较高,地应力相对较低,具有煤层气地面井原位抽采的地质条件;前期施工过一批煤层气参数井,煤储层物性认识程度相对较高;除上部煤层的局部区段(南部和中部9号煤层)外,绝大部分地段和煤层均具备煤层气富集和高渗的动力条件。为此,提出将老厂矿区作为云南省煤层气勘探开发先导试验区,分析描述了其地质背景、煤储层、煤层气资源潜力等地质条件。在此基础上提出建议:以六勘区作为首选区块,采用地面直井和丛式井技术,水力加砂压裂,钻孔间距优先考虑200 m;采取四段式递进多层压裂分段合排抽采,选择18号~23号煤层组作为首压合排段;选择合适区段布置由15~20口井组成的井网,井网型式可结合地形、构造、煤层主裂隙展布方向、构造应力场等条件具体考虑。

参 考 文 献

1　艾斌,杨上中,1994.滇东恩洪矿区煤层甲烷气开发前景论证[J].云南地质,13(2):222-229,221.

2　艾鲁尼 A T,1992.煤矿瓦斯动力现象的预测和预防[M].北京:煤炭工业出版社.

3　白建平,武杰,2016.压裂液对煤储层伤害实验及应用——以沁水盆地西山区块为例[J].煤田地质与勘探,44(4):77-80.

4　毕作文,1990.昭通褐煤中全水分含量的变化因素[J].中国煤田地质(1):30-32.

5　蔡美峰,2002.岩石力学与工程[M].北京:科学出版社.

6　陈进,刘蜀知,钟双飞,等,2008.压裂液吸附对煤层损害的实验研究及影响因素分析[J].西部探矿工程(11):62-64.

7　陈励,孔德宏,2004.云南恩洪盆地煤层气异常分析[J].云南师范大学学报,24(1):3-7.

8　陈佩元,孙达三,丁丕训,等,1996.中国煤岩图鉴[M].北京:煤炭工业出版社.

9　陈善庆,陈家怀,赵时久,1989.滇东田坝黔西土城晚二叠世煤系上段煤岩特征及煤相分析[J].沉积学报,7(2):79-87.

10　陈召英,2011.老厂矿区煤层含气性特征及控气地质因素研究[D].徐州:中国矿业大学.

11　程爱国,曹代勇,袁同兴,2013.全国煤炭资源潜力评价报告[R].北京:中国煤炭地质总局.

12　程裕琪,1994.中国区域地质概论[M].北京:地质出版社.

13　程远平,俞启香,2007.中国煤矿区域性瓦斯治理技术的发展[J].采矿与安全工程学报,24(4):383-390.

14　程远平,俞启香,袁亮,等,2004.煤与远程卸压瓦斯安全高效共采试验研究[J].中国矿业大学学报,33(2):132-136.

15　池卫国,1998.沁水盆地煤层气的水文地质控制作用[J].石油勘探与开发,28(3):15-22.

16　丛连铸,吴庆红,赵波,等,2007.CO_2泡沫压裂技术在煤层气开发中的应用前景[J].中国煤层气,1(2):15-17.

17　崔建福,桂宝林,石磊,2004.老厂矿区煤层气资源的地质统计学研究[J].云南地质,23(4):521-533.

18　邓明国,桂宝林,普传杰,等,2004.云南恩洪矿区煤层气勘探开发前景及对策建议[J].中国煤炭,30(1):48-50.

19　滇黔桂石油地质志编写组,1992.中国石油地质志(卷11):滇黔桂油气区[M].北京:石油工业出版社.

20　滇黔桂石油指挥部,2000.滇东-黔西煤层气资源评价[R].昆明.

21　范志强,Sam Wong,叶建平,2008.中国二氧化碳注入提高煤层气采收率先导性试验技术[M].北京:地质出版社.

22　付晓泰,王振平,卢双舫,1996.气体在水中的溶解机理及溶解度方程[J].中国科学(B辑),26(2):124-130.

23　傅小康,2006.中国西部低阶煤储层特征及其勘探潜力分析[D].北京:中国地质大学.

24　傅雪海,姜波,秦勇,2003.用测井曲线划分煤体结构和预测煤储层渗透率[J].测井技术,27(2):140-144.

25　傅雪海,秦杰,1999.用测井响应拟合煤层气含量和划分煤体结构[J].测井技术,23(2):112-115.

26　傅雪海,秦勇,2002.多相介质煤层气储层渗透率预测理论与方法[M].徐州:中国矿业大学出版社.

27　傅雪海,秦勇,2003.多相介质煤层气储层渗透率预测理论与方法[M].徐州:中国矿业大学出版社.

28　傅雪海,秦勇,李贵中,等,2001.沁水盆地中-南部煤储层渗透率主控因素分析[J].煤田地质与勘探,29(3):16-19.

29　傅雪海,秦勇,权彪,等,2008.中煤级煤吸附甲烷的物理模拟与数值模拟研究[J].地质学报,82(10):1368-1340.

30　傅雪海,秦勇,韦重韬,2007.煤层气地质学[M].徐州:中国矿业大学出版社.

31　傅雪海,秦勇,张万红,2003.高煤级煤基质力学效应与煤储层渗透率耦合关系分析[J].高校地质学报,9(3):373-377.

32　干晓锐,2007.滇东黔西上二迭统峨眉山玄武岩中的煤系及其地层意义[J].北京工业职业技术学院学报,6(3):64-67.

33　龚永能,1997.滇东晚二叠世煤层气控制因素探讨[J].云南地质,16(2):127-140.

34　顾成亮,2002.滇东、黔西地区煤层气地质特征及远景评价[J].新疆石油地质,23(2):106-110.

35　顾成亮,桂宝林,2000.滇东-黔西地区晚二叠世煤层割理研究及其在煤层气勘探中的意义[J].云南地质,19(4):352-362.

36　桂宝林,2004.滇东黔西煤层气选区及勘探目标评价[J].云南地质,23(4):410-420.

37　桂宝林,2004.恩洪-老厂地区煤层气成藏条件研究[J].云南地质,23(4):421-433.

38　桂宝林,等,2000.黔西滇东煤层气地质与勘探[M].昆明:云南科技出版社.

39　桂宝林,王朝栋,2000.滇东-黔西地区煤层气构造特征[J].云南地质,19(4):321-351.

40　郭秀钦,张德荣,桂宝林,等,2004.老厂矿区煤层及煤层气藏水文地质特征[J].云南地质,23(4):487-495.

41　国土资源部油气资源战略研究中心,2006.煤层气资源评价成果报告[R].北京:国土资源部.

42　国务院安全委员会办公室,2016.关于云南省3起煤矿较大事故的通报:安委办[2016]4号[A/OL].(2016-06-30)[2016-10-15].http://www.chinasafety.gov.cn/newpage/Contents/Channel_4976/2016/0630/272004/content_272004.htm.

43　韩德馨,任德贻,王延斌,等,1996.中国煤岩学[M].徐州:中国矿业大学出版社.

44　何伟钢,唐书恒,谢晓东,2000.地应力对煤层渗透性的影响[J].辽宁工程技术大学学报

（自然科学版），19(4):353-355.

45 河南省煤层气公司，2010.河南井下开拓煤层气压裂市场[J].中国石油企业(7):120-120.

46 贺天才，秦勇，2007.煤层气勘探与开发利用技术[M].徐州:中国矿业大学出版社.

47 洪峰，宋岩，陈振宏，2005.煤层气散失过程与地质模型探讨[J].科学通报，50(B10):121-125.

48 胡友恒，1990.云南晚三叠世岩相古地理及煤层赋存规律[J].煤田地质与勘探(2):2-11.

49 黄勇，姜军，2009.U型水平连通井在河东煤田柳林地区煤层气开发的适应性分析[J].中国煤炭地质，21(增刊1):32-36,43.

50 贾高龙，莫日和，赖文奇，等，2016.云南恩洪-老厂煤层气勘查区地质特征及勘探开发策略[J].中国海上油气，28(1):30-34.

51 姜光杰，卫修君，吴吟，等，2009.煤矿井下定向压裂增透消突成套技术[R].郑州:河南省煤层气开发利用有限公司等.

52 姜尧发，唐跃刚，孙宝民，等，2002.中国软褐煤的岩石类型分类及典型剖面描述[J].徐州建筑职业技术学院学报，2(1):8-11.

53 蒋天国，马樱燕，刘胜彪，2015.云南老厂矿区煤层气地质条件[J].黑龙江科技大学学报，25(1):26-29,45.

54 焦作矿业学院瓦斯地质课题组，1982.湘、赣、豫煤和瓦斯突出带地质构造特征[R].焦作:焦作矿业学院.

55 金安信，李国富，王峰明，等，1995.运用液压压裂法改造晋城无烟煤煤层渗透性浅探[J].中国煤层气(2):71-74.

56 琚宜文，姜波，王桂梁，2005.构造煤结构及储层物性[M].徐州:中国矿业大学出版社.

57 康永尚，邓泽，刘洪林，2008.我国煤层气井排采工作制度探讨[J].天然气地球科学，19(3):423-426.

58 科瑞石油，2015.煤层气连续油管喷砂射孔拖动压裂服务项目[Z/OL].[2015-11-18].http://oilservice.keruigroup.com/html/chanpinyufuwu/youtianzengchan/xiangguananli/804.html.

59 克拉威特A I，1995.确定适合洞穴完井的煤层气高产选区的综合勘探方法[J].中国煤层气(2):57-61.

60 孔令国，郭秀钦，桂宝林，2004.老厂矿区煤层气勘探煤层综合对比[J].云南地质，23(4):496-502.

61 兰凤娟，2013.恩洪向斜煤层重烃浓度异常及其成因[D].徐州:中国矿业大学.

62 兰凤娟，秦勇，王坚，等，2012.云南恩洪向斜煤层重烃异常成因探讨[J].高校地质学报，18(3):495-499.

63 李宝林，2008.连续油管压裂技术在大牛地气田的应用[J].石油地质与工程，22(3):88-90.

64 李国君，刘长久，2005.铁法矿区地面垂直采空区井技术[J].中国煤层气，2(4):7-10.

65 李金龙，唐永洪，陈尚斌，等，2016.云南威信县玉京山地区C5煤层孔-裂隙特征研究[J].云南地质，35(4):563-569.

66 李松,汤达祯,许浩,等,2012.云南恩洪和老厂地区煤储层孔隙-裂隙系统对比分析[J].高校地质学报,18(3):516-521.

67 李一波,1993.云南省禄丰县一平浪矿区福德山向斜普查地质报告[R].昆明:云南省煤田地质局.

68 李玉民,周福宝,张占国,等,2009.地面钻井抽采高瓦斯突出煤层群保护层开采卸压瓦斯关键技术[R].银川:神华宁夏煤业集团有限责任公司,中国矿业大学.

69 李壮福,2004.煤中天然富勒烯的提取与成因机制[D].徐州:中国矿业大学.

70 梁运培,2007.淮南矿区地面钻井抽采瓦斯技术实践[J].采矿与安全工程学报,24(4):403-413.

71 林英松,蒋金宝,刘兆年,等,2008.连续油管压裂新技术[J].断块油气田,15(2):118-121.

72 林玉成,2004.云南煤层气资源与开发前景[J].云南地质,23(4):503-508.

73 刘复焜,2013.云南省富源县大河煤矿区富煤一矿后备区煤层气赋存规律探讨[J].能源与环境(4):43-46.

74 刘焕杰,秦勇,桑树勋,1998.山西南部煤层气地质[M].徐州:中国矿业大学出版社.

75 刘金融,2014.云南煤层气富集规律及可采性开发报告[J].化工管理(1):135-136.

76 马弗,1996.煤层气井裸眼完井技术的新进展[J].油气工业技术情报(1):19-26.

77 孟尚志,王竹平,鄢捷年,2007.钻井完井过程中煤层气储层伤害机理分析与控制措施[J].中国煤层气,4(1):34-36.

78 孟宪武,刘诗荣,石国山,等,2006.滇东黔西地区煤层气开发试验及储层改造效果分析与建议[J].中国煤层气,3(4):31-34.

79 孟祥适,姜印平,刘玉杰,等,2004.基于天然气压缩系数 Z 提高天然气计量准确度的方法[J].测控技术,23(6):16-17.

80 孟智奇,2015.云南省中小型煤矿瓦斯抽采方法浅析[J].云南煤炭(3):1-5.

81 米百超,张俊虎,2014.沁水盆地东南部煤层气裸眼完井开发研究[J].煤炭与化工(4):52-54.

82 苗琦,2013.云南煤矿瓦斯地质研究[M].北京:煤炭工业出版社.

83 倪小明,贾炳,曹运兴,2012.煤层气井水力压裂伴注氮气提高采收率的研究[J].矿业安全与环保,39(1):1-3.

84 欧阳云丽,2013.钻井过程中井筒压力及压力波动对煤储层的伤害[D].荆州:长江大学.

85 帕森 J,1997.阿拉巴马黑勇士盆地煤层气井的产能分析[J].中国煤层气(2):49-53.

86 潘润群,王巨民,尹纪泽,等,1994.云南省煤炭资源预测与评价报告[R].昆明:云南省煤田地质局.

87 庞君,李宗祥,朱绍兵,2012.云南省威信县新庄煤矿区 C5 煤层瓦斯地质规律研究[J].中国煤炭地质,24(8):32-35.

88 齐奉中,刘爱平,2001.保护煤储层固井技术的探讨[J].钻井液与完井液,18(1):21-24.

89 秦勇,1994.中国高煤级煤的显微岩石学特征及结构演化[M].徐州:中国矿业大学出版社.

90 秦勇,2006.中国煤层气产业化面临的形势与挑战(Ⅰ)——当前所处的发展阶段[J].天然气工业,26(1):4-7.

91 秦勇,2006.中国煤层气产业化面临的形势与挑战(Ⅱ)——关键科学技术问题[J].天然气工业,26(2):6-10.

92 秦勇,2009.煤层气可采性及有利区评价方法[C]//合肥:中国石油化工集团非常规油气资源勘探开发技术培训班.

93 秦勇,2013.煤层气可采性及其地质评价[C]//哈尔滨:全国煤层气勘探开发技术培训班.

94 秦勇,傅雪海,韦重韬,等,2012.煤层气成藏动力条件及其控藏效应[M].北京:科学出版社.

95 秦勇,傅雪海,吴财芳,等,2005.高煤级煤储层弹性自调节作用及其成藏效应[J].科学通报,50(B10):82-86.

96 秦勇,傅雪海,叶建平,等,1999.中国煤储层岩石物理学因素控气特征及机理[J].中国矿业大学学报,28(1):14-19.

97 秦勇,傅雪海,岳巍,2000.沉积体系与煤层气储盖特征之关系探讨[J].古地理学报,2(1):77-84.

98 秦勇,高弟,吴财芳,等,2012.贵州省煤层气资源潜力预测与评价[M].徐州:中国矿业大学出版社.

99 秦勇,侯泉林,傅雪海,等,2008.煤层气藏动力学条件研究[R].徐州:中国矿业大学.

100 秦勇,姜波,2000.淮北-淮南地区煤层气勘探目标评价[R].徐州:中国矿业大学.

101 秦勇,姜波,王继尧,等,2008.沁水盆地煤层气构造动力条件耦合控藏效应[J].地质学报,82(10):1355-1361.

102 秦勇,金奎励,1989.滇西腾冲盆地中晚更新世泥炭向软褐煤的转化特征及异常煤化作用[J].沉积学报,7(3):73-82.

103 秦勇,金奎励,韩德馨,1995.滇西腾冲盆地晚更新世软褐煤的发现及其意义[J].科学通报,40(3):247-249.

104 秦勇,邱爱慈,张永民,2014.高聚能重复强脉冲波煤储层增渗新技术试验与探索[J].煤炭科学技术,42(6):1-7.

105 秦勇,桑树勋,傅雪海,等,2006.中国重点矿区煤层气资源潜力及若干评价理论问题[J].中国煤层气,3(4):17-20.

106 秦勇,申建,2016.论深部煤层气基本地质问题[J].石油学报,37(1):125-136.

107 秦勇,申建,沈玉林,2016.叠置含气系统共采兼容性——煤系"三气"及深部煤层气开采中的共性地质问题[J].煤炭学报,41(1):14-23.

108 秦勇,申建,王宝文,等,2012.深部煤层气成藏效应及其耦合关系[J].石油学报,33(1):48-54.

109 秦勇,宋全友,傅雪海,等,2005.煤层气与常规油气共采的可行性探讨——深部煤储层平衡水条件下的吸附效应[J].天然气地球科学,16(4):492-498.

110 秦勇,吴财芳,胡爱梅,等,2007.煤炭安全开采最高允许含气量求算模型[J].煤炭学报,32(10):1010-1013.

111 秦勇,吴财芳,唐书恒,等,2006.国家重点煤炭基地规划区煤层气开发前景研究[R].北京:中联煤层气有限责任公司.

112 秦勇,熊孟辉,易同生,等,2008.论多层叠置独立含煤层气系统——以贵州织金-纳雍煤田水公河向斜为例[J].地质论评,54(1):65-70.

113 秦勇,叶建平,林大杨,等,2000.煤储层度与其渗透性及含气性关系初步探讨[J].煤田地质与勘探,28(1):24-27.

114 秦勇,袁亮,胡千庭,等,2012.我国煤层气勘探与开发技术现状及发展方向[J].煤炭科学技术,40(10):1-6.

115 秦勇,张德民,傅雪海,等,1999.山西沁水盆地中、南部现代构造应力场与煤储层物性关系之探讨[J].地质论评,45(6):576-583.

116 秦勇,朱旺喜,2006.中国煤层气产业发展所面临的若干科学问题[J].中国科学基金(3):148-152.

117 饶孟余,2001.淮南矿区煤、气一体化开采技术探讨[J].淮南工业学院学报,21(4):13-16.

118 饶孟余,杨陆武,冯三利,等,2005.中国煤层气产业化开发的技术选择[J].特种油气藏,12(4):1-4,14.

119 邵龙义,刘红梅,田宝霖,等,1998.上扬子地区晚二叠世沉积演化及聚煤[J].沉积学报,16(2):55-60.

120 申建,杜磊,秦勇,等,2015.深部低阶煤三相态含气量建模及勘探启示——以准噶尔盆地侏罗纪煤层为例[J].天然气工业,35(3):30-35.

121 申建,秦勇,傅雪海,等,2014.深部煤层气成藏条件特殊性及其临界深度探讨[J].天然气地球科学,25(9):1470-1476.

122 申建,秦勇,张春杰,等,2016.沁水盆地深煤层注入CO_2提高煤层气采收率可行性分析[J].煤炭学报,41(1):156-161.

123 沈玉蔚,1982.昭通褐煤盆地成因类型的探讨[J].云南地质,1(2):157-165.

124 苏现波,潘结南,薛培刚,1998.煤中裂隙:裸眼洞穴法完井的前提[J].焦作工学院学报,17(3):163-168.

125 孙晗森,贺承祖,2006.煤层气氮气泡沫压裂技术的研究与试验[M]//叶建平,范志强.中国煤层气勘探开发利用技术进展(2006年煤层气学术研讨会论文集).北京:地质出版社.

126 孙明闯,白新华,2013.煤储层水力压裂技术新进展[J].中国煤层气,10(1):31-34.

127 唐书恒,马彩霞,叶建平,2006.注二氧化碳提高煤层甲烷采收率的实验模拟[J].中国矿业大学学报,35(5):607-611.

128 唐跃刚,王洁,1990.反映褐煤成熟度的新指标——凝胶率[J].煤田地质与勘探(4):25-28.

129 陶明信,马玉贞,蒙红卫,等,2012.关于煤层中次生生物气的生成问题[J].地球科学进展,27(增刊):76-77.

130 屠红勇,刘友利,2007.云南恩洪、老厂矿区地质构造特征及对煤层气储层参数的影响探讨[J].云南煤炭(2):18-21.

131 汪缉安,徐青,张文仁,1990.云南大地热流及地热地质问题[J].地震地质,12(4):

367-377.

132 汪伟英,夏健,陶杉,2011.钻井液对煤层气井壁稳定性影响实验研究[J].石油钻采工艺,33(3):94-96.

133 王爱宽,2010.褐煤本源菌生气特征及其作用机理[D].徐州:中国矿业大学.

134 王爱宽,秦勇,2011.褐煤本源菌在煤层生物气生成中的微生物学特征[J].中国矿业大学学报,40(6):888-893.

135 王朝栋,桂宝林,郭秀钦,等,2004.恩洪煤层气盆地构造特征[J].云南地质,23(4):471-478.

136 王朝栋,桂宝林,郭秀钦,等,2004.老厂矿区构造应力场分析[J].云南地质,23(4):479-486.

137 王海涛,李相方,2009.连续油管压裂技术进展[J].科学技术与工程(16):4742-4749.

138 王建中,2010.高能气体压裂技术在云南恩洪盆地煤层气开发中的试验应用[J].中国煤层气,7(5):14-16.

139 王巨民,2003.云南恩洪、老厂矿区地质构造特征及对煤层气储层参数的影响探讨[J].云南煤炭(1):58-60.

140 王巨民,邓明国,等,2001.云南省煤层气资源评价[R].昆明:云南省煤炭地质勘查院.

141 王盼盼,秦勇,高弟,2012.观音山勘探区煤层含气量灰色关联预测[J].煤田地质与勘探,40(4):34-38.

142 王玺,1995.煤层气井完井及保护煤层技术初探[J].中国煤层气(1):61-63.

143 王兆丰,周大超,李豪君,2016.液态 CO_2 相变致裂二次增透技术[J].河南理工大学学报(自然科学版),35(5):597-600.

144 韦重韬,1998.煤层甲烷地质演化史数值模拟研究[M].徐州:中国矿业大学出版社.

145 吴财芳,2004.煤层气成藏能量动态平衡及其地质选择过程[D].徐州:中国矿业大学.

146 吴财芳,秦勇,傅雪海,2007.煤储层弹性能及其对煤层气成藏的控制作用[J].中国科学(地球科学),37(9):1163-1168.

147 吴建光,叶建平,唐书恒,2004.注 CO_2 提高煤层气采收率的模拟实验研究[J].煤田地质与勘探,32(S1):61-64.

148 吴建国,汤达祯,李松,等,2012.云南恩洪地区煤储层孔裂隙特征及孔渗性分析[J].煤田地质与勘探,40(4):29-33.

149 吴晋军,刘敬,王金安,2009.煤层气开发新技术试验研究与探索[J].西安石油大学学报(自然科学版),24(5):43-45,49.

150 席维实,1994.云南褐煤与烟煤的瓦斯成份探讨[J].云南能源(1):30-33.

151 肖代兵,刘林,1999.突出煤层保护层开采保护方法的考察[J].陕西煤炭技术(3):2-5.

152 新一轮全国油气资源评价项目办公室,2006.新一轮全国煤层气资源评价[R].北京:国土资源部.

153 熊友明,童敏,潘迎德,1996.煤层气井完井方式的选择[J].石油钻探技术,24(2):48-50.

154 徐金鹏,2014.牛场-以古勘查区煤层气地质[D].徐州:中国矿业大学.

155 薛禹群,1989.地下水动力学原理[M].2 版.北京:地质出版社.

156 杨陆武,2007.中国煤层气资源类型与递进开发战略[J].中国煤层气,4(3):4-7.

157 杨陆武,2009.影响中国煤层气产业发展的几个关键问题[C]//2009 亚洲太平洋煤层气会议特邀报告.徐州:中国矿业大学.

158 杨陆武,孙茂远,胡爱梅,等,2002.适合中国煤层气藏特点的开发技术[J].石油学报,23(4):46-50.

159 杨胜来,郎兆新,张丽华,1997.开采低渗透性煤层气的地面井一体化技术的探讨[J].中国煤层气(1):35-37.

160 杨新乐,张永利,2011.热采煤层气藏过程煤层气运移规律的数值模拟[J].中国矿业大学学报,40(1):89-94.

161 杨永杰,宋扬,陈绍杰,2006.煤岩强度离散性及三轴压缩试验研究[J].岩土力学,27(10):1763-1766.

162 腰世哲,靳文博,刘强,2011.煤层气固井过程中的储层伤害与保护[J].西部探矿工程(3):43-46.

163 叶建平,冯三利,范志强,2007.沁水盆地南部注二氧化碳提高煤层气采收率微型先导性试验研究[J].石油学报,28(4):77-80.

164 叶建平,秦勇,林大扬,1999.中国煤层气资源[M].徐州:中国矿业大学出版社.

165 叶建平,史保生,张春才,1999.中国煤储层渗透性及其主要影响因素[J].煤炭学报,24(2):118-121.

166 叶建平,吴建光,2010.沁南煤层气开发利用高技术产业化[R].北京:中联煤层气有限责任公司.

167 叶建平,武强,王子和,2001.水文地质条件对煤层气赋存的控制作用[J].煤炭学报,26(5):459-462.

168 袁鼎,单业化,1999.山西柳林鼻状构造曲率特征及其与煤层气的关系[J].中国煤田地质,11(2):28-31.

169 云南省 143 煤田地质队,2001.老厂煤矿区四勘区详查地质报告[R].昆明.

170 云南省发展和改革委员会,2016.云南省应对气候变化规划(2016—2020 年)[Z/OL].(2016-10-10).云南省发展和改革委员会.http://www.yndpc.yn.gov.cn/content.aspx? id=813367850452.

171 云南省工业和信息化委员会,2016.云南省节能"十三五"规划[Z/OL].(2016-06-28).云南省发展和改革委员会.http://www.yndpc.yn.gov.cn/list.aspx? id=924030696450.

172 云南省煤田地质局,1991.滇东晚二叠世含煤沉积环境及聚煤规律[R].昆明.

173 云南省煤田地质局,1994.云南省煤层气资源评价[R].昆明.

174 云南省煤田地质局,1994.云南省煤炭资源预测与评价报告[R].昆明.

175 云南省煤田地质局,2001.恩洪-老厂矿区煤层气资源评价[R].昆明.

176 云南省煤田地质局 198 队,1997.云南禄丰县一平浪煤矿南井田深部精查补充地质勘探报告[R].昆明:云南省煤田地质局.

177 云南省煤田地质勘查研究院,2014.云南省镇雄县牛场、以古勘查区煤层气地面抽采评价报告[R].昆明:云南省煤田地质局.

178 云南省煤田地质勘探研究院,2001.云南省煤层气资源评价[R].昆明.

179 云南省人民政府,2017.云南省煤炭资源[Z/OL].(20017-02.25).http://www.yn.gov.
cn/yn_tzyn/yn_tzhj/201211/t20121128_8647.html.

180 张建博,秦勇,王红岩,等,2003.高渗透性煤层分布的构造预测[J].高校地质学报,9
(3):359-364.

181 张培河,2010.基于生产数据分析的沁水南部煤层渗透性研究[J].天然气地球科学,21
(3):503-507.

182 张群,杨锡禄,1999.平衡水分条件下煤对甲烷的等温吸附特性研究[J].煤炭学报,24
(6):566-570.

183 张新民,张遂安,钟玲文,等,1991.中国的煤层甲烷[M].西安:陕西科学技术出版社.

184 张宗羲,李建华,2006.云南恩洪矿区煤层气勘探项目浅析[J].云南煤炭(1):19-21.

185 张宗羲,李琪,2003.云南恩洪矿区煤层气勘探地质、储层参数因素分析[J].云南煤炭
(4):17-18.

186 赵丽娟,秦勇,林玉成,2010.煤层含气量与埋深关系异常及其地质控制因素[J].煤炭
学报,35(7):1165-1169.

187 赵亚东,张遂安,贺甲元,2016.煤层气连续油管环空压裂摩阻研究[J].非常规油气,3
(4):109-114.

188 赵占义,2007.开采解放层综采工作面瓦斯综合治理技术[J].煤炭技术,26(11):77-78.

189 中华人民共和国国家质量监督检验检疫总局,中国国家标准化管理委员会,2009.煤层
气含量测试方法:GB/T 19559—2008[S].北京:中国标准出版社.

190 中华人民共和国国家质量监督检验检疫总局,中国国家标准化管理委员会,2013.煤层
气资源勘查技术规范:GB/T 29119—2012[S].北京:中国标准出版社.

191 中华人民共和国国家质量监督检验检疫总局,中国国家标准化管理委员会,2014.煤体
结构分类:GB/T 30050—2013[S].北京:中国标准出版社.

192 中华人民共和国国土资源部,2011.煤层气资源/储量规范:DZ/T 0216—2010[S].北
京:中国标准出版社.

193 中联煤层气公司,云南省煤田地质局,2014.云南省恩洪区块煤层气地质评价及勘探部
署报告[R].昆明:云南省煤田地质局.

194 周真恒,向才英,1997.云南岩石圈地温分布[J].地震地质,19(3):227-234.

195 周真恒,向才英,覃玉玺,等,1997.云南深部热流研究[J].地震工程学报(4):51-57.

196 朱宝存,唐书恒,颜志丰,2009.地应力与天然裂缝对煤储层破裂压力的影响[J].煤炭
学报,34(9):1199-1202.

197 朱绍兵,2004.云南省煤层气资源量概况[J].甘肃冶金,26(3):9-11.

198 CLOSE J C,1993. Natural fracture in coal[C]//Hydrocarbon from Coal. AAPG
Studies in Geology ♯38:119-123.

199 ENEVERJ R E,HENNIG A,1997.The relationship between permeability and effec-
tive stress for Australian coals and its implications with respect to coalbed methane
exploration and reservoir modeling[C]//Proceedings of the 1997 International Coal-
bed Methane Symposium.Tuscaloosa:The University of Alabama:13-22.

200 HOBBS D W,1967.The formation of tension joints in sedimentary rocks:An explanation[J].Geological Magazine,104(2):129-132.

201 ICCP,1993.International handbook of coal petrology:2nd Edition,3rd Supplement[M].England:University of Newcastle.

202 KIM A G,1977.Estimating methane content of bituminous coalbed from adsorption data[R].US Department of the Interior,Bureau of Mines,Report of Investigation 8245:22.

203 LEVY J H,DAYS A,KILLINGLEY J S,1997.Methane capacities of Bowen Basin coals related to coal properties[J].Fuel,76(9):813-819.

204 LISLE R J,ROBISON J M,1995.The mohr circle for curvature and its application to fold description[J].J Structure Geol,17(3):739-750.

205 MCDANIEL B W,2005.Review of current fracture stimulation techniques for best economics in multilayer low permeability reservoirs[R].SPE 98025.

206 MCKEE K,BUMB A C,WAY S C,et al,1986.应用渗透率与深度关系评价煤层天然气的潜力[M].华北石油地质局.煤层气译文集.张胜利,译.郑州:河南科学技术出版社.

207 NELSON R A,1985.Geological analysis of naturally fractured reservoirs[M].Gulf Publishing Company,柳广弟,译.北京:石油工业出版社.

208 POLLARDD D D,AYDIN A,1988.Progress inunderstanding jointing over the past century[J].Geological Society of America Bulletin,100(8):1181-1204.

209 PRATT T J,MAVOR M J,DEBRUYN R P,2000.Coal gas resources and production potential of subbitumiuous coal in Powder River Basin[C]//Proceedings of the International Coalbed Methane Symposium.Tuscaloosa:The University of Alabama:23-34.